BERND KOCH
STEFAN KORTH

DIE MESSIER OBJEKTE

DAS HANDBUCH FÜR HIMMELSBEOBACHTER

KOSMOS

Die Benutzung des Buches

Alle 110 Messier-Objekte werden auf 97 Doppelseiten wie folgt beschrieben und abgebildet:

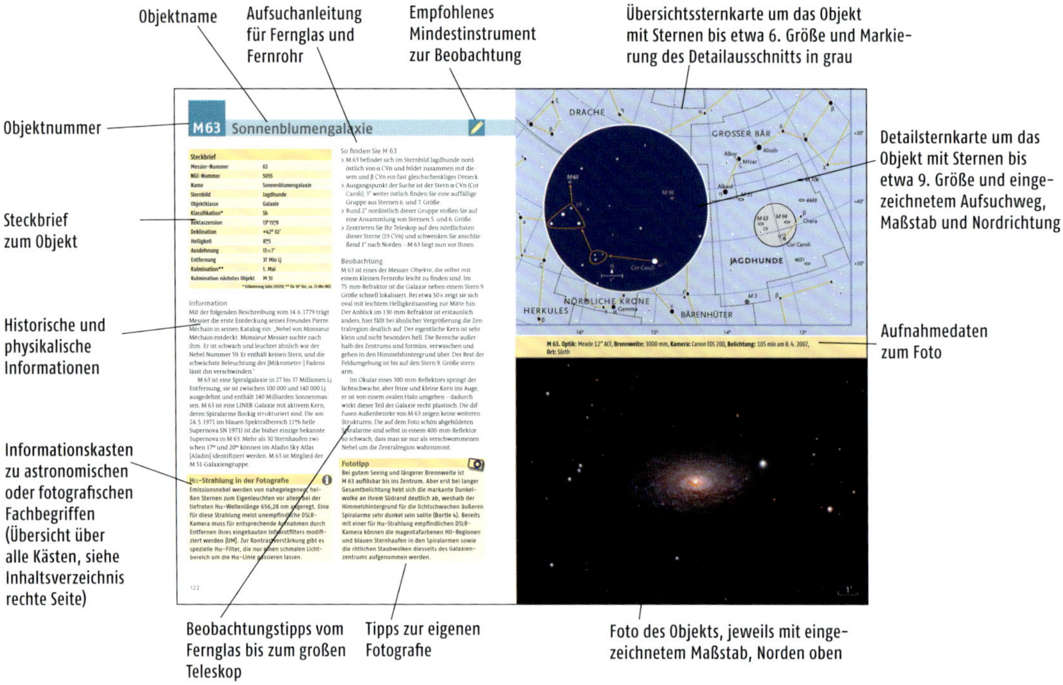

Erläuterungen

Symbole

- bloßes Auge
- Fernglas
- kleines bis mittleres Teleskop (etwa 70 – 180 mm)
- großes Teleskop (ab 200 mm)

Wichtige Begriffe

> M-Nummer: Nummer des Objekts im Messier-Katalog
> NGC-Nummer: Nummer des Objekts im New General Catalogue (NGC), IC-Nummer: Nummer des Objekts im Index Catalogue (IC)
> Sternbilder: Tabelle Seite 212
> Klassifikationen: Tabelle Seite 212/213
> Rektaszension (RA), Deklination (DE): Koordinaten im äquatorialen Koordinatensystem (Epoche 2000.0)
> Helligkeit: in Größenklassen (Magnituden, z. B. 8^m)
> Ausdehnung: in Bogenminuten, 1 Grad (°) = 60 Bogenminuten (′) = 3600 Bogensekunden (″)
> Entfernung: in Lichtjahren, 1 Lj = $9{,}460536 \times 10^{12}$ km = rund 10 Billionen km
> Kulmination: höchste Stellung in Südrichtung
> Kulmination nächstes Objekt: das Objekt, das als Nächstes die höchste Stellung in Südrichtung erreicht
> Bortle-Skala: Maß für die Qualität des Nachthimmels, Tab. Seite 213
> [M 8]: Verweis auf Literaturquelle, Seite 210/211

Fototipp

Mitunter enthalten die Fototipps Hinweise auf weitere interessante Objekte, die zusammen mit dem entsprechenden Messier-Objekt aufgenommen werden, wenn man kürzere Brennweiten einsetzt. Dann lohnt sich ein Blick auf die Webseite zum Buch (s.u.).

Sternkarten

Außer den Messier-Objekten sind die Positionen von weiteren Sternhaufen, Nebeln und Galaxien eingezeichnet (bezeichnet meist mit ihren NGC-Nummern), sofern sie sehr hell oder für den entsprechenden Aufsuchweg relevant sind. Alle Objekte sind durch Symbole gekennzeichnet, deren Größe wegen der stark unterschiedlichen Ausdehnungen der Himmelsobjekte nur annähernd maßstabsgetreu dargestellt ist:

Symbole	Sternhelligkeiten *Übersichtskarten*	*Detailkarten*
Offene Sternhaufen	0^m und >	3^m und >
Kugelsternhaufen	1^m	4^m
Diffuse Nebel	2^m	5^m
Planetarische Nebel	3^m	6^m
Galaxien	4^m	7^m
	5^m und <	8^m und <

Übersichtstabellen und -karten, Webseite zum Buch

> Übersichtstabelle aller Messier-Objekte: Seite 214–217
> Übersichtssternkkarte aller Messier-Objekte: Seite 218–219
> Webseite zum Buch mit ergänzenden Fotos, Sternkarten und Informationen: **www.astrofoto.de/messier/messier.htm**

Inhalt

2 Die Benutzung des Buches

4 Charles Messier und sein Katalog

6 Die Natur der Messier-Objekte

8 Einführung in die Beobachtungspraxis

10–205 **Die 110 Messier-Objekte**

Jeweils mit Steckbrief, historischen und physikalischen Informationen, Aufsuchanleitung, Sternkarten, Beobachtungstipps, Fototipp, Foto

206 Ein fotografisches Messier-Projekt

209 Der Messier-Marathon

210 Zum Weiterlesen und Weiterklicken

211 Bildnachweis/Impressum

212 Tabellen: Sternbilder, Klassifikationen, Bortle-Skala

214 Übersichtsstabelle: Die Messier-Objekte

218 Übersichtssternkarte: Die Messier-Objekte

Informationskästen Astronomie

26 Extinktion
28 RR-Lyrae-Sterne
60 Cepheiden
70 Pulsationsveränderliche Sterne
74 Astronomische Datenbanken
84 Das Seeing
104 Blue-Straggler-Sterne
108 Bedeckungsveränderliche Sterne
118 Aktive Galaxienkerne
136 Der Aladin Sky Atlas
146 Akkretionsscheiben
152 Novae
166 Seyfert-Galaxien
170 LINER-Galaxien
176 Flächenhelligkeit eines Himmelsobjekts
200 Supernovae

Informationskästen Fotografie

52 Digitalkameras für die Astrofotografie
56 Stacken von DSLR-Bildern
78 Rauschreduktion in Fotos
80 Das optimale Aufnahmeformat
82 Sensorformate digitaler Kameras
94 Fotometrie
98 Farbbilderzeugung einer DSLR
120 Die Bildauflösung
122 Hα-Strahlung in der Fotografie
142 Die Bit-Tiefe einer Digitalkamera
144 Was bewirkt ein „Flattener"?
162 DSLR- und CCD-Aufnahmen kombinieren
174 Was bewirkt ein „Reducer"?
188 Autoguiding
198 Farbaufnahmen mit einer CCD-Kamera
202 Bearbeitung von DSLR-Bildern

Charles Messier und sein Katalog

Charles Messier, geboren am 26. 6. 1730 in Badonviller in Lothringen, stellte als französischer Astronom einen „Nebel"katalog des Himmels zusammen, der viele beliebte Beobachtungsobjekte für heutige Hobby-Astronomen enthält. Messiers Interesse an der Astronomie und insbesondere an Kometen wurde als Dreizehnjähriger durch die Erscheinung des großen Kometen von 1744 geweckt, der Ende Februar diesen Jahres auch am Tage weithin sichtbar war.

Kometen bestimmten fortan Messiers Leben, und seine Erfolgsliste kann sich sehen lassen: Zwischen 1758 und 1804 beobachtete er 44 Exemplare, von denen er 14 zwischen 1760 und 1798 entdeckte und bei sechs weiteren – darunter dem Halleyschen Kometen – als Co-Entdecker gilt. Sein heute weltberühmter Nebelkatalog war für Messier selbst nur ein Nebenprodukt, er war nicht interessiert daran, neue Objekte zu entdecken. Er wollte lediglich keinen „Nebel" mit einem Kometen verwechseln, seine Leidenschaft blieb lebenslang die Kometenjagd.

Zwei Jahre nach einem Schlaganfall im Jahr 1815 starb Charles Messier am 12. 4. 1817 im hohen Alter von 87 Jahren in Paris. Er war schon zu Lebzeiten eine Berühmtheit, nach ihm wurden später unter anderem ein Mondkrater im Mare Foecunditatis und der Kleinplanet mit der Nummer 7359 benannt.

Messiers Beobachtungen und Instrumente

Charles Messier fand 1754 eine Anstellung als Schreiber am Marineobservatorium von Paris. Die Sternwarte befand sich im Dachgeschoss eines Turms des Hôtel de Cluny. Neben Kometen beobachtete Messier auch Sternbedeckungen und Sonnenflecken, verfolgte Finsternisse und sah den Venusdurchgang von 1761. Zur Verfügung standen ihm im Laufe der Jahre zahlreiche Teleskope, deren Kenngröße damals die Baulänge war und nicht der für das Lichtsammelvermögen maßgebende Durchmesser. Wichtige Instrumente waren achromatische Refraktoren bis 90 mm Durchmesser, Spiegelteleskope bis 200 mm Durchmesser und ein 310-mm-Newton-Reflektor, die aber sicher nicht so leistungsfähig waren wie moderne Teleskope.

Charles Messier (1770)

Erstellung des Kataloges

Am 28. August des Jahres 1758 stieß Messier bei der Beobachtung eines von de la Nux gefundenen Kometen zufällig auf ein nebliges Objekt, das er in seine Sternkarte einzeichnete und wie folgt beschrieb: „Nebel über dem südlichen Horn des Stiers, enthält keine Sterne. Es ist ein weißliches Licht, lang gestreckt in Form einer Kerzenflamme, entdeckt bei der Beobachtung des Kometen von 1758. [...] Beobachtet von Doktor Bevis um 1731 [...]."

Diese unabhängige Entdeckung des Krebsnebels (M 1) gab den Anstoß zu seinem Katalog, doch eine systematische Suche nach nebligen Objekten, die man mit der Koma (dem „nebligen" Kopf) eines Kometen verwechseln konnte, begann Messier erst im Mai 1764. Das Objekt Nummer 3 war seine erste eigene Entdeckung. Mit M 45 schloss er seinen ersten Katalog ab, der von der französischen Akademie der Wissenschaften 1771 in ihren Mémoires veröffentlicht wurde. Sein 68 Objekte umfassender erweiterter Katalog wurde im astronomischen Jahrbuch Connaissance des Temps 1780 publiziert.

Mit der Entdeckung von Nummer 63 am 14. 6. 1779 begann die erfolgreiche Entdeckungsserie von Messiers Freund Pierre Méchain, der seinerseits ebenfalls begeisterter und erfolgreicher Kometenentdecker war. Bis 1781 war Méchain maßgeblich an Neuentdeckungen beteiligt und brachte es selbst auf 30 neue Katalogobjekte. Die dritte im Jahr 1781 veröffentlichte Katalogfassung endete mit Méchains Entdeckung von M 103. Messiers letzte ihm selbst zugeschriebene Entdeckung war die von M 93 am 20. 3. 1781.

Die Objekte M 104 bis M 109 entdeckte Pierre Méchain 1781, sie wurden dem Katalog jedoch erst viel später hinzugefügt: M 104 im Jahr 1921 von Camille Flammarion, M 105, M 106 und M 107 auf Veranlassung von Helen Sawyer-Hogg 1947/48, M 108 und M 109 durch Owen Gingerich im Jahr 1953. M 110 schließlich, den Messier am 10. 8. 1773 entdeckte und 1798 publizierte, fand durch Kenneth Glyn Jones im Jahr 1966 als letztes Objekt Eingang in den Katalog.

Kuriose Objekte

Der Messier-Katalog enthält neben zahlreichen Nebeln, Sternhaufen und Galaxien auch einige kuriose und umstrittene Objekte. So ist M 40 beispielsweise ein optischer (scheinbarer) Doppelstern und kein nebliges Objekt. Ungeklärt ist die Natur von M 73: Entweder handelt es sich um eine optische Sterngruppe oder um einen Offenen Sternhaufen. M 47, M 48, M 91 und M 102 galten lange als die „vermissten" Messier-Objekte, an deren angegebenen Positionen nichts zu finden war. Während Messier bei M 47, M 48, und M 91 unzweifelhaft Positionsfehler nachgewiesen wurden, ist die Identifikation von M 102 mit der Spindelgalaxie NGC 5866 im Drachen besonders in US-amerikanischen Büchern und Sternatlanten immer noch umstritten. Pierre Méchain ging von einer Dublette von M 101 aus, obwohl Messier in seinem Katalog beide Objekte sehr unterschiedlich beschrieb. Die Sache wird wohl ungeklärt bleiben. Gerade aber auch diese Kuriosa machen Messiers Katalog interessant und einzigartig.

Statistik der Katalog-Objekte

Der Messier-Katalog enthält einen Supernova-Rest, vier Planetarische Nebel, sieben Galaktische Nebel, 26 Offene Sternhaufen, 29 Kugelsternhaufen, 40 Galaxien und drei sonstige Objekte (Milchstraßenwolke, optische Sterngruppen). Das nördlichste Objekt ist die Galaxie M 82 (UMa) mit +69° 41′ Deklination, das südlichste der Offene Sternhaufen M 7 (Sco) bei −34° 47′. Da Messier nur solche Objekte aufnahm, die er von seiner Sternwarte in Paris selbst beobachten konnte, finden sich keine südlicheren Objekte im Katalog, obwohl er sie gekannt haben muss. Ebenfalls diese Ortsgebundenheit macht seinen Katalog für Hobby-Astronomen in unseren Breiten auch heute noch attraktiv. Helle und auffällige Objekte wie h und χ Persei wurden ebenfalls nicht aufgenommen, weil der Doppelsternhaufen in Sternkarten bereits eingetragen war und somit kaum Verwechslungsgefahr mit Kometen bestand [AMO], [ET], [SEDS], [MW].

Beispiel: Der Ringnebel im Original

Für den Ringnebel M 57 im Sternbild Leier notierte Messier: „57. $18^h 45^m 21^s$ (281° 20′ 08″) +32° 46′ 03″ (Januar 31, 1779). Ein Lichthaufen, platziert zwischen γ & β der Leier, entdeckt bei der Beobachtung des Kometen von 1779, der an ihm sehr nahe vorüberging. Es schien, dass dieser Lichthaufen, der rundlich ist, aus sehr kleinen [schwachen] Sternen zusammengesetzt war. Mit den besten Fernrohren ist es nicht möglich, sie zu erblicken, es bleibt nur ein Verdacht,

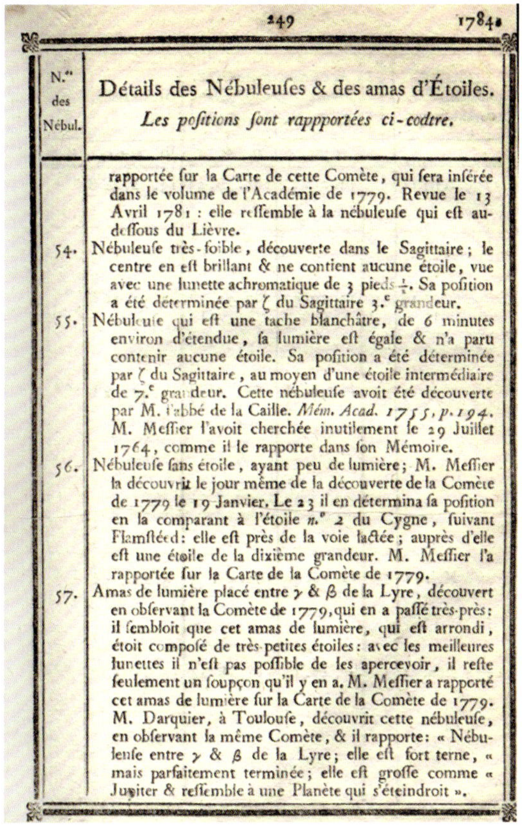

249 1784.

N.os des Nébul.	Détails des Nébuleuſes & des amas d'Étoiles. *Les poſitions ſont rappportées ci-codtre.*
	rapportée ſur la Carte de cette Comète, qui ſera inſérée dans le volume de l'Académie de 1779. Revue le 13 Avril 1781 : elle reſſemble à la nébuleuſe qui eſt au-deſſous du Lièvre.
54.	Nébuleuſe très-foible, découverte dans le Sagittaire; le centre en eſt brillant & ne contient aucune étoile, vue avec une lunette achromatique de 3 pieds ½. Sa poſition a été déterminée par ζ du Sagittaire 3.e grandeur.
55.	Nébuleuſe qui eſt une tache blanchâtre, de 6 minutes environ d'étendue, ſa lumière eſt égale & n'a paru contenir aucune étoile. Sa poſition a été déterminée par ζ du Sagittaire, au moyen d'une étoile intermédiaire de 7.e grandeur. Cette nébuleuſe avoit été découverte par M. l'abbé de la Caille. *Mém. Acad. 1755, p. 194.* M. Meſſier l'avoit cherchée inutilement le 29 Juillet 1764, comme il le rapporte dans ſon Mémoire.
56.	Nébuleuſe ſans étoile, ayant peu de lumière; M. Meſſier la découvrit le jour même de la découverte de la Comète de 1779 le 19 Janvier. Le 23 il en détermina ſa poſition en la comparant à l'étoile *n.*° 2 du Cygne, ſuivant Flamſtéed: elle eſt près de la voie lactée; auprès d'elle eſt une étoile de la dixième grandeur. M. Meſſier l'a rapportée ſur la Carte de la Comète de 1779.
57.	Amas de lumière placé entre γ & β de la Lyre, découvert en obſervant la Comète de 1779, qui en a paſſé très-près: il ſembloit que cet amas de lumière, qui eſt arrondi, étoit compoſé de très-petites étoiles: avec les meilleures lunettes il n'eſt pas poſſible de les apercevoir, il reſte ſeulement un ſoupçon qu'il y en a. M. Meſſier a rapporté cet amas de lumière ſur la Carte de la Comète de 1779. M. Darquier, à Toulouſe, découvrit cette nébuleuſe, en obſervant la même Comète, & il rapporte: « Nébuleuſe entre γ & β de la Lyre; elle eſt fort terne, « mais parfaitement terminée; elle eſt groſſe comme « Jupiter & reſſemble à une Planète qui s'éteindroit ».

Originaleintrag (57.) des Ringnebels M 57 in der Leier

dass sie dort sind. Monsieur Messier hat diesen Lichthaufen auf der Karte des Kometen von 1779 eingetragen. Monsieur Darquier, in Toulouse, entdeckte diesen Nebel bei der Beobachtung desselben Kometen, und er berichtet: ‚Nebelfleck zwischen γ & β der Leier; er ist sehr glanzlos, aber perfekt begrenzt; er ist groß wie Jupiter & gleicht einem erloschenen Planeten'" [MK1781]. 227 Jahre nach Messiers Beschreibung der Begegnung des Kometen von 1779 mit dem Ringnebel in der Leier zog 2006 wieder ein heller Komet an M 57 vorbei: das Fragment C des Kometen 73P/Schwassmann-Wachmann 3.

Das Fragment C des Kometen 73P/Schwassmann-Wachmann 3 am 8. 5. 2006 beim Ringnebel M 57 in der Leier.

Die Natur der Messier-Objekte

Die Himmelsobjekte, die Charles Messier in seinen Katalog aufgenommen hat, zählen zu den sogenannten Deep-Sky-Objekten. Darunter fallen alle Himmelsobjekte außerhalb unseres Sonnensystems, die am besten unter dunklem Himmel zu sehen sind.

Sterne

Sterne sind selbstleuchtende Körper aus ionisierten Gasen, die ihre Strahlungsenergie aus Kernfusionsprozessen in ihrem Inneren beziehen. Diese laufen bei Temperaturen von mehreren Millionen Grad ab. Die Oberflächentemperatur eines Sterns bestimmt seine Farbe (Spektralklasse) von tiefrot bei kühlen Roten Zwergsternen bis blauweiß bei heißen Überriesen. Die Leuchtkraft eines Sterns ist ein Maß für seine Energieabstrahlung, Sterne werden daher eingeteilt in Leuchtkraftklassen (von I – Überriesen bis VII – Zwerge). Trägt man diese beiden charakteristischen Größen für jeden Stern in das sogenannte Hertzsprung-Russell-Diagramm ein, erkennt man eine Systematik: Im rechten unteren Teil befinden sich die energiearmen Zwergsterne. Die Sonne mit Spektraltyp G2 und Leuchtkraftklasse V liegt im unteren Mittelfeld auf der sogenannten Hauptreihe. Wega in der Leier und Rigel im Orion sind leuchtkräftiger. Beteigeuze, ebenfalls im Orion, gehört zu den Roten Riesensternen. Weiße Zwerge bilden eines der möglichen Endstadien in der Sternentwicklung.

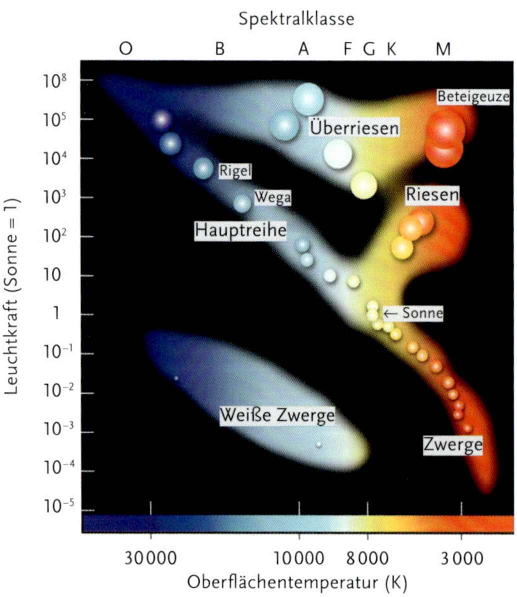

Sternklassifikation im Hertzsprung-Russell-Diagramm

Galaktische Nebel und Offene Sternhaufen

Interstellare, also zwischen den Sternen befindliche Gas- und Staubwolken, enthalten überwiegend neutralen Wasserstoff. Sobald in einer solchen Molekülwolke der Prozess der Sternentstehung beispielsweise durch die Druckwelle einer nahen Supernova-Explosion ausgelöst wird, bilden sich je nach Masse des Ausgangsmaterials bis zu einige Tausend Sterne. Junge, heiße Sterne vom Spektraltyp O und B strahlen eine intensive, ionisierende UV-Strahlung ab, die Gasnebel in näherer Umgebung zum Eigenleuchten anregt. Es entsteht eine sogenannte HII-Region (HII steht für ionisierten, HI für neutralen Wasserstoff). Zu den Galaktischen Nebeln zählen neben diesen Emissionsnebeln aber auch Reflexionsnebel, bei denen der Staub das Licht eines Sterns reflektiert.

Sterne entstehen selten alleine. Offene Sternhaufen sind mit einem Alter von bis zu einigen Hundert Millionen Jahren aus astronomischer Sicht junge Gebilde mit bis zu mehreren Tausend Sternen. Robert Julius Trümpler entwickelte 1930 ein Schema, mit dem er die Haufen nach ihrem Erscheinungsbild klassifizierte (S. 213). Die Galaktischen Nebel und Offenen Sternhaufen des Messier-Katalogs befinden sich in 400 bis 7000 Lj Entfernung. Die Durchmesser der Offenen Haufen betragen nicht mehr als maximal einige Hundert Lichtjahre. Dynamische Begegnungen der Haufensterne untereinander oder Wechselwirkungen mit anderen Sternen der Milchstraße führen dazu, dass die Haufen sich nach einigen Hundert Millionen Jahren in die Ebene der Milchstraße verstreuen [OS1-4].

Kugelsternhaufen

Kugelförmige Sternhaufen gehören mit rund 12,7 Milliarden Jahren zu den ältesten Sternansammlungen in unserer Milchstraße: Die mehr als 150 bekann-

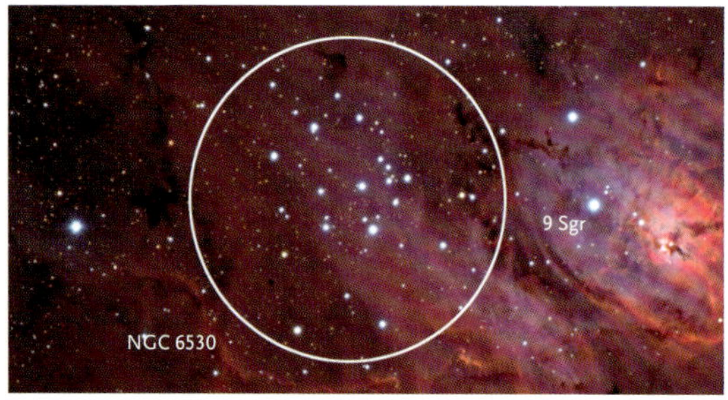

Der junge Sternhaufen NGC 6530 ist Teil des Lagunennebels (M 8). Durch das intensive UV-Licht des Sterns 9 Sgr wird der Nebel zum Leuchten angeregt.

Der ellipsoide Kugelsternhaufen M 19 (Klasse VIII) verdankt seine längliche Form der Anziehungskraft des galaktischen Zentrums.

Der Zentralstern (weißer Pfeil) des Hantelnebels M 27 (Planetarischer Nebel) ist ein rund 85 000 Grad heißer Weißer Zwerg.

Der Krebsnebel (M 1) ist der Rest einer Typ-II-Supernova-Explosion aus dem Jahr 1054. In seinem Zentrum befindet sich ein 30-mal pro Sekunde rotierender Neutronenstern (weißer Pfeil). Solche Objekte bezeichnet man als Pulsare (vgl. auch M 1, S. 12).

ten kompakten Haufen bilden einen Halo um das Zentrum unserer Galaxie. Die Kugelsternhaufen des Messier-Katalogs liegen in Entfernungen zwischen 7000 und 87 000 Lj, der Durchmesser variiert etwa zwischen 35 und 300 Lj. Kugelsternhaufen werden nach dem Grad ihrer Kompaktheit in zwölf Klassen von I (kompakt) bis XII (locker) eingeteilt. Aufgrund ihres fortgeschrittenen Entwicklungsstadiums sind ihre Sterne überwiegend rötlich gefärbt.

Planetarische Nebel

Das Ende eines Sterns mit ähnlicher Masse wie die Sonne verläuft friedlich. Nach Ende der Kernfusion von Wasserstoff zu Helium, Kohlenstoff und schließlich Sauerstoff verbrennt der Wasserstoff nur noch in einer Schale um den Kern. Diese reagiert in dieser Phase mit Pulsationen sehr empfindlich auf Temperaturschwankungen. Dabei kommt es zu mehrfachen Ablösungen von Teilen der Sternatmosphäre mit vergleichsweise gemächlicher Geschwindigkeit von bis zu 40 km/s. Ist der Kern im Zentrum auf mehr als 25 000 Grad erhitzt, vermag er die abgelöste Hülle zum Leuchten anzuregen, was wir als Planetarischen Nebel wahrnehmen. Zurück bleibt im Zentrum ein Weißer Zwergstern [PNH]. Zur Klassifikation der Planetarischen Nebel siehe Seite 212.

Supernovae

Ein Stern mit mehr als acht Sonnenmassen endet nach einem Kernkollaps in einer Supernova-Explosion vom „Typ II" als kompakter Neutronenstern oder als Schwarzes Loch. Aber auch Weiße Zwerge in Doppelsternsystemen können in einer Supernova-Explosion enden, wenn sie genügend Materie von ihrem Begleitstern, einem Roten Riesen abgezogen haben. Dies sind die „Typ-Ia"-Supernovae, die beim Auftreten in Galaxien zur Entfernungsbestimmung verwendet werden. Die Detonation zerreißt den Weißen Zwerg vollends. Das bei der Explosion ausgeworfene Material bildet einen leuchtenden Gasnebel, den sogenannten Supernova-Überrest (s. auch Kasten S. 200).

Galaxien

Eine Galaxie ist ein eigenständiges Sternsystem wie unsere Milchstraße, die Galaxis. Spiralgalaxien zählen zu den ältesten Sternansammlungen im Universum, wie auch die Kugelsternhaufen. Elliptische Galaxien entstanden wahrscheinlich erst später bei der Verschmelzung von Spiralgalaxien und sind somit jüngeren Alters.

Unsere Milchstraße bildet als zweiarmige Balkenspiralgalaxie mit 53 weiteren Galaxien (u.a. M 31) einen kleinen Verbund, den man die Lokale Gruppe nennt und die vom benachbarten Virgo-Galaxienhaufen angezogen wird. Die Lokale Gruppe und der Virgo-Haufen wiederum sind Mitglieder des Virgo-Superhaufens, der bis zu 200 Galaxienhaufen enthält.

Ein von Edwin Hubble 1936 entwickeltes Ordnungsschema, die Hubble-Sequenz, teilt die Galaxien grundsätzlich ein in Elliptische Galaxien (Typ E0 – E7), spindelförmige Galaxien (S0), Spiralgalaxien (Sa – Sd), Balkenspiralen (SBa – SBd) und Irreguläre Galaxien (Irr), wobei Mischformen möglich sind [HK]. Die Galaxien des Messier-Katalogs haben Durchmesser zwischen 8000 und 180 000 Lj und Entfernungen von 2,52 Millionen bis etwa 67 Millionen Lj.

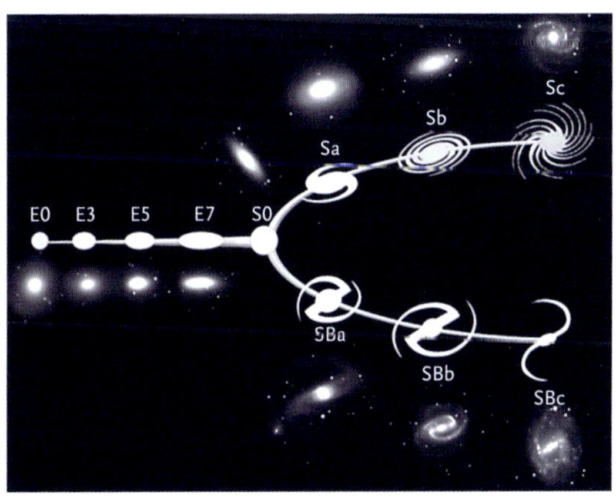

Galaxien-Klassifikation nach Edwin Hubble

Einführung in die Beobachtungspraxis

Die Beobachtung der Katalog-Objekte mit den Instrumenten des 18. Jahrhunderts war von Messier und Méchain zum Teil eine Meisterleistung. Heute hingegen liegen alle Messier-Objekte in der Reichweite von Amateurastronomen vom Fernglas bis zum Teleskop mit großer Öffnung. Damit die Beobachtung ein voller Erfolg wird, erhalten Sie hier noch einige Tipps.

Der Standort

Für den Beobachtungsstandort ist möglichst wenig Störlicht wünschenswert. Für viele sommerliche Objekte sollte darüber hinaus der Südhorizont möglichst unverbaut sein. Dass Sie den Standort gut und sicher erreichen und auch wieder verlassen können (vor allem im Winter), ist genauso wichtig wie seine Qualität. Oft liegen gute Plätze naturgemäß fernab von Städten, bedenken sollten Sie dabei unbedingt, dass Sie noch zurück müssen mitten in der Nacht oder am frühen Morgen mit starken Ermüdungserscheinungen. Ein Kompromiss aus Qualität und Erreichbarkeit ist oft unerlässlich.

Die Ausrüstung

Außer den eigentlichen „Seh-Instrumenten" erfordert eine Beobachtungsnacht noch weitere Ausrüstung und eine gewisse Planung. Sorgen Sie beispielsweise unbedingt für geeignete Kleidung. Im Winter sind damit in erster Linie warme Unterwäsche, gefütterte Hosen, Stiefel, Daunenjacken und Kopfbedeckungen gemeint. Ganz wichtig ist auch ein Paar guter Handschuhe. Praktisch sind vor allem solche, bei denen man die Fingerlinge nach hinten klappen kann. Aber auch im Sommer sollten Sie an lange Hosen und Pullover wegen möglicher Kälte oder Mücken denken.

Ein wichtiges Hilfsmittel ist außerdem eine rote Taschenlampe (am besten mit regelbarer Helligkeit). Es gibt praktische Varianten, die man wie ein Stirnband tragen kann – so hat man immer die Hände frei. Aufsuchkarten wie in diesem Buch helfen, die Objekte zu finden, Notizheft und Diktiergerät oder MP3-Player mit Aufnahmefunktion sind sinnvolle Utensilien, um die Beobachtungseindrücke festzuhalten. Wer gut mit Bleistift und Radiergummi umgehen kann, darf sich auch als Zeichner versuchen.

Teleskope und Zubehör

Die Anschaffung des eigenen optischen Equipments erscheint vielen Einsteigern oft als größte Hürde auf dem Weg zum Beobachtungserlebnis – sowohl der finanzielle Aspekt als auch die Suche nach einem technisch passenden Gerät. Zu diesem Thema gibt es eigene Bücher, viele Zeitschriftentests und Diskussionsstränge in Internetforen, dennoch lassen sich ein paar Dinge allgemeingültig festhalten:

Auch Ferngläser sind gute Beobachtungsinstrumente und sehr hilfreich, weil sie einfach zu bedienen sind und große Sehfelder haben. Jedoch gelten für die Messier-Objekte ein paar Einschränkungen: Ein 7×50-Fernglas ist zu schwach vergrößernd, ein 8×42-Fernglas bringt bei den meisten Objekten zu wenig Lichtstärke. Daher wird in diesem Buch meist die Beobachtung in einem 10×50-Fernglas beschrieben, ein Fernglastyp, der sich bei vielen Herstellern im Sortiment findet.

An Teleskoptypen sind für die Beobachtung der Messier-Objekte prinzipiell alle geeignet, eine möglichst große Teleskopöffnung ist jedoch hilfreich. Je größer die Öffnung, umso höher ist das Auflösungsvermögen des Teleskops und seine lichtsammelnde Wirkung. Damit sind immer mehr Einzelheiten und immer lichtschwächere Strukturen erkennbar.

Dennoch lohnt sich die Beobachtung vom kleinen Refraktor (Linsenteleskop) bis hin zum großen Reflektor (Spiegelteleskop). Für dieses Buch wurden daher sämtliche Messier-Objekte mit verschiedenen Instrumenten beobachtet: neben dem schon erwähnten 10×50-Feldstecher ein 75- bzw. 80- und ein 130-mm-Refraktor sowie ein 200- und 300-mm-Reflektor (s. Tabelle). So finden Sie für jede Instrumentengröße eine passende Beobachtungsbeschreibung.

Verwendete Beobachtungsinstrumente
Ferngläser
8 × 42 Vixen, Apex Pro
10 × 50 Fujinon, FMT SX
Teleskope
75-mm-Refraktor Pentax, f/6,7 (Apochromat)
80-mm-Refraktor Vixen, f/5 (Achromat)
114-mm-Reflektor Vixen, f/7,9 (Newton)
130-mm-Refraktor Astro-Physics, f/6 (Apochromat)
200-mm-Reflektor Meade, f/10 (8″-Cassegrain, ACF)
200-mm-Reflektor Celestron, f/10 (8″-Schmidt-Cassegrain)
300-mm-Reflektor Meade, f/10 (12″-Cassegrain, ACF)

Wichtige Faktoren für die Teleskopwahl, abgesehen von der Öffnung und dem Geldbeutel, sind meist auch eine bequeme Transportierbarkeit, die Eignung auch für andere Objekte wie Planeten und eine mög-

Für dieses Buch wurden alle Messier-Objekte von Stefan Korth mit verschiedenen Instrumenten beobachtet.

liche Aufrüstbarkeit, z. B. mit Fotoadaptern, Weitwinkelokularen oder Computersteuerung. Sehr wichtig ist eine stabile Mechanik, damit Sie auch nach Jahren noch Spaß an der Beobachtung haben und selbst hohe Vergrößerungen wackelfrei genießen können.

Die Art der Montierung (parallaktisch oder äquatorial, motorische Nachführung oder GoTo-Steuerung) ist an sich sekundär. Natürlich können elektronische Hilfsmittel praktisch sein, sie erfordern aber mobilen Strom. Ganz elektronikfrei lassen sich die Messier-Objekte mit den Aufsuchbeschreibungen und Karten in diesem Buch per „Starhopping" finden. Wenn Sie allerdings mit Ihrem Equipment fotografieren möchten, benötigen Sie zwingend eine motorische Nachführung. Für die Fotografie aller Objekte erhalten Sie dazu auf den entsprechenden Seiten Tipps. Eine ausführliche Anleitung in die Digitalfotografie können sie jedoch nicht ersetzen [HF + DA].

Sinnvoll ist die Investition in gutes Beobachtungszubehör wie ein Weitwinkelokular oder einen Nebelfilter. Mit einem Nebelfilter lässt sich störendes Streulicht auch in Stadtnähe wirksam unterdrucken. Diese Filter machen jedoch das Bild dunkler und eignen sich daher im Allgemeinen nicht für hohe Vergrößerungen. Gängig sind Breitband- (z. B. Deep-Sky-Filter) und Schmalbandfilter (UHC) sowie Linienfilter (OIII). Schmalbandfilter lassen nur einen kleineren Spektralbereich passieren, Linienfilter sogar nur bestimmte, vom Objekt emittierte Spektrallinien. Ob und welcher Filter jeweils sinnvoll einzusetzen ist, wird in der Beobachtungsbeschreibung zum Objekt angegeben.

Die Beobachtung

Die Messier-Objekte sollten Sie nur in mondlosen Nächten beobachten. Eine gute Atmosphärendurchsicht (Transparenz) sowie ruhige Luft (gutes „Seeing") sind für einige Objekte besonders wichtig, vor allem wenn Sie fotografieren. Wie dunkel Ihr Himmel sein sollte, wird in diesem Buch mit Hilfe der Bortle-Skala beschrieben (S. 213).

Optimalerweise sollten Sie an Ihrem Beobachtungsort noch im Hellen ankommen, vor allem wenn Sie Ihr Teleskop noch aufbauen müssen. Auch die Objektauswahl braucht vielleicht noch ein wenig Zeit. Falls Sie Einsteiger sind, nehmen Sie sich am besten zuerst die für ein Fernglas oder kleineres Teleskop gekennzeichneten Objekte vor.

Orientieren Sie sich dann mit der Sternkarte am Himmel und versuchen Sie, den Detailkreis darin mit dem Anblick in Ihrem Sucherfernrohr oder Fernglas in Übereinstimmung zu bringen. Dies ist vor allem im Teleskop nicht ganz einfach, denn eine astronomische Optik ohne weiteres Zubehör erzeugt ein um 180° gedrehtes Bild, ein Teleskop mit einem Zenitprisma hingegen ein aufrechtes, aber seitenverkehrtes (!) Bild. Lediglich ein Fernglas liefert ein aufrechtes und seitenrichtiges Bild und zeigt daher den Himmel meist genauso wie die Sternkarten: Norden oben und Westen rechts (die Nordrichtung ist jeweils durch einen kleinen Pfeil gekennzeichnet). Mit ein bisschen Übung bekommen Sie ein Gespür für die Aufsuchkarten und Wege zu Ihren Wunschobjekten. Ist im Sucher das Objekt oder zumindest die betreffende Himmelsregion korrekt eingestellt, dann sehen Sie im Teleskop zunächst mit geringer Vergrößerung nach (Schreibweise 25× z. B. bedeutet 25-fache Vergrößerung). Ist das Objekt einmal gefunden, lassen Sie sich Zeit bei der Beobachtung und schauen Sie auch einmal knapp daran vorbei: Beim „indirekten Sehen" nehmen Sie vor allem bei schwachen Objekten mehr wahr als beim direkten Draufschauen. Und egal, wie viel Beobachtungserfahrung Sie bereits besitzen, je mehr Zeit Sie sich nehmen, umso mehr Details werden Sie auch erkennen.

Nützliches Foto- und Beobachtungszubehör (von links nach rechts): digitale Spiegelreflexkamera mit Winkelsucher und Fernauslöser, Nebelfilter, Rotlicht-Kopflampe, Okularpalette, Fernglas, Beobachtungsbuch.

Die 110 Messier-Objekte

M 1 Krebsnebel

Steckbrief	
Messier-Nummer	1
NGC-Nummer	1952
Name	Krebsnebel
Sternbild	Stier
Objektklasse	Supernovarest
Klassifikation*	–
Rektaszension	$05^h 34\overset{m}{.}5$
Deklination	+22° 01′
Helligkeit	$8\overset{m}{.}4$
Ausdehnung	6×4′
Entfernung	6300 Lj
Kulmination**	4. Januar
Kulmination nächstes Objekt	M 42

* Erläuterung Seite 212/213; ** für 10° Ost, ca. 23 Uhr MEZ

Information

Charles Messiers erste Entdeckung erfolgte am 28. 8. 1758. Sie war der Startschuss für seinen berühmten Katalog, der mit dem Eintrag vom 12. 9. 1758 begonnen wurde. M 1 war allerdings schon 1731 von dem englischen Arzt und Amateurastronomen John Bevis beobachtet worden, was Messier auch anerkannte. William Parsons, 3. Earl of Rosse (abgekürzt „Lord Rosse"), gab dem Nebel im Jahr 1844 seinen charakteristischen Namen, weil ihn die Nebelfilamente an die Beine eines Krebses erinnerten.

M 1 ist der Nebelrest einer weltweit registrierten Supernova-Explosion vom Typ II im Jahr 1054, er ist rund 11×7 Lj ausgedehnt und steht in 6300 Lj Entfernung. Der Vorgängerstern war rund 13 Sonnenmassen schwer. Mit hochauflösenden Bildern, deren Aufnahmezeitpunkte einige Jahre auseinanderliegen, ist die Expansion des Nebels nachweisbar. So wurden Rückschlüsse auf das Entstehungsdatum möglich.

Im Nebelzentrum steht ein rund 30-mal pro Sekunde rotierender Neutronenstern, der energiereiche Strahlung überwiegend im Radiowellenlängenbereich in einem Kegel um seine Magnetachse aussendet. Wie beim rotierenden Leuchtfeuer eines Leuchtturms überdeckt der Strahlungskegel periodisch die Erde. Solche Objekte scheinen zu pulsieren und werden daher als Pulsare bezeichnet. Der Pulsar PSR B0531+21 hat mit CM Tauri die Bezeichnung eines Veränderlichen Sterns. Als Radioquelle ist er unter Taurus A seit 1948 bekannt und identisch mit der 1964 entdeckten Röntgenquelle Taurus X-1.

So finden Sie M 1

> Ideal für die Beobachtung des Krebsnebels sind die Winternächte um die Jahreswende herum, der Nebel steht dann hoch im Süden im Sternbild Stier.

> Lokalisieren Sie als erstes ζ Tau an der Ostkante des Sternbildes.

> Knapp 1° nördlich von ζ Tau finden Sie zwei Sterne 6. Größenklasse.

> Schwenken Sie von dem nördlicheren ein halbes Grad nach Westen, dort stoßen Sie auf den Krebsnebel.

Beobachtung

Bereits im 75-mm-Refraktor ist der Nebel gut zu erkennen, er zeigt sich als leicht ovales Fleckchen ohne weitere Einzelheiten. Das gilt auch für die Beobachtung mit einem der populären 114-mm-Newton-Reflektoren. Als Vergrößerung empfiehlt sich etwa 60–90×. In einem guten 130-mm-Refraktor jedoch ist festzustellen, dass der längliche Nebel etwas unregelmäßig geformt ist. Weitere Einzelheiten sind aber auch mit diesem Gerät nicht erkennbar. Ebenso zeigen selbst unter optimalen Bedingungen weder 200-mm- noch 300-mm-Reflektoren wirklich feine Nebeldetails – die Öffnung reicht nur für die Erkennung des diffusen Nebelanteils. Dafür wirkt der Rand jetzt besser definiert. Die filigranen Filamente aber verlangen mindestens 400 mm Teleskopdurchmesser und wirklich optimale Sichtbedingungen.

Auch wenn M 1 nicht einfach beobachtbar ist, ist doch die Tatsache faszinierend, dass wir hier auf die Reste einer Supernova der „jüngeren" Geschichte blicken. Den zentralen Pulsar wird man als Amateurbeobachter aber leider nicht zu Gesicht bekommen.

Fototipp

Der Krebsnebel zeigt auf Aufnahmen einen diffusen, zart bläulichen Körper und markante, scharf begrenzte rote Hα-Filamente. Bei hoher Bildauflösung und gutem Seeing unter 2″ löst man im Zentrum sogar die mehrfachen, veränderlichen Nebelschalen nordwestlich des Pulsars auf, die von seinem Licht zum Leuchten angeregt werden (Inset). Als Kamera benötigt man für eine differenzierte Farbdarstellung mindestens eine modifizierte DSLR-Kamera mit erhöhter Hα-Empfindlichkeit oder eine schwarzweiße CCD-Kamera mit LRGB-Farbfiltersatz – und reichlich Gesamtbelichtung. Zudem sollte der Himmel sehr dunkel und mondlos sein (Bortle 4).

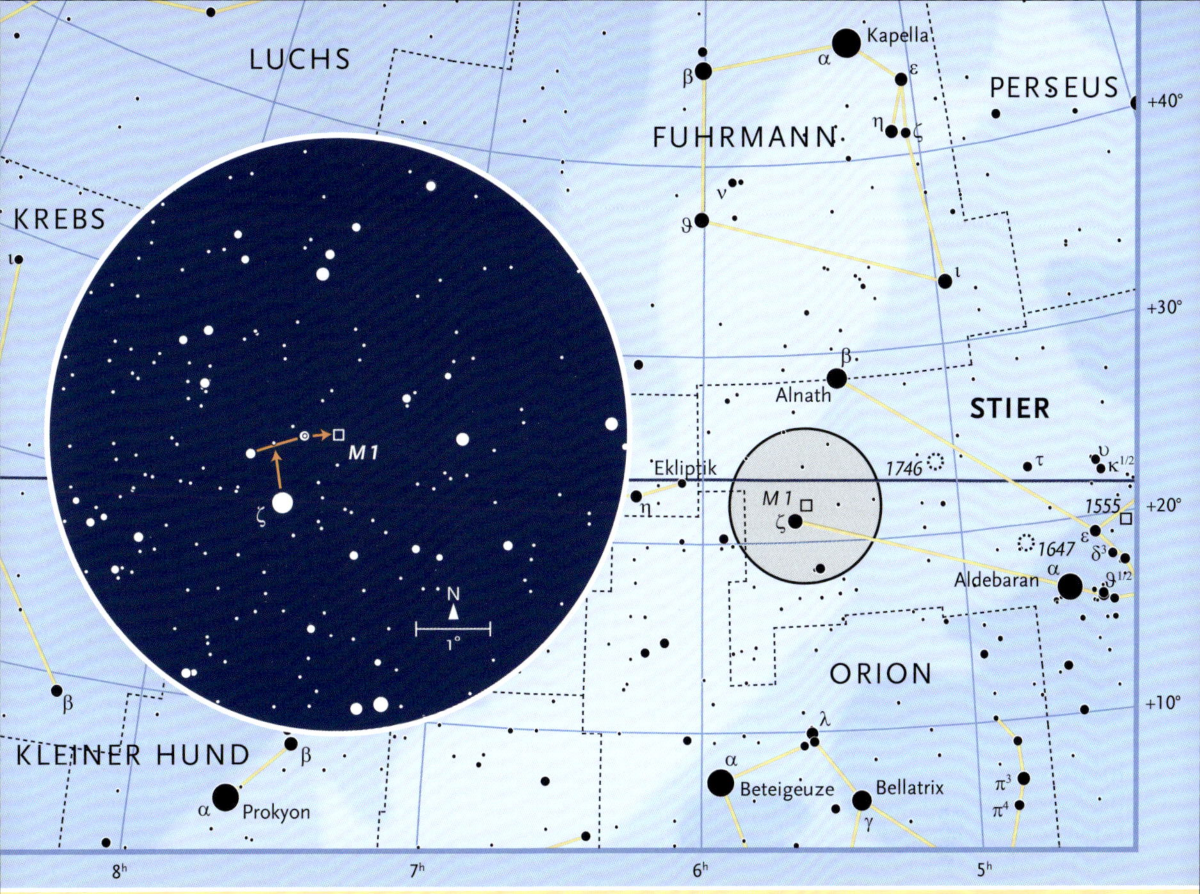

M 1. Optik: Meade 12″ ACF + Flattener, **Brennweite:** 2970 mm, **Kamera:** SBIG STL-11000M, **Belichtung:** Luminanz 60 min am 29. 1. 2009. **Kamera:** Canon EOS 20D, **Belichtung:** 113 min am 26. 12. 2006, **Ort:** Sörth. (4710) Wade ist ein Kleinplanet.

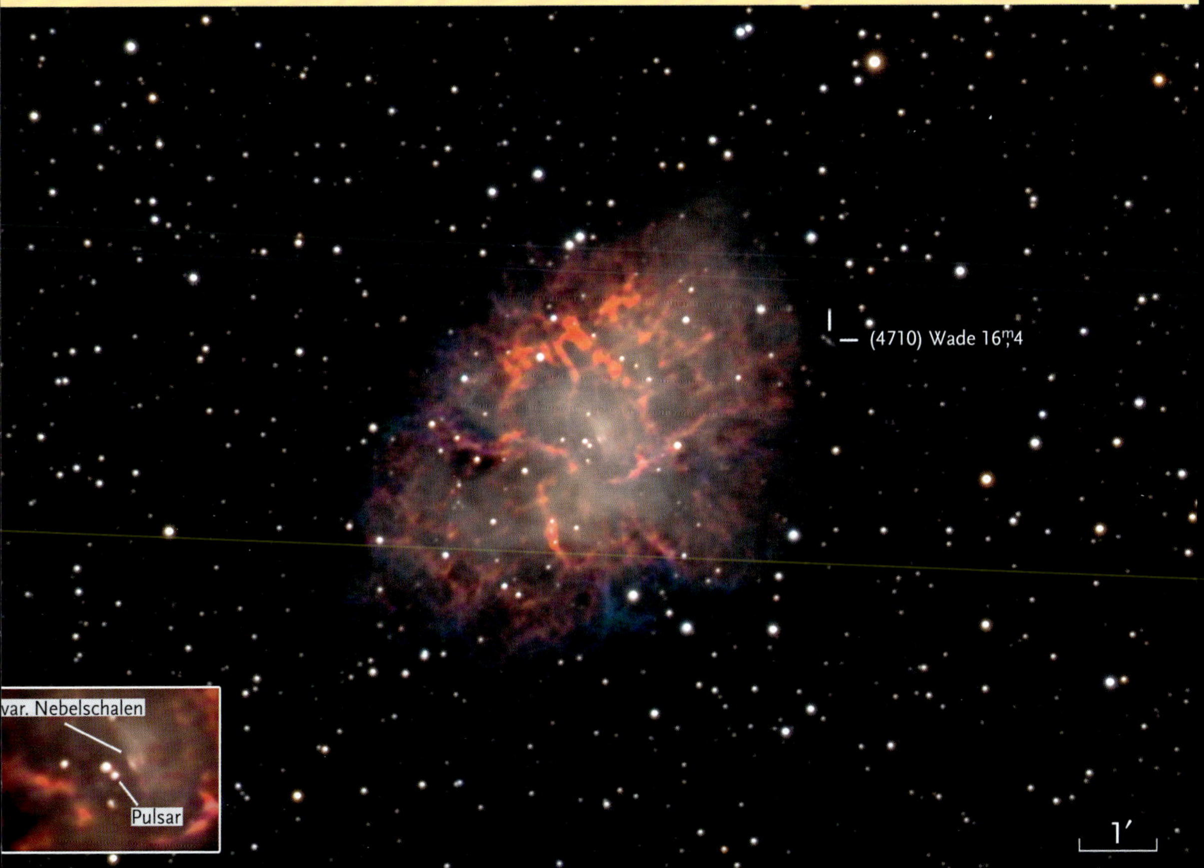

M 2

Steckbrief	
Messier-Nummer	2
NGC-Nummer	7089
Name	
Sternbild	Wassermann
Objektklasse	Kugelsternhaufen
Klassifikation*	II
Rektaszension	$21^{h}33^{m}{,}5$
Deklination	−00° 49′
Helligkeit	$6^{m}{,}5$
Ausdehnung	16′
Entfernung	39200 Lj
Kulmination**	4. September
Kulmination nächstes Objekt	M 30

* Erläuterung Seite 212/213; ** für 10° Ost, ca. 23 Uhr MEZ

Information

Der Kugelsternhaufen M 2 wurde am 11. 9. 1746 in Paris von dem gebürtigen Italiener Giovanni Domenico Maraldi als „nebliger Stern" entdeckt. Messier fand den Haufen unabhängig auf den Tag genau 14 Jahre später am 11. 9. 1760 und beschrieb ihn als „Nebel ohne Stern mit leuchtendem Zentrum, von rundem Licht umgeben". Der Anblick erinnerte ihn an den Kugelsternhaufen M 22 im Schützen.

M 2 ist mit Klasse II sehr stark konzentriert. Das Zentrum mit der Hälfte der Gesamtmasse ist scheinbar nur rund 1′ ausgedehnt, was etwa 11 Lj entspricht. M 2 ist insgesamt rund 182 Lj groß und steht in rund 39 200 Lj Entfernung jenseits des Zentrums der Milchstraße. Seine hellsten Sterne sind $13^{m}{,}1$ hell. Er weist eine leichte Elliptizität auf.

M 2 enthält unter anderem rund 16^{m} helle pulsationsveränderliche Sterne vom Typ RR Lyrae, deren Lichtwechsel kürzer als ein Tag ist. Man kann sie mit dem Aladin Sky Atlas [Aladin] am sichersten identifizieren. Im Jahr 1897 entdeckte der französische Amateurastronom A. Chevremont einen Veränderlichen Stern vom Typ RV Tauri (vgl. S. 110), dessen Helligkeit zwischen $12^{m}{,}5$ und 14^{m} schwankt. In der Simbad-Datenbank [Simbad] findet man diesen Stern mit genauer Positionsangabe unter der Bezeichnung „Cl* NGC 7089 SAW V11" (siehe Foto).

So finden Sie M 2

> M 2 ist vornehmlich am Sommerhimmel, im Westteil des Sternbildes Wassermann zu finden.
> Lokalisieren Sie β Aqr (Sadalsuud), einen Stern 3. Größe, indem Sie von ε Peg (Enif) rund 16° nach Südwesten schwenken.
> Von β Aqr aus schwenken Sie wieder knapp 2° nach Nordosten, dort stoßen Sie auf ein lang gezogenes Dreieck aus Sternen 6. Größe.
> An der Nordspitze dieses Dreiecks finden Sie einen hübschen, weiten Doppelstern (Abstand knapp 3′). Von dort aus bewegen Sie Ihr Fernrohr etwa 2,5° nach Norden, schon im Sucherfernrohr sollten Sie nun M 2 finden.

Beobachtung

In einem mäßig dicht besetzten Sternfeld im westlichen Teil des Sternbildes Wassermann ist der Kugelhaufen M 2 ein auffälliges Objekt schon in 8×42- und erst recht in 10×50-Ferngläsern. Mit diesen Optiken zeigt er sich als kleine diffuse Scheibe. Ein 80-mm-Refraktor zeigt bei 50× eine sehr deutliche Helligkeitszunahme zum Zentrum hin, nicht viele Kugelsternhaufen sind so stark zur Haufenmitte hin konzentriert. Ebenfalls sichtbar ist die deutlich ovale Form des Sternhaufens, Einzelsterne sind jedoch nicht erkennbar. Im 130-mm-Refraktor ist die starke Helligkeitskonzentration noch deutlicher hervorgehoben, auch der elliptische Umriss ist gut sichtbar. Vergrößert man auf 100×, dann scheinen mitunter am Rand Einzelsterne aufzutauchen, sie sind aber nur schwer zu erkennen.

Einfacher hat man es da im 200-mm- und 300-mm-Reflektor, denn jetzt entfaltet M 2 seine Pracht. Einzelsterne sind bei 100-facher Vergrößerung schon gut sichtbar, auch vor dem ansonsten unaufgelösten Haufenzentrum findet man einige. Bei 150–180× sieht man weitere Einzelsterne bis in die Haufenmitte und im Hintergrund einen sehr ausgedehnten Schimmer nicht aufgelöster Sterne.

Fototipp

Die Auflösung in Einzelsterne erreicht man am besten bei gutem Seeing unter 2″ mit einer Serie von kurzen Einzelbelichtungen unterschiedlicher Länge. Die Gradationskurve sollte man behutsam mit Gammaskalierung verändern und darauf achten, dass im gesamten Stacking-Prozess die hellen Sterne im Zentrum nicht ausbrennen und somit ihre charakteristische Farbe behalten. M 2 kann man auch bei leichtem Mondlicht oder aus der Stadt heraus sinnvoll aufnehmen (vgl. Fototipp Seite 36).

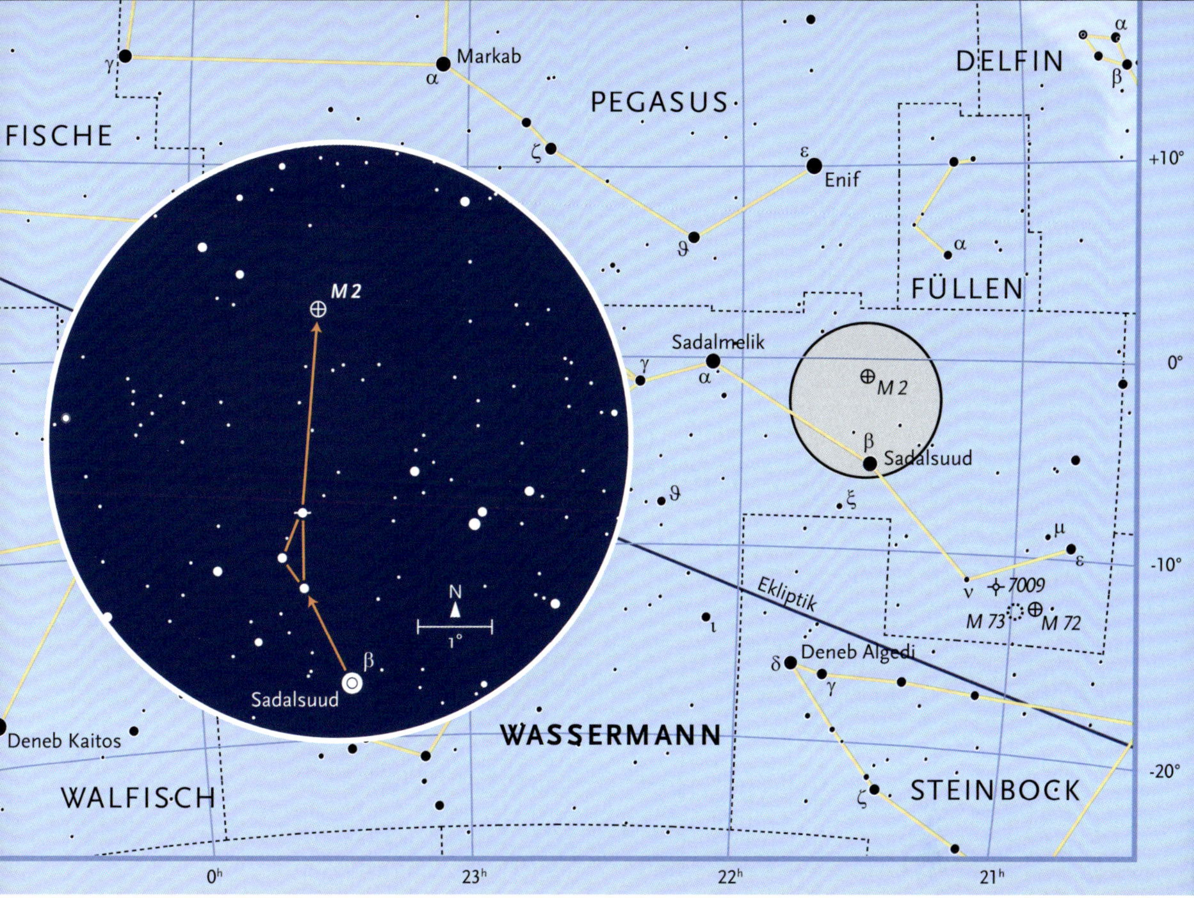

M 2. Optik: Meade 12″ ACF, **Brennweite:** 3000 mm, **Kamera:** Canon EOS 5D, **Belichtung:** 25 min am 23. 7. 2007 und 24 min am 11. 8. 2007, **Ort:** Sörth

M 3

Steckbrief	
Messier-Nummer	3
NGC-Nummer	5272
Name	
Sternbild	Jagdhunde
Objektklasse	Kugelsternhaufen
Klassifikation*	VI
Rektaszension	$13^h 42^m\!.2$
Deklination	+28° 23′
Helligkeit	$6^m\!.2$
Ausdehnung	18′
Entfernung	33 900 Lj
Kulmination**	8. Mai
Kulmination nächstes Objekt	M 101

* Erläuterung Seite 212/213; ** für 10° Ost, ca. 23 Uhr MEZ

Information

Der Kugelsternhaufen M 3 wurde von Messier am 3. 5. 1764 entdeckt. Er beschrieb seine erste eigene Entdeckung wie folgt: „Der Nebel enthält keinen Stern, das Zentrum ist hell und sein Licht verliert sich undeutlich, er ist rund; unter einem schönen Himmel kann man ihn in einem einfüßigen Teleskop sehen [gemeint ist immer die Brennweite].“ M 3 ist mit 18′ scheinbar sehr groß am Himmel; in einer Entfernung von etwa 34 000 Lj beträgt seine Ausdehnung rund 180 Lj.
Mehr als 200 Veränderliche Sterne sind bekannt, darunter mindestens 170 rund 16^m helle pulsationsveränderliche Sterne vom Typ RR Lyrae, die man mit dem Aladin Sky Atlas [Aladin] identifizieren kann.
M 3 ist mit einer halben Million Sterne sehr sternreich und mit Klasse VI nur mäßig konzentriert. Seine hellsten Sterne sind $12^m\!.7$ hell. M 3 weist neben rötlichen Sternen auch eine Population blauer Sterne auf, die man als „Blue Stragglers“ bezeichnet.

So finden Sie M 3

> Visieren Sie am Frühlingshimmel hoch im Südosten zunächst α Boo (Arktur) an, den Hauptstern des Bärenhüters.
> Schwenken Sie Ihr Teleskop dann rund 6° nach Westen, dort stoßen Sie auf η Boo. Schieben Sie diesen Stern an den Ostrand Ihres Suchergesichtsfeldes.
> η bildet mit τ (4^m) und 6 Boo (5^m) ein stumpfwinkliges Dreieck mit dem Stern 6 an der Nordspitze – diese weist direkt in Richtung zu M 3.
> Bewegen Sie das Gesichtsfeld nun rund 10° nach Norden, M 3 ist dann als diffuser „Stern“ weniger als 1° nordöstlich eines Sternes 6. Größe zu sehen.

Beobachtung

Dass M 3 leicht zu finden ist, liegt nicht nur an dem unkomplizierten Aufsuchweg, sondern auch seiner guten Erkennbarkeit im Sucherfernrohr oder im Fernglas: Ein 10×50-Binokular zeigt ihn eindeutig und sicher als kleines, helles Fleckchen, das an einen unscharf gestellten Stern erinnert. Im 75-mm-Refraktor ist der Kugelhaufen scheibenförmig mit einer leichten Aufhellung zum Zentrum hin wahrzunehmen, nach Einzelsternen sucht man freilich vergebens. Mit einem 130-mm-Refraktor löst man immerhin die Randpartie auf, zum Zentrum hin zeigt sich jedoch die Summe der Haufensterne noch immer als ein diffuser, verwaschener Schimmer. Dabei fällt auf, dass der Kugelhaufen eine leicht asymmetrische Kontur aufweist. Diese Asymmetrie ist noch augenfälliger, wenn man M 3 bei 100× im 300-mm-Reflektor bewundert. Mit solch einem Instrument wird der Sternhaufen zu einem der schönsten Kugelhaufen des Nordhimmels: Bis ins Zentrum sieht man Dutzende von Einzelsternen, die insgesamt etwa ein Viertel des Gesichtsfeldes ausfüllen.

Durch die Vielzahl eng beieinanderstehender Einzelsterne bis an die Nachweisgrenze des jeweiligen Fernrohrs ist der Kugelhaufen M 3 gut geeignet, die Vorteile eines großen Objektivdurchmessers und den damit verbundenen Grenzgrößengewinn darzustellen. Vergrößern Sie auch ruhig etwas höher, dadurch können Sie unter Umständen dem Kugelsternhaufen noch mehr Einzelsterne entlocken!

Fototipp

Die Haufensterne stehen in M 3 aus fotografischer Sicht eher weniger dicht gedrängt. Je besser das Seeing ist, desto weiter löst man den Kugelsternhaufen im Zentralbereich in einzelne Sterne auf. Eine Serie von Einzelbelichtungen unterschiedlicher Länge ist immer sinnvoll. Dies gilt insbesondere bei der Verwendung einer 12-Bit-DSLR-Kamera, die nur 4096 Graustufen unterscheiden kann. Im gesamten Stacking-Prozess sollten die hellen Sterne im Zentrum nach Möglichkeit nicht ausbrennen, damit sie ihre charakteristische Farbe behalten. Der helle Kern von M 3 ist auch bei leichtem Mondlicht oder aus der Stadt heraus ein lohnendes Ziel.

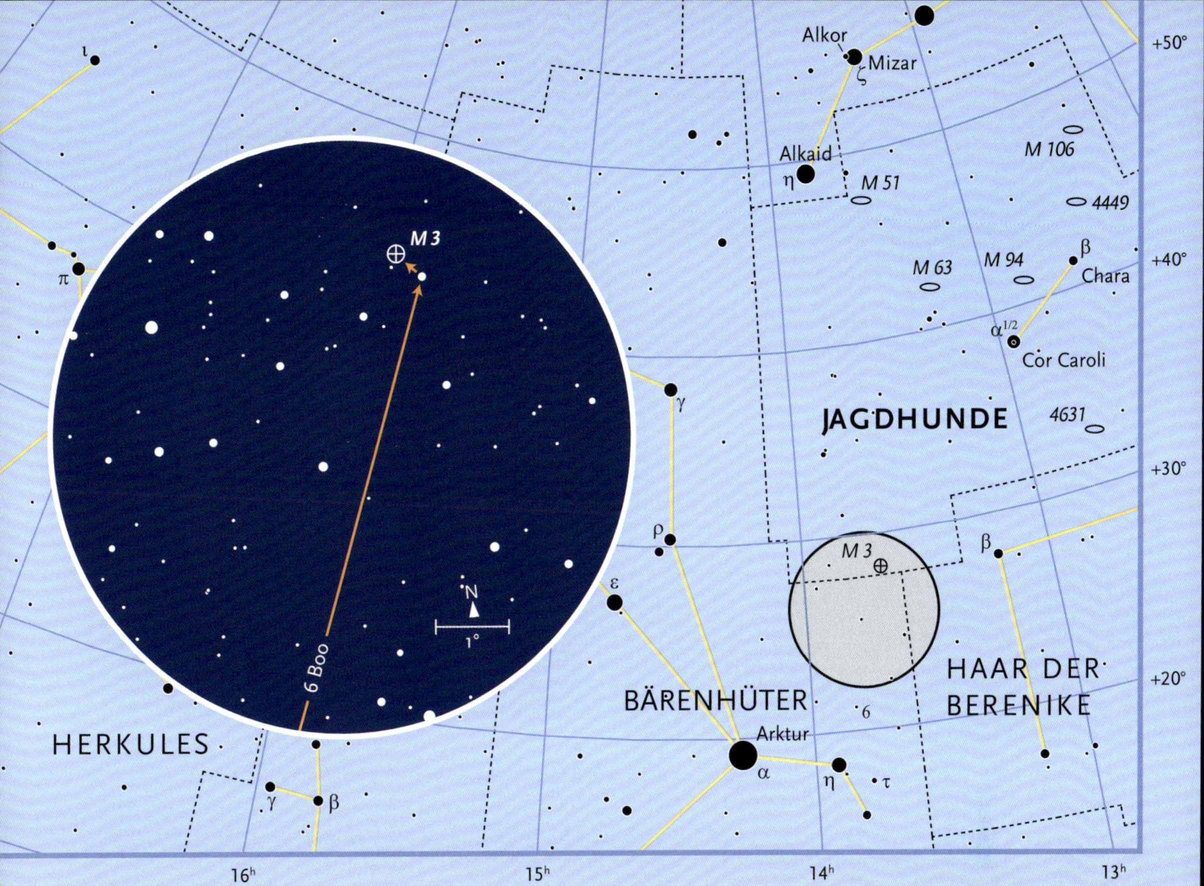

M 3. Optik: Meade 12″ ACF + Flattener, **Brennweite:** 2970 mm, **Kamera:** SBIG STL-11000M, **Belichtung:** Luminanz 40 min am 20. 4. 2009. **Kamera:** Canon EOS 20D, **Belichtung:** 26 min am 9. 4. 2007, **Ort:** Sörth

M 4

Steckbrief	
Messier-Nummer	4
NGC-Nummer	6121
Name	
Sternbild	Skorpion
Objektklasse	Kugelsternhaufen
Klassifikation*	IX
Rektaszension	$16^h 23^m,6$
Deklination	−26° 32′
Helligkeit	$5^m,9$
Ausdehnung	36′
Entfernung	5600 Lj
Kulmination**	18. Juni
Kulmination nächstes Objekt	M 107

* Erläuterung Seite 212/213; ** für 10° Ost, ca. 23 Uhr MEZ

Information

Der Kugelsternhaufen M 4 wurde im Jahr 1746 von dem Schweizer Amateurastronomen Jean-Philippe Loys de Chéseaux entdeckt und am 8. 5. 1764 von Messier katalogisiert: „Sehr kleiner Sternhaufen; mit einer schwächeren Linse sieht man ihn in der Form eines Nebels." Der Haufen ist mit 36′ Winkeldurchmesser eine eindrucksvolle Erscheinung am Himmel, aufgrund seiner geringen Entfernung von rund 5600 Lj – er ist der uns am nächsten gelegene Kugelsternhaufen – jedoch nur etwa 57 Lj ausgedehnt.

M 4 ist mit Konzentrationsklasse IX sehr aufgelockert. Seine hellsten Sterne sind $10^m,8$ hell. Auffällig ist eine bereits 1783 von Wilhelm Herschel beschriebene zentrale „Balkenstruktur", die aus einer 2,5′ langen Reihe von Sternen 11. Größe besteht. Mit dem Hubble Space Telescope wurde im Jahr 2003 der Exoplanet PSR B1620-26c entdeckt, der um ein recht exotisches Doppelsternsystem kreist: Die eine Sternkomponente ist ein Neutronenstern, der sich als Pulsar bemerkbar macht, die andere ist ein Weißer Zwerg. Der Exoplanet vereinigt zweieinhalb Jupitermassen und benötigt für einen Umlauf 100 Jahre.

So finden Sie M 4

- M 4 befindet sich tief am sommerlichen Südhimmel im Sternbild Skorpion.
- Der Sternhaufen ist in unmittelbarer Nachbarschaft von α Sco (Antares) und σ Sco gelegen.
- M 4 steht an der nach Süden zeigenden Spitze eines gleichschenkligen Dreiecks, das er mit den beiden erwähnten, hellen Sternen bildet; schon im 6×30-Sucherfernrohr ist er als kleines Fleckchen sichtbar.

Beobachtung

Die Beobachtung von M 4 wird in Mitteleuropa leider maßgeblich durch die geringe Höhe am Sommerhimmel beeinflusst. Wer das Glück hat, diesen Kugelsternhaufen einmal vom Mittelmeerraum oder gar der Südhalbkugel aus beobachten zu können, wird erstaunt sein, was man dort geboten bekommt! Von unseren Breiten aus beobachtet sieht man M 4 bereits bei guten Sichtbedingungen (Bortle 5) leicht mit einem 10×50 Fernglas – mehr als ein blasses Fleckchen ist aber nicht erkennbar. Mit einem 80-mm-Refraktor sollte man schon 40–60× vergrößern, um den Sternhaufen gegenüber dem mehr oder weniger aufgehellten Südhimmel hervorzuheben. Die typische Helligkeitszunahme zum Zentrum hin fällt bei M 4 sehr schwach aus, insgesamt macht der Sternhaufen ohnehin einen ziemlich diffusen Eindruck. Mit einem 130-mm-Refraktor hat man eine Chance, schon einige Einzelsterne auch bis ins Zentrum hinein zu erkennen, empfehlenswert ist eine etwa 60- bis 80-fache Vergrößerung.

Im 200-mm-Reflektor sieht man unter guten mitteleuropäischen Bedingungen (Bortle 4) schon Dutzende Einzelsterne. Auffällig ist: Viele davon gruppieren sich nahe der Haufenmitte zu dem „Balken", den schon Herschel sah und der in Nord-Süd-Richtung verläuft. Auch in diesem Teleskop ist der Sternhaufen gut aufgelöst. Der leicht rötliche Gesamteindruck auf der Fotografie hat einen realen Hintergrund: Verursacht wird er von der starken interstellaren Staubabsorption des Lichts auf dem Weg von M 4 zu uns.

Fototipp

Ein großartiger Kugelsternhaufen, der sich aufgrund seiner vollmondgroßen Ausdehnung und 6^m Helligkeit auch schon für Telebrennweiten ab etwa 200 mm eignet. Die Sternfarben sind von Deutschland aus schwierig zu unterscheiden, zu stark ist bei −26° Deklination die Abschwächung des Sternenlichts durch atmosphärische Streuung und Absorption im kurzwelligen, blauen Spektralbereich. Bessere Sichtbedingungen findet man in Südeuropa, auf den Kanarischen Inseln oder in Namibia vor. In Namibia steht M 4 im Sommer fast im Zenit, eingebettet in eine bunte Nebellandschaft aus Emissions- und Reflexionsnebeln jeder Couleur (vgl. S. 1).

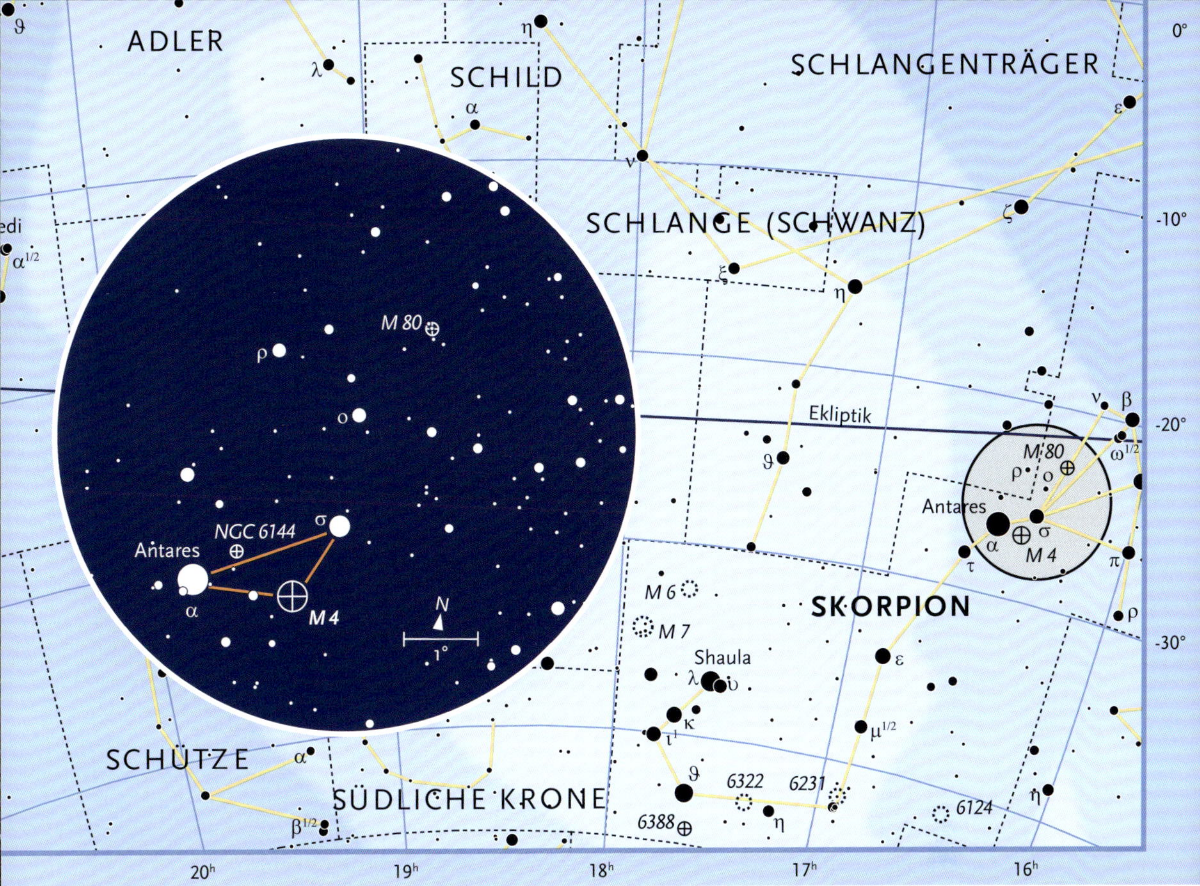

M 4. Optik: Meade 14″ ACF + Reducer, **Brennweite:** 3000 mm, **Kamera:** Canon EOS 5D, **Belichtung:** 38 min am 26. 5. 2008 und 7 min am 5. 6. 2008, **Ort:** Farm Tivoli/Namibia

M 5

Steckbrief	
Messier-Nummer	5
NGC-Nummer	5904
Name	
Sternbild	Schlange
Objektklasse	Kugelsternhaufen
Klassifikation*	V
Rektaszension	$15^h 18\overset{m}{,}6$
Deklination	+02° 05′
Helligkeit	$5\overset{m}{,}6$
Ausdehnung	23′
Entfernung	26 600 Lj
Kulmination**	1. Juni
Kulmination nächstes Objekt	M 80

* Erläuterung Seite 212/213; ** für 10° Ost, ca. 23 Uhr MEZ

Information

Der Kugelsternhaufen M 5 wurde von Gottfried und Maria Kirch am 5. 5. 1702 entdeckt. Messier, der das Objekt unabhängig von den Kirchs entdeckte, nahm ihn mit Datum vom 23. 5. 1764 in seinen Katalog auf. Messier sah ihn als „schönen, runden Nebel ohne Sterne".

M 5 ist etwa 178 Lj ausgedehnt und steht in rund 26 600 Lj Entfernung. Mit Klasse V ist er nur mäßig konzentriert. M 5 enthält neben einigen „Blue Stragglers" über 140 Veränderliche Sterne, die meisten sind die bekannten kurzperiodischen Haufenveränderlichen vom Typ RR Lyrae. Ein seltener Veränderlicher Stern ist eine Zwergnova, die in der Simbad-Datenbank [Simbad] und im Aladin Sky Atlas [Aladin] unter der Bezeichnung „Cl* NGC 5904 SAW V101" registriert ist. V101 steht 4,8′ westlich des Zentrums von M 5, zu dem sie physisch gehört (vgl. Foto). Einer Arbeit aus dem Jahr 2002 [M 5] zufolge schwankt die Helligkeit der Zwergnova zwischen $19\overset{m}{,}8$ und $22\overset{m}{,}5$ mit einer Lichtwechselperiode von 5,8 Stunden. Die hellsten Sterne in M 5 sind $12\overset{m}{,}2$ hell.

So finden Sie M 5

- Im Frühsommer bis Sommer steht M 5 über dem Himmelsäquator im Westen des Sternbildes Schlange.
- Von der Sterngruppe um β Ser, die den Kopf der Schlange bildet, geht es rund 10° nach Süden.
- Dort erreichen Sie ein markantes Dreieck, das von α, λ und ε Ser gebildet wird.
- Von ε aus geht es weitere gut 2° nach Süden, bis Sie auf einen Stern 5. Größe stoßen (ω Ser).
- Nun schwenken Sie gut 5° nach Westen, wo Sie ein lang gezogenes Dreieck aus Sternen 5. Größe finden.
- Richten Sie Ihr Teleskop auf den westlichsten davon (5 Ser), den Kugelhaufen finden Sie ein knappes halbes Grad nordwestlich von diesem Stern.

Beobachtung

Schon in einem 8×42- oder 10×50-Fernglas ist dieser Kugelhaufen als kleines Wölkchen zu sehen. Ein 75-mm-Refraktor vermittelt den Anblick eines sehr kompakten Sternhaufens mit mäßigem Helligkeitsanstieg zur Mitte hin. Einzelsterne sind mit diesem Teleskop noch nicht zu sehen, im Vergleich zu den ebenfalls zur selben Jahreszeit beobachtbaren Vorzeigekugelhaufen M 13 und M 92 zeigt M 5 das eindeutig verschwommenere Erscheinungsbild. Ab etwa 100 mm Öffnung wird die teleskopische Beobachtung schon spannender, jetzt treten am Rand die ersten Einzelsterne hervor, der Umriss des Haufens ist leicht länglich. Mit einem 130-mm-Refraktor kommen weitere Randsterne dazu, das Zentrum ist allerdings immer noch leicht verschwommen.

Ab 200 mm Öffnung wird der Anblick atemberaubend – im Zentrum bleibt zwar immer noch ein Schimmer nicht aufgelöster Einzelsterne, aber ansonsten quillt das Okular förmlich über von kleinen Sterngruppen und -ketten, die diesen Haufen bevölkern. Im 300-mm-Reflektor ist der Haufen vollständig bis in die Mitte aufgelöst, einige zentrale Einzelsterne wirken regelrecht „vorgelagert" und verleihen dem Haufen so ein sehr plastisches Aussehen.

Fototipp

Eindrucksvoller Kugelsternhaufen, der bei sehr langer Belichtung und dunklem Himmel fast vollmondgroß ist. M 5 ist deshalb auch bereits für mittlere Telebrennweiten um 500 mm attraktiv. Je länger die Brennweite und je besser das Seeing ist, desto besser löst man den Kugelsternhaufen im Zentralbereich in eine Vielzahl einzelner Sterne auf.
Eine Serie von Einzelbelichtungen unterschiedlicher Länge ist sinnvoll. Im Stacking-Prozess sollten die hellen Sterne im Zentrum nicht ausbrennen, damit sie ihre charakteristische Farbe behalten (vgl. Fototipp Seite 36). Unter dunklem Himmel (Bortle 4) ist die Zwergnova V101 mit einer CCD-Kamera und einem Teleskop ab 200 mm Öffnung erreichbar.

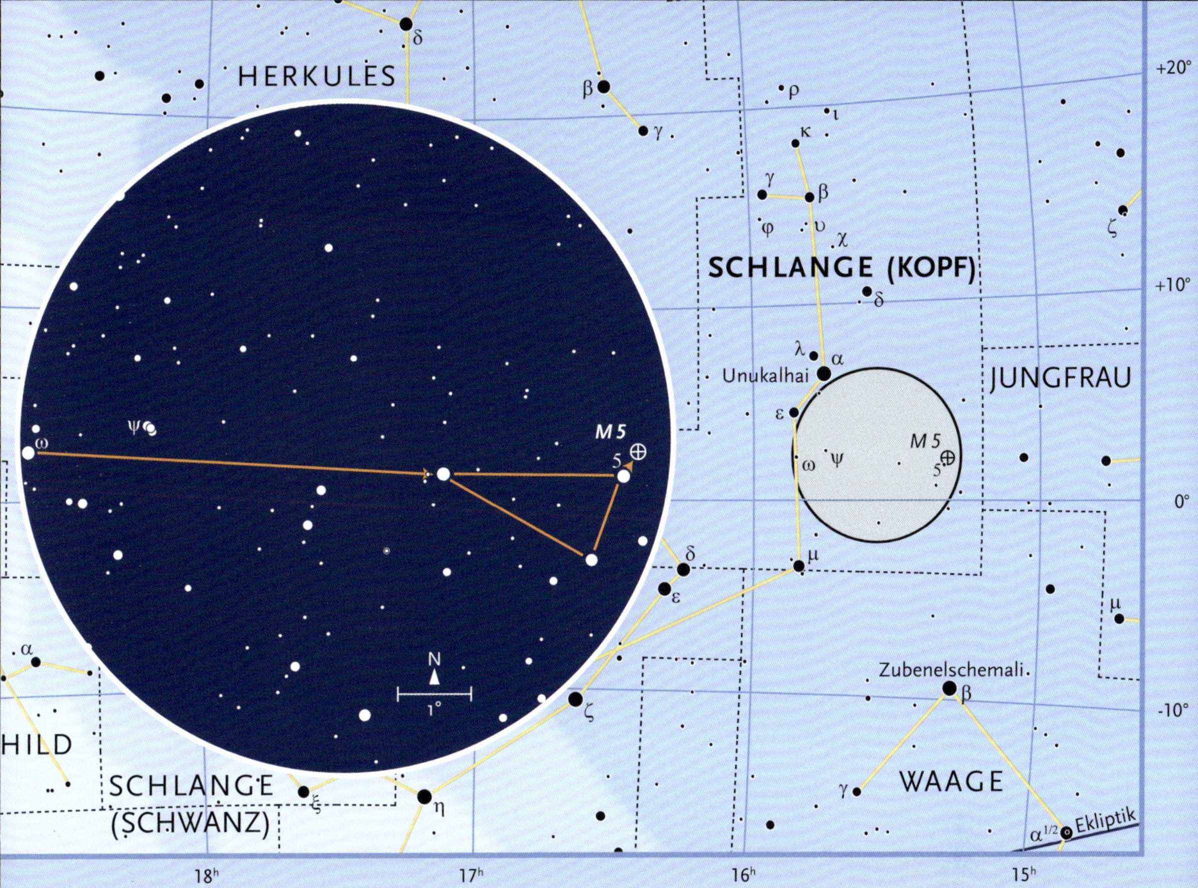

M 5. Optik: Meade 12″ ACF + Flattener, **Brennweite:** 2970 mm, **Kamera:** SBIG STL-11000M, **Belichtung:** Luminanz 65 min am 18. 3. 2009. **Kamera:** Canon EOS 5D, **Belichtung:** 38 min am 25. 4. 2007, **Ort:** Sörth

M 6 Schmetterlingshaufen
M 7

Steckbrief		
Messier-Nummer	6	7
NGC-Nummer	6405	6475
Name	Schmetterlings-haufen	
Sternbild	Skorpion	Skorpion
Objektklasse	Offener Sternhaufen	Offener Sternhaufen
Klassifikation*	II3r	I3m
Rektaszension	$17^h\,40\overset{m}{,}3$	$17^h\,53\overset{m}{,}8$
Deklination	−32° 12′	−34° 47′
Helligkeit	$4\overset{m}{,}2$	$3\overset{m}{,}3$
Ausdehnung	24′	80′
Entfernung	1590 Lj	980 Lj
Kulmination**	7. Juli	11. Juli
Kulmination nächstes Objekt	M 7	M 23

* Erläuterung Seite 212/213; ** für 10° Ost, ca. 23 Uhr MEZ

Information

Offiziell wird die Entdeckung dem italienischen Astronomen Giovanni Battista Hodierna zugeschrieben, der M 6 um das Jahr 1654 sah und beschrieb. Messier verzeichnete ihn am 23. 5. 1764, nachdem er ihn mit dem bloßen Auge als „Nebel ohne Sterne" sah, aber bereits mit dem kleinsten Teleskop in Einzelsterne auflösen konnte. M 6 ist 81 Millionen Jahre alt und hat einen Durchmesser von 11 Lj in 1588 Lj Entfernung. Prominenter Stern innerhalb von M 6 ist BM Scorpii (der auffällige rötliche Stern im Foto), ein halbregelmäßig veränderlicher Riesenstern vom Spektraltyp K2.5 und Leuchtkraftklasse Ib, dessen Helligkeit grob zwischen 6^m und 8^m schwankt. Er beeinflusst mit seiner Veränderlichkeit innerhalb von rund 850 Tagen auch die Gesamthelligkeit des Haufens.

M 7 war bereits Ptolemäus im Jahr 130 v. Chr. bekannt. Er beschrieb ihn als „Nebel, der dem Stachel des Skorpions folgt". Messier sah das Objekt mit dem bloßen Auge als Nebel, den er mit einem Teleskop aber sofort in Einzelsterne auflösen konnte. Der am Himmel 80′ ausgedehnte Offene Sternhaufen misst 23 Lj im Durchmesser und steht in 978 Lj Entfernung. Sein Alter beträgt 166 Millionen Jahre. M 7 enthält mehr als 100 Sterne heller als 10^m, insgesamt etwa 750 Sterne, einige Doppelsterne sowie „Blue Stragglers". Der hellste Stern ist ein $5\overset{m}{,}6$ heller, gelber G8-Riesenstern.

So finden Sie M 6 und M 7

> Tief im Süden des Sternbildes Skorpion sind M 6 und M 7 in den Sternwolken der Sommermilchstraße zu finden.
> Zentrieren Sie im Sucherfernrohr zunächst λ Sco (Shaula) am Ende des „Stachels" des Skorpion.
> Schwenken Sie nun etwa 1° nach Osten und dann knapp 5° nach Norden. Angesichts der enormen Sternfülle ist es schwierig, markante Sternanordnungen zu benennen. M 6 ist jedoch hell und auffällig genug, um ihn auf Anhieb zu identifizieren.
> Knapp 4° südöstlich von M 6 steht M 7, λ Sco bildet mit beiden Haufen ein gleichschenkliges Dreieck.

Beobachtung

M 6 erscheint dank seiner Ausdehnung und den vielen Einzelsternen 6. bis 9. Größenklasse bereits im 10×50-Fernglas als sehr schöner Sternhaufen. Wunderbar ist auch der Anblick im 80-mm-Refraktor bei 30–40×, die Anzahl der erkennbaren Einzelsterne ist auf etwa 25 bis 30 Stück angewachsen. Ein 130-mm-Refraktor zeigt insgesamt etwa 40 Sterne, bei 40× wirkt M 6 recht locker und verstreut. Im 200-mm-Reflektor ist der Sternhaufen bei 60× schon sehr verstreut.

In einem 8×30-Fernglas offenbart sich M 7 unter dunklem Himmel als eine lockere Ansammlung von etwa 25 Sternen 5. bis 7. Größe. Das perfekte Beobachtungsinstrument ist jedoch ist ein 10×50-Feldstecher. Hiermit kommen etwa 60 Einzelsterne zusammen, die inmitten üppiger Sternwolken stehen. Am Südwestende einer zentralen Sternkette steht ein rötlicher Stern, der allerdings erst ab etwa 80 mm Öffnung auffällt. Es empfiehlt sich 20–25×, höhere Vergrößerungen bieten kein sinnvolles Gesichtsfeld, um den Sternhaufen ästhetisch zu erfassen. In größeren Instrumenten geht der Haufencharakter verloren.

Fototipp

M 6 und M 7 bilden zusammen mit dem Katzenpfotennebel NGC 6334, NGC 6357 und den Milchstraßenwolken ein buntes Fotomotiv mit kürzerer Telebrennweite unter 200 mm. Mit langer Brennweite fällt in M 7 der knallrote Planetarische Nebel PN G355.9-04.2 (Min 1-30) auf, er ist $16\overset{m}{,}4$ hell und kleiner als 5″ im Durchmesser. Weiterhin findet man nördlich von M 7 den Planetarischen Nebel PN G356.2-04.4 ($12\overset{m}{,}2$; 2″), der auf diesem Foto mit einem Stern verschmilzt.

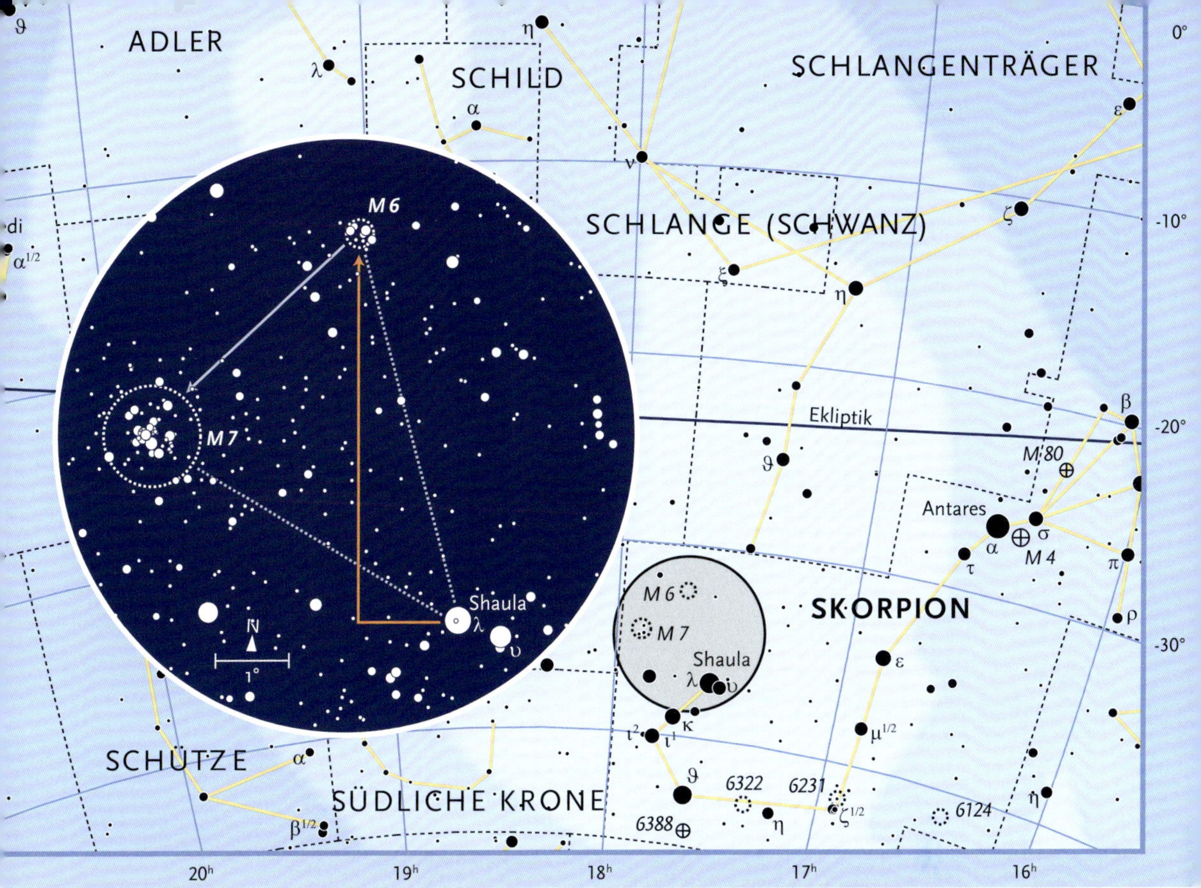

M 6. Optik: Pentax 75, **Brennweite:** 500 mm, **Kamera:** Canon EOS 5D, **Belichtung:** 67 min am 27. 5. und 2. 6. 2008, **Ort:** Farm Tivoli/Namibia

M 7. Optik: Pentax 75, **Brennweite:** 500 mm, **Kamera:** Canon EOS 5D, **Belichtung:** 25 min am 27. 5. 2008, **Ort:** Farm Tivoli/Namibia

M 8 Lagunennebel

Steckbrief	
Messier-Nummer	8
NGC-Nummer	6523 (Sternhaufen 6530)
Name	Lagunennebel
Sternbild	Schütze
Objektklasse	Emissionsnebel und Offener Sternhaufen
Klassifikation*	II2m
Rektaszension	$18^{h}\,03^{m}{,}6$
Deklination	−24° 23′
Helligkeit	$6^{m}{,}0$
Ausdehnung	60×40′
Entfernung	4310 Lj
Kulmination**	13. Juli
Kulmination nächstes Objekt	M 21

* Erläuterung Seite 212/213; ** für 10° Ost, ca. 23 Uhr MEZ

Information

Die Entdeckung des Offenen Sternhaufens NGC 6530 wird John Flamsteed 1680 zugeschrieben, doch bereits um 1654 hatte Hodierna den Nebel (NGC 6523) verzeichnet. Messier fand Nebel und Sternhaufen am 23.5.1764. Beide stehen in 4310 Lj Entfernung, der Sternhaufen ist rund 9 Lj ausgedehnt und enthält etwa 100 Sterne.

Die M 8-Nebelregion ist eine 140×60 Lj ausgedehnte Molekülwolke, die von mehreren jungen heißen Sternen zum Leuchten angeregt wird. Primär ist der $6^{m}{,}0$ helle Stern 9 Sgr (der hellste Stern im kleinen Foto) mit Spektraltyp O6 und über einmillionenfacher Sonnenleuchtkraft für die Ionisation der Sternentstehungsregion verantwortlich, in der sich viele dunkle, räumlich scharf begrenzte Globulen befinden. Wie Kokons beherbergen die Globulen sich entwickelnde Protosterne. 3′ südwestlich von 9 Sgr befindet sich der sogenannte Stundenglasnebel (s. kleines Foto), dessen Form sich durch die intensive UV-Strahlung des eingebetteten $9^{m}{,}5$ hellen und heißen O7-Sterns Herschel 36 herausgeschält hat. Die Region ist mit hochauflösenden Aufnahmen des Hubble Space Telescope eindrucksvoll dokumentiert [M 8].

So finden Sie M 8

> Der Lagunennebel steht tief am sommerlichen Südhimmel im Sternbild Schütze.

> Bei klarem, dunklem Himmel benötigen Sie keine „Anfahrtsbeschreibung" – der Nebel ist mit bloßem Auge 6° nördlich von γ Sgr (Alnasl) erkennbar.

> Bei dunstigem Himmel können Sie sich nach dem 6°-Schwenk nach Norden an dem Sterndreieck 5. Größe aus 4, 7, und 11 Sgr orientieren.

> Der hellste Teil des Lagunennebels steht bei 7 Sgr.

Beobachtung

Der Lagunennebel ist einer der spektakulärsten Gasnebel des Himmels, allerdings ist seine Sichtung bei uns nur unter optimalen Bedingungen fernab der Großstadt beeindruckend (Bortle 3). Im 10×50-Fernglas wird man dann mit einem länglichen, in Ost-West-Richtung ausgerichteten Schimmer belohnt. Mit einem 80-mm-Refraktor sollten Sie auch unter gutem Himmel unbedingt einen Nebelfilter einsetzen, der Kontrastgewinn zum Himmelshintergrund ist enorm. Die Konturen des Nebels werden deutlicher, auch die den Nebel durchtrennende Dunkelwolke tritt besser in Erscheinung. Als Vergrößerung empfiehlt sich etwa 30×. Im 130-mm-Refraktor fällt ohne Filter auch der Sternhaufen in M 8 gut auf, er ist im östlichen, schwächeren Teil als eine Ansammlung von etwa 20 Sternen 7. bis 11. Größe gut zu sehen. Mit Nebelfilter treten auch hier die Strukturen der leuchtenden HII-Region besser hervor, bei etwa 50× füllt sie fast das gesamte Sehfeld aus.

Mit einem 200- bis 300-mm-Reflektor hat man in einer Nacht mit ruhiger Luft bei 80× die Chance, im Zentrum des westlichen (helleren) Nebelteils den Stundenglasnebel als sehr kleines, kompaktes eierührähnliches Detail auszumachen. Für die restlichen Strukturen sollten Sie sich einfach Zeit zum Genießen nehmen – erst recht südlich des Äquators.

Fototipp

Auf Übersichtsaufnahmen wird der Umfang einer Gasnebelregion sichtbar, die sich weit über M 8 hinaus erstreckt. Mit 1000 mm Brennweite und Vollformat steht M 8 fast freigestellt im Bild. Ab etwa 3000 mm zeigen sich die feinen Strukturen im Stundenglasnebel, der das Zentrum markiert. Benötigt wird eine für Hα empfindliche DSLR- oder CCD-Kamera. Mit einem digitalen Komposit aus kurz und lang belichteten Aufnahmen stellt man die detailreichen Strukturen in der „Lagune" und im zart rötlichen Stundenglasnebel (s. Inset) gleichzeitig dar. M 8 enthält auch blaue Nebelanteile, für deren Aufnahme man eine hohe Transparenz der Atmosphäre und einen sehr dunklen Nachthimmel benötigt.

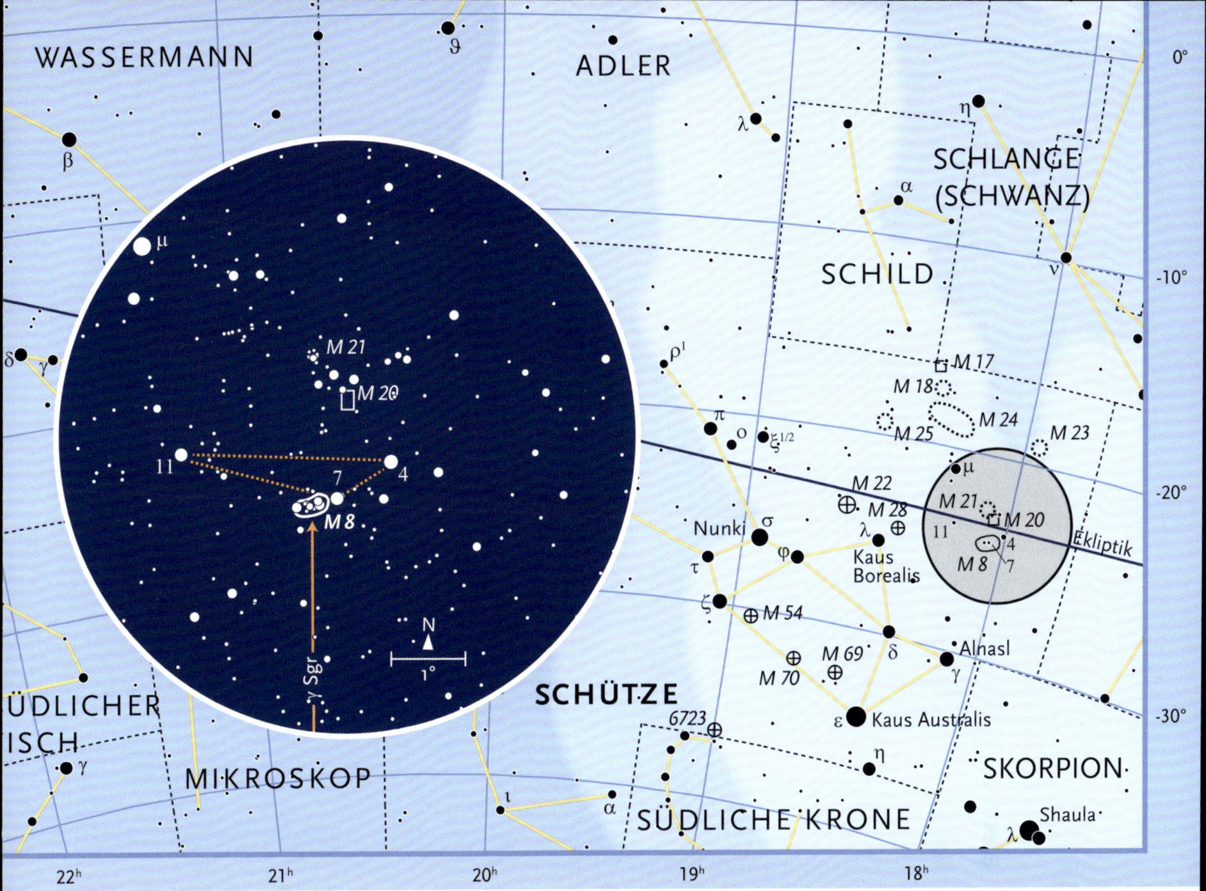

M 8. Optik: Vixen VC200L, **Brennweite:** 1800 mm, **Kamera:** Canon EOS 5D, **Belichtung:** 68 min am 4. 6. 2008. **Inset. Optik:** Meade 14″ ACF + Reducer, **Brennweite:** 3000 mm, **Kamera:** wie großes Bild, **Belichtung:** 55 min am 31. 5. 2008, **Ort:** Farm Tivoli/Namibia

M 9

Steckbrief

Messier-Nummer	9
NGC-Nummer	6333
Name	
Sternbild	Schlangenträger
Objektklasse	Kugelsternhaufen
Klassifikation*	VIII
Rektaszension	$17^h 19^m\!.2$
Deklination	−18° 31′
Helligkeit	$7^m\!.7$
Ausdehnung	12′
Entfernung	26700 Lj
Kulmination**	2. Juli
Kulmination nächstes Objekt	M 14

* Erläuterung Seite 212/213; ** für 10° Ost, ca. 23 Uhr MEZ

Information

M 9 wurde von Messier am 28. 5. 1764 als „drei Bogenminuten großer Nebel ohne Sterne“ entdeckt. Erst 20 Jahre später wurde M 9 von Wilhelm Herschel in Einzelsterne aufgelöst. Der Haufen wird mit Konzentrationsklasse VIII angegeben. Die Entfernungsangaben schwanken je nach Datenquelle extrem zwischen 26 700 und 46 000 Lj, was sich konsequenterweise in den absoluten Durchmesserwerten zwischen 94 und 150 Lj widerspiegelt. Seine Entfernung zum galaktischen Zentrum wird zwischen 5500 und 14 000 Lj angegeben. Nach Harlow Shapley weist M 9 eine Elliptizität auf, die man im Foto auf der rechten Seite ansatzweise erkennen kann. M 9, dessen hellster Stern $13^m\!.5$ hell ist, enthält nach dem Aladin Sky Atlas [Aladin] 21 Veränderliche Sterne, von denen 19 vom Typ RR Lyrae und zwei nur allgemein als Pulsationsveränderliche geführt werden.

So finden Sie M 9

> M 9 ist als Objekt des Sommerhimmels im Sternbild Schlangenträger aufzufinden.

> Fangen Sie mit der Suche bei η Oph (Sabik) an, rund 14° nordöstlich von α Sco (Antares).

> Knapp 2° südwestlich finden Sie einen Stern 6. Größe (mit einem rund 1° entfernten Nachbarn 7. Größe), 2° östlich treffen Sie auf einen Stern von 7^m.

> 40′ östlich davon befindet sich ein weiterer Stern 6. Größe. Die beiden Sterne bilden zusammen mit M 9 ein fast gleichschenkliges Dreieck, an dessen Südspitze der Kugelsternhaufen steht.

Extinktion

Kurzwelliges, blaues Licht tiefstehender Himmelsobjekte wird durch Streuung an Staub und Aerosolen in der Luft abgeschwächt. Dies bezeichnet man als atmosphärische Extinktion. Auch Staub zwischen den Sternen, das interstellaren Medium, schwächt und verfärbt das Sternenlicht ins Rötliche. Dies ist die interstellare Extinktion.

Beobachtung

Durch nahe gelegene Dunkelwolken steht M 9 in einem recht sternarmen Himmelsareal. Fernglasbeobachter können davon profitieren, mit einem 10×50-Fernglas ist der Kugelsternhaufen bereits bei guten Bedingungen (Bortle 5) als kleines und formloses Fleckchen zu sehen. Ein 80-mm-Refraktor zeigt auch bei 50× nur eine Helligkeitszunahme zum Zentrum hin sowie einen leicht ovalen Umriss. Selbst der 130-mm-Refraktor offenbart bei 60–80× normalerweise keine Einzelsterne, nur unter optimalen Bedingungen (Bortle 4) tauchen die ersten Sterne am Rand des Haufens auf. Sichtbar ist aber auch hier die Elliptizität des Sternhaufens.

Mit einem 200-mm-Reflektor hat man bei 100× schon das Glück, einige Dutzend Einzelsterne zu sehen. Das Haufenzentrum selbst bleibt jedoch noch diffus und nur ansatzweise aufgelöst. Mit einem 300-mm-Reflektor ist M 9 fast schon als Geheimtipp zu betrachten: Seine kompakten Abmessungen und hohe zentrale Sterndichte machen ihn zu einem feinen Kugelhaufen für größere Amateurteleskope.

Fototipp

Wegen seiner südlichen Lage ist M 9 ein von Mitteleuropa aus schwierig zu fotografierender Kugelsternhaufen. Insbesondere die Extinktion bewirkt, dass die blauen Anteile des Sternenlichts stark abgeschwächt werden. Auf dem Farbfoto wirkt der Haufen dann viel zu rötlich. Am besten können die südlichen Messier-Objekte zwischen −10° und −35° Deklination von südlichen geografischen Breiten aufgenommen werden.

M 9 steht nordwestlich der Dunkelwolke Barnard 64. Nimmt man mit einer Digitalkamera M 9 und Barnard 64 in die Mitte, so hat man mit Telebrennweiten unter 500 mm als Zugaben nordöstlich noch den Kugelsternhaufen NGC 6356 und südöstlich die Dunkelwolke Barnard 259 im Gesichtsfeld.

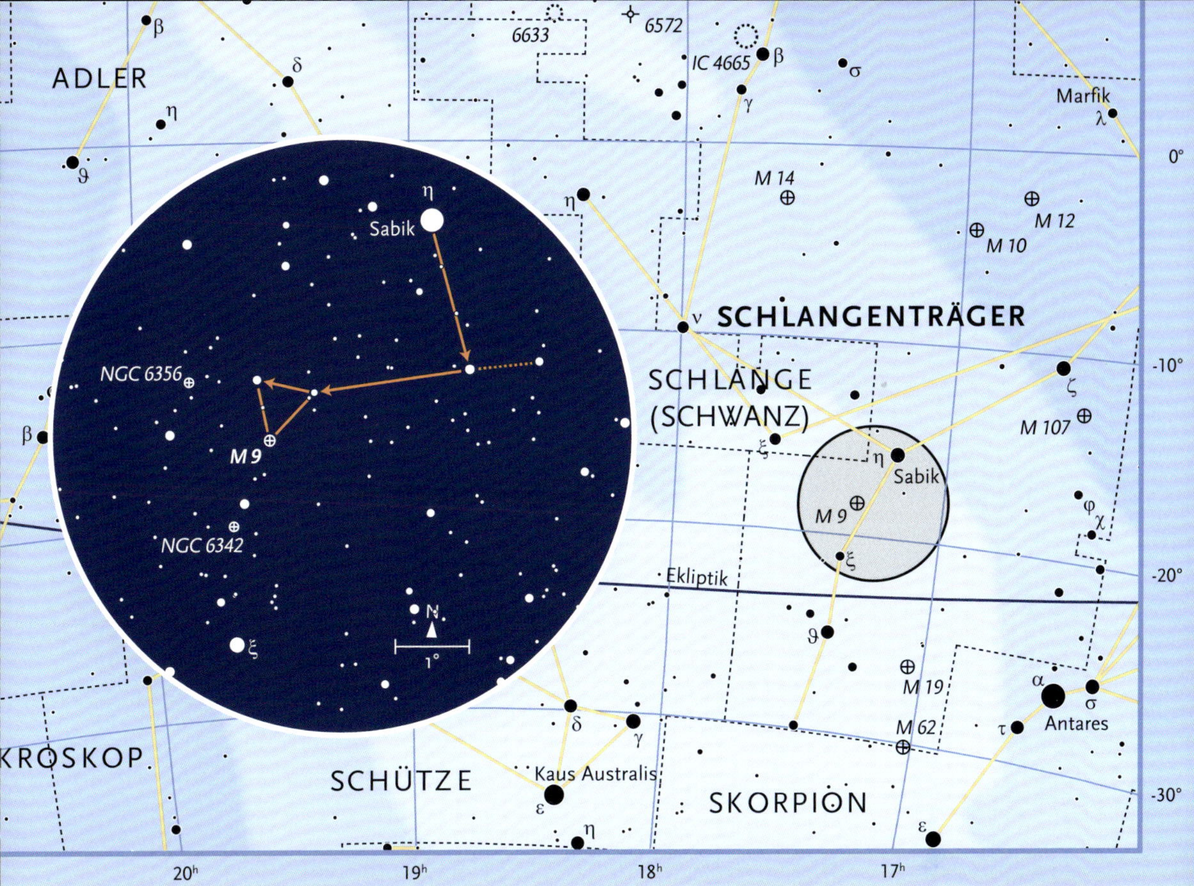

M 9. Optik: Meade 14″ ACF + Reducer, **Brennweite:** 3000 mm, **Kamera:** Canon EOS 5D, **Belichtung:** 47 min am 31. 5. 2008, **Ort:** Farm Tivoli/Namibia

M 10

Steckbrief	
Messier-Nummer	10
NGC-Nummer	6254
Name	
Sternbild	Schlangenträger
Objektklasse	Kugelsternhaufen
Klassifikation*	VII
Rektaszension	$16^h\,57^m\!.1$
Deklination	−04° 06′
Helligkeit	$6^m\!.6$
Ausdehnung	20′
Entfernung	14300 Lj
Kulmination**	26. Juni
Kulmination nächstes Objekt	M 62

* Erläuterung Seite 212/213; ** für 10° Ost, ca. 23 Uhr MEZ

Information

Messier entdeckte am 29. 5. 1764 einen „nebellosen Stern im Gürtel des Schlangenträgers, schön und rund, mit einem dreifüßigen Teleskop nur schwer zu erkennen". Wilhelm Herschel gelang als Erstem die Auflösung des Kugelsternhaufens M 10 in Einzelsterne. M 10, dessen Entfernungsabgaben je nach Quelle zwischen 14 300 Lj und 24 750 Lj schwanken, ist zwischen 83 Lj und 140 Lj ausgedehnt. Mit Klasse VII ist er etwas stärker konzentriert als der Durchschnitt der Kugelsternhaufen.

Die Simbad-Datenbank [Simbad] listet nur vier Veränderliche Sterne in M 10, darunter zwei Cepheiden und einen RR-Lyrae-Stern. In der Datenbank findet man sehr viele Haufen-Referenzsterne mit genauen Positions- und Helligkeitsangaben. Die hellsten Sterne in M 10 sind 12^m hell.

So finden Sie M 10

> Auch M 10 steht im Frühsommer im Sternbild Schlangenträger am Südhimmel.
> Starten Sie die Suche bei δ Oph.
> M 10 hat eine sehr ähnliche Deklination wie dieser Stern 3. Größe; mit einem parallaktisch montierten Teleskop brauchen Sie jetzt nur gut 10° nach Osten zu schwenken, dann sind Sie bei M 10 angekommen. Der Kugelsternhaufen steht nur knapp 1° westlich von 30 Oph, einem Stern 5. Größe.
> Verwenden Sie ein 7×50- oder 10×50-Sucherfernrohr, dann können Sie M 10 auch als Teil eines Dreiecks mit 23 Oph und 30 Oph erkennen.

RR-Lyrae-Sterne

RR-Lyrae-Sterne befinden sich häufig in Kugelsternhaufen. Diese pulsierenden, sogenannten Haufenveränderlichen mit einer Periode meist unter einem Tag eignen sich zur Entfernungsbestimmung, weil ein Zusammenhang zwischen ihrer mittleren Leuchtkraft und ihrer Lichtwechselperiode besteht.

Beobachtung

Da M 10 deutlich weiter westlich der Milchstraße steht als M 9, wird er auch nicht so sehr von Staubregionen abgedämpft und ist viel einfacher sichtbar. Schon ein 10×50-Fernglas zeigt den Kugelhaufen als kleines verschwommenes Scheibchen. Mit einem 80-mm-Refraktor sieht man bei etwa 50× einen leicht länglichen Nebel ohne aufgelöste Einzelsterne, der Kernbereich ist ziemlich flächig und nur mäßig zum Zentrum hin heller werdend. Durch einen 130-mm-Refraktor hat man bereits die Möglichkeit, in den Außenbereichen die ersten Einzelsternchen zu erkennen, ansonsten wirkt der Sternhaufen relativ fleckig. Auch mit diesem Fernrohr fällt der nur mäßige Helligkeitsanstieg zur Haufenmitte auf.

Deutlich schöner ist der Anblick im 200-mm-Reflektor, bei guten Sichtbedingungen (Bortle 5) sind über den gesamten Haufenbereich hinweg Einzelsterne sichtbar, bis ins Zentrum hinein kann man diese gut erkennen. Dennoch ist immer noch ein diffuser Hintergrund aus dem Licht nicht aufgelöster Einzelsterne wahrzunehmen, der dem Sternhaufen aber einen fast dreidimensionalen Anblick beschert. Bei guten Sichtbedingungen (s.o.) darf man 120–180× riskieren.

Fototipp

M 10 ist wegen seiner Größe auch für Brennweiten ab 500 mm attraktiv. Je länger die Brennweite und je besser das Seeing ist, desto eher löst man den Kugelhaufen im Zentralbereich in einzelne Sterne auf. Eine Serie von Einzelbelichtungen unterschiedlicher Länge ist sinnvoll. Im gesamten Stacking-Prozess sollten die hellen Sterne im Zentrum nicht ausbrennen, damit sie ihre charakteristische Farbe behalten (vgl. Fototipp Seite 36). M 10 bildet mit dem 3° nordwestlich gelegenen Kugelsternhaufen M 12 ein hübsches Paar für eine DSLR-Kamera mit APS-C-Sensor im Format 15 ×22 mm und Telebrennweiten bis 300 mm.

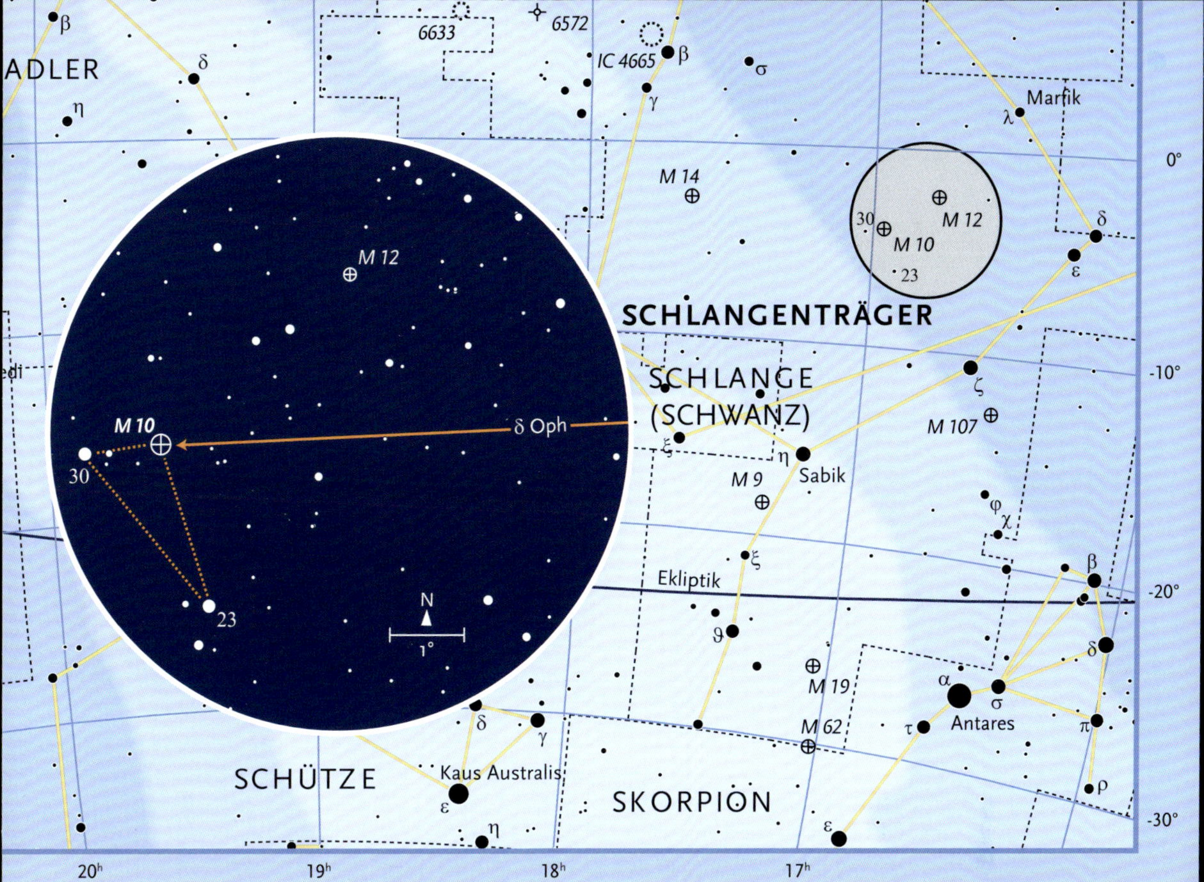

M 10. Optik: Meade 12″ ACF + Flattener, **Brennweite:** 2970 mm, **Kamera:** SBIG STL-11000M, **Belichtung:** Luminanz 50 min am 21. 4. 2009. **Kamera:** Canon EOS 5D, **Belichtung:** 30 min am 17. 7. 2007, **Ort:** Sörth

M 11 Wildentenhaufen

Steckbrief	
Messier-Nummer	11
NGC-Nummer	6705
Name	Wildentenhaufen
Sternbild	Schild
Objektklasse	Offener Sternhaufen
Klassifikation*	I2r
Rektaszension	$18^h 51^m,1$
Deklination	−06° 16′
Helligkeit	$5^m,8$
Ausdehnung	14′
Entfernung	6120 Lj
Kulmination**	25. Juli
Kulmination nächstes Objekt	M 57

* Erläuterung Seite 212/213; ** für 10° Ost, ca. 23 Uhr MEZ

Information

Der Offene Sternhaufen M 11 wurde von Gottfried Kirch am 1. 9. 1681 entdeckt und von Messier am 30. 5. 1764 beschrieben als „Haufen mit einer großen Zahl schwacher Sterne, die man nur mit einem guten Fernrohr sehen kann". Der Haufen erinnerte den englischen Amateurastronomen Admiral Smyth im Jahr 1835 an den „Formationsflug wilder Enten", woraus sich sein Name „Wild Duck Cluster – Wildentenhaufen" ableitete.

M 11 ist mit etwa 2900 Mitgliedern und einem Alter von 118 Millionen Jahren einer der reichsten und konzentriertesten Offenen Sternhaufen. Er enthält 500 Sterne, die heller sind als 14^m. M 11 ist 25 Lj ausgedehnt und steht in rund 6100 Lj Entfernung. Die Trümpler-Klasse I2r beschreibt ihn als frei stehenden Haufen mit starker zentraler Konzentration und mehr als 100 Sternen mittlerer Helligkeitsverteilung. In Bezug auf die Sterndichte ähnelt er eher einem aufgelockerten Kugelsternhaufen der Klasse X. M 11 wurde eine Zeitlang als Zwischentyp zwischen einem aufgelockerten Kugelsternhaufen und einem dichten Offenen Haufen betrachtet.

So finden Sie M 11

> M 11 ist in der Sommermilchstraße unweit der hellen Sternwolke im Sternbild Schild zu finden.
> Beginnen Sie die Suche im Sternbild Adler bei λ Aql, dem „Kopfstern" des Adlers.
> Rund 1,5° südwestlich dieses Sterns stoßen Sie auf 12 Aql (4^m) und gut 1° weiter westlich auf η Sct (5^m).
> Schwenken Sie jetzt weitere gut 2° nach Westen, dort werden Sie eine auffällige Raute aus Sternen 5. bis 7. Größe erkennen.
> M 11 finden Sie rund 0,5° südöstlich dieser Raute.

Beobachtung

M 11 ist ohne Frage eines der schönsten Messier-Objekte. Schon im 8×42-Fernglas ist er als kleines Wölkchen in einem von auffälligen Sternwolken und Dunkelwolken geprägten Umfeld zu erkennen. Im 80-mm-Refraktor sind bereits ohne Schwierigkeiten ungefähr 25 Einzelsterne zu sehen, die ziemlich kompakt vor einem verwaschenen Hintergrundschimmer stehen. Teleskope mit 100 bis 130 mm Öffnung zeigen bei 50–80× schon über 70 dicht gesäte Sterne. Auffällig ist ein weites Doppelsternpaar am Südostrand von M 11. Der Sternhaufen ist mit seinen funkelnden Sternen zumindest am Nordhimmel einzigartig. Atemberaubend ist erst recht der Eindruck, den der Sternhaufen im Okular eines 200-mm- oder gar 300-mm-Reflektors hinterlässt. Die Anzahl der Einzelsterne geht weit über 200 hinaus, die Kompaktheit der Sternanordnung beeindruckt, der visuelle Eindruck ist eindeutig spektakulärer als der fotografische.

Man kann sich mit der kompletten verfügbaren Okularpalette von Weitwinkel bis zu kurzer Brennweite an diesen Sternhaufen heranbegeben, M 11 begeistert bei allen Vergrößerungen. Ist er schon unter Großstadtbedingungen ein echter Hingucker, so fasziniert der Sternhaufen unter ländlichem Himmel selbst Einsteiger, die zum ersten Mal durch das Okular eines Teleskops schauen.

Fototipp

M 11 ist ein attraktives Fotoobjekt schon mit kleinem Teleobjektiv, denn der Haufen ist in der sogenannten „Schildwolke", einer hellen Sternwolke der Milchstraße im Sternbild Schild, von zahlreichen markanten Dunkelwolken umgeben. Diese heben sich aber erst bei langer Gesamtbelichtung von den Milchstraßensternen so richtig ab. Je länger die Brennweite, desto besser löst man den dicht gepackten Offenen Haufen auf. M 11 ist deshalb ein prächtiges Objekt für eine Brennweite von 3000 mm im Vollformat. Ob der Bedeckungsveränderliche BS Scuti vom Typ Algol (Helligkeitsvariation $11^m,0$–$12^m,4$) zu M 11 gehört, ist unklar.

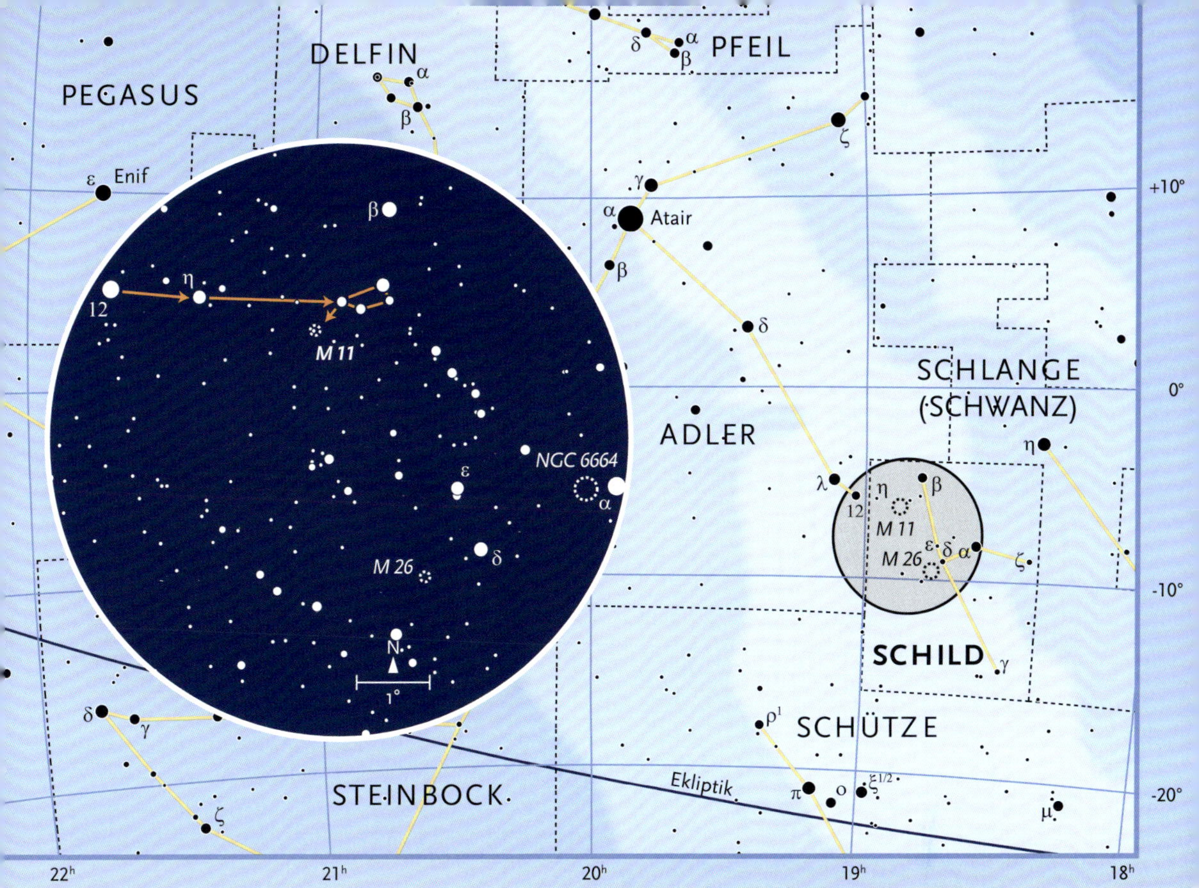

M 11. Optik: Meade 14″ ACF + Reducer, **Brennweite:** 3000 mm, **Kamera:** Canon EOS 5D, **Belichtung:** 21 min am 3. 6. 2008, **Ort:** Farm Tivoli/Namibia

M 12

Steckbrief	
Messier-Nummer	12
NGC-Nummer	6218
Name	
Sternbild	Schlangenträger
Objektklasse	Kugelsternhaufen
Klassifikation*	IX
Rektaszension	$16^h 47^m_,2$
Deklination	−01° 57′
Helligkeit	$6^m_,1$
Ausdehnung	14′
Entfernung	20 860 Lj
Kulmination**	24. Mai
Kulmination nächstes Objekt	M 10

* Erläuterung Seite 212/213; ** für 10° Ost, ca. 23 Uhr MEZ

Information

„Der Nebel enthält keinen Stern, ist rund und 3′ groß, und sein Licht ist schwach. Neben dem Nebel steht ein Stern 9. Größe", so beschrieb Messier seine Entdeckung vom 30. 5. 1764. Erst 19 Jahre später gelang Wilhelm Herschel die Auflösung des Kugelsternhaufens in Einzelsterne.

M 12 steht in 20 860 Lj Entfernung und ist 85 Lj ausgedehnt. Die schwache Sternkonzentration ist mit Klasse IX dokumentiert. M 12 wurde wie M 11 eine Zeitlang als Zwischentyp zwischen einem aufgelockerten Kugelsternhaufen und einem dichten Offenen Haufen betrachtet. Die hellsten Sterne in M 12 sind 12^m hell. Heute gilt M 12 aufgrund einer ähnlichen Sternverteilung wie M 10 und ihrer gegenseitigen Entfernung von rund 5000 Lj als dessen Zwilling, was sich dem Betrachter beim bloßen Vergleich der Sternverteilung in einem größeren Instrument oder auf einem Foto nicht unbedingt offenbart. Die Simbad-Datenbank [Simbad] bzw. der Aladin Sky Atlas [Aladin] listen außer zwei Bedeckungsveränderlichen vom Typ W UMa noch einen Cepheiden. W-UMa-Kontaktsysteme bestehen aus zwei sich eng umkreisenden Sternen mit einer gemeinsamen Gashülle, über die sie Materie miteinander austauschen.

So finden Sie M 12

- M 12 steht nur gut 3° nordwestlich des Kugelsternhaufens M 10.
- Möchten Sie ihn individuell aufsuchen, starten Sie auch bei diesem Objekt Ihren Weg bei δ Oph.
- Rund 2,5° nordöstlich finden Sie einen Stern 6. Größe (in der Übersichtskarte mit „6^m" bezeichnet), der bereits die gleiche Deklination hat wie M 12.
- 6° östlich dieses Sterns stoßen Sie auf M 12, auf halbem Weg dorthin passieren Sie den etwas helleren Stern 12 Oph.

Beobachtung

Betrachtet man den Kugelhaufen M 12 zum Beispiel im 10×50-Fernglas, dann könnte man ihn tatsächlich für einen Zwilling von M 10 halten; er zeigt sich ähnlich hell, rund und verschwommen. Dieser Eindruck hält sich auch noch in einem 80-mm-Refraktor, bei dem keine Einzelsterne des Sternhaufens zu erkennen sind. Im 130-mm-Refraktor jedoch fällt auf, dass M 12 deutlich zerstreuter zu sein scheint, die nicht aufgelöste Kernregion wirkt zudem abgeschwächter und „breiter" – immerhin sind auch hier bei 80× Einzelsterne im Randbereich so gerade zu erkennen.
Im 200-mm-Reflektor offenbart der Sternhaufen bei 100–150x, dass er deutlich lockerer strukturiert ist als der benachbarte M 10, auch wirken die zentralen Sterne etwas schwächer.

Insgesamt ist M 12 auf jeden Fall reizvoll, denn er ist über die gesamte Ausdehnung hinweg in Dutzende von Einzelsternen aufgelöst. Je ruhiger die Luft ist, umso besser trennen sie sich vom diffusen Hintergrundlicht des restlichen Sternhaufens. Es lohnt sich allerdings auch, nach geglückter Beobachtung von M 12 noch einmal zum Kugelsternhaufen M 10 zurückzufahren.

Fototipp

Da M 12 ein recht lockerer Kugelsternhaufen ist, kann er mit längerer Brennweite fotografisch sehr leicht bis ins Zentrum aufgelöst werden. Trotzdem sollte bei der Fotografie fast aller Kugelsternhaufen mit einer typischen 12-Bit-DSLR-Kamera, die nur 4096 Graustufen pro Kanal unterscheiden kann, immer ein digitales Komposit mit kurz und lang belichteten Aufnahmen angefertigt werden, um die Farben der zentralen Sterne zu erhalten. 14- oder gar 16-Bit-DSLR-Kameras mit bis zu 65 535 Graustufen pro Kanal sind hier, wie generell auch die astronomischen 16-Bit-CCD-Kameras deutlich im Vorteil. Und je länger die Gesamtbelichtung bei nicht zu langer Einzelbelichtung ist, desto eher gelingt ein Bild mit ausdifferenzierten Farben (vgl. Fototipp Seite 36).

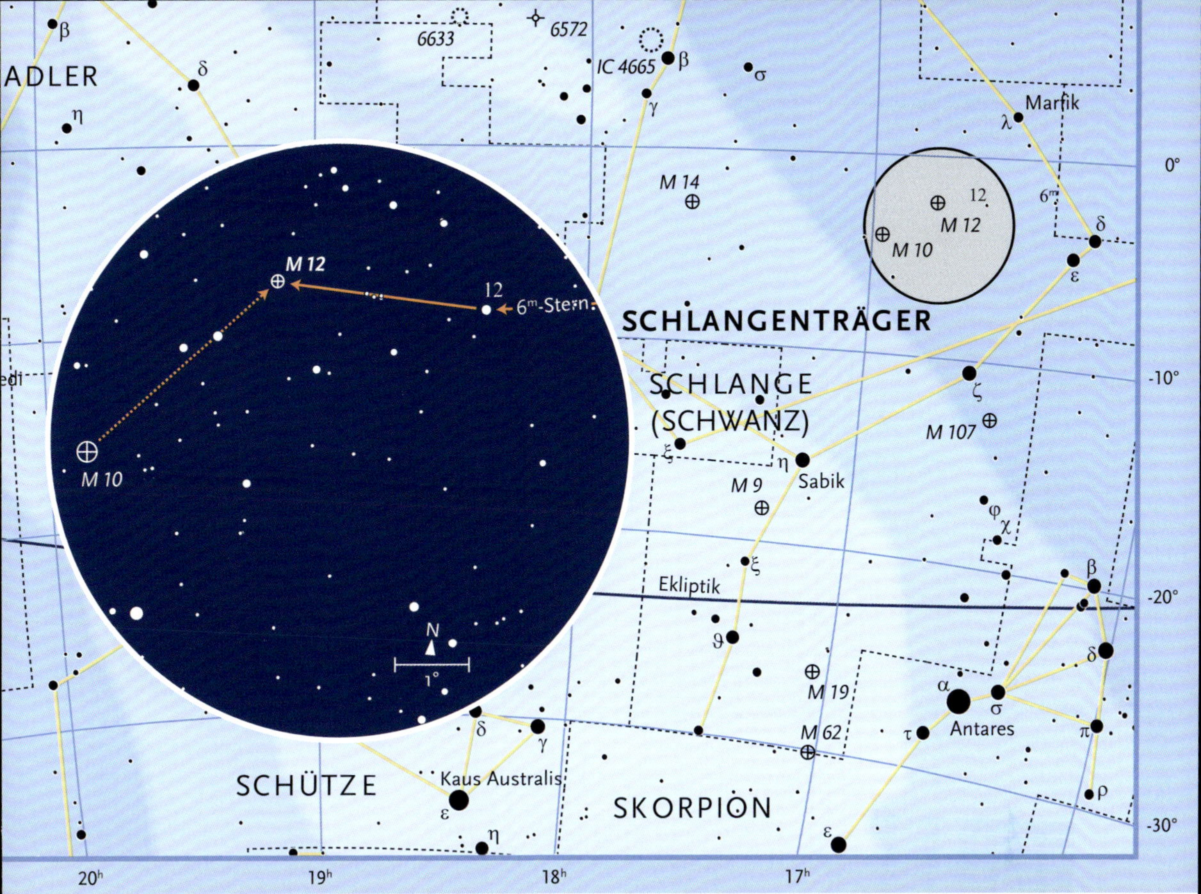

M 12. Optik: Meade 12″ ACF + Flattener, **Brennweite:** 2970 mm, **Kamera:** SBIG STL-11000M, **Belichtung:** Luminanz 80 min am 22. 5. 2009. **Kamera:** Canon EOS 5D, **Belichtung:** 25 min am 1. 5. 2007, **Ort:** Sörth

M 13 Herkuleshaufen

Steckbrief	
Messier-Nummer	13
NGC-Nummer	6205
Name	Herkuleshaufen
Sternbild	Herkules
Objektklasse	Kugelsternhaufen
Klassifikation*	V
Rektaszension	$16^{h}\,41{,}^{m}7$
Deklination	+36° 28′
Helligkeit	$5{,}^{m}7$
Ausdehnung	20′
Entfernung	24 840 Lj
Kulmination**	23. Mai
Kulmination nächstes Objekt	M 12

* Erläuterung Seite 212/213; ** für 10° Ost, ca. 23 Uhr MEZ

Information

Sir Edmond Halley entdeckte im Jahr 1714 seinen sechsten und letzten Nebelflecken, den Messier am 1. 6. 1764 nach seiner Beobachtung wie folgt beschrieb: „Ein Nebel ohne Sterne, rund und hell leuchtend, das Zentrum ist heller als die Ränder, man nimmt ihn mit einem Fernrohr von ein Fuß Länge wahr [...].“

M 13 steht in rund 25 000 Lj Entfernung und ist etwa 145 Lj ausgedehnt. Mit Klasse V nimmt M 13 einen Mittelplatz in Bezug auf die Sternkonzentration ein. Die hellsten der insgesamt auf etwa eine Million geschätzten Sterne mit insgesamt 600 000 Sonnenmassen sind $11{,}^{m}9$ hell. Unter den vielen blauen Sternen in M 13 ist das $13{,}^{m}1$ helle Haufenmitglied Barnard 29 [M 13] besonders interessant. Barnard 29 ist ein 20 000 K heißer Stern vom Spektraltyp B2, der sich in der Vorstufe zur Entwicklung zum Weißen Zwerg und Planetarischen Nebel befindet. In der Simbad-Datenbank [Simbad] findet man Barnard 29 unter der Bezeichnung „2MASS J16413368+3626077 -- Post-AGB Star (proto-PN)“. M 13 enthält rund 40 Veränderliche Sterne, davon sind neun Haufenveränderliche vom Typ RR Lyrae.

So finden Sie M 13

> M 13 steht am Sommerhimmel hoch im Süden bis Südosten inmitten des Sternbildes Herkules.
> Lokalisieren Sie zunächst das zentrale Sternviereck in diesem Sternbild.
> Suchen Sie den nordwestlichen Eckstern η Her.
> Schwenken Sie anschließend 2,5° nach Süden.
> Bereits im Sucherfernrohr können Sie den Kugelsternhaufen als kompaktes Wölkchen zwischen zwei Sternen etwa 7. Größe ausmachen.

Beobachtung

An guten Frühsommerabenden (Bortle 5) ist M 13 selbst in Stadtnähe hoch am Südosthimmel mit bloßem Auge zu sehen. Ein 10×50-Fernglas zeigt diesen Kugelsternhaufen als rundes Gebilde mit leichter Helligkeitszunahme zum Zentrum hin – fast schon ein Anblick ähnlich dem eines hellen, kompakten Kometen. Auffällig ist das Dreieck, das M 13 mit zwei Sternen 7. Größe bildet. Ein 75-mm-Refraktor zeigt den Sternhaufen sehr hell, rund, gut kondensiert sowie den Eindruck erster Einzelsterne 11. Größe am Rand. Im 130-mm-Refraktor sind definitiv Einzelsterne sichtbar. Während der Sternhaufen insgesamt eher rund ist, sieht die Zentralregion leicht oval aus. Ansatzweise sind einzelne Sternketten, fast Spinnenbeinen gleich, vom Zentrum ausgehend zu erkennen. Mit 150 mm Öffnung können Sie den Sternhaufen bereits zum Zentrum hin auflösen.

Verwendet man einen Reflektor mit 200 bis 300 mm Öffnung, dann ist M 13 zu einem der spektakulärsten Objekte am Nordhimmel zu zählen, der Anblick ist einfach überwältigend. In einem solchen Teleskop zeigt sich ein wahres Sternenmeer, bis ins Zentrum ist der Sternhaufen aufgelöst. Bei Vergrößerungen jenseits von 200× meint man förmlich durch ihn hindurchsehen zu können. Die schon im kleineren Instrument erkennbaren Sternketten treten jetzt deutlich hervor, ihr spinnenbeinähnliches Erscheinungsbild fällt noch mehr auf.

Fototipp

Der großartige Kugelsternhaufen M 13 lässt sich in den Randzonen leicht auch schon mit kleinen Teleobjektiven in Einzelsterne auflösen. Bezogen auf das Vollformat bildet M 13 unter einer Brennweite von 1500 mm ein schönes Paar mit der 12^{m} hellen und 3′ großen Spiralgalaxie NGC 6207 im Nordosten. Ein digitales Komposit mit kurz und lang belichteten Aufnahmen ist empfehlenswert, um die zentralen Sterne nicht zu sättigen, d. h. überzubelichten. Der Erhalt der Sternfarben sollte bei der Bildbearbeitung immer im Vordergrund stehen – was aufgrund der hellen Sternen leider nicht immer gelingt (vgl. Fototipp Seite 36).

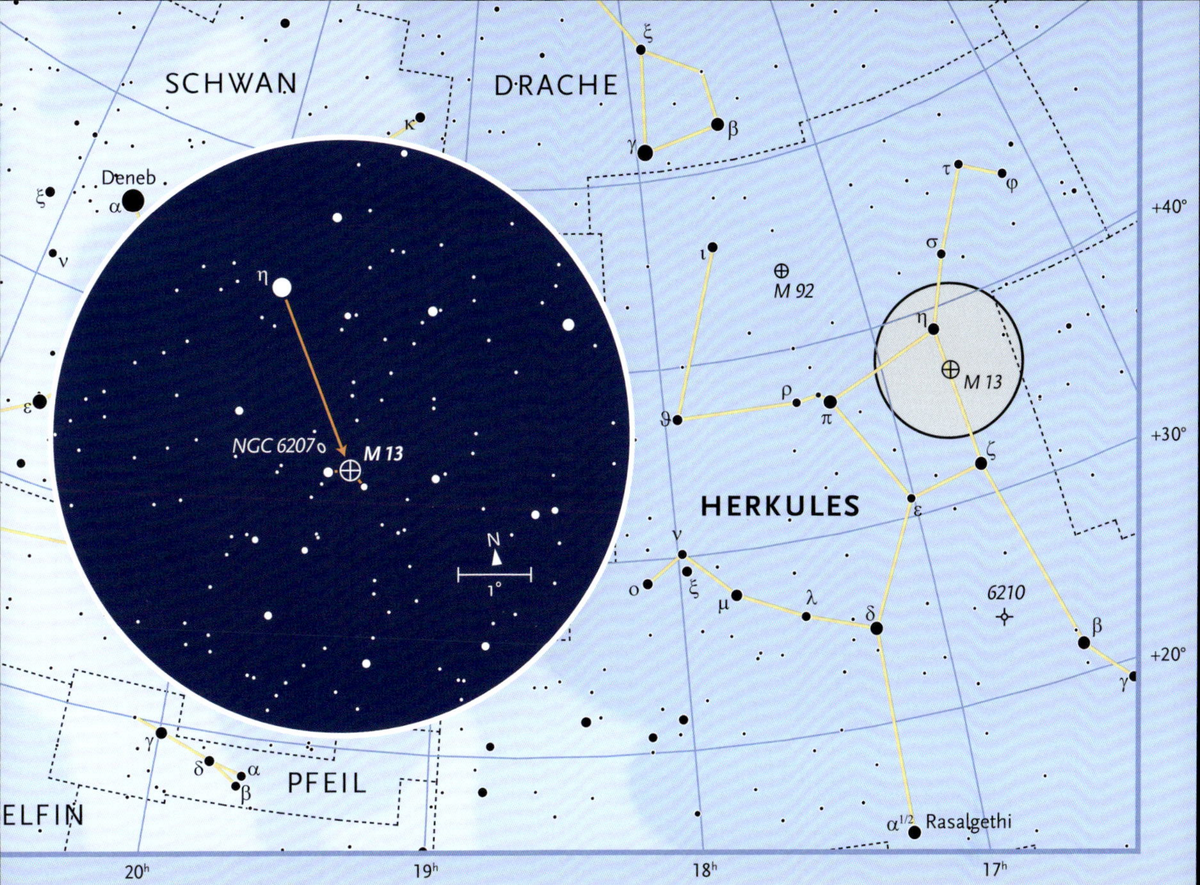

M 13. Optik: Meade 12″ ACF, **Brennweite:** 3000 mm, **Kamera:** Canon EOS 5D, **Belichtung:** 30 min am 5. 5. 2007 und 33 min am 11. 6. 2006, **Ort:** Sörth

M 14

Steckbrief	
Messier-Nummer	14
NGC-Nummer	6402
Name	
Sternbild	Schlangenträger
Objektklasse	Kugelsternhaufen
Klassifikation*	VIII
Rektaszension	$17^h 37^m\!\!,6$
Deklination	−03° 15′
Helligkeit	$7^m\!\!,6$
Ausdehnung	11′
Entfernung	55 880 Lj
Kulmination**	7. Juli
Kulmination nächstes Objekt	M 6

* Erläuterung Seite 212/213; ** für 10° Ost, ca. 23 Uhr MEZ

Information

Messier beschrieb seine Entdeckung vom 1.6.1764 mit den Worten: „Nebel ohne Sterne, nicht groß, sein Licht ist schwach, er ist rund und sichtbar mit einem 3½-Fuß-Fernrohr." Der Kugelsternhaufen M 14, dessen hellste Sterne $14^m\!\!,0$ hell sind, ist mit Klasse VIII ein relativ aufgelockerter Kugelhaufen mit einer leichten Elliptizität. Die Entfernungsangaben schwanken zwischen 30 000 und 55 580 Lj. Legt man letzteren Wert zugrunde, ist M 14 etwa 179 Lj ausgedehnt.

Im Jahr 1938 erschien in M 14 eine Nova, die als 16^m heller Stern aber erst 1964 nach Durchsicht älterer Fotoplatten entdeckt wurde. Doch selbst mit dem Hubble Space Telescope konnte dieser Stern bislang nicht identifiziert werden. M 14 enthält rund 90 Veränderliche Sterne, darunter mindestens 55 RR-Lyrae-Sterne und fünf Cepheiden [M 14]. Die meisten dieser Sterne sind in der Simbad-Datenbank [Simbad] nicht mit Positionen aufgeführt, können aber über die Literaturquellen an dortiger Stelle erreicht werden.

So finden Sie M 14

> M 14 steht im Ostteil des Schlangenträgers.
> Starten Sie mit der Suche nach dem Kugelsternhaufen bei γ Oph, rund 1,5° südöstlich von β Oph.
> Knapp 2° südlich von γ Oph stoßen Sie auf einen Stern 6. Größe.
> Dieser bildet mit zwei weiteren Sternen 6. Größe ein nach Südwest ausgerichtetes langes Dreieck.
> M 14 finden Sie gut ein Grad südwestlich des untersten Dreieckssterns.

Beobachtung

M 14 ist ein weiterer Kugelsternhaufen im Sternbild Schlangenträger, der jedoch aufgrund seiner Lichtschwäche schwieriger zu beobachten ist als M 10 und M 12. Ihn im 10×50-Fernglas zu erkennen ist schon eine echte Herausforderung, hierbei sollte der Feldstecher auf einem Stativ befestigt sein. Mit einem 80-mm-Refraktor und 40× fällt das Erkennen leichter; mehr als einen leicht zum Zentrum hin heller werdenden, runden, diffusen Fleck bekommt man allerdings nicht zu Gesicht. Beobachtern mit einem 130-mm-Refraktor ergeht es da kaum besser, der Sternhaufen ähnelt eher einer Elliptischen Galaxie.

Erst ab 200 mm Öffnung und 100× zeigt sich M 14 mit einer fleckigen Struktur, die nur ganz mäßig zur Mitte hin an Helligkeit gewinnt – von Einzelsternen aber immer noch keine Spur. Um diese zumindest im Randbereich ausmachen zu können, braucht es eine sehr klare Nacht, mindestens 300 mm Öffnung und 150- bis 200-fache Vergrößerung. Mit einem 400-mm-Reflektor gar zeigt sich der Kugelsternhaufen sehr schön vom Zentrum weg in die Außenbezirke differenziert.

Fototipp

M 14 ist ein nicht ganz so kompakter Kugelsternhaufen, der mit längerer Brennweite fotografisch bis in das Bildzentrum wunderbar aufgelöst werden kann. In der Kernzone östlich der Haufenmitte fällt auf der Aufnahme ein sehr kleiner Bereich geringerer Sterndichte auf. Da in den Kernzonen vieler Kugelsternhaufen die Sterne dicht an dicht stehen, ist es ratsam, mit der Belichtung zu experimentieren. Das setzt allerdings voraus, dass Sie nach jeder Belichtung prüfen, ob Sie die Haufenmitte noch in Einzelsterne auflösen können. Beginnen Sie nach einer Probebelichtung mit einer Serie von zehn Belichtungen zu je 10 s Belichtungszeit, falls möglich mit internem Dunkelbildabzug, sofern Ihr Kameramodell dies zulässt. Verdoppeln Sie bei der nächsten Serie auf 20 s, dann auf 40 s und so weiter. Bis Sie merken, dass das Haufenzentrum nur noch eine weiße ausgebrannte Fläche auf Ihrem Display und der Himmelshintergrund zu hell ist. Stacken Sie alle Einzelbilder mit dem DeepSkyStacker [DSS]. Die Software sorgt dafür, dass das Haufenzentrum nicht ausbrennt und somit die Sternfarben erhalten bleiben. Je länger die Gesamtbelichtung, desto eher gelingt ein farbdifferenziertes Bild.

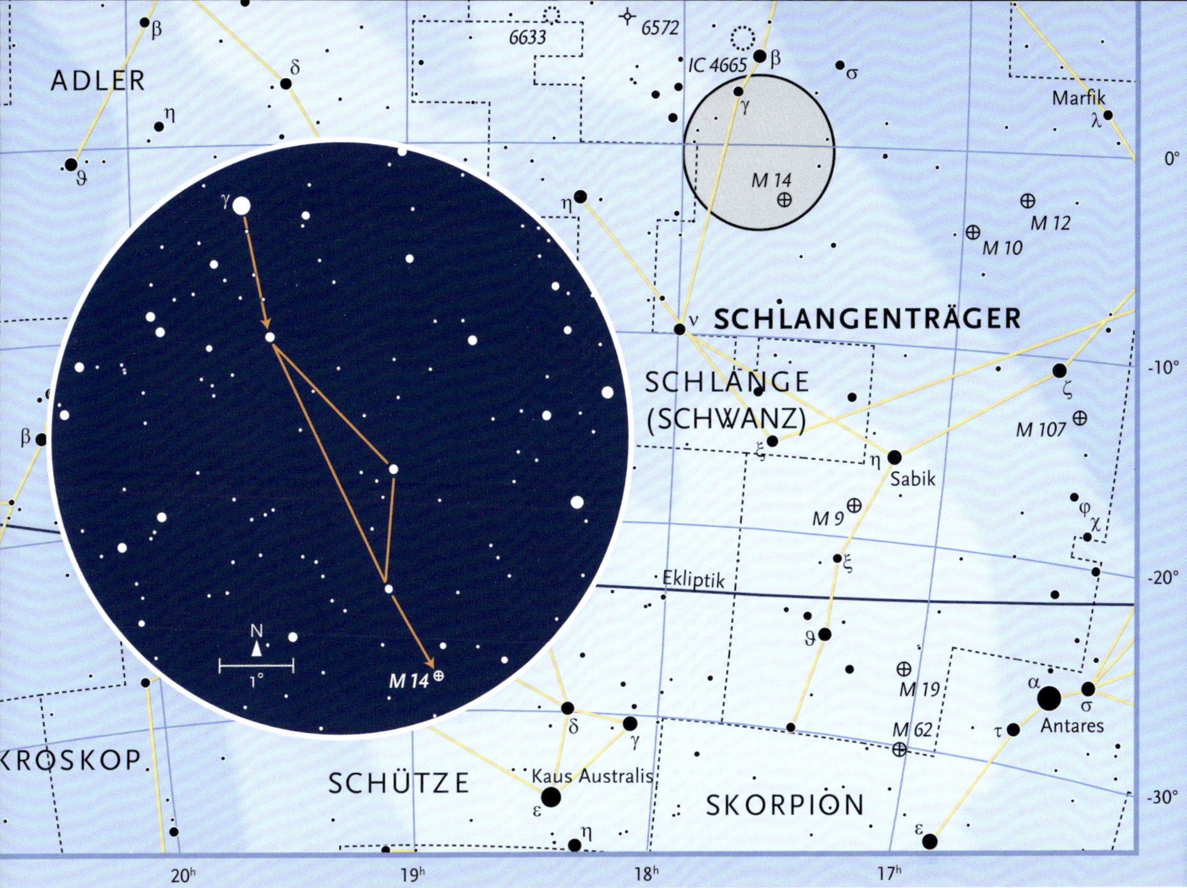

M 14. Optik: Meade 12″ ACF + Flattener, **Brennweite:** 2970 mm, **Kamera:** SBIG STL-11000M, **Belichtung:** Luminanz 80 min am 4. 7. 2009. **Kamera:** Canon EOS 5D, **Belichtung:** 26 min am 1. 5. 2007 und 30 min am 18. 7. 2007, **Ort:** Sörth

M 15

Steckbrief	
Messier-Nummer	15
NGC-Nummer	7078
Name	
Sternbild	Pegasus
Objektklasse	Kugelsternhaufen
Klassifikation*	IV
Rektaszension	$21^h 30^m\!\!.0$
Deklination	+12° 10′
Helligkeit	$6^m\!\!.4$
Ausdehnung	18′
Entfernung	39 010 Lj
Kulmination**	4. September
Kulmination nächstes Objekt	M 39

* Erläuterung Seite 212/213; ** für 10° Ost, ca. 23 Uhr MEZ

Information

Jean-Dominique Maraldi entdeckte am 7. 9. 1746 „einen ziemlich hellen nebligen Stern, der aus vielen Sternen besteht". Messier beobachtete diesen „Nebel ohne Stern" am 3. 6. 1764. M 15 ist mit Klasse IV ein sternreicher und extrem kompakter Haufen, der einen Kernkollaps durchlaufen hat. Selbst auf hoch auflösenden Aufnahmen des Hubble Space Telescope ist der verdichtete Kern kaum auflösbar. Die hellsten Sterne der mindestens 500 000 Mitglieder sind $12^m\!\!.6$ hell. Die Entfernungsangaben schwanken zwischen 32 000 Lj und 39 000 Lj. Legt man den höheren Wert zugrunde, so beträgt sein Durchmesser 204 Lj.

Die Simbad-Datenbank [Simbad] listet Hunderte von Haufensternen, über 130 Veränderliche, darunter 47 RR-Lyrae-Sterne, jeweils zwei Cepheiden und Zwergnovae sowie acht Pulsare. In der nördlichen Kernregion befindet sich der im Jahr 1928 identifizierte 15^m helle und 3″ große Planetarische Nebel PN G065.0-27.3 (Pease 1) [M 15].

So finden Sie M 15

- M 15 finden Sie am Herbsthimmel im Sternbild Pegasus.
- Beginnen Sie Ihre Suche bei ε Peg (Enif), südwestlich des Pegasus-Quadrates gelegen.
- 1° nordwestlich davon stoßen Sie auf eine kleine Reihe aus Sternen 6. und 7. Größe.
- Nach weiteren 2° in die gleiche Richtung folgt ein gleichschenkliges Dreieck aus Sternen 6. bis 7. Größe, das nach Südosten zeigt.
- An seiner Westspitze finden Sie einen Stern 6. Größe.
- Gut 15′ weiter westlich taucht der Kugelsternhaufen auf.

Beobachtung

Von allen Kugelsternhaufen unseres Milchstraßensystems hat M 15 die höchste zentrale Sterndichte. Zum Aufsuchen reicht ein 8×42-Fernglas problemlos aus, in sehr guten Nächten (Bortle 4) ist der Sternhaufen sogar mit dem bloßen Auge auffindbar. In Teleskopen mit 50 bis 80 mm Öffnung fällt auf, wie stark die Helligkeit zur Kernregion hin zunimmt. Ein 100-mm-Refraktor zeigt ab etwa 80× die hellsten Haufenmitglieder 12. Größe. Um das Zentrum herum bleibt allerdings ein Schimmer nicht aufgelöster Einzelsterne sichtbar. Auch mit 200 mm Öffnung wird die Kernregion nicht aufgelöst, immerhin werden Ihnen aber nun schon weit über 100 Einzelsterne geboten. Diese winden sich in einer Vielzahl von Sternketten in alle Richtungen aus dem Zentralbereich heraus.

Mit einem 300-mm-Reflektor geht die Sternenzahl ins Unzählbare. Man sollte mindestens 200–300× vergrößern und dann mit den Teleskop-Feinbewegungen die Zentralregion durch das Sehfeld driften lassen. Nach wie vor lässt sich das Zentrum nicht auflösen, aber die hohe Sterndichte und die auch bei ruhiger Luft durch das Rest-Seeing leicht zitternden Sternabbildungen sorgen für ein spektakuläres Beobachtungserlebnis.

Fototipp

M 15 ist hell, extrem kompakt und deshalb paradoxerweise kein einfaches Objekt. Schon mit Telebrennweiten ab 500 mm löst man M 15 in den Randbereichen in Einzelsterne auf. Wenn man jedoch den Kern des Haufens nicht überbelichten will, wird es extrem schwierig, und man benötigt eine hohe Bildauflösung. Ein digitales Komposit mit kurz und lang belichteten Aufnahmen ist gerade hier besonders angeraten (vgl. Belichtungshinweise für M 12 und M 14). Nach dem Stacking kann man bei sorgsamer Anpassung der Gradationskurve (logarithmische Helligkeitsskalierung oder Gammaskalierung) den Planetarischen Nebel Pease 1 gut herausarbeiten, der wegen seiner blautürkisen Farbe bei hoher Auflösung auch ohne eine genaue Aufsuchkarte identifiziert werden kann.

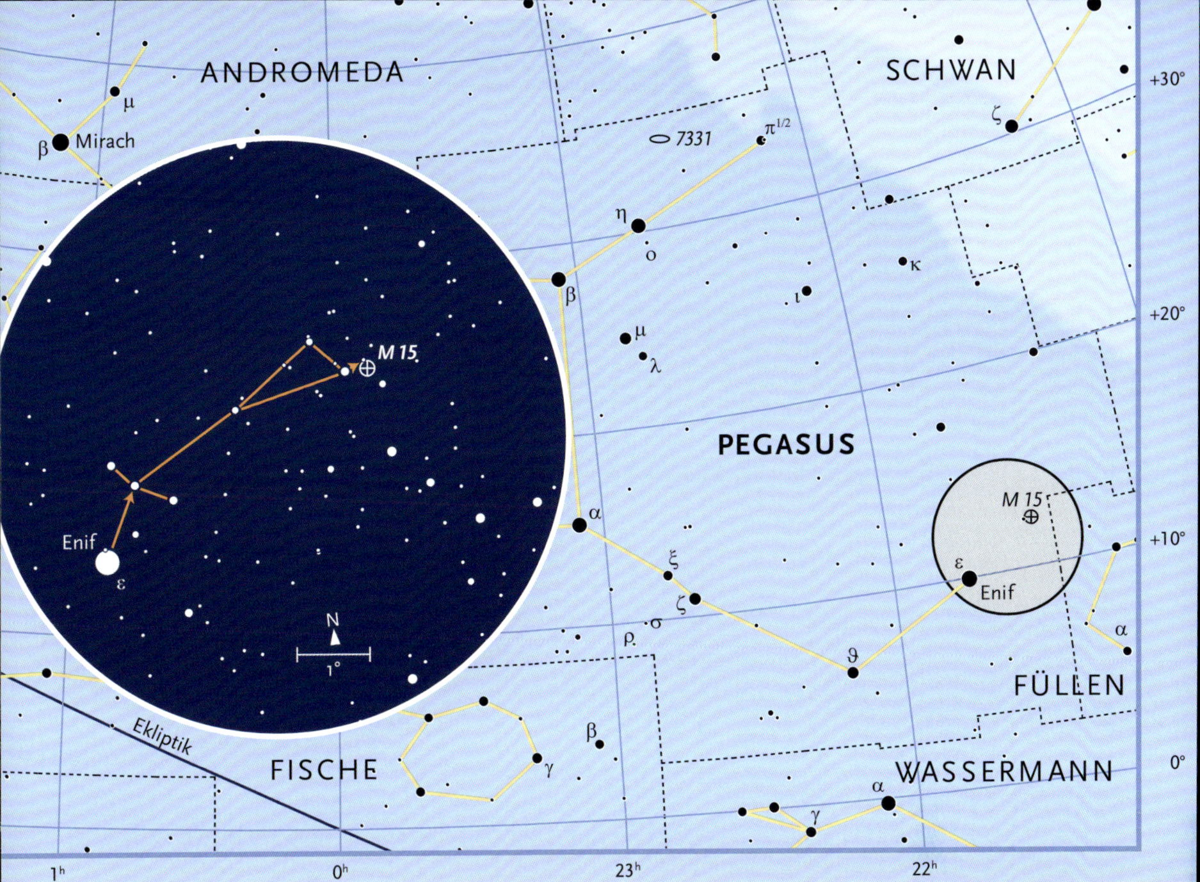

M 15. Optik: Meade 12″ ACF, **Brennweite:** 3000 mm, **Kamera:** Canon EOS 5D, **Belichtung:** 35 min am 12. 8. 2007 und 57 min am 14. 10. 2007, **Ort:** Sörth

M 16 Adlernebel

Steckbrief	
Messier-Nummer	16
NGC-Nummer	6611/IC 4703
Name	Adlernebel
Sternbild	Schlange
Objektklasse	Offener Sternhaufen und Emissionsnebel
Klassifikation*	II3mN
Rektaszension	$18^{h}\,18{,}^{m}8$
Deklination	−13° 47′
Helligkeit	$6{,}^{m}0$
Ausdehnung	35′
Entfernung	5600 Lj
Kulmination**	17. Juli
Kulmination nächstes Objekt	M 18

* Erläuterung Seite 212/213; ** für 10° Ost, ca. 23 Uhr MEZ

Information

M 16 besteht aus zwei Objekten: Der Sternhaufen NGC 6611 wurde im Jahr 1745 von dem Schweizer Amateurastronomen Jean-Philippe Loys de Chéseaux entdeckt und am 3. 6. 1764 von Messier katalogisiert. Messier entdeckte zusätzlich den Nebel um den Sternhaufen, der die Nummer IC 4703 trägt. Die rund 5 Millionen Jahre alte Sternentstehungsregion M 16 ist nach neueren Angaben 35 Lj ausgedehnt und steht in rund 5600 Lj Entfernung. Der Offene Sternhaufen NGC 6611 vom Trümpler-Typ II3mN enthält mehr als 375 Sterne, meist vom Spektraltyp O. Der hellste ist $8{,}^{m}2$ hell.

Berühmt ist M 16 für seine bis zu mehrere Lichtjahre langen „Elefantenrüssel". Es handelt sich um Staubsäulen, an deren Spitzen, in den sogenannten Globulen, gerade neue Sterne entstehen. Auf Infrarotbildern des Spitzer Space Telescope aus dem Jahr 2007 [M 16] wurde im nahen Infrarotlicht eine expandierende, diffuse heiße Wolke entdeckt, die man als Schockwelle einer Supernova-Explosion deutet. Sie bewegt sich auf die Staubsäulen zu und wird diese in etwa 1000 Jahren davonfegen. Die Wolke ist nur auf Infrarotbildern sichtbar.

So finden Sie M 16

> M 16 steht in der äußersten Südostecke des Sternbildes Schlange.
> Starten Sie Ihre Suche beim Sterndreieck aus ν, ξ und ο Ser. Die Nordkante dieses lang gezogenen Dreiecks ist recht genau in West-Ost-Richtung orientiert, rund 5° nordöstlich von η Oph (Sabik).
> Bewegen Sie nun Ihr Teleskop von ο Ser aus um 9° nach Osten, dort finden M 16.
> Der Nebel bildet mit γ Sct ($4{,}^{m}5$) und einem Stern 6. Größe ein nach Osten zeigendes gleichschenkliges Dreieck, M 16 steht an der Nordwestspitze.

Beobachtung

Unter guten Sichtbedingungen an einem Standort auf Höhe des Mittelmeerraumes (Bortle 5) ist der Gasnebel M 16 schon mit einem 10×50-Fernglas als mattes Fleckchen sichtbar. Großferngläser und kurzbrennweitige Reiseteleskope mit 80 mm Öffnung eignen sich allerdings deutlich besser zum Aufsuchen des Nebels, weil sie – gerade dann, wenn man sie mit einem engbandigen, kontrastreichen Nebelfilter ausstattet – das diffuse Objekt erheblich besser definiert zeigen. Lohnenswert ist der Anblick im 100-mm-Refraktor mit 25–40×, es fällt zunächst ein lockerer Sternhaufen mit etwa 20 Sternen 8. bis 11. Größe auf. Dieser wird von einem sehr unscharfen Nebel umgeben, der sich nach Süden hin ausbreitet. Weitere Mitgliedssterne des Sternhaufens tauchen mit zunehmender Vergrößerung und mit größerer Öffnung auf – allerdings geht beides zu Lasten der Erkennbarkeit des Gasnebels.

Selbst mit 200 mm Öffnung können keine Nebeldetails ausgemacht werden, erst jenseits der 300 mm kann man ansatzweise die auffälligsten jener rüsselförmigen Dunkelwolken erahnen, die M 16 auf Fotos prägen. Beim Sternhaufen fällt auf, dass die helleren Sterne fast klumpig gruppiert sind und einige hübsche, weite Doppelsterne bilden.

Fototipp

Die weiten Nebelausläufer von M 16 eignen sich für Teleobjektive aller Brennweiten, erfordern aber einen klaren, sehr dunklen Himmel (Bortle 3) und ggf. zusätzlich einen Nebelfilter. Die von Aufnahmen des Hubble Space Telescope bekannten Staubsäulen im Nebelzentrum („Pillars of Creation") sind bei gutem Seeing ein sehr lohnendes Ziel mit längerer Brennweite um 3000 mm. Seeing und Transparenz der Atmosphäre sind hier entscheidend, deshalb ist M 16 am besten dort zu fotografieren, wo der Nebel hoch am Himmel steht und die Sichtbedingungen optimal sind: in den Alpen, auf den Kanarischen Inseln oder auf der Südhalbkugel der Erde.

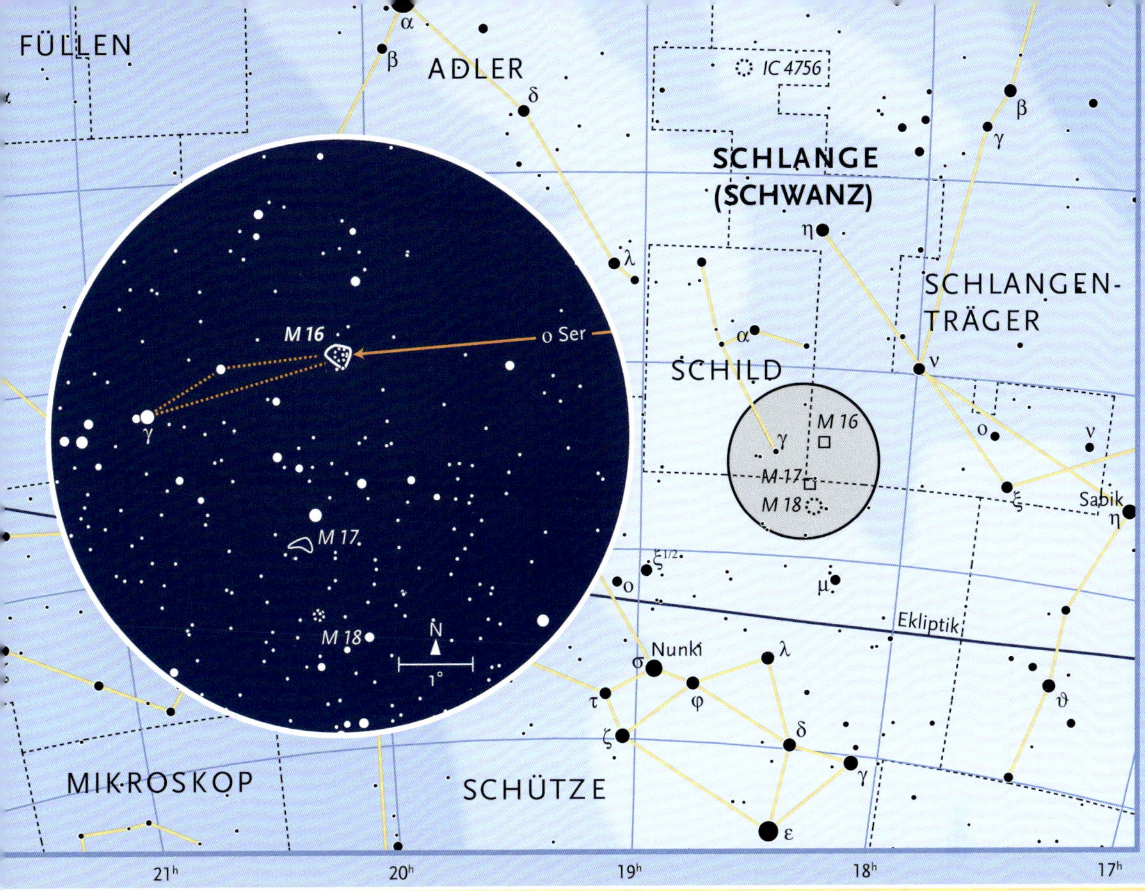

M 16. Optik: Meade 14″ ACF + Reducer, **Brennweite:** 3000 mm, **Kamera:** Canon EOS 5D, **Belichtung:** 46 min am 1. 6. 2008, **Ort:** Farm Tivoli/Namibia

M 17 M 18 Omeganebel, Schwanennebel

Steckbrief		
Messier-Nummer	17	18
NGC-Nummer	6618	6613
Name	Omeganebel, Schwanenebel	
Sternbild	Schütze	Schütze
Objektklasse	Emissionsnebel und Offener Sternhaufen	Offener Sternhaufen
Klassifikation*	III2pN	II3pN
Rektaszension	$18^{h}20^{m}{,}8$	$18^{h}19^{m}{,}9$
Deklination	–16° 11′	–17° 08′
Helligkeit	$6^{m}{,}0$	$6^{m}{,}9$
Ausdehnung	46′	9′
Entfernung	5910 Lj	4230 Lj
Kulmination**	18. Juli	17. Juli
Kulmination nächstes Objekt	M 28	M 17

* Erläuterung Seite 212/213; ** für 10° Ost, ca. 23 Uhr MEZ

Information

Der Nebel M 17 wurde 1745 von Jean-Philippe Loys de Chéseaux entdeckt, der ihn so beschrieb: „Er hat perfekt die Form eines Strahls oder eines Kometenschweifs von 7′ Länge und 2′ Breite. Seine Seiten sind exakt parallel und sehr gut begrenzt, so wie seine beiden Enden. In der Mitte ist er weißer als an den Rändern." Messier machte seinen Eintrag am 3. 6. 1764.

M 17 ist ein 79 Lj großer und 6 Millionen Jahre alter Emissionsnebel in 5914 Lj Entfernung. In der dunklen Molekülwolke im westlichen Teil ist ein junger, massereicher Sternhaufen verborgen, dessen Licht vom Staub in dieser Wolke im sichtbaren Spektralbereich fast vollständig verschluckt wird [M 17].

Als „Haufen kleiner Sterne, etwas unter Nebel Nummer 17, umgeben von etwas Nebel" beschrieb Messier seine Entdeckung vom 3. 6. 1764, die er mit einem Fernrohr von 3½ Fuß Länge machte. M 18 enthält nur 20 bis 40 heiße blaue Überriesen vom Spektraltyp B3 in einem Gebiet von 6 bis 11 Lj Durchmesser in 4225 Lj Entfernung. Die Altersangaben schwanken zwischen 17 und 50 Millionen Jahre.

So finden Sie M 17 und M 18

> M 17 steht im Schützen an der Grenze zur Schlange.
> Auch hier beginnt die Suche wie bei M 16 im Süden der Schlange. Vom Dreieck ν, ξ und ο Ser (vgl. S. 40) konzentrieren Sie sich jetzt aber auf ξ.
> Von dort geht der Schwenk 4,5° nach Osten zu einem Stern 6. Größe (in Karte mit 6^{m} bezeichnet).
> Nach weiteren 6° in Richtung Osten stoßen Sie auf M 17, der sich knapp 0,5° südöstlich eines Sterns 5. Größe befindet.
> M 18 befindet sich rund 1° südlich von M 17.
> Haben Sie diesen vorher beobachtet, können Sie je nach Okulargesichtsfeld und Optikdurchmesser M 18 als lose Sternansammlung am südlichen Sehfeldrand erspähen oder müssen entsprechend ein wenig nach Süden schwenken.

Beobachtung

M 17 ist im 15×80-mm-Großfernglas zwar kleiner, aber heller und deutlich einfacher zu erkennen als M 16, da hier kein „störender" Sternhaufen in den Nebel eingebettet ist. Mit einem 80-mm-Refraktor zeigt sich M 17 bei 30× als länglicher Nebel, dessen hellster Teil leicht nach Osten verschoben ist. Unter sehr guten Bedingungen (Bortle 4) kann man mit 100 bis 130 mm Öffnung an der Westseite des Nebels bei etwa 40× eine hakenförmige Aufhellung erkennen (den Schwanenhals). Mit 150 bis 200 mm Öffnung ist diese bei 50–80× unübersehbar. Mit 300 mm Öffnung sieht man die flockige Grundstruktur des Nebels, und die „Innenkante" (oder Westseite) des Schwanenhalses ist gut vom Himmelshintergrund abgegrenzt. Empfehlenswert ist auch für M 17 ein Nebelfilter.

M 18 lässt sich im 10×50-Fernglas als eine sehr lose Sternansammlung erahnen. Im 80-mm-Refraktor sieht man bei etwa 40× bereits zehn bis 15 locker gruppierte Sterne, mit einem 130-mm-Refraktor steigt die Zahl der erkennbaren Sterne auf knapp 25 an. Ideal ist auch hier 40× . Betrachtet man M 18 mit einem 200-mm-Reflektor, so erkennt man rund 35 bis 40 Sterne.

Fototipp

Die roten und blauen Nebelanteile in M 17 überlagern sich zu einem pinken Farbton, im deutlichen Unterschied zu M 16. Eine für Hα empfindliche DSLR-Kamera vermag die Farben gut zu differenzieren. Markante Dunkelwolken im westlichen Teil decken weite Teile des Nebels ab.

M 18 bildet mit dem nur 1° nördlich stehenden Nebel M 17 bei 500 mm Brennweite ein hübsches Paar. Im nordöstlichen Teil von M 18 liegt der rund 60″ ausgedehnte Reflexionsnebel VdB 121 (GN 18.17.3), der mit dem $9^{m}{,}5$ hellen blauen Stern HD 168418 assoziiert ist.

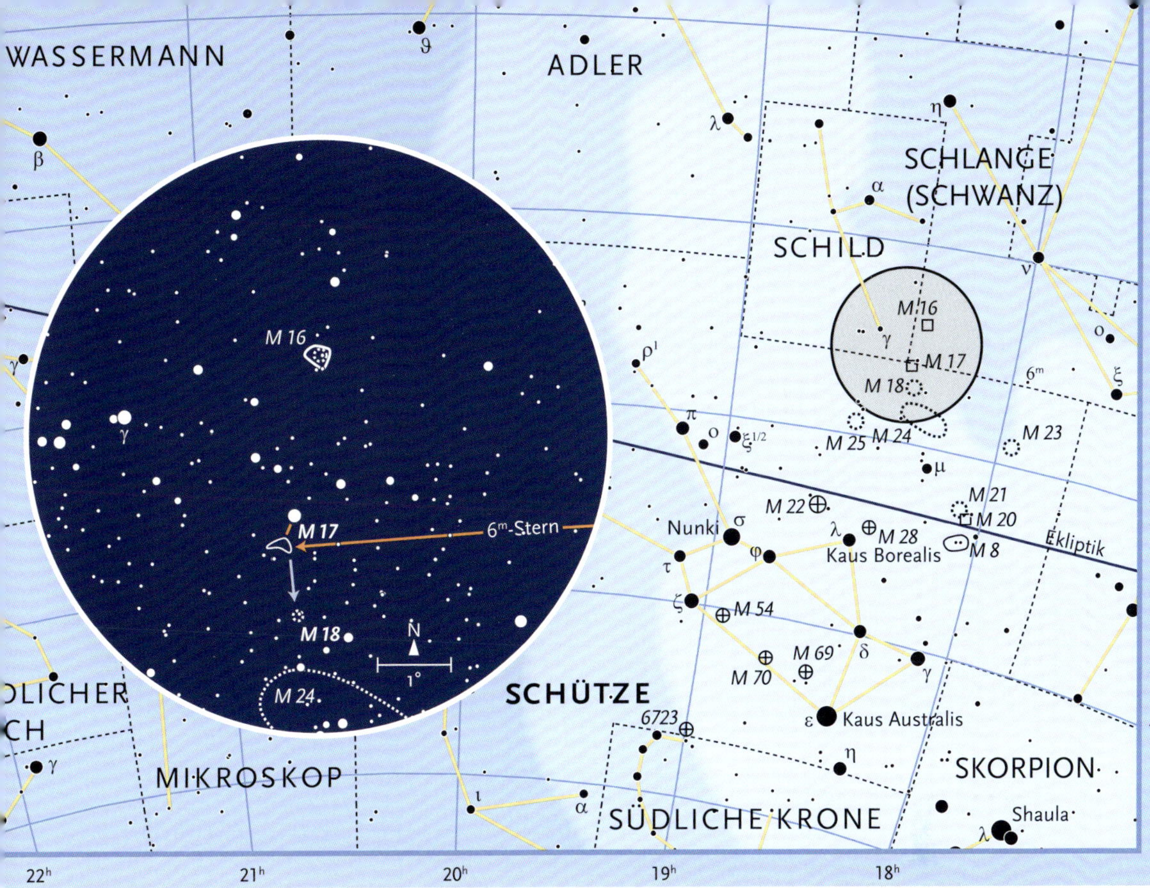

M 17. Optik: Meade 14″ ACF + Reducer, **Brennweite:** 3000 mm,
Kamera: Canon EOS 5D, **Belichtung:** 49 min am 2. 6. 2008,
Ort: Farm Tivoli/Namibia

M 18. Optik und **Kamera:** wie linkes Bild,
Belichtung: 28 min am 3. 6. 2008,
Ort: Farm Tivoli/Namibia

M 19

Steckbrief	
Messier-Nummer	19
NGC-Nummer	6273
Name	
Sternbild	Schlangenträger
Objektklasse	Kugelsternhaufen
Klassifikation*	VIII/E3–E4
Rektaszension	$17^h 02{,}^m6$
Deklination	−26° 16′
Helligkeit	$6{,}^m8$
Ausdehnung	17′
Entfernung	45 200 Lj
Kulmination**	26. Juni
Kulmination nächstes Objekt	M 92

* Erläuterung Seite 212/213; ** für 10° Ost, ca. 23 Uhr MEZ

Information

Messier entdeckte den Kugelsternhaufen M 19 als „Nebel ohne Sterne, rund, sichtbar mit einem Fernrohr von 3½ Fuß" am 5.6.1764. M 19 ist 224 Lj ausgedehnt und steht mit 45 200 Lj Entfernung jenseits des galaktischen Zentrums. Seine hellsten Sterne sind $14{,}^m0$ hell.

M 19 ist der Kugelsternhaufen mit der größten bekannten Elliptizität von E3 bis E4. Die große Halbachse des Körpers von M 19 ist um den Positionswinkel von 15° gegen die Nordsüdrichtung in Richtung Westen geneigt. Ursache der enormen Verformung ist die Anziehungskraft unserer Milchstraße: M 19 ist nur 5200 Lj vom galaktischen Zentrum entfernt. Der Kugelsternhaufen ist aufgrund interstellarer Extinktion auffallend gerötet. Die Konzentration seiner Sterne wird mit Klasse VIII angegeben. M 19 beherbergt acht Veränderliche, darunter als prominentes Mitglied FK Ophiuchi, der als Einziger von vier Cepheiden ein Veränderlicher vom Typ W Virginis ist. W-Virginis-Sterne sind als metallarme, ältere Pulsationsveränderliche eine Unterklasse der Cepheiden und eignen sich zur Entfernungsbestimmung. Hinzu kommen drei RR-Lyrae-Sterne

So finden Sie M 19

> M 19 steht tief am Sommerhimmel im südlichen Teil des Sternbildes Schlangenträger.
> Um ihn aufzusuchen, beginnen Sie Ihren Weg bei α Sco (Antares), dem Hauptstern des Skorpion.
> Gut 2° südöstlich steht τ Sco.
> Gut 1,5° östlich erreichen Sie eine Raute aus Sternen 6. Größe.
> 2,5° nordnordöstlich folgt mit 25 Sco ein Stern 7. Größe. Er steht an der Westspitze eines gleichschenkligen Dreiecks von zwei weiteren Sternen 7. Größe.
> Gut 2° östlich des Dreiecks finden Sie mit 26 Sco einen weiten, markanten Doppelstern 6. Größe.
> M 19 steht knapp 1,5° südöstlich von 26 Sco.

Beobachtung

Es ist ein Jammer, dass dieser Kugelsternhaufen so weit südlich steht, denn er ist eine genauere Beobachtung wert – kein anderer Kugelhaufen ist so stark elliptisch verformt wie M 19. Im 80-mm-Refraktor mit 60× fällt dies noch nicht so sehr auf, denn der Haufen erscheint darin als eine ziemlich verwaschene, nur mäßig zur Mitte hin heller werdende Scheibe. Der mitteleuropäische Horizontdunst trägt sein Übriges dazu bei, dass auch beim Beobachten mit einem 130-mm-Refraktor nicht viel mehr zu sehen ist. Der Sternhaufen wirkt aber in diesem Instrument bei 80× immerhin schon etwas ausgeprägter und länglicher.

Ein 200-mm-Reflektor unter gutem südeuropäischem Himmel (Bortle 4) zeigt da deutlich mehr: Jetzt sieht man, wie länglich dieser Sternhaufen geformt ist, bei 40× erinnert er stark an verwaschene Elliptische Galaxien – wenngleich seine Kernregion nicht so deutlich auffällt wie bei jenen Milchstraßensystemen, die im Virgo-Haufen zu beobachten sind. Bei 150–200× hat man nun auch die Gelegenheit, die hellsten Einzelsterne wahrzunehmen, dies gilt sowohl für den Randbereich als auch für das Zentrum. Aber auch bei diesem Sternhaufen bleiben viele Sterne als verwaschener, nicht aufgelöster Hintergrund hinter den hellsten Mitgliedern bestehen.

Fototipp

M 19 fällt hinsichtlich seiner rötlichen Färbung und deutlich elongierten Form unter den Kugelhaufen sofort auf. Da er nur wenig konzentriert ist, löst man ihn im Zentrum fotografisch schon mit mittleren Brennweiten um 1500 mm auf, in den Randbereichen bereits mit 500 mm. Der Veränderliche FK Ophiuchi liegt 1,9′ nördlich des Haufenzentrums. Seine Blauhelligkeit schwankt zwischen $13{,}^m6$ und $15{,}^m4$ mit einer Lichtwechselperiode von 14,138 Tagen.

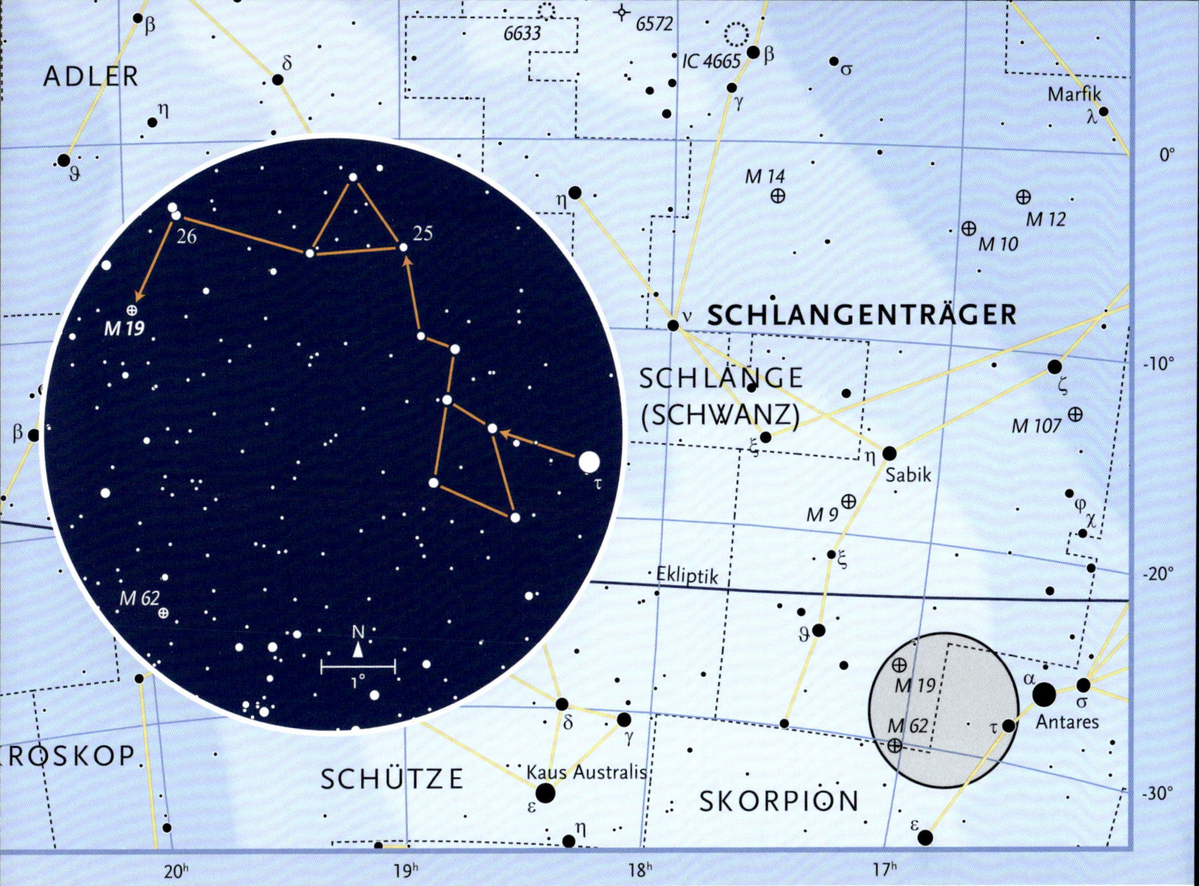

M 19. Optik: Meade 14″ ACF + Reducer, **Brennweite:** 3000 mm, **Kamera:** Canon EOS 5D, **Belichtung:** 30 min am 25. 7. 2008, **Ort:** Farm Tivoli/Namibia

M 20 Trifidnebel
M 21

Steckbrief		
Messier-Nummer	20	21
NGC-Nummer	6514	6531
Name	Trifidnebel	
Sternbild	Schütze	Schütze
Objektklasse	Emissionsnebel und Offener Sternhaufen	Offener Sternhaufen
Klassifikation*	II3pN	I3p
Rektaszension	$18^h\,02\overset{m}{,}3$	$18^h\,04\overset{m}{,}6$
Deklination	−23° 02′	−22° 30′
Helligkeit	$8\overset{m}{,}0$	$5\overset{m}{,}9$
Ausdehnung	28′	13′
Entfernung	2660 Lj	3930 Lj
Kulmination**	13. Juli	13. Juli
Kulmination nächstes Objekt	M 8	M 24

* Erläuterung Seite 212/213; ** für 10° Ost, ca. 23 Uhr MEZ

Information

Messier sah am 5. 6. 1764 an der Position von M 20 „einen Haufen von Sternen, etwas oberhalb der Ekliptik" und konnte den Nebelanteil offensichtlich zunächst nicht sehen. M 21 beschrieb er als „Sternhaufen, nahe dem vorhergehenden. Die Sterne beider Haufen sind 8^m bis 9^m hell und in Nebel eingehüllt".

Der Trifidnebel M 20 ist eine 22 Lj ausgedehnte Sternentstehungsregion in 2660 Lj Entfernung und bekannt für die durch die Dunkelwolke Barnard 85 vorgetäuschte scheinbare Dreiteilung. Der Hauptnebel leuchtet im rötlichen Licht des ionisierten Wasserstoffs. An den leuchtenden Kanten der Dunkelwolken liegen vom intensiven UV-Licht der nahen, hellen Sterne freigelegte Sternenembryos, die eng gebündelte Materiejets aussenden, die wie Hörner herausragen. Der Stern im blauen Nebelteil hat nicht genügend Energie, „seinen" Nebel zu ionisieren, sein Licht wird nur reflektiert, der Nebel leuchtet daher blau.

Der Sternhaufen M 21 ist etwa 7 Millionen Jahre alt und in 3928 Lj Entfernung rund 15 Lj ausgedehnt. Die Simbad-Datenbank [Simbad] listet rund 200 präzise fotometrierte Haufensterne bis 17^m.

So finden Sie M 20 und M 21

- M 20 steht gemeinsam mit M 21 tief im Süden in der Sommermilchstraße im Sternbild Schütze.
- Identifizieren Sie zunächst den Schützen, er besteht aus einer Kombination von Vier- und Dreiecken.
- Das westliche Viereck wird von den Sternen δ, ε, η und γ Sgr gebildet.
- Starten Sie bei γ Sgr (Alnasl) und schwenken Sie Ihr Teleskop 6° nach Norden – dort stoßen Sie zunächst auf den Lagunennebel M 8.
- M 20 steht ungefähr 1° nordwestlich davon an der Südwestecke einer Raute aus Sternen 6. und 7. Größenklasse.
- Knapp 0,5° nordöstlich der Raute finden Sie den lockeren Offenen Sternhaufen M 21.

Beobachtung

Im 10×50-Fernglas ist M 20 noch ein formloses kleines Wölkchen inmitten eines ziemlich sternreichen Feldes. Refraktoren mit 70 bis 80 mm Öffnung heben dieses Wölkchen etwas besser aus dem Milchstraßenhintergrund hervor, ohne aber etwas von den Dunkelwolken zu zeigen. Um diese sicher zu erkennen, braucht es einen 200-mm-Reflektor und einen klaren Südhorizont. Eine möglichst schwache Vergrößerung (30–35×) hilft bei der Erkennung der Details, OIII- oder UHC-Nebelfilter sind ebenfalls sinnvoll. Hat man die Dunkelwolken ausgemacht, so wird man mit einem geradezu plastischen Anblick dieses Himmelsobjekts belohnt. Das zentrale Mehrfachsternsystem kann man schon mit einem 100-mm-Refraktor erkennen.

Nicht sehr spektakulär hingegen kommt der bereits im 10×50-Fernglas erkennbare Sternhaufen M 21 daher. Das gilt vor allem für die Beobachtung im Teleskop. Im 75-mm-Refraktor erkennt man eine lose Sternansammlung 7. bis 9. Größe von etwa zwei Dutzend Einzelsternen. Mit einem 200-mm-Reflektor sieht man 50 bis 60 Sterne, die helleren bilden eine Art Ring, der lose gruppiert von den restlichen Sternen umgeben ist.

Fototipp

Eine lange Gesamtbelichtung bei sehr dunklem, transparentem Nachthimmel (Bortle 3) zeigt die bläulich leuchtende Außenhülle von M 20 als zarten Saum mit angrenzenden markanten Dunkelwolken. Mit längerer Brennweite und hoher Bildauflösung lässt sich der „bleistiftdünne" Jet (weiße Pfeile) aufnehmen, der von Hubble-Aufnahmen her bekannt ist. Mit 500 bis 1000 mm Brennweite lassen sich M 20 und M 21 zusammen aufnehmen. Da die 200 Haufensterne von M 21 in der Milchstraße liegen, ist der Haufencharakter nicht sehr ausgeprägt.

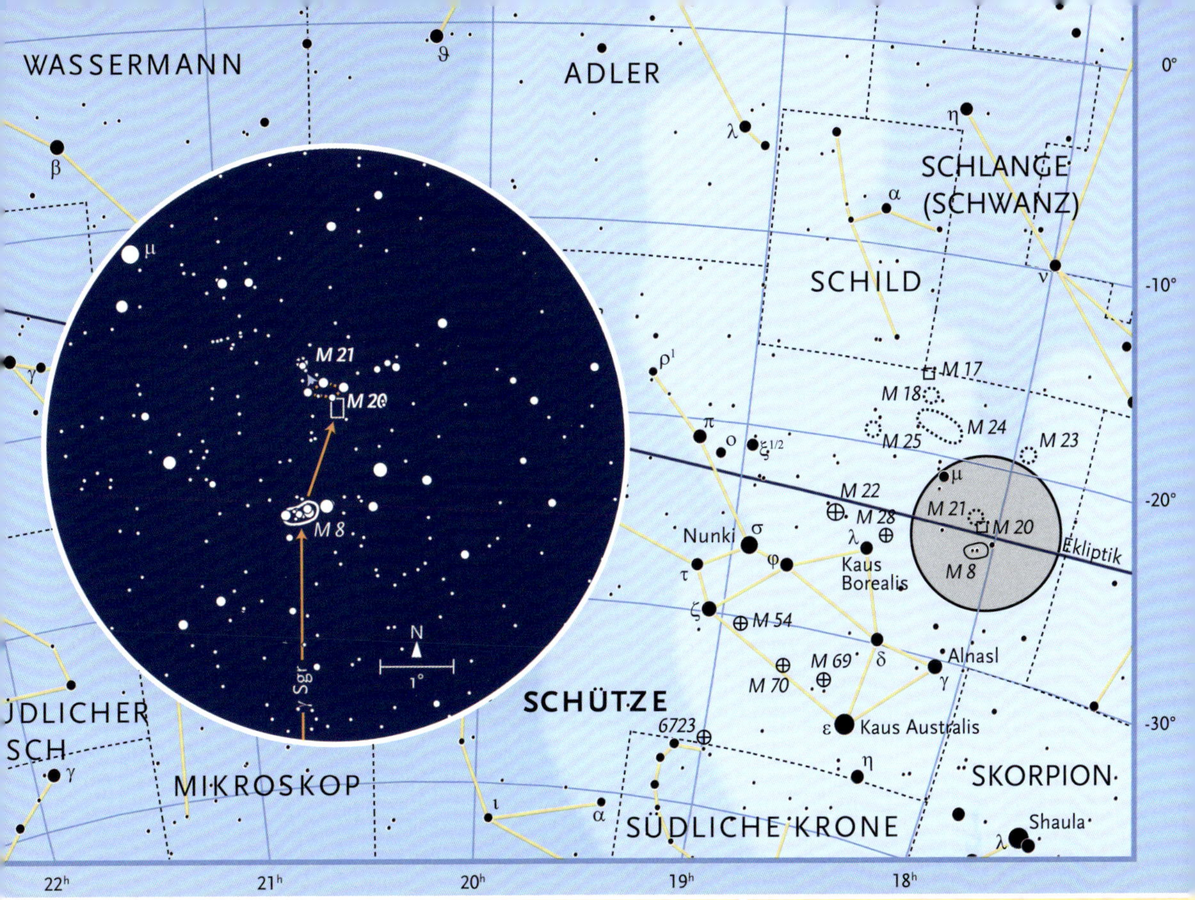

M 20. Optik: Meade 14″ ACF + Reducer, **Brennweite:** 3000 mm, **Kamera:** Canon EOS 5D, **Belichtung:** 76 min am 1. 6. 2008, **Ort:** Farm Tivoli/Namibia. **Pfeile:** Jet.

M 21. Optik und **Kamera:** wie linkes Bild, **Belichtung:** 25 min am 1. 6. 2008, **Ort:** Farm Tivoli/Namibia

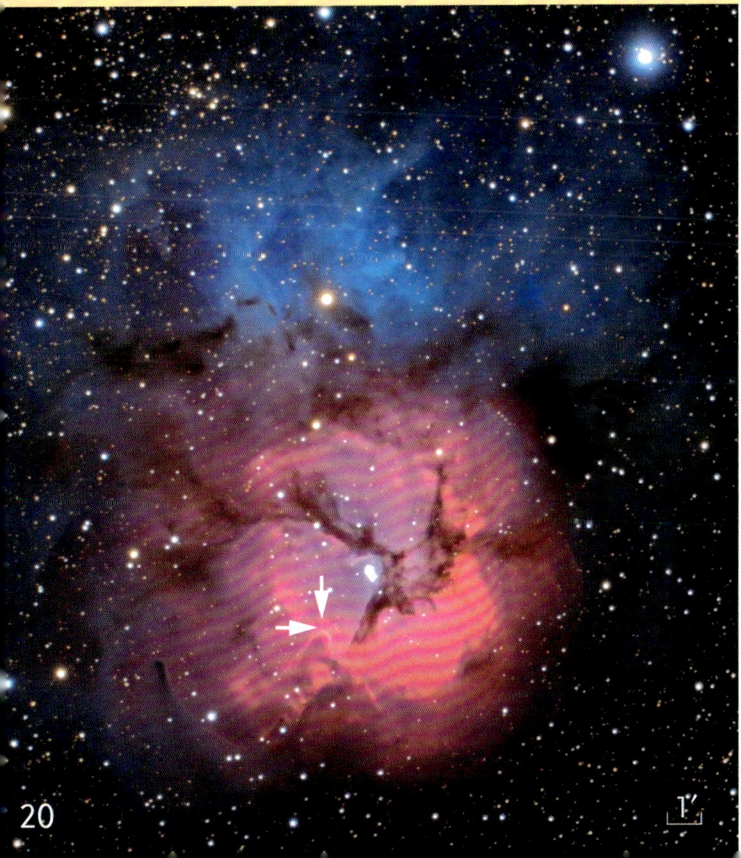

M 22

Steckbrief

Steckbrief	
Messier-Nummer	22
NGC-Nummer	6656
Name	
Sternbild	Schütze
Objektklasse	Kugelsternhaufen
Klassifikation*	VII
Rektaszension	$18^h 36{,}^m4$
Deklination	−23° 54′
Helligkeit	$5{,}^m1$
Ausdehnung	32′
Entfernung	10 400 Lj
Kulmination**	22. Juli
Kulmination nächstes Objekt	M 70

* Erläuterung Seite 212/213; ** für 10° Ost, ca. 23 Uhr MEZ

Information

Während seiner Beobachtungen des Planeten Saturn im Sternbild Schütze entdeckte der deutsche Amateurastronom Johann Abraham Ihle dieses Objekt am 26. 8. 1665. Dies berichtet Messier in seinem Eintrag vom 5. 6. 1764, als er einen „Nebel, unter der Ekliptik, rund, ohne Sterne, gut sichtbar im 3½-Fuß-Fernrohr" erkennt. M 22 ist mit Klasse VII aufgelockert, rund 100 Lj ausgedehnt und steht in nur 10 400 Lj Entfernung. Die hellsten seiner über 80 000 Sterne sind scheinbar $10{,}^m7$ hell.

M 22 enthält mindestens 91 Veränderliche Sterne, darunter sechs Cepheiden, neun Kataklysmische (vgl. S. 128) und zwei BY-Draconis-Sterne (Veränderlichkeit bedingt durch Sternflecken). Der Planetarische Nebel PN G009.8-07.5 (GJJC 1) ist nach Pease 1 in M 15 das zweite von vier jemals in einem Kugelhaufen gefundenen Objekten seiner Art. Im Jahr 2001 wurden in M 22 Helligkeitsausbrüche registriert. Es könnte sich um Mikrolinsenereignisse handeln, bei denen sich ein Himmelskörper vor einen anderen schiebt und dessen Licht in Richtung Erde bündelt, so dass sich die Helligkeit scheinbar erhöht. Alternativ könnte es der Ausbruch einer Zwergnova gewesen sein. [M 22b].

So finden Sie M 22

- M 22 ist im Sommer in der südlichen Milchstraße des Sternbildes Schütze zu finden.
- Beginnen Sie mit dem Aufsuchweg bei λ Sgr (Kaus Borealis), einem Stern 3. Größe, der die Spitze der Schütze-„Teekanne" bildet.
- M 22 steht nur 2,5° nordöstlich von λ Sgr und ist bei guter Sicht schon im Sucherfernrohr einfach zu erkennen.

Beobachtung

Wer sich als mitteleuropäischer Sternfreund an die Beobachtung von M 22 macht, der wird den Sternhaufen tief im Sternbild Schütze leicht finden, denn seine Helligkeit macht ihn zu einem der hellsten seiner Klasse. Trotzdem wird er hierzulande meist etwas vernachlässigt, denn M 13 hat ja doch mehr zu bieten und ist noch schneller eingestellt. Wer aber einmal von Südeuropa aus durch ein Teleskop ein Auge auf M 22 werfen konnte, der wird diesen Anblick nie wieder vergessen. Schon ohne optische Hilfsmittel ist der Kugelhaufen in einer dunklen Nacht mit dem bloßen Auge auszumachen. Ein 10×50-Fernglas zeigt eine fast vollmondgroße diffuse Scheibe. Mit einem 80-mm-Reiserefraktor sieht man schon eine leicht fleckige Struktur und einen mäßigen Helligkeitsanstieg zum Zentrum hin. Im 130-mm-Refraktor kann man bei 60–80× die ersten Einzelsterne sehen, auch einmal 100–120× zu vergrößern lohnt: Ganz allmählich tauchen immer mehr schwach glimmende Sterne aus einem diffusen Hintergrund auf!

Ein 200-mm-Reflektor schließlich offenbart noch mehr Pracht, bei 100× ist das Okulargesichtsfeld übersät von Sternen 11. Größe abwärts. Offensichtlich ist eine leichte Abplattung des Kugelhaufens, in Einzelsterne aufgelöst ist er bis ins Zentrum. Sind Sie auf der Südhalbkugel, dann sollten Sie sich auf jeden Fall die Zeit nehmen, M 22 auch einmal bei 200× zu betrachten – es zeigt sich ein Meer von Sternen.

Fototipp

Bereits mit 500 mm Brennweite löst man den vollmondgroßen grandiosen Kugelsternhaufen leicht in Einzelsterne auf. M 22 ist aber gerade auch für lange Brennweiten um 3000 mm ein lohnendes Ziel, weil man tief in den Kugelsternhaufen vordringen kann. Aufgrund seiner südlichen Deklination wird M 22, der vierthellste aller Kugelsternhaufen, (eigentlich zu Unrecht) weniger beachtet als sein lichtschwächerer Rivale M 13. Mit hoher Bildauflösung kann der kleine Planetarische Nebel GJJC 1 [M 22a] 1′ unterhalb des Zentrums von M 22 abgebildet werden. Er ist 15^m hell und 9″ ausgedehnt. Eine echte Herausforderung!

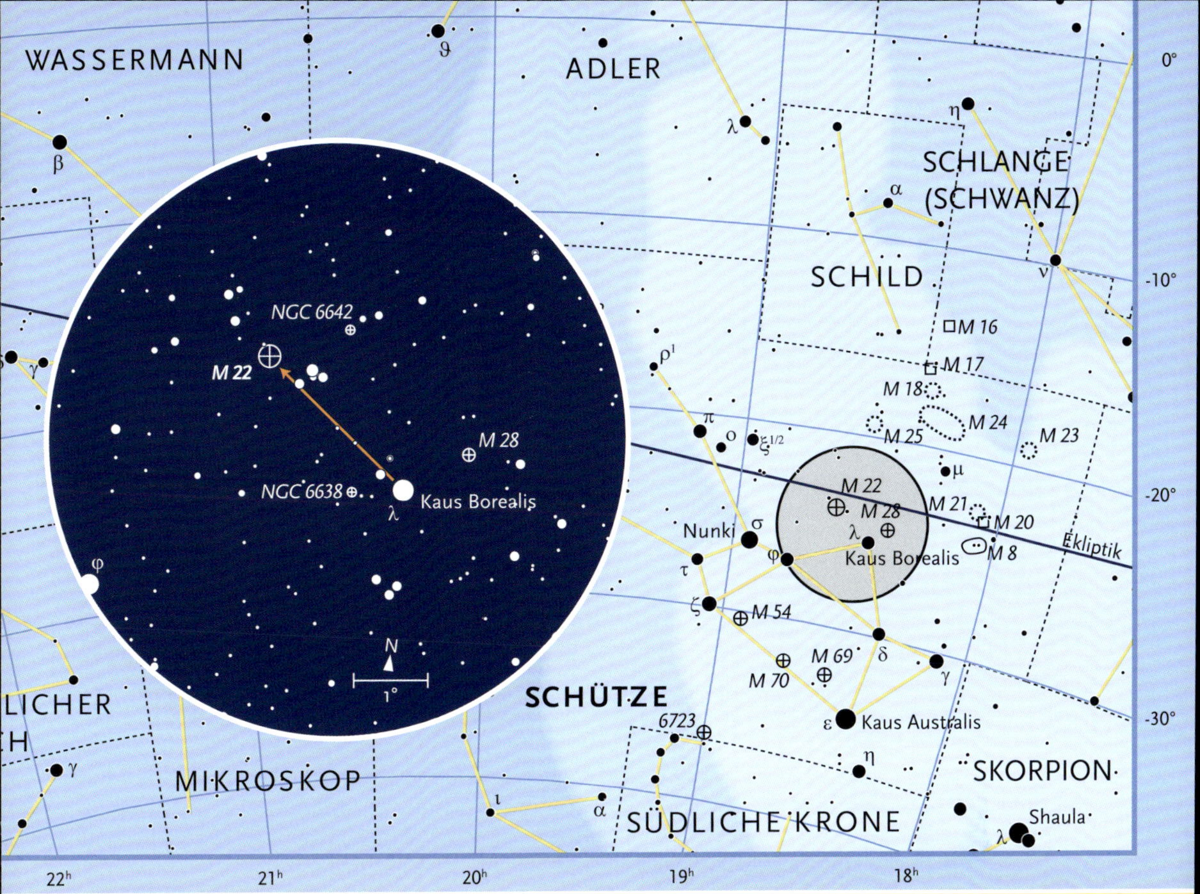

M 22. Optik: Meade 14″ ACF + Reducer, **Brennweite:** 3000 mm, **Kamera:** Canon EOS 5D, **Belichtung:** 26 min am 1. 6. 2008, **Ort:** Farm Tivoli / Namibia

M 23

Steckbrief	
Messier-Nummer	23
NGC-Nummer	6494
Name	
Sternbild	Schütze
Objektklasse	Offener Sternhaufen
Klassifikation*	III1m
Rektaszension	$17^h 56^m\!.8$
Deklination	−19° 01′
Helligkeit	$5^m\!.5$
Ausdehnung	35′
Entfernung	2050 Lj
Kulmination**	11. Juli
Kulmination nächstes Objekt	M 20

* Erläuterung Seite 212/213; ** für 10° Ost, ca. 23 Uhr MEZ

Information

„Sternhaufen, die Sterne dieses Haufens stehen sehr dicht beieinander, der Durchmesser beträgt 15 Bogenminuten." Diesen Eindruck hatte Messier bei seiner Entdeckung am 20.6.1764. M 23 ist etwa 21 Lj ausgedehnt und steht in 2047 Lj Entfernung. Die Trümpler-Klasse III1m beschreibt ihn als frei stehenden, mäßig sternreichen Haufen mit geringer zentraler Konzentration und überwiegend gleich hellen Sternen. Neueren Untersuchungen zufolge enthält M 23 fast 200 Haufenmitglieder. Das Alter wird mit 331 Millionen Jahre angegeben. Der hellste Stern ist HD 163536 mit visuell $8^m\!.2$ Helligkeit und Spektraltyp G6, Leuchtkraftklasse V. Fotometrische Helligkeitsangaben einiger Haufenmitglieder sind in der Simbad-Datenbank [Simbad] zu finden, mit dem Aladin Sky Atlas [Aladin] kann man die Haufensterne zuordnen.

So finden Sie M 23

> M 23 befindet sich in der Sommermilchstraße knapp 6° nordwestlich des Lagunennebels M 8.
> Alternativ kann man die Suche auch bei dem 3^m hellen Stern ϑ Oph im Schlangenträger beginnen.
> ϑ Oph steht an der Südwestspitze eines extrem lang gezogenen Dreiecks mit 44 Oph und 51 Oph, zwei Sternen 4. und 5. Größe.
> Rund 3,5° nordöstlich von 51 Oph folgt 58 Oph, ein weiterer Stern 5. Größe.
> 1,5° weiter nach Nordosten gelangen Sie zu einem Stern 7. Größe und weitere 1,5° nach Nordnordosten zu einem Stern 6. Größe.
> Dieser bildet mit zwei Sternen 7. und 6. Größe ein lang gezogenes Dreieck.
> M 23 steht unmittelbar südöstlich des letzteren Sterns 6. Größe, er fällt bereits im 7×50-Sucher auf.

Beobachtung

Für Fernglasbeobachter ist M 23 ideal, in einem 10×50-Glas lässt sich der fast vollmondgroße Sternhaufen gut ausmachen. Bereits mit dieser kleinen Optik sind etwa 25 Sterne zu sehen, die sich sehr mäßig zum Zentrum hin konzentrieren und grob in Nordost-Südwest-Richtung ausgerichtet sind. Ein 80-mm-Refraktor zeigt bei 40× bereits 50 bis 60 Sterne unter dunklem Himmel. Aufgrund der Himmelsposition ist man auch bei diesem Objekt in südlicheren Gefilden bevorzugt. Die helleren Sterne bilden schöne Ketten, die ähnlich wie Spinnenbeine aus dem Haufenzentrum hervorkommen. Noch besser sind diese Ketten mit einem 130-mm-Refraktor auszumachen, man sollte nicht mehr als 50× vergrößern. Im Vergleich zu anderen Sternhaufen hat man den Eindruck, dass es hier relativ wenig Doppelsterne gibt und die Sterne insgesamt eher flächig verteilt sind.

Mit einem 200-mm-Reflektor ist das Gesichtsfeld eigentlich schon zu klein, um M 23 wirklich gut als Sternhaufen wahrnehmen zu können. Der Blick durch ein solch großes Gerät lohnt sich trotzdem, weil man damit auch einen netten Farbkontrast zwischen den helleren weißlich bläulichen Sternen und einigen etwas schwächeren, zentralen rötlichen Sternen beobachten kann.

Fototipp

Inmitten der Milchstraße vor einer Dunkelwolke gelegen, heben sich die überwiegend blauen Sterne des sehr großen, aufgelockerten Offenen Sternhaufens M 23 bei Brennweiten um 1500 mm am besten von den Umgebungssternen der Milchstraße ab. Bei zu langer Brennweite verliert sich der Haufencharakter, was man in diesem Foto erkennen kann. Weil zum Zeitpunkt der Aufnahme keine passende Aufnahmebrennweite zur Verfügung stand und M 23 mit 500 mm Brennweite wie verloren im Milchstraßenumfeld wirkte, wurde diese Aufnahmekombination gewählt. Mit einer Kamera im üblichen APS-C-Format wie der EOS 350D, halb so groß wie das Vollformat, und 200 mm Brennweite hat man M 18, M 23 und M 24 gemeinsam im Bildfeld.

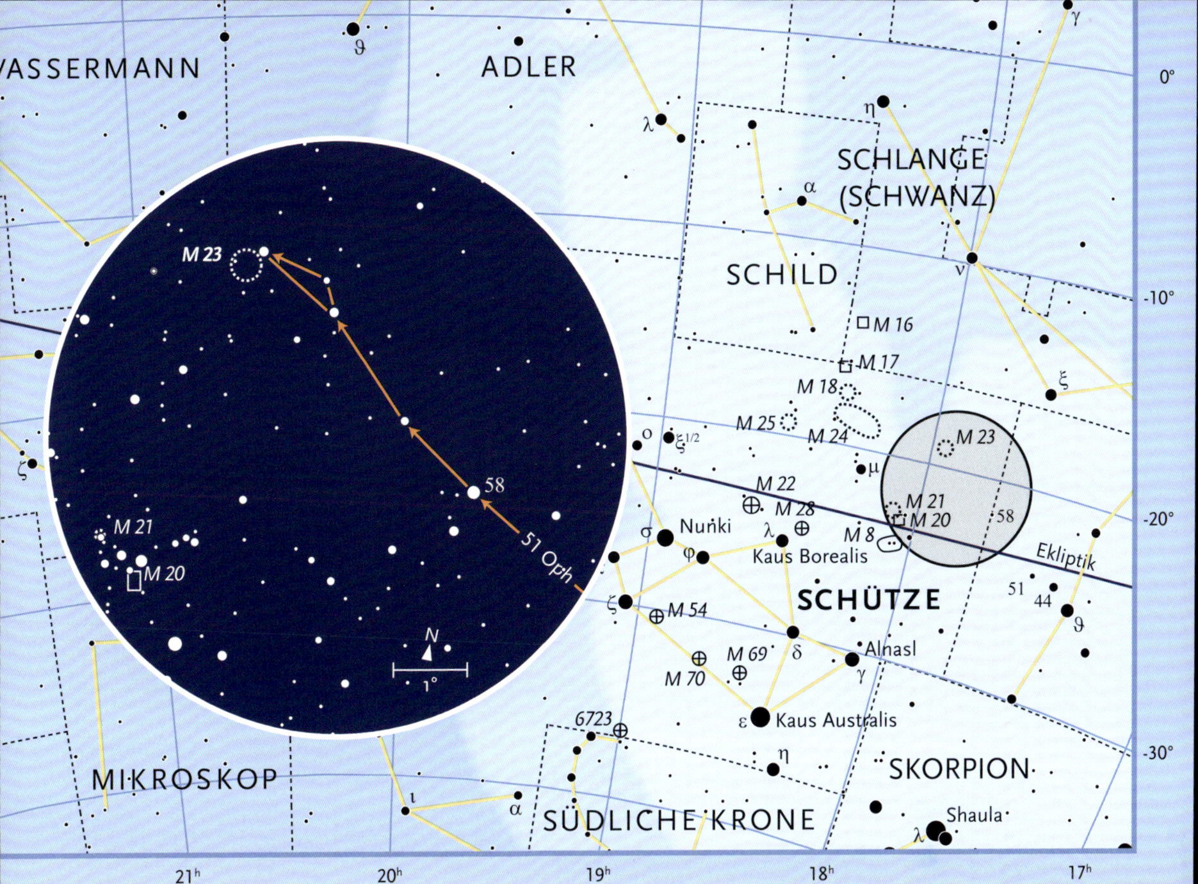

M 23. Optik: Meade 14″ ACF + Reducer, **Brennweite:** 3000 mm, **Kamera:** Canon EOS 5D, **Belichtung:** 35 min am 3. 6. 2008, **Ort:** Farm Tivoli/Namibia

M 24 Kleine Sagittarius-Wolke

Steckbrief	
Messier-Nummer	24
NGC-Nummer	IC 4715
Name	Kleine Sagittarius-Wolke
Sternbild	Schütze
Objektklasse	Milchstraßenwolke
Klassifikation*	–
Rektaszension	$18^h 16^m\!,9$
Deklination	−18° 29′
Helligkeit	$4^m\!,0$
Ausdehnung	90′
Entfernung	10 000 Lj
Kulmination**	17. Juli
Kulmination nächstes Objekt	M 16

* Erläuterung Seite 212/213; ** für 10° Ost, ca. 23 Uhr MEZ

Information

Der 24. Eintrag ist eine Kuriosität im Messier-Katalog. Am 20.6.1764 notiert Messier: „Ein großer Nebel, in dem sich viele Sterne unterschiedlicher Helligkeit befinden. Das in diesem Haufen verstreute Licht ist in mehrere Teile unterteilt. Die Position gibt die Mitte des Haufens an, 1° 30′ Durchmesser." Eindeutig hat Messier damit nicht den Sternhaufen NGC 6603 gemeint, der heute noch häufig fälschlicherweise mit M 24 identifiziert wird, sogar in der Simbad-Datenbank [Simbad]. Gemäß J. L. Emil Dreyers Beschreibung in seinem IC-Katalog „Extremely excessively large cloud of stars and nebulosity" nimmt man heute an, dass M 24 und IC 4715 mit der Kleinen Sagittarius-Wolke identisch sind. Sie ist Teil des mehr als 10 000 Lj entfernten Norma-Spiralarms unserer Milchstraße, den wir durch eine Lücke in einer dichten interstellaren Staubwolke in dieser Blickrichtung sehen können. M 24 erinnert an die bläuliche Sternwolke NGC 206 in der Andromeda-Galaxie (vgl. S. 66).

Digitalkameras für die Astrofotografie

Eine digitale Spiegelreflexkamera (DSLR) ist praktisch und viel einfacher zu bedienen als eine gekühlte astronomische CCD-Kamera. Nachteilig ist das höhere Bildrauschen mangels Kühlung des Sensors. Für die Deep-Sky-Fotografie sollte man durch einen Fachservice den Infrarotsperrfilter ausbauen lassen, um eine höhere Rotempfindlichkeit im Bereich der Hα-Linie zu erreichen („modifizierte" DSLR) [UM]. Die Kamera ist dann aber nur noch bedingt alltagstauglich.

So finden Sie M 24

- Zum Lokalisieren dieses ausgedehnten Objektes benötigt man keinerlei Sucherfernrohr, allerdings einen sehr klaren Sommerabend fernab von störendem Großstadtlicht.
- Die Sternwolke steht im nördlichen Schützen etwa 2,5° nordnordöstlich von μ Sgr, einem Stern 4. Größe gut 5° nordwestlich von λ Sgr (Kaus Borealis).
- Ihre Unterkante wird von einer markanten Dunkelwolke begrenzt, die eine fast rechtwinklige Ecke an ihrer Nordwestspitze hat – bei sehr guter Sicht kann man diese Ecke auch visuell ausmachen.
- M 18 und M 17 stehen unmittelbar nordöstlich von M 24.

Beobachtung

Dieses Kuriosum in Messiers Katalog, eine Sternwolke in unserer Milchstraße, kann man hierzulande unter sehr guten ländlichen Beobachtungsbedingungen (Bortle 4) mit bloßem Auge wahrnehmen. Sie erscheint dann als ausgedehnter, deutlich hervorgehobener Teil der Milchstraße im nördlichen Teil des Sternbildes Schütze, südlich von M 17 und M 18 gelegen. M 24 wird offenbar von verschiedenen Dunkelwolken eingerahmt, die eine Art Kontur entstehen lassen. Mit einem weitwinkligen 8×30- oder 7×50-Fernglas sieht man zwei dunkle Flecken am Nordrand, die beiden Dunkelwolken Barnard 92 und 93. Mit dem Fernglas offenbart sich auch die enorme Sternfülle in dieser Wolke. Darin eingebettet kann man den Offenen Sternhaufen NGC 6603 als eine Art „Verdickung" wahrnehmen, dieser lohnt auch einen Ausflug mit einem 80- bis 130-mm-Refraktor.

Fototipp

Die Kleine Sagittarius-Wolke ist eine 1,5° ausgedehnte, außergewöhnlich hell und sternreich erscheinende Milchstraßenwolke. Für Übersichtsaufnahmen eignet sich ein Weitwinkel- bis Normalobjektiv, für detaillierte Studien des Sternfeldes benötigt man Teleobjektive bis 500 mm. Südlich von M 24, von Dunkelwolken umgeben, liegt das wunderschöne rötliche Nebelgebiet IC 1283-4 mit den blauen Nebeln NGC 6589-90. Bei der Planung des Aufnahmefeldes für M 24 sollte man dieses Nebelgebiet, das hier bei 500 mm Brennweite halb abgeschnitten wurde, berücksichtigen. 300 mm Brennweite bei einer Kamera im APS-C-Format stellen die obere Grenze dar.

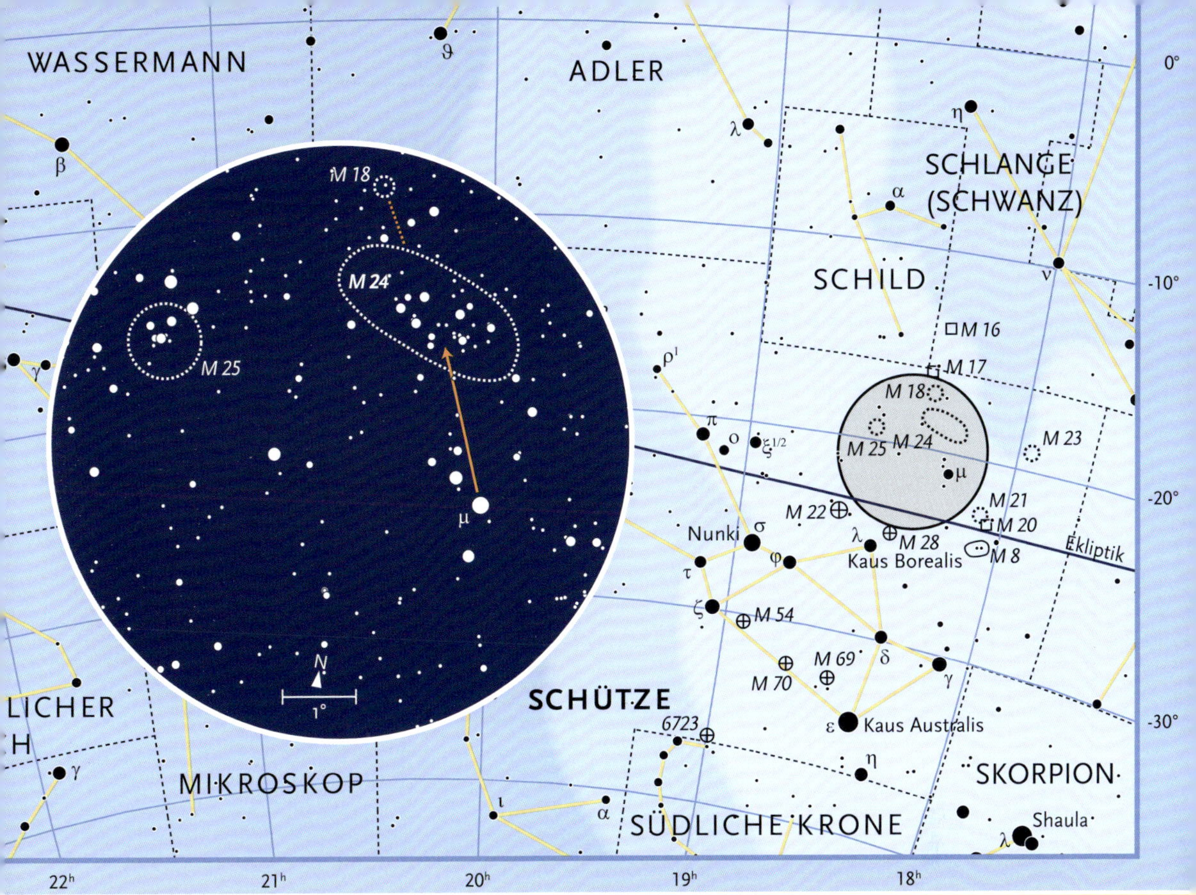

M 24. Optik: Pentax 75, **Brennweite:** 500 mm, **Kamera:** Canon EOS 5D, **Belichtung:** 25 min am 1. 6. 2008, **Ort:** Farm Tivoli/Namibia

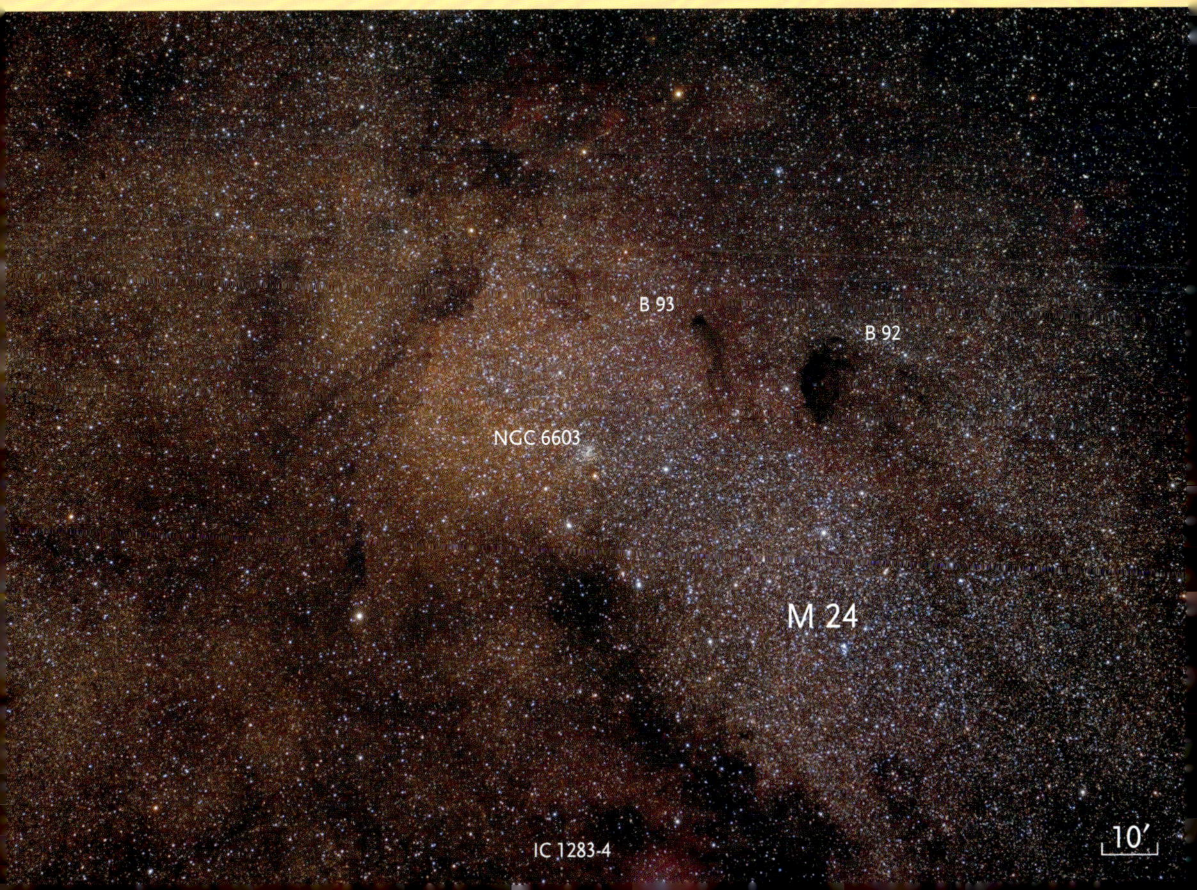

M 25

Steckbrief	
Messier-Nummer	25
NGC-Nummer	IC 4725
Name	
Sternbild	Schütze
Objektklasse	Offener Sternhaufen
Klassifikation*	I3m
Rektaszension	$18^h 31^m\!\!,6$
Deklination	−19° 15′
Helligkeit	$4^m\!\!,6$
Ausdehnung	36′
Entfernung	2020 Lj
Kulmination**	20. Juli
Kulmination nächstes Objekt	M 22

* Erläuterung Seite 212/213; ** für 10° Ost, ca. 23 Uhr MEZ

Information

Messier sah am 20. 6. 1764 „die Sterne dieses Haufens ohne Schwierigkeit mit einem gewöhnlichen Fernrohr von 3½ Fuß. Keine Nebel sichtbar, 10′ Durchmesser". M 25 wird mit der Trümpler-Klasse I3m angegeben, die ihn als frei stehenden, mäßig sternreichen Haufen mit starker zentraler Konzentration, mit schwachen und hellen Sternen beschreibt. Der Offene Sternhaufen ist 21 Lj ausgedehnt und steht in 2021 Lj Entfernung, die durch den Cepheiden U Sgr relativ sicher bestimmt werden konnte. U Sgr ist ein Veränderlicher vom Typ δ Cephei ($6^m\!\!,3$–$7^m\!\!,1$), mit einer Lichtwechselperiode von 7,74 Tagen.

Die Angaben zur Zahl der Haufensterne des 68 Millionen Jahre alten M 25 schwanken zwischen 86 und 601, darunter befinden sich auch fünf Blue Straggler-Sterne. Der helle rötliche Stern östlich von U Sgr ist kein Haufenmitglied. Der 8^m helle Be-Stern V 3508 Sgr mit Spektraltyp B5, Leuchtkraftklasse II/III zählt zum Sternhaufen. Be-Sterne erkennt man anhand charakteristischer Wasserstoff-Emissionslinien in ihrem Spektrum, deren Ursprung in einer den Stern umgebenden Wasserstoff-Gasscheibe zu finden ist, die vom Stern gespeist wird. Der Prototyp der Klasse der Be-Hüllensterne ist γ Cas, ein zwischen $2^m\!\!,2$ und $3^m\!\!,4$ Helligkeit schwankender Stern, dessen Natur 1866 von Angelo Secchi erkannt wurde.

So finden Sie M 25

> Auch M 25 steht inmitten der Sommermilchstraße des Sternbilds Schütze.
> Beginnen Sie beim Aufsuchen ebenfalls mit μ Sgr.
> Unmittelbar nordöstlich von μ Sgr finden Sie ein Dreieck, gebildet von 15 Sgr, 16 Sgr (5. und 6. Größe) und einem Stern 7. Größe.
> Knapp 2,5° östlich von 16 Sgr finden Sie 21 Sgr, einen Stern 5. Größe.
> M 25 befindet sich 2° nordöstlich von 21 Sgr und ist bereits im 6×30-Sucherfernrohr zu erkennen.

Beobachtung

Mit M 25 haben wir einen weiteren Offenen Sternhaufen im Sternbild Schütze vor uns, er liegt nur 4° östlich von M 24, ebenfalls in einer besonders sternreichen Gegend der Milchstraße. Mehr noch als beispielsweise M 23 ist M 25 dadurch besonders mit mittelgroßen und größeren Amateurfernrohren nicht so recht greifbar. Mit einem 10×50-Fernglas kann man ihn dank seiner rund 20 Sterne 7. bis knapp 10. Größe gut von den Hintergrundsternen der Milchstraße trennen. Ein 80-mm-Refraktor mit 30× schafft dies noch etwas besser, jetzt sind über 40 Sterne zu bewundern, die man dem Haufen zuordnen kann. Die helleren davon verteilen sich bogenförmig, während die schwächeren Sterne etwas flächiger angeordnet sind.

Mit einem 130-mm-Refraktor wächst die Zahl der Haufenmitglieder auf über 60 an, die Verteilung wird noch gleichmäßiger und schon merklich vom Hintergrund der Milchstraße beeinflusst. Im 200-mm-Reflektor ist der Sternhaufen als Ganzes nicht mehr gut wahrnehmbar, wohl aber ein paar hübsche Farbkontraste zwischen den helleren roten und bläulich weißen Haufenmitgliedern.

Fototipp

Inmitten der Milchstraße gelegen, heben sich die überwiegend blauen Sterne von M 25 bei langer Gesamtbelichtung vor den Milchstraßensternen und Dunkelwolken gut ab. M 25 ist ein typischer Sternhaufen für kürzere bis mittlere Brennweiten unter 2000 mm. Alle Messier-Sternhaufen sind ideale Objekte für DSLR-Kameras. Mit einer einzigen Belichtung ohne umständliches Farbfilterrad erhält man sofort ein Farbbild. Und wenn man die Kamera in Bezug auf eine erweiterte Rotempfindlichkeit noch modifiziert hat und die möglichst zahlreichen Einzelaufnahmen mit DeepSkyStacker [DSS] unter Weißabgleich verarbeitet, zeigen die Haufensterne wunderschöne Farbabstufungen.

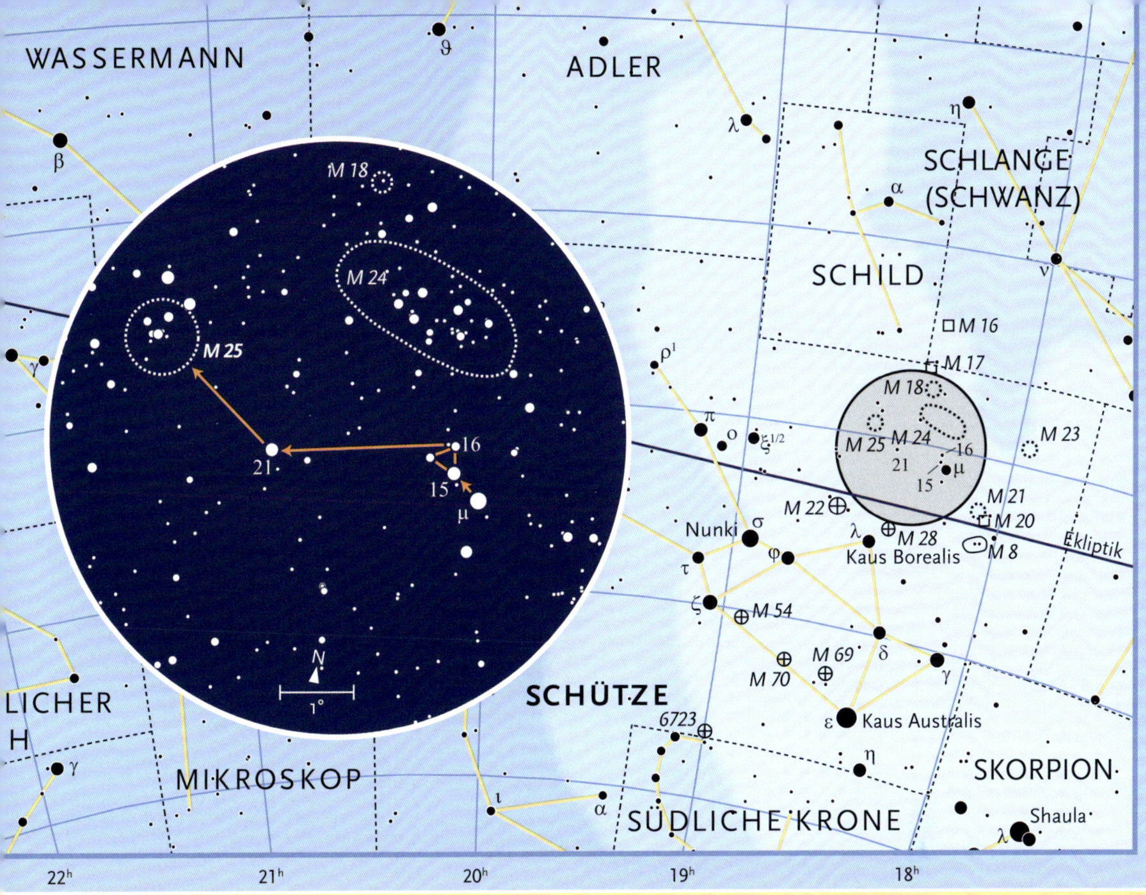

M 25. Optik: Pentax 75, **Brennweite:** 500 mm, **Kamera:** Canon EOS 5D, **Belichtung:** 25 min am 1. 6. 2008, **Ort:** Farm Tivoli/Namibia

M 26

Steckbrief	
Messier-Nummer	26
NGC-Nummer	6694
Name	
Sternbild	Schild
Objektklasse	Offener Sternhaufen
Klassifikation*	II3m
Rektaszension	$18^h 45\overset{m}{,}2$
Deklination	−09° 24′
Helligkeit	$8\overset{m}{,}0$
Ausdehnung	15′
Entfernung	5220 Lj
Kulmination**	24. Juli
Kulmination nächstes Objekt	M 11

* Erläuterung Seite 212/213; ** für 10° Ost, ca. 23 Uhr MEZ

Information

Am 20. 6. 1764 notiert der Entdecker Charles Messier: „Mit einem 3½ -Fuß-Fernrohr kann man keine Sterne erkennen, man braucht ein gutes Instrument. Der 2′ große Haufen enthält keine Nebel." M 26 ist 23 Lj ausgedehnt und steht in 5220 Lj Entfernung. Sein Alter beträgt 83 Millionen Jahre. Der hellste Stern der etwa 60 Mitglieder ist visuell $9\overset{m}{,}2$ hell. Die Trümpler-Klasse II3m weist ihn als mäßig sternreichen, frei stehenden Haufen mit geringer zentraler Konzentration auf, der helle und schwache Sterne enthält.

M 26 enthält den Veränderlichen FH Scuti vom Typ R Coronae Borealis. Dessen Helligkeit kann unvermittelt von der Normalhelligkeit $13\overset{m}{,}4$ auf $16\overset{m}{,}8$ absinken, hervorgerufen durch vorbeiziehende Staubwolken in direkter Nachbarschaft des Sterns.

So finden Sie M 26

> M 26 ist in der Sommermilchstraße des Sternbildes Schild zu finden. Beginnen Sie die Suche beim Hauptstern α Sct, der rund 8,5° südwestlich von λ Aql zu finden ist.
> Schwenken Sie von α Sct 2° nach Osten, Sie finden dort ε Sct, einen Stern 5. Größe.
> Knapp 1° südwestlich von ε Sct stoßen Sie auf δ Sct, ebenfalls 5. Größe.
> Die beiden Sterne bilden mit M 26 ein rechtwinkliges Dreieck, der Sternhaufen steht gut 45′ südöstlich von δ Sct an der Südostspitze dieses Dreiecks.

Stacken von DSLR-Bildern

Unter dem Begriff „Stacken" oder „Stacking" versteht man die Kombination vieler Bilder zu einem rauschärmeren Gesamtbild. Zunächst nimmt man eine Serie von relativ kurz belichteten, perfekt nachgeführten und scharfen Einzelaufnahmen im Raw-Format auf. Diese sollten mindestens so lange belichtet werden, bis der Himmelshintergrund sichtbar wird. Die Bilder werden dann z. B. mit der Software DeepSkyStacker [DSS] gemittelt.

Beobachtung

Ebenfalls im Sternbild Schild gelegen steht M 26 völlig im Schatten des weitaus spektakuläreren Sternhaufens M 11. In der Tat ist der Unterschied zwischen diesen beiden Sternhaufen ganz erheblich. Im 80-mm-Refraktor sieht man von M 26 nur ein Grüppchen aus fünf bis sechs Sternen, das nicht wirklich auffällt – da hilft auch 50-fache Vergrößerung kaum weiter. Mit einem 130-mm-Refraktor wächst die Sternzahl immerhin auf etwa 15 bis 20 an, diese sind aber sehr locker verteilt.

Im 200-mm-Reflektor jedoch treten insgesamt 30 bis 40 Sterne hervor, die ziemlich gleichmäßig verteilt sind, aber eng beieinander stehen. Nahe des Haufenzentrums sieht man eine Raute aus Sternen 10. bis 11. Größe, nordwestlich davon eine Kette mit Sternen 12. bis 13. Größe – die anderen Sterne gruppieren sich eher gleichmäßig um die Raute herum. Bei 120–150× hat man den Eindruck, dass innerhalb der Raute keine Sterne stehen – wie anderswo im Schild ist es denkbar, dass wir dort auf eine kleine und kompakte Dunkelwolke blicken. Nimmt man sich die Zeit und betrachtet dieses Himmelsgebiet etwas länger, dann kann man noch weitere schwache Sterne auftauchen sehen, die aber so gleichmäßig verteilt sind, dass sie meist dem galaktischen Hintergrund zuzuordnen sind.

Fototipp

Der Offene Sternhaufen M 26 liegt südlich von M 11 eingebettet in die Schild-Wolke. Auffällig ist eine ringförmige Zone geringerer Sterndichte 3,1′ vom Zentrum des Haufens entfernt. Ursache ist entweder eine geringere Sternzahl oder eine vorgelagerte Dunkelwolke. Da M 26 mit 15′ Durchmesser recht klein ist und auch sonst keine anderen interessanten Objekte in direkter Nachbarschaft vorhanden sind, sollte man den Haufen mit längerer Brennweite bis 3000 mm aufnehmen. Dann wirkt er reichhaltiger.

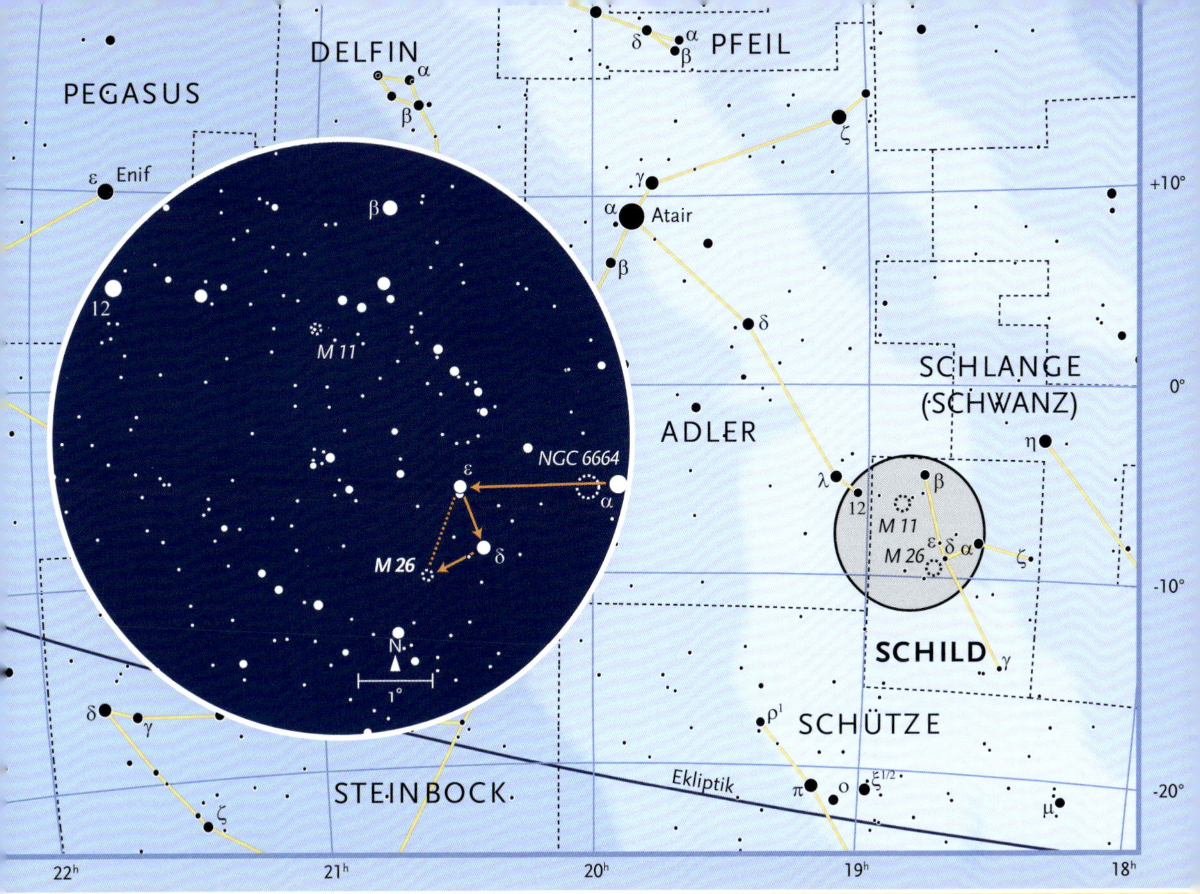

M 26. Optik: Meade 14″ ACF + Reducer, **Brennweite:** 3000 mm, **Kamera:** Canon EOS 5D, **Belichtung:** 28 min am 3. 6. 2008, **Ort:** Farm Tivoli/Namibia

M 27 Hantelnebel

Steckbrief	
Messier-Nummer	27
NGC-Nummer	6853
Name	Hantelnebel
Sternbild	Füchschen
Objektklasse	Planetarischer Nebel
Klassifikation*	III + II
Rektaszension	$19^{h}\,59^{m},6$
Deklination	+22° 43′
Helligkeit	$7^{m},5$
Ausdehnung	9×6′
Entfernung	1240 Lj
Kulmination**	12. August
Kulmination nächstes Objekt	M 75

* Erläuterung Seite 212/213; ** für 10° Ost, ca. 23 Uhr MEZ

Information

Charles Messier entdeckte den Hantelnebel am 12. 7. 1764 und beschrieb ihn als „Nebel ohne Stern, sichtbar mit einem gewöhnlichen 3½-Fuß-Fernrohr. Er erscheint oval und enthält keine Sterne." Wilhelm Herschel prägte seinen Namen. M 27 ist ein 9000 Jahre alter, 3 Lj großer Planetarischer Nebel und steht in 1240 Lj Entfernung. Der Zentralstern ist ein $13^{m},5$ heller Weißer Zwerg mit 85 000 K Oberflächentemperatur vom Spektraltyp O7. Er wird von einem 17^{m} schwachen gelben Stern in 0,04 Lj Abstand begleitet (6,5″ in Positionswinkel 214°, vgl. Seite 44).

Der im Jahr 1991 von Leos Ondra entdeckte Mira-Stern NSV 24959 („Goldilock's Veränderlicher" [M 27a]) schwankt zwischen $13^{m},1$ und $15^{m},1$ in 213 Tagen. Noch jüngeren Datums ist die Entdeckung des Veränderlichen Vul 05 am 17. 8. 2005 durch Jörg Hanisch. Es handelt sich wahrscheinlich um eine Zwergnova vom Typ WZ Sge im Helligkeitsbereich zwischen $15^{m},5$ und $22^{m},5$ [M 27b]. Die Positionen beider Veränderlicher sind im Foto markiert, die Sterne selbst sind schwächer als der Nebel im Hintergrund und deshalb hier nicht zu sehen. Mit DQ Vul befindet sich im direkten Umfeld noch ein langperiodischer Mira-Stern zwischen $14^{m},5$ und $17^{m},0$, Periode 310 Tage.

So finden Sie M 27

> M 27 befindet sich im unscheinbaren Sternbild Füchschen südöstlich des Schwans.
> Beginnen Sie die Suche bei β Cyg (Albireo), dem Kopfstern des Schwans.
> 3,5° weiter südöstlich stoßen Sie auf 10 Vul, einen Stern 5. Größe, der zusammen mit Albireo und α Vul ein gleichseitiges Dreieck bildet.
> Weitere 4° südöstlich davon folgt ein Dreieck aus den Sternen 13, 14 und 16 Vul (alle etwa 5. Größe).
> Den Hantelnebel finden Sie knapp 0,5° südlich von 14 Vul, der die Südspitze dieses Dreiecks bildet.

Beobachtung

M 27 ist der auffälligste Planetarische Nebel am nördlichen Sternenhimmel und bereits in einem 8×42- oder 10×50-Fernglas zu erkennen. Trotz seiner Größe ist der Hantelnebel aber nicht leicht zu finden, da er in einer sehr sternreichen Gegend steht. Mit einem 80-mm-Refraktor betrachtet, zeigt er sich als rundes, strukturloses Fleckchen. Wenn Sie 100 mm Öffnung einsetzen, können Sie ihn als verschwommenen, länglichen Nebel ausmachen. Empfehlenswert ist eine Vergrößerung von etwa 30–40×. Ein korkenähnlicher Umriss zeigt sich in einem 150-mm-Teleskop, in noch größeren Instrumenten mit 200 oder 300 mm Öffnung können Sie die relativ scharf begrenzten Ränder der Hantel gut ausmachen.

Bei allen Öffnungen hilft ein Nebelfilter ungemein zur Verstärkung des allgemeinen Kontrastes oder Hervorhebung kleinskaliger Strukturen. Bei Instrumenten ab 200 mm Öffnung wirkt der Hantelnebel dann viel plastischer. Auch die oben angesprochenen Ränder zeigen sich als abgesetzte Bögen. Um den Zentralstern zu erkennen, müssen Sie im 200-mm-Reflektor aber ohne Nebelfilter arbeiten, bei 150–180× lässt er sich vor der Aufhellung des Nebels so gerade erahnen. Mit 300 mm Öffnung ist er mit einer Helligkeit von $13^{m},5$ jedoch kein Problem mehr.

Fototipp

Auf sehr lang belichteten Aufnahmen unter dunklem Himmel (Bortle 1 bis 4) sind die weitläufigen Nebelschalen (der Halo) von M 27 sichtbar. M 27 ist deshalb auch schon für Telebrennweiten ab etwa 500 mm in Kombination mit einer rauscharmen CCD-Kamera ein lohnendes Ziel. Für die optimale Darstellung des über 17′ ausgedehnten Halos und der Jets sollte man Schmalbandfilter für Hβ, OIII und Hα einsetzen und in die zugehörigen RGB-Farbauszüge des digitalen Komposits einmischen. Wie bei allen hellen Planetarischen Nebeln eignet sich der Zentralkörper von M 27 auch schon für Aufnahmen mit einer nicht modifizierten DSLR-Kamera.

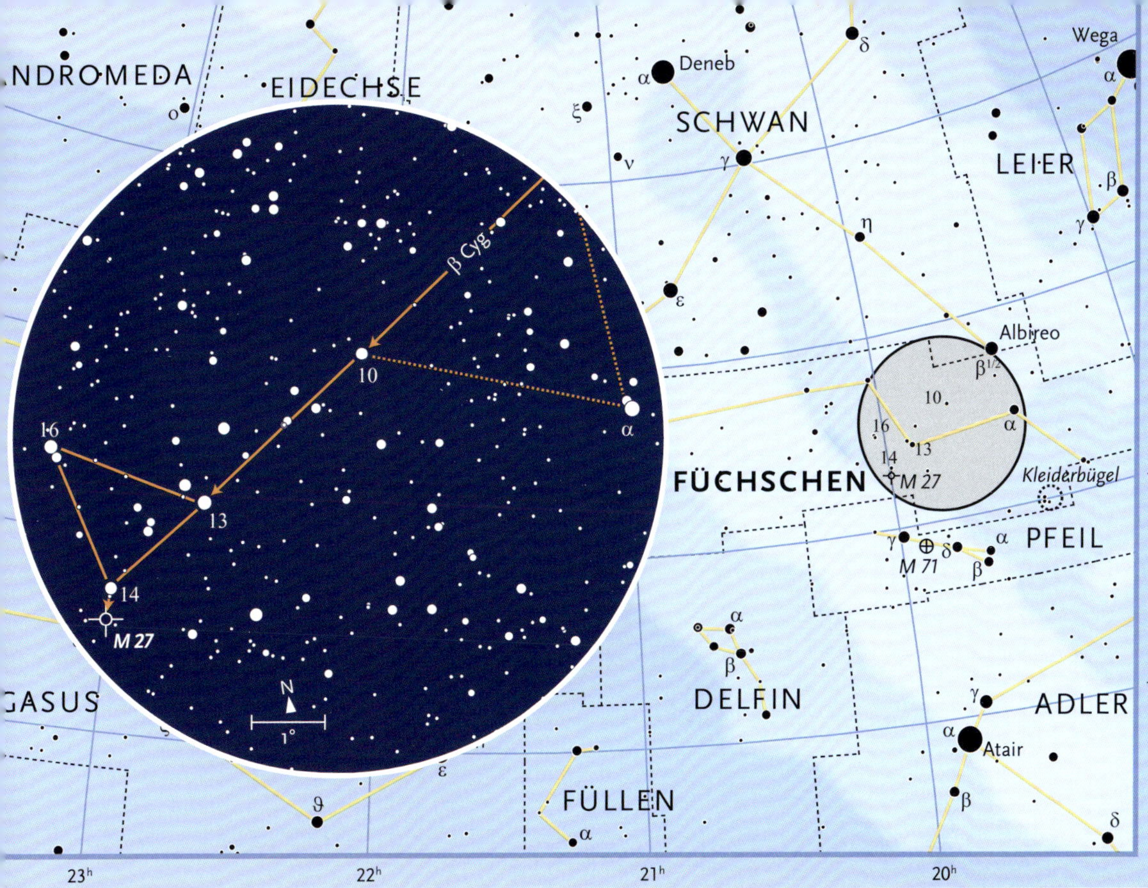

M 27. **Optik:** Meade 12″ ACF + Flattener, **Brennweite:** 2970 mm, **Kamera:** SBIG STL-11000M, **Belichtung:** Luminanz 60 min am 26. 9. 2008. **Kamera:** Canon EOS 20D, **Belichtung:** 40 min am 3. 6. 2006. **Kamera:** Canon EOS 5D, **Belichtung:** 157 min am 4./5. 8. und 12. 8. 2007, **Ort:** Sörth

M 28

Steckbrief	
Messier-Nummer	28
NGC-Nummer	6626
Name	
Sternbild	Schütze
Objektklasse	Kugelsternhaufen
Klassifikation*	IV
Rektaszension	$18^h 24^m\!,5$
Deklination	−24° 52′
Helligkeit	$6^m\!,9$
Ausdehnung	11′
Entfernung	18 300 Lj
Kulmination**	19. Juli
Kulmination nächstes Objekt	M 69

* Erläuterung Seite 212/213; ** für 10° Ost, ca. 23 Uhr MEZ

Information

„Nebel, enthält keinen Stern, ist rund und kann nur schwer mit einem gewöhnlichen 3½-Fuß-Fernrohr gesehen werden und ist 2′ groß“, so beschrieb Messier seine Entdeckung am 27. 7. 1764. Die Angaben zu M 28 sind inhomogen. Die Entfernungsangaben schwanken zwischen 18 000 Lj und 34 500 Lj, der daraus abgeleitete wahre Durchmesser beträgt 60 bis 100 Lj.

M 28 ist im Zentrum mit Klasse IV stark konzentriert und nach Harlow Shapley leicht elongiert. Die hellsten Sterne sind $12^m\!,0$ hell. Der Kugelsternhaufen enthält mindestens 24 Veränderliche, darunter zwölf RR-Lyrae-Sterne, einen RV-Tauri-Stern (vgl. S. 110), drei Cepheiden und den Millisekundenpulsar PSR B1821-24.8, der im Jahr 1987 entdeckt wurde.

Cepheiden

Benannt nach dem Prototyp δ Cephei (Pulsationsperiode von einigen Tagen) im Sternbild Kepheus handelt es sich bei den Cepheiden um eine Klasse von regelmäßig pulsierenden Veränderlichen von kosmologischer Bedeutung. Sie sind wegen ihrer großen Helligkeit vor allem wichtig bei der Entfernungsbestimmung von Galaxien. Leuchtkraft und Lichtwechselperiode stehen bei Cepheiden in einer festen Relation. Kennt man von einem nahen Cepheiden zudem die Entfernung aus trigonometrischer Messung, ist die Skala geeicht. Nun kann man nach Messung der Periode und scheinbaren Helligkeit eines Cepheiden dessen Entfernung und damit die des beherbergenden Sternsystems ableiten.

So finden Sie M 28

- M 28 ist ein weiteres Messier-Objekt im Sternbild Schütze, es befindet sich oberhalb der Spitze der „Teekanne“.
- Als Aufsuchstern dient λ Sgr (Kaus Borealis).
- M 28 ist schnell gefunden, er steht nur knapp 1° nordwestlich dieses Sterns 3. Größe.

Beobachtung

M 28 steht zwar ein wenig im Schatten des nur etwa 3° östlich gelegenen M 22, hat aber ohne Frage auch seine Reize. Sehen kann man den Kugelsternhaufen schon auf Anhieb im 10×50-Fernglas – wenn man, wie häufig für Objekte im Schützen erforderlich, entweder eine extrem klare mitteleuropäische Sommernacht oder einen schönen, südlichen Urlaubshimmel erwischt hat. Erkennen kann man im Fernglas eine kleine, formlose Scheibe. Beobachtet man M 28 mit einem 80-mm-Refraktor, dann fällt die vergleichsweise hohe Flächenhelligkeit auf, man kann durchaus 50-fach vergrößern – weitere Details bis auf einen leicht ovalen Umriss kann man jedoch nicht sehen. Auch mit einem 130-mm-Refraktor sind Einzelsterne noch nicht sichtbar, der Sternhaufen wirkt aber schon etwas fleckig, leicht oval und deutlich heller zum Zentrum hin.

Ein 200-mm-Reflektor zeigt bei 100–150× schon einige Einzelsterne, vor allem am Rand des Kugelsternhaufens. Das Zentrum lässt sich nur mühselig auflösen. Der Randbereich des Haufens geht in die sehr sternreiche Umgebung über, so dass in diesem Teleskop eigentlich nur der Zentralbereich leicht oval wirkt.

Fototipp

Der Kugelsternhaufen M 28 ist im Zentrum dicht gepackt. Schon mit Telebrennweiten ab 500 mm löst man M 28 zwar in den Randbereichen auf, für den Kern jedoch benötigt man eine hohe Bildauflösung mit Brennweiten ab 2000 mm. Ein digitales Komposit mit kurz und lang belichteten Aufnahmen ist unbedingt angeraten. Bis 500 mm Brennweite sind zusätzlich dekorative weitläufige Dunkelwolken im Bildfeld. Mit 300 mm Brennweite enthält das Bildfeld einer Kamera im APS-C-Format M 28, den grandiosen Kugelsternhaufen M 22, die beiden kleinen Kugelsternhaufen NGC 6638 und NGC 6642 sowie die drei winzigen Planetarischen Nebel NGC 6629, NGC 6644 und IC 4732.

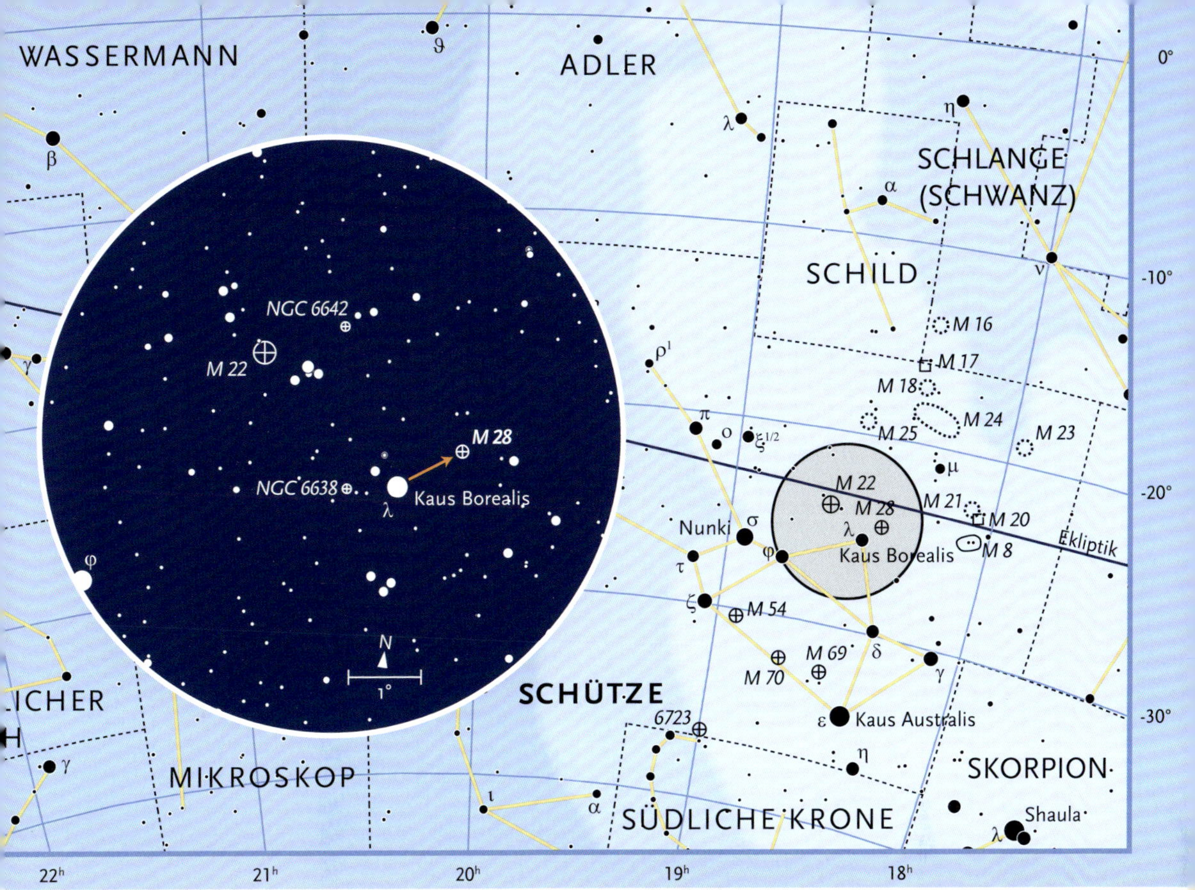

M 28. Optik: Meade 14″ ACF + Reducer, **Brennweite:** 3000 mm, **Kamera:** Canon EOS 5D, **Belichtung:** 38 min am 1. 6. 2008, **Ort:** Farm Tivoli/Namibia

M 29

Steckbrief	
Messier-Nummer	29
NGC-Nummer	6913
Name	
Sternbild	Schwan
Objektklasse	Offener Sternhaufen
Klassifikation*	I2mN
Rektaszension	$20^{h}23^{m}.9$
Deklination	+38° 32′
Helligkeit	$6^{m}.6$
Ausdehnung	10′
Entfernung	3740 Lj
Kulmination**	18. August
Kulmination nächstes Objekt	M 72

* Erläuterung Seite 212/213; ** für 10° Ost, ca. 23 Uhr MEZ

Information

Messier beschrieb seine Entdeckung am 29. 7. 1764 detailliert: „Ein Haufen mit sieben oder acht schwachen Sternen unter γ Cygni, die man mit einem gewöhnlichen 3½-Fuß-Fernrohr in der Form eines Nebels sieht.“ M 29 ist 11 Lj ausgedehnt und steht in 3742 Lj Entfernung. Die Trümpler-Klasse I2mN beschreibt ihn als mäßig sternreichen, frei stehenden Haufen mit starker zentraler Konzentration, dessen Sterne eine mittlere Helligkeitsverteilung aufweisen. M 29 enthält je nach Angabe 50 bis 300 Sterne. Der Haufen mit seinen blauen Überriesen ist durch vorgelagerten interstellaren Staub stark gerötet und erscheint dadurch um drei Größenklassen abgeschwächt. Das Alter von M 29, der zur Cygnus-OB1-Sternassoziation zählt, wird mit mit 4 bis 6 Millionen Jahre angegeben – M 29 ist nach kosmischen Maßstäben sehr jung.

V1322 Cyg ist ein Veränderlicher vom Typ γ Cas (vgl. S. 54) mit Spektraltyp B0 und einer Helligkeitsvariation zwischen $8^{m}.8$ und $9^{m}.7$. Im farblichen Kontrast dazu steht der Bedeckungsveränderliche V2031 Cyg, ein Algol-Stern mit einer geringen Variation von $8^{m}.5$ bis $8^{m}.6$ und Spektraltyp F0III. V 2031 ist kein Haufenmitglied, denn er steht in nur 1083 Lj Entfernung [Simbad] deutlich vor M 29 und wohl auch vor der dichten interstellaren Wolke, die M 29 rötet.

So finden Sie M 29

- M 29 ist hoch am Sommerhimmel im Sternbild Schwan zu finden.
- Zum Aufsuchen stellen Sie zuerst γ Cyg (Sadr) ein, jenen Stern, der in der Mitte des kreuzförmigen Sternbildes steht.
- Gut 2° südöstlich von γ Cyg erreichen Sie mit 40 Cyg einen Stern 5. Größe.
- M 29 steht knapp 45' westlich des Sterns 40 Cyg.

Beobachtung

Das Sternbild Schwan ist reichlich gesegnet mit den unterschiedlichsten Offenen Sternhaufen, viele davon sind auch mit kleinen Amateurteleskopen gut beobachtbar. Warum aber Messier ausgerechnet M 29 in seinen Katalog aufnahm, mag eines seiner Geheimnisse bleiben. Der Sternhaufen steht zwar – offenbar auch von umliegenden Dunkelwolken beeinflusst – relativ isoliert hoch oben in der Sommermilchstraße, ist aber wirklich alles andere als spektakulär. Wenn man die Himmelsregion gut kennt oder die Sternkarte auf der rechten Seite zu Hilfe nimmt, dann findet man M 29 bereits im 10×50-Fernglas. Einfacher ist aber doch die Beobachtung im Teleskop. Aber egal, ob man mit 80, 130 oder 200 mm Öffnung beobachtet, der Sternhaufen sieht fast immer gleich aus: Er wird dominiert von einem zentralen Viereck mit angesetztem „Griff“, die insgesamt sechs Sterne dieser Miniatur-Anordnung sind alle etwa 9^{m} hell. Aufgrund dieses Erscheinungsbildes wird man sofort an die viel größeren Plejaden erinnert. Betrachtet man auch schwächere Sterne, kommen zwar noch ein knappes Dutzend hinzu, diese gehen aber in den galaktischen Hintergrund um den Sternhaufen herum über. Ideale Vergrößerungen zur Beobachtung dieses Objekts sind 30–60×.

Fototipp

Diese „Mini-Plejaden“ wirken besonders hübsch auf Übersichtsaufnahmen. Mit Teleobjektiven bis maximal 300 mm passen sie zusammen mit den rötlichen Emissionsnebeln der Region gut ins Bild. Mit einem Nebelfilter können Sie den Einfluss der Lichtverschmutzung reduzieren. Stellen Sie im Kamerasucher einer modifizierten DSLR-Kamera im APS-C-Format wie der EOS 350D den hellen Stern γ Cyg oben mittig ins Bildfeld, dann haben Sie unten M 29 noch mit drauf. Zudem sind die Ausläufer der hellen HII-Region IC 1318 im Bild sowie weitere, schwächere Nebel. Mit Nebelfilter müssen Sie mindestens doppelt so lange belichten wie unter gleichen Bedingungen ohne Filter.

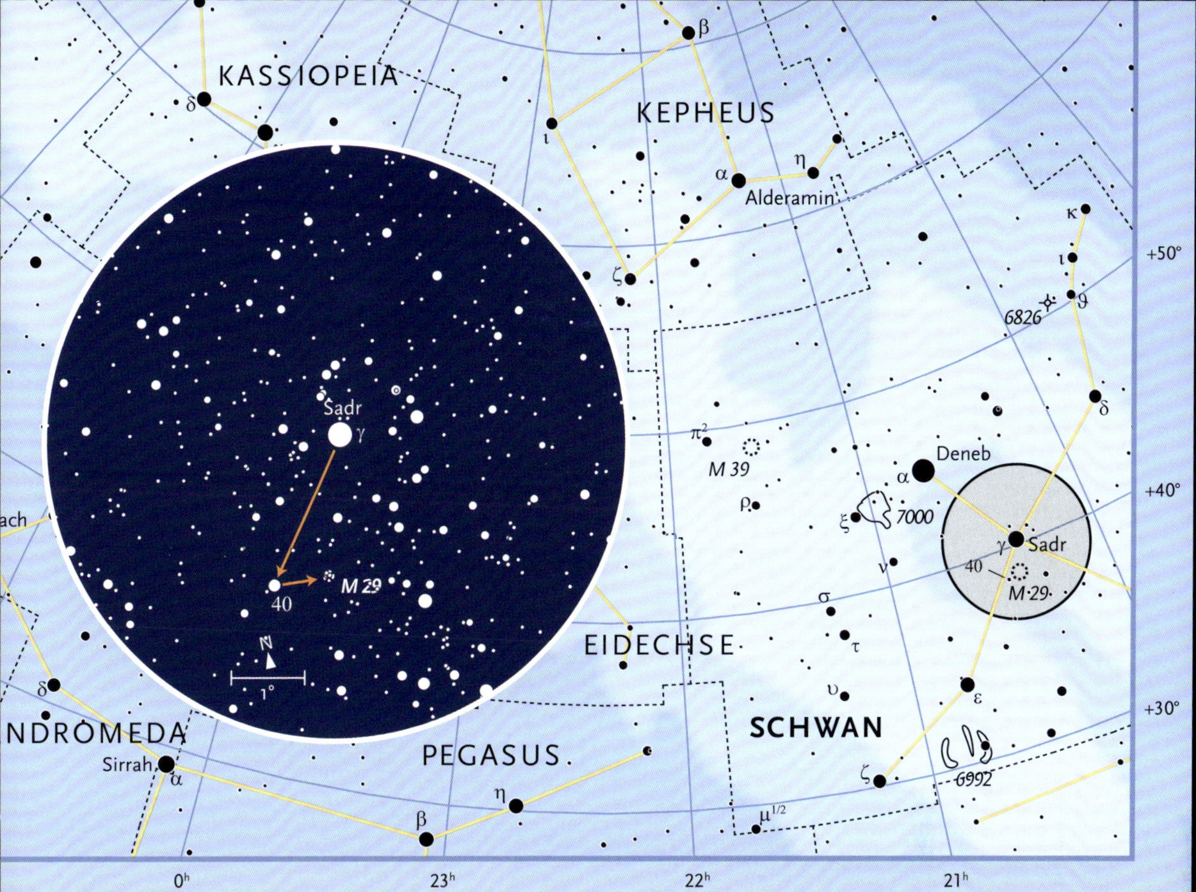

M 29. Optik: Meade 12″ ACF, **Brennweite:** 3000 mm, **Kamera:** Canon EOS 5D, **Belichtung:** 25 min am 29. 12. 2007, **Ort:** Sörth

M 30

Steckbrief	
Messier-Nummer	30
NGC-Nummer	7099
Name	
Sternbild	Steinbock
Objektklasse	Kugelsternhaufen
Klassifikation*	V
Rektaszension	$21^h 40^m,4$
Deklination	−23° 11′
Helligkeit	$7^m,3$
Ausdehnung	12′
Entfernung	29 870 Lj
Kulmination**	6. September
Kulmination nächstes Objekt	M 52

* Erläuterung Seite 212/213; ** für 10° Ost, ca. 23 Uhr MEZ

Information

Am 3. 8. 1764 beschrieb Messier seine Entdeckung von M 30 wie folgt: „Man sieht den Nebel mit einem gewöhnlichen Teleskop von 3½ Fuß nur schwer. Er ist rund und enthält keinen Stern." Wilhelm Herschel gelang um 1784 die Auflösung in Einzelsterne. M 30 steht in 29 870 Lj Entfernung und ist 104 Lj ausgedehnt. Die hellsten Sterne in diesem mittel konzentrierten Kugelsternhaufen der Klasse V sind $12^m,1$ hell. Die Kernregion hat einen Gravitationskollaps durchlaufen und das Zentrum des Haufen verdichtet. Die Gesamtmasse von M 30 beträgt rund 300 000 Sonnenmassen.

Das Feld von M 30 enthält mindestens 13 Veränderliche mit teils unsicherer Zugehörigkeit zum Haufen, darunter vielleicht auch eine in der Simbad-Datenbank [Simbad] gelistete $19^m,1$ helle Zwergnova. Ganz sicher aber enthält M 30 zwei Pulsare und zahlreiche Blue Straggler-Sterne, die dem Haufen im Zentrum einen bläulichen Eindruck verleihen. Dies verdeutlichen vor allem tiefe Aufnahmen, die mit dem Hubble Space Telescope gewonnen wurden.

So finden Sie M 30

> Um M 30 zu finden, beginnen Sie die Suche bei δ Cap (Deneb Algedi), einem Stern 3. Größe, an der Ostseite des Herbststernbildes Steinbock.
> δ Cap bildet ein weites Dreieck mit den Sternen γ und κ Cap (3. und 5. Größe).
> Peilen Sie als nächstes den Stern κ Cap an der Südspitze des Dreiecks an.
> Knapp 4,5° südlich von κ Cap stoßen Sie auf den ebenfalls rund 5^m hellen Stern 41 Cap.
> M 30 steht knapp 0,5° westlich von 41 Cap.

Beobachtung

Lokalisieren lässt sich M 30 bereits im Fernglas, die sternarmen Regionen des Steinbocks erleichtern sein Auffinden im Vergleich zu jenen mittelgroßen Messier-Kugelhaufen, die vor den Sternwolken des Schützen stehen. Gut lässt sich dieser Sternhaufen mit dem ähnlich hellen und fast gleich großen M 28 vergleichen – auch hier ist die unterschiedliche Zahl der Hintergrundsterne sehr auffällig. Im 80-mm-Refraktor ist bei 40× ein rundes, deutlich konzentriertes Scheibchen mit unscharfem Rand zu sehen. Mit einem 130-mm-Refraktor tauchen die ersten Einzelsterne auf. Um sie sicher erkennen zu können, sollte man eine etwa 80-fache Vergrößerung einsetzen. In diesem Instrument ist der Kugelhaufen erkennbar länglich geformt, die Zentralregion wirkt deutlich aufgehellt.

Mit einem 200-mm-Reflektor ist bei guter Sicht (Bortle 4) und etwa 120× der Sternhaufen in Dutzende Einzelsterne aufgelöst, allerdings gibt es im Zentralbereich einen deutlich sichtbaren, diffusen Hintergrund nicht aufgelöster Sterne. Bei jenen Sternfreunden, die möglichst viele Messier-Objekte im Rahmen eines Messier-Marathons in kürzester Zeit aufsuchen wollen, ist M 30 übrigens nicht beliebt – seine Position am Himmel gehört zu jenen Herausforderungen, die einen vollständigen Marathon auf wenige Nächte im Jahr beschränken, und er ist dann häufig das „vermisste" letzte Objekt (vgl. S. 209).

Fototipp

Im Zentrum sehr konzentrierter Kugelsternhaufen mit einer Kernregion, die nur 7,2″ ausgedehnt ist! Aus diesem Grund sollte man viele sehr unterschiedlich belichtete Aufnahmen von einigen Sekunden bis zu einigen Minuten kombinieren, um das „Ausbrennen" des Sternhaufenzentrums zu vermeiden. Gutes Seeing besser als 2″ und eine hohe Bildauflösung mit weniger als 1″ pro Pixel – zu erreichen mit längerer Brennweite und/oder kleinen Kamerapixeln – sind Voraussetzung dafür. Arbeitet man die Messier-Objekte in Ostrichtung fortlaufend ab, merkt man am dünnen Sternumfeld von M 30 übrigens deutlich, dass sich der Haufen schon außerhalb des dichten Milchstraßenbandes befindet.

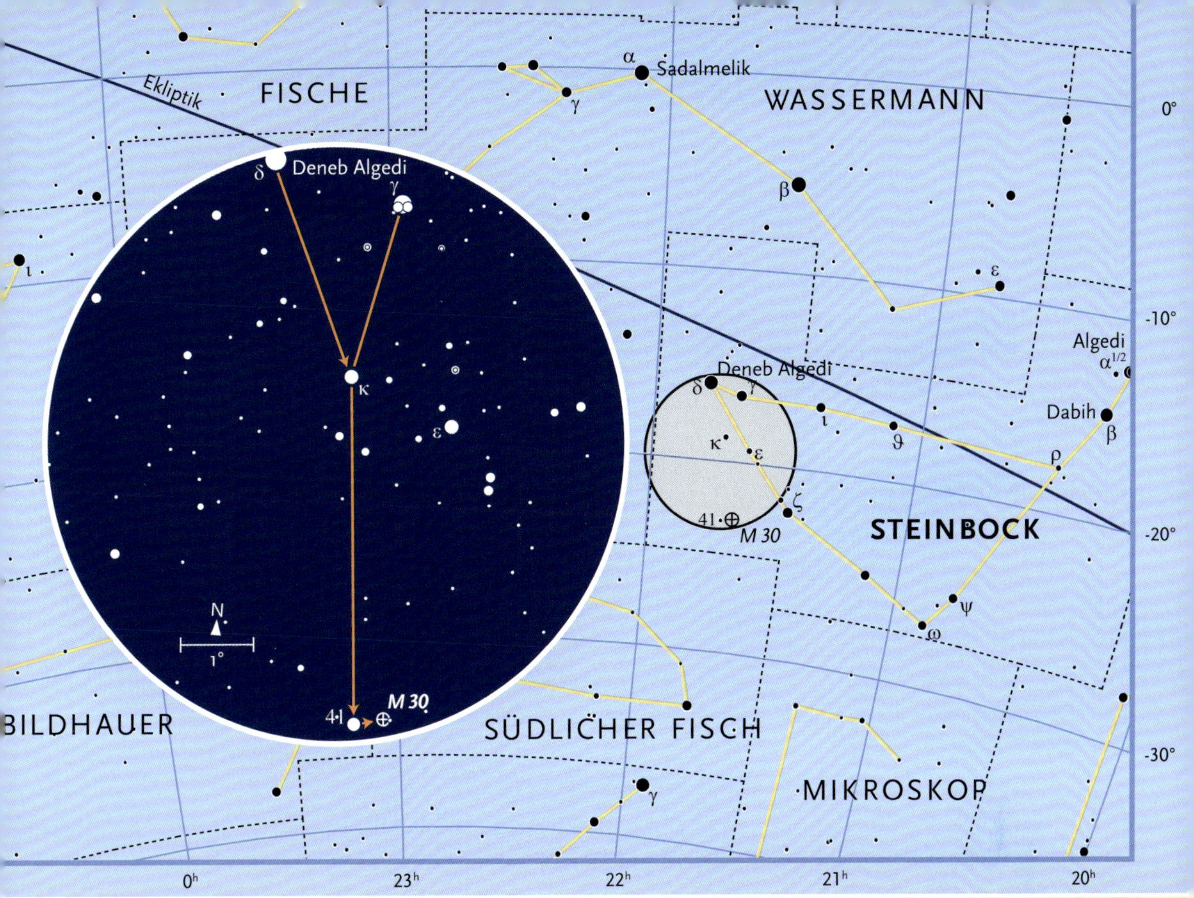

M 30. Optik: Meade 14″ ACF + Reducer, **Brennweite:** 3000 mm, **Kamera:** Canon EOS 5D, **Belichtung:** 46 min am 28. 5. 2008, **Ort:** Farm Tivoli/Namibia

M 31 M 32 Andromeda-Nebel

Steckbrief		
Messier-Nummer	31	32
NGC-Nummer	224	221
Name	Andromeda-Nebel	
Sternbild	Andromeda	Andromeda
Objektklasse	Galaxie	Galaxie
Klassifikation*	Sb	E2
Rektaszension	$00^h 42{,}^m7$	$00^h 42{,}^m7$
Deklination	+41° 16′	+40° 52′
Helligkeit	$3{,}^m4$	$8{,}^m2$
Ausdehnung	186×62′	9×7′
Entfernung	2,52 Mio Lj	2,3 Mio Lj
Kulmination**	22. Oktober	22. Oktober
Kulmination nächstes Objekt	M 32	M 103

* Erläuterung Seite 212/213; ** für 10° Ost, ca. 23 Uhr MEZ

Information

Am 3. 8. 1764, schrieb Messier über seine Nummer 31: „Schöner Nebel in Andromeda, geformt wie eine Spindel, ohne Sterne, ähnelt zwei Konussen oder Lichtpyramiden, die sich mit ihrer Basis gegenüberstehen, die Achsen in Nordwest-Südost-Richtung ausgerichtet, die beiden Spitzen der Pyramiden sind 40′ voneinander entfernt, die gemeinsame Basis der Pyramide ist 15′ ausgedehnt." M 31, neben der Milchstraße die zweite Hauptgalaxie der Lokalen Gruppe, ist in 2,52 Millionen Lj Entfernung über 150 000 Lj ausgedehnt und enthält 200 bis 400 Milliarden Sonnenmassen. Die Galaxie beherbergt mindestens 337 Kugelsternhaufen und hat zwölf Begleitgalaxien.

„Während ich den Andromeda-Nebel beobachtete, sah ich einen weiteren kleinen Nebel mit einem 18-füßigen Fernrohr, ungefähr 1′ groß, der zwei kleine Strahlen auszusenden schien", so schrieb Le Gentil am 29. 10. 1749. Messier trug diesen Nebel am 3. 8. 1764 als Nummer 32 in seinen Katalog ein. M 32 gehört zum M 31-System, ist 8000 Lj ausgedehnt und enthält fast 100 Millionen Sonnenmassen (vgl. auch M 110).

So finden Sie M 31 und M 32

> Der Andromeda-Nebel M 31 ist am abendlichen Herbsthimmel leicht zu finden. Richten Sie Ihren Blick auf β And (Mirach).
> 4° nordwestlich davon stoßen Sie auf μ And ($3{,}^m5$) und nach 3° in dieselbe Richtung auf ν And ($4{,}^m5$).
> M 31 erkennen Sie jetzt im Sehfeld des Sucherfernrohrs als längliches, verschwommenes Gebilde.
> Nur knapp 20′ südöstlich vom Zentrum des Andromeda-Nebels gelegen sieht man M 32 im Sucherfernrohr.
> Die Satellitengalaxie bildet ein gleichschenkliges Dreieck mit ν And und einem Stern 5. Größe.

Beobachtung

In einer klaren Nacht ist der Andromeda-Nebel M 31 bereits unter Stadtbedingungen gerade eben mit bloßem Auge auszumachen (Bortle 6). Schon kleine 8×32-Wanderferngläser zeigen diese Galaxie deutlich länglich mit gut erkennbarer Zentralregion. In einem 10×50-Fernglas sieht man unter einem dunklen Landhimmel ihre Abgrenzung gegenüber den Spiralarmen, die zentralen Dunkelwolken sind bereits auszumachen. Der Anblick im Fernrohr hat allerdings nichts gemein mit den zahlreichen Fotos. Im 75-mm-Refraktor sieht man bei 30× einen kompakten Kern. Der Rest der Galaxie wirkt länglich und diffus, die Dunkelwolke ist unterhalb des Kerns gut zu erkennen. Im 130-mm-Refraktor wirkt alles etwas klarer und „kräftiger". Bei 60× hat man auch die Begleiter M 32 und M 110 im Feld. Im 300-mm-Reflektor ist die Galaxie als Ganzes schon zu groß für das Sehfeld.

Die kleine Galaxie M 32 ist bereits im 10×50-Fernglas sicher zu erkennen. Allerdings wirkt sie darin eher wie ein defokussierter Stern. Im 130-mm-Refraktor erkennt man bei 30–45× einen fast „stellaren" Kern, der von einem ovalen Schimmer umgeben ist. Im 300-mm-Reflektor stellt man fest, dass die Zentralregion so eben nicht stellar, aber dennoch sehr auffällig ist. Die Flächenhelligkeit der restlichen Galaxie ist erstaunlich hoch, der Rand recht gut abgegrenzt.

Fototipp

Übersichtsaufnahmen mit bis zu 500 mm Brennweite zeigen bei langer Gesamtbelichtungszeit und sehr dunklem Nachthimmel über 3° ausgedehnte Spiralarme. Je länger die Brennweite, desto besser löst man M 31 in seine Einzelbestandteile auf: Sternassoziationen (Ansammlungen von jungen Sternen), Offene und Kugelsternhaufen, Emissionsnebel, Einzelsterne, filigrane Dunkelwolken. Dabei sind große Helligkeitsunterschiede zu überbrücken, so dass man unterschiedlich lang belichtete Aufnahmen kombinieren sollte, ggf. mit Maskentechnik. Zwischen M 31 und M 110 spannt sich eine Materiebrücke, die auf besonders tiefen Aufnahmen sichtbar ist [M 31a–b].

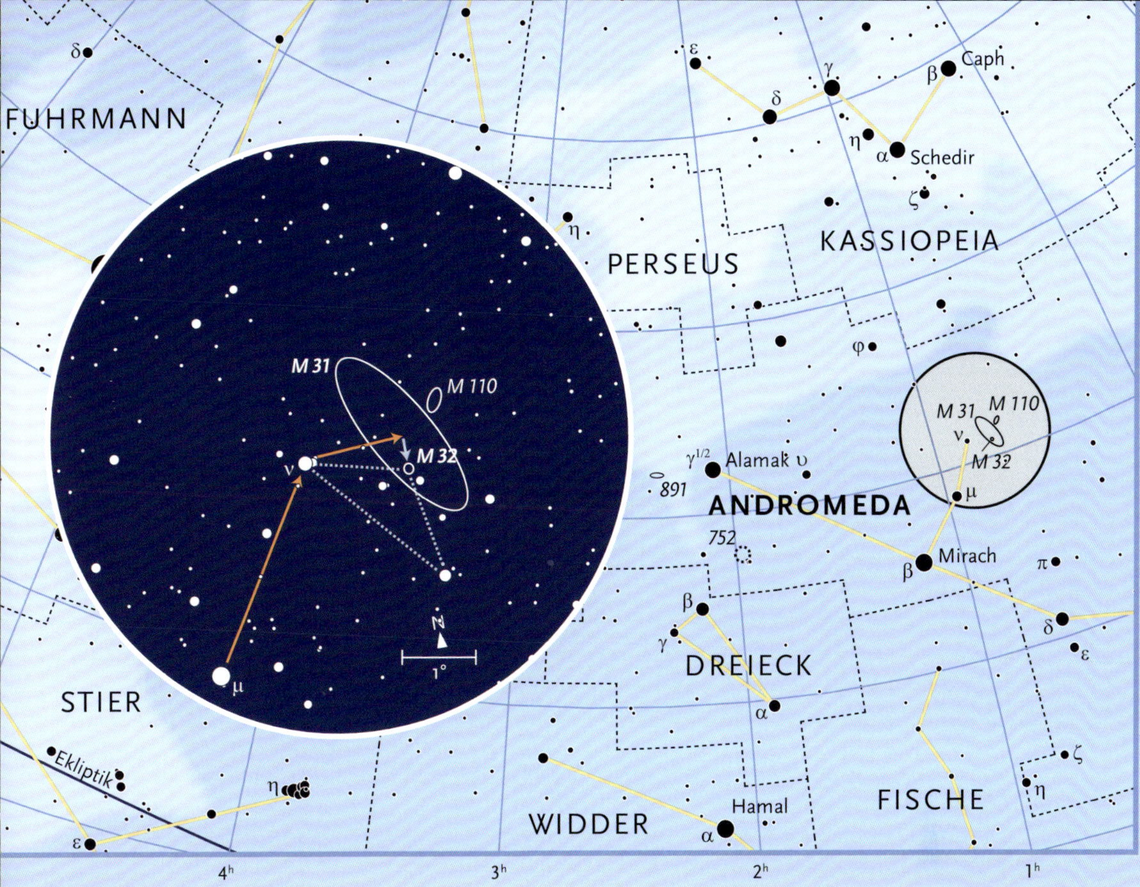

M 31, M 32, M 110. Optik: Astro-Physics 130mm EDF-S, **Brennweite:** 875 mm, **Kamera:** Canon EOS 20D, **Belichtung:** 120 min am 30. 10. 2005, **Ort:** Sörth

M 32. Optik: Meade 12″ACF, **Brennweite:** 3000 mm, **Kamera:** Canon EOS 5D, **Belichtung:** 105 min am 13. 10. 2007, **Ort:** Sörth

M 33 Dreiecks-Nebel

Steckbrief	
Messier-Nummer	33
NGC-Nummer	598
Name	Dreiecks-Nebel
Sternbild	Dreieck
Objektklasse	Galaxie
Klassifikation*	Sc
Rektaszension	$01^h 33^m,9$
Deklination	+30° 39′
Helligkeit	$5^m,7$
Ausdehnung	73×45′
Entfernung	2,8 Mio Lj
Kulmination**	3. November
Kulmination nächstes Objekt	M 74

* Erläuterung Seite 212/213; ** für 10° Ost, ca. 23 Uhr MEZ

Information

Bereits von Giovanni Battista Hodierna vor oder um 1654 entdeckt, schreibt Messier am 25. 8. 1764: „Der Nebel ist von weißlichem, fast gleichförmigem Licht, ein wenig heller auf zwei Drittel seines Durchmessers und enthält keinen Stern. Man sieht ihn schwer mit einem gewöhnlichen Fernrohr von 1 Fuß Länge.“ M 33 ist eine 60 000 Lj ausgedehnte Spiralgalaxie in 2,8 Millionen Lj Entfernung.

Eine Übersicht über alle Objekte zu erhalten, ist nicht einfach. Viele Einzelobjekte in M 33 tragen je nach Studie sehr unterschiedliche eigene Bezeichnungen, können aber mit Hilfe des Aladin Sky Atlas [Aladin] eindeutig identifiziert werden. Neben über 800 Veränderlichen mit 350 Cepheiden und vier Novae findet man über 20 Kugelsternhaufen und Supernovareste. Im Jahr 2007 wurde im Zentrum von M 33 die Röntgenquelle X-7 entdeckt, ein Schwarzes Loch mit 16 Sonnenmassen. Es bildet ein Doppelsternsystem mit einem 70 Sonnenmassen schweren Blauen Riesenstern. M 33 enthält insgesamt nur etwa zwei Prozent der Masse der Milchstraße. Die Galaxie ist Mitglied der Lokalen Gruppe und bewegt sich etwa in Richtung des Andromeda-Nebels.

So finden Sie M 33

> M 33 ist im Sternbild Dreieck zu finden, dieses liegt ebenfalls am Herbsthimmel hoch im Osten unterhalb des Sternbildes Andromeda.
> Starten Sie die Suche bei α Tri, dem Hauptstern des Sternbildes Dreieck, einem Stern 3. Größe.
> 2,5° weiter westlich stoßen Sie auf einen Stern 6. Größe.
> Schwenken Sie knapp 2° weiter nach Westen – Sie erreichen dort ein lang gezogenes Dreieck aus Sternen 8. Größe.
> M 33 liegt inmitten dieses Dreiecks.

Beobachtung

Hinsichtlich der Größe und des Sternreichtums rangiert M 33 deutlich hinter dem Andromeda-Nebel und unserer eigenen Milchstraße, den Hauptgalaxien der Lokalen Gruppe. Unter sehr guten Sichtbedingungen (Bortle 3) ist M 33 als schwaches Wölkchen mit dem bloßen Auge sichtbar. Im 10×50-Fernglas sieht man bei einigermaßen dunklem Himmel ein etwa vollmondgroßes ovales Gebilde. Ein 75-mm-Refraktor zeigt die Galaxie bei rund 30-facher Vergrößerung auf Anhieb. Leichte Ansätze der Spiralarme sind als ziemlich diffuse, teilweise leicht flockige Struktur zu erkennen. Im 130-mm-Refraktor wird die leuchtende Wasserstoffregion NGC 604 am Nordende eines der Spiralarme sichtbar. In einem Teleskop dieser Größe heben sich die Spiralarme etwas deutlicher ab, die Kernregion ist recht zierlich und gerade eben nicht stellar. Nordöstlich der Galaxie ist eine hübsche Sternkette mit Einzelsternen etwa 9. Größe zu sehen.

Im 300-mm-Reflektor ist die Kernregion etwas deutlicher, das ganze restliche Objekt wirkt jedoch verschwommener und kaum greifbar. Südlich des Kerns sind ein paar Verdickungen entlang eines Spiralarms sichtbar, wandert man nach Norden, sieht man auch NGC 604 auf Anhieb. Um die Galaxie mit einem solch großen Instrument gut beobachten zu können, ist ein Okular mit maximal 50× oder weniger ratsam.

Fototipp

M 33 ist schon mit einer DSLR-Kamera und einem kleinen Teleobjektiv von 200 mm eindrucksvoll, allerdings nur bei dunklem Himmel (Bortle 4)! Hier hilft auch ein Nebelfilter zur Reduktion der Lichtverschmutzung nur wenig. Mit langer Brennweite bis 3000 mm und gutem Seeing besser als 2″ ist M 33 richtig interessant. Man taucht tief in die Galaxie ein und löst sie in ihre Bestandteile auf. Weithin bekannt sind beispielsweise die Nebelbögen in der Sternentstehungsregion NGC 604 nordöstlich des Zentrums. Eine modifizierte, für die rote Hα-Wellenlänge empfindliche DSLR-Kamera ist hier von Vorteil.

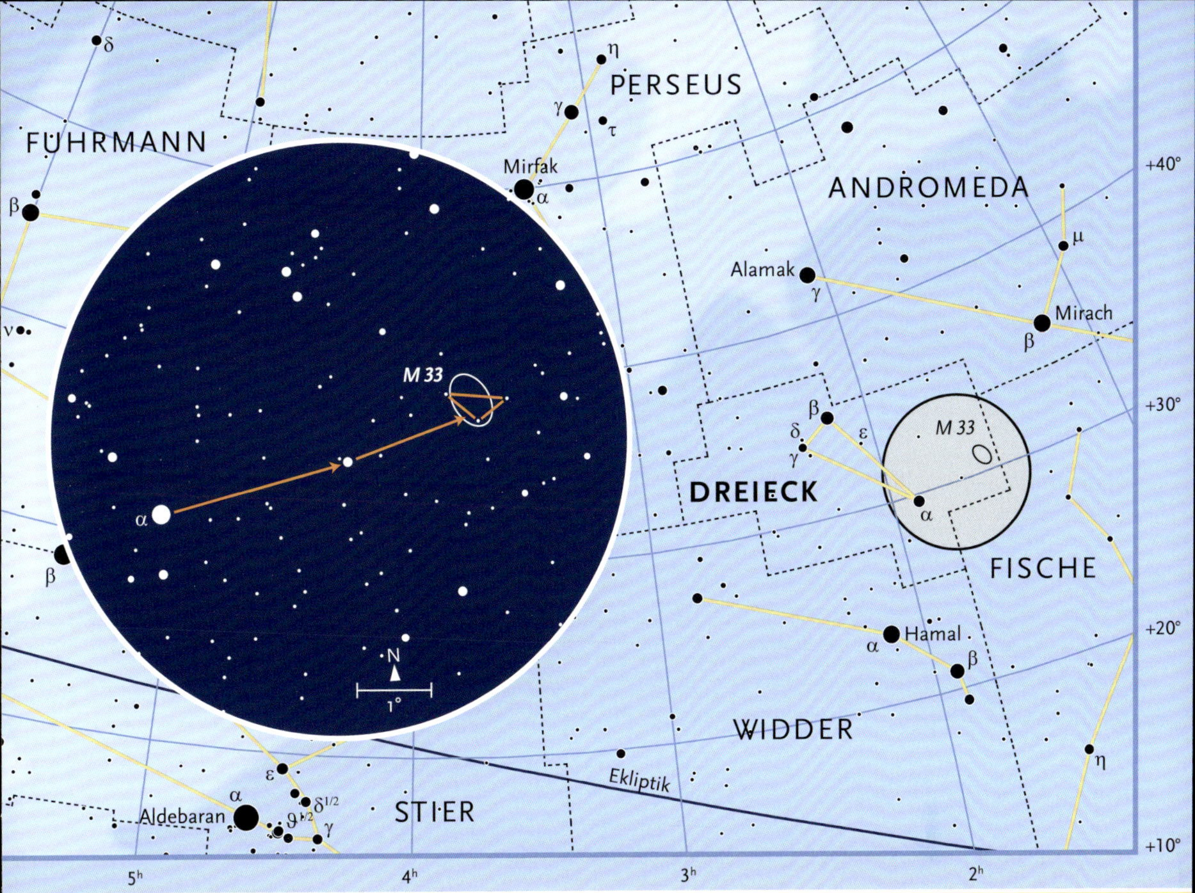

M 33. Optik: Astro-Physics 130mm EDF-S, **Brennweite:** 875 mm, **Kamera:** SBIG STL-1000M, **Belichtung:** Luminanz 50 min, Farbe 75 min am 13. 10. 2009, **Ort:** Sörth

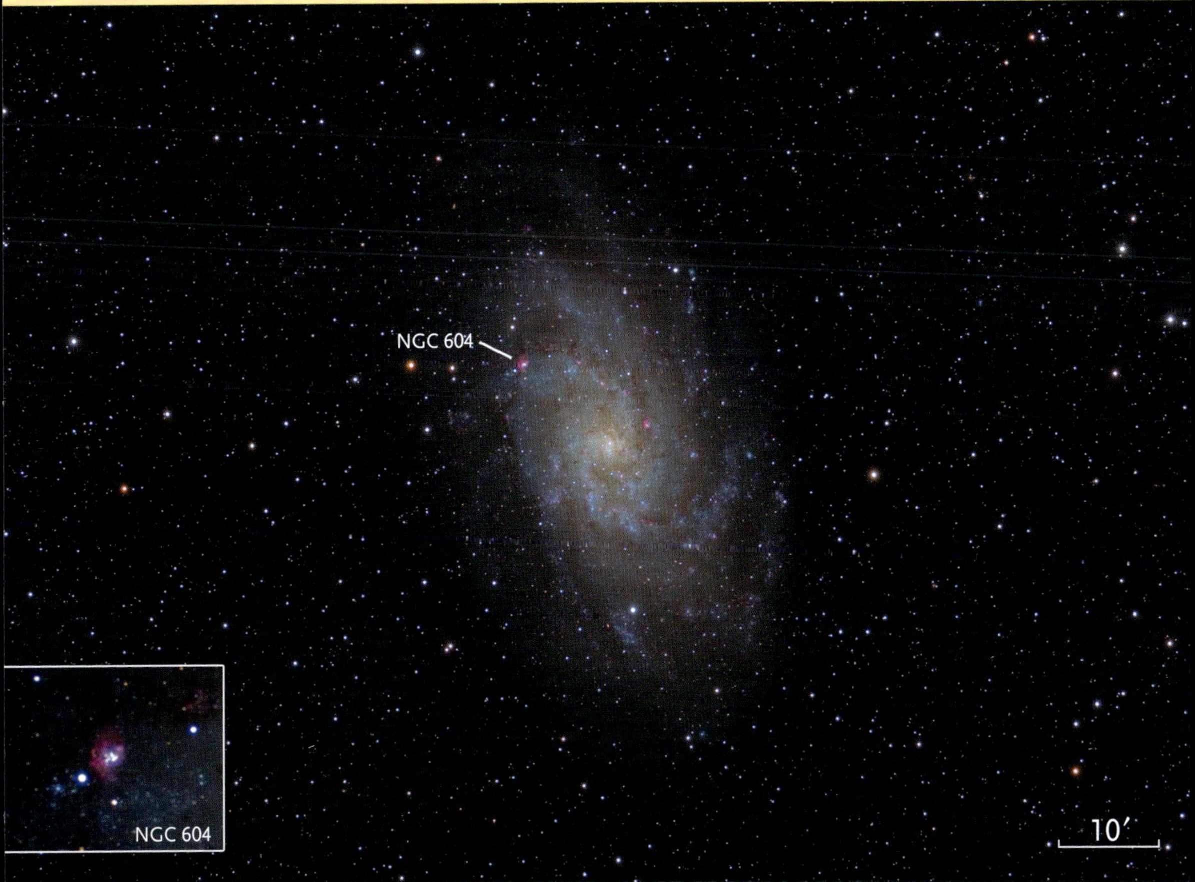

M 34

Steckbrief	
Messier-Nummer	34
NGC-Nummer	1039
Name	
Sternbild	Perseus
Objektklasse	Offener Sternhaufen
Klassifikation*	II3r
Rektaszension	$02^h 42^m,1$
Deklination	+42° 45′
Helligkeit	$5^m,2$
Ausdehnung	35′
Entfernung	1630 Lj
Kulmination**	7. November
Kulmination nächstes Objekt	M 77

* Erläuterung Seite 212/213; ** für 10° Ost, ca. 23 Uhr MEZ

Information

Bereits von Giovanni Battista Hodierna vor oder um 1654 entdeckt, schreibt Messier nach seiner unabhängigen Entdeckung am 25.8.1764: „Haufen kleiner Sterne, die man mit einem gewöhnlichen Fernrohr von 3 Fuß unterscheiden kann. Der Haufen ist 15′ ausgedehnt." Die Trümpler-Klasse II3r beschreibt M 34 als sternreichen, frei stehenden Haufen mit geringer zentraler Konzentration sowie hellen und schwachen Sternen.

M 34 steht in 1626 Lj Entfernung und ist 17 Lj ausgedehnt. Sein Alter wird mit 263 Millionen Jahren angegeben. Er ist ein recht aufgelockerter Haufen mit rund 100 Sternen, darunter sind elf in der Simbad-Datenbank [Simbad] gelistete Doppelsterne um 9^m und zwei Pulsationsveränderliche vom Typ γ Doradus (vgl. S. 190). Es sind die Sterne V 623 Per und V 624 Per, beide $11^m,5$ hell, deren Helligkeitsvariation nur rund $0^m,03$ beträgt.

Pulsationsveränderliche Sterne

Bei dieser Klasse Veränderlicher wird die Helligkeitsänderung durch ein Ausdehnen oder Schrumpfen der Sternatmosphäre verursacht. Zu den Pulsationsveränderlichen zählen unter anderem die hochregelmäßigen Cepheiden und RR-Lyrae-Sterne, die zur Entfernungsbestimmung verwendet werden können, sowie die langperiodischen Mira-Sterne. Deren Prototyp ist o Ceti (Mira) im Sternbild Walfisch. Mira ändert ihre Helligkeit mit einer Periode von 331 Tagen.

So finden Sie M 34

- M 34 befindet sich im Westteil des Perseus.
- Beginnen Sie Ihre Suche bei γ And (Alamak) im Sternbild Andromeda.
- 3° weiter östlich stoßen Sie auf ein spitzwinkliges Dreieck aus Sternen 7. Größe.
- Von dort aus geht es nochmals knapp 3° nach Osten, bis Sie ein weiteres Dreieck aus Sternen 7. Größe erreichen.
- Schwenken Sie nun noch einmal 1,5° nach Nordosten, dort finden Sie den Sternhaufen. Die Sterne 7. und 8. Größe stehen in der Nähe seines Zentrums.

Beobachtung

Aufzufinden ist dieser Sternhaufen als zierliches, kleines Sterngrüppchen schon mit einem gängigen 6×30-Sucherfernrohr oder 8×30-Wanderfernglas. Spannender wird es aber mit einem 10×50-Fernglas, denn hier zeigt sich bereits ein Dutzend kompakt angeordneter fein schimmernder Sterne im Okulargesichtsfeld. Bereits im 75-mm-Refraktor wirkt der Sternhaufen bei einer Vergrößerung von 30× aufwärts sehr lose und offen. Auffällig sind die vielen ähnlich hellen Doppelsterne, insgesamt sind rund 25 Einzelsterne auszumachen. Ein 130-mm-Refraktor zeigt ungefähr 50 Sterne, die bei etwa 50× die Hälfte des Gesichtsfeldes ausfüllen. Der Sternhaufen wirkt noch zerstreuter und „lückenhafter" als mit den kleineren Optiken, zwischen den Einzelsternen tauchen jetzt trotz der größeren Öffnung nicht viel mehr schwächere Sterne auf.

Im 300-mm-Reflektor ist der Haufen bei rund 100× schon größer als das Sehfeld, ein Sternhaufen lässt sich da kaum ausmachen. Aber selbst bei dieser Öffnung fällt auf, dass die Sternhelligkeiten weniger variieren als bei anderen Sternhaufen. Die vielen Sternpaare sind auch in diesem Fernrohr spannend.

Fototipp

Ideal sind kleine bis mittlere Telebrennweiten bis etwa 500 mm. Bei langer Gesamtbelichtung werden umliegende kleine Galaxien im Feld sichtbar, das ansonsten von M 34 dominiert wird. 40′ südöstlich des Haufenzentrums befindet sich der runde, $14^m,4$ helle und 25″ große Planetarische Nebel PN G144.3-15.5 (Abell 4). Bereits mit 500 mm Aufnahmebrennweite fällt das kleine blaugrüne Scheibchen deutlich auf, das bei hoher Auflösung eine Ringstruktur offenbart.

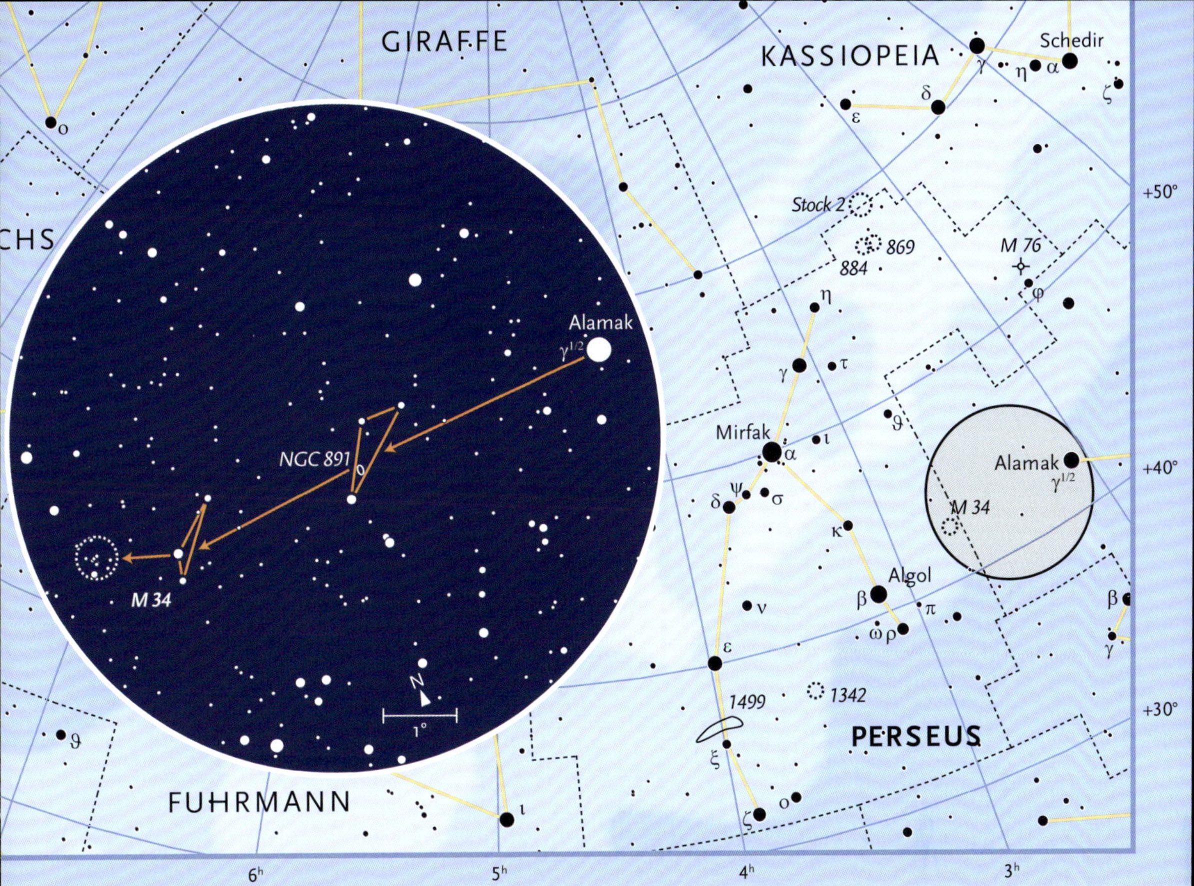

M 34. Optik: Pentax 75 + Beugungskreuz vor dem Objektiv, **Brennweite:** 500 mm, **Kamera:** Canon EOS 20D, **Belichtung:** 25 min am 20. 9. 2007, **Ort:** Sörth

M 35

Steckbrief	
Messier-Nummer	35
NGC-Nummer	2168
Name	
Sternbild	Zwillinge
Objektklasse	Offener Sternhaufen
Klassifikation*	III3r
Rektaszension	$06^{h}\,08^{m}{,}9$
Deklination	+24° 20′
Helligkeit	$5^{m}{,}1$
Ausdehnung	28′
Entfernung	2710 Lj
Kulmination**	13. Januar
Kulmination nächstes Objekt	M 41

* Erläuterung Seite 212/213; ** für 10° Ost, ca. 23 Uhr MEZ

Information

Der Haufen wurde von Philippe Loys de Chéseaux 1745/46 entdeckt und von Messier am 30. 8. 1764 beschrieben als „Haufen mit sehr wenigen schwachen Sternen, 20′ ausgedehnt". Die Trümpler-Klasse III3r weist M 35 als sternreichen, frei stehenden Haufen ohne erkennbare Konzentration mit hellen und schwachen Sternen aus. M 35 ist 22 Lj ausgedehnt und steht in 2705 Lj Entfernung. Er ist 153 Millionen Jahre alt und enthält 120 Sterne, die heller sind als 13^{m}, insgesamt sind es bis zu 2700 Sterne. Darunter sind zwei Pulsationsveränderliche, hellster Stern ist der Doppelstern ADS 4744 (Struve 134, $7^{m}{,}4/9^{m}{,}1$, Distanz 31″).

Der von Wilhelm Herschel am 16. 11. 1784 entdeckte Offene Sternhaufen NGC 2158 wurde im Jahr 1959 noch als lockerer Kugelsternhaufen angesehen, was heute aufgrund des vergleichsweise geringen Alters als unwahrscheinlich gilt. NGC 2158 ist mit ein bis zwei Milliarden Jahren allerdings einer der ältesten Offenen Sternhaufen und steht mit 12 000 bis 16 000 Lj Entfernung weit hinter M 35. Seine Sternzahl wird auf mehr als 10 000 geschätzt, darunter findet man 97 Veränderliche. Stattliche 30 Stück davon sind Bedeckungsveränderliche.

So finden Sie M 35

> M 35 steht im Westteil der Zwillinge, am Rande der Wintermilchstraße.

> Lokalisieren Sie zunächst den Stern 1 Gem, einen Stern 4. Größe, der sich am Westrand einer Dreierkette mit μ und η Gem befindet.

> Von dort aus schwenken Sie 1,5° nach Nordosten. M 35 steht nahezu in einer Linie mit den Sternen 1, 2 und 5 Gem, die letzten beiden sind rund 6. Größe.

Beobachtung

Auch wenn die Wintermilchstraße im Sternbild Zwillinge nicht mit anderen Arealen der Galaxis mithalten kann, reizvoll ist die Umgebung des Offenen Haufens M 35 allemal. Mit einem 8×42- oder einem 10×50-Fernglas hebt er sich als zartes Sternwölkchen erkennbar vom Rest des Feldes ab. Mit 30-facher Vergrößerung durch einen 75-mm-Refraktor betrachtet gehört er zweifelsohne zu einem der hübscheren Sternhaufen des Nordhimmels. Das halbe Sehfeld ist mit etwa drei Dutzend Einzelsternen des Haufens gefüllt. Auffällig ist ein lang gezogenes Dreieck aus Sternen etwa 7. Größe, dessen Spitze nach Südosten zeigt. Die restlichen, schwächeren Sterne haben relativ gleichförmige Helligkeiten bis etwa 11^{m}. Im 130-mm-Refraktor wächst die Zahl der Einzelsterne auf rund 150 an, viele deutlich schwächere Sterne sind dazugekommen. Insgesamt hat M 35 eine leicht flockige Struktur, das noch in kleineren Instrumenten auffällige Sterndreieck geht in der Fülle dieses Gesichtsfeldes etwas unter. Der viel weiter von uns entfernte und scheinbare Begleitsternhaufen NGC 2158 ist als diffuser Fleck am Südwestrand auszumachen, einzelne Sterne kann man auch bei hohen Vergrößerungen nicht erkennen.

Das Feld eines 300-mm-Reflektors wird bei 100× komplett von M 35 ausgefüllt, die hellsten Einzelsterne zeigen eine rötliche Färbung. NGC 2158 bildet einen eindrucksvollen Kontrast, auf nur 5′ drängen sich zwei bis drei Dutzend schwach schimmernde Sterne 13. Größe abwärts, eine Konzentration zum Zentrum hin ist deutlich sichtbar.

Fototipp

M 35 bildet zusammen mit dem dicht gedrängten kleinen Offenen Sternhaufen NGC 2158 ein attraktives Fotoobjekt für Telebrennweiten um etwa 500 mm. Denn damit löst man auch den 5′ ausgedehnten Haufen NGC 2158 gut in seine Einzelsterne auf, der sich durch eine bunte Mischung rötlicher und blauer Sterne auszeichnet. Mit einer modifizierten DSLR-Kamera im APS-C-Format und 300 mm Brennweite hat man gleichzeitig den hellen Supernovarest IC 443 und den Reflexionsnebel IC 444 im Bildfeld.

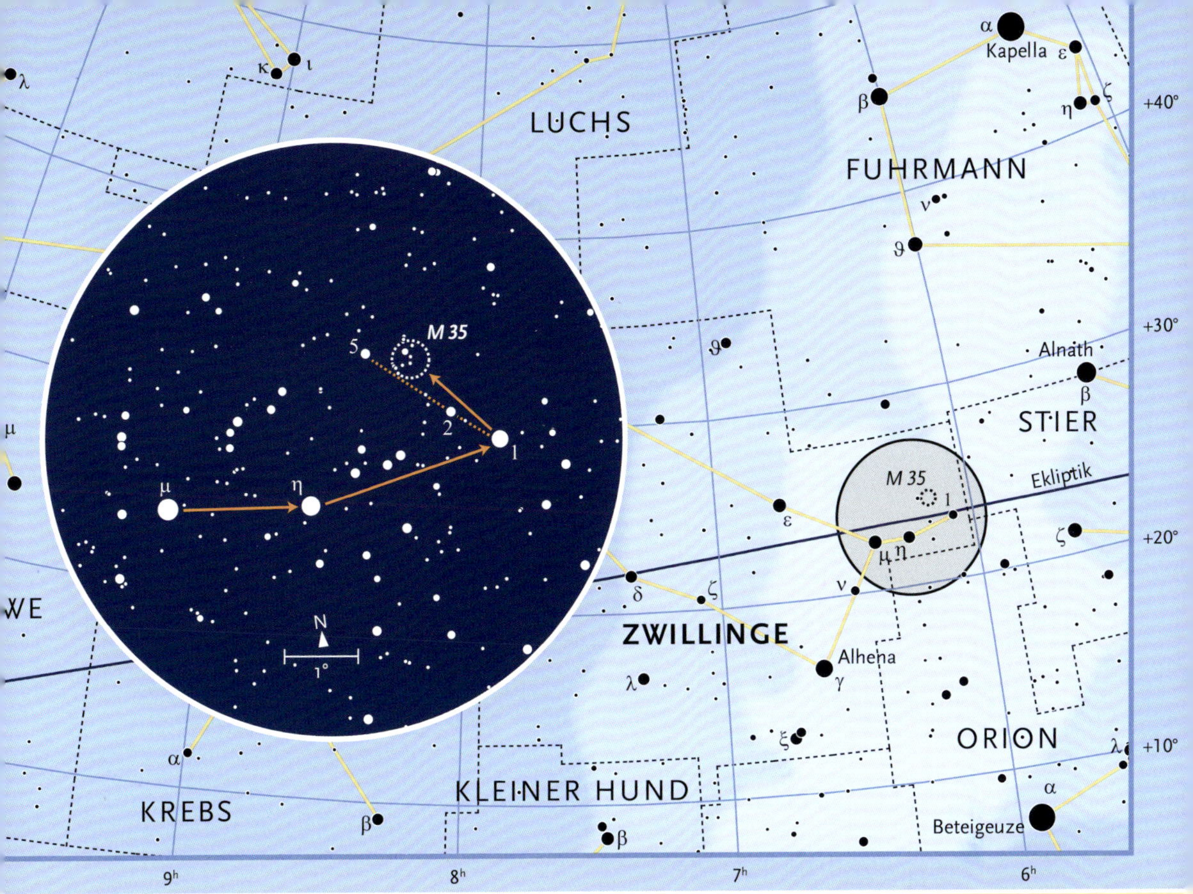

M 35. Optik: Astro-Physics 130mm EDF-S, **Brennweite:** 875 mm, **Kamera:** Canon EOS 5D, **Belichtung:** 25 min am 15. 12. 2007, **Ort:** Sörth

M 36

Steckbrief	
Messier-Nummer	36
NGC-Nummer	1960
Name	
Sternbild	Fuhrmann
Objektklasse	Offener Sternhaufen
Klassifikation*	I3r
Rektaszension	$05^h 36^m\!.1$
Deklination	+34° 08′
Helligkeit	$6^m\!.0$
Ausdehnung	12′
Entfernung	4300 Lj
Kulmination**	4. Januar
Kulmination nächstes Objekt	M 78

* Erläuterung Seite 212/213; ** für 10° Ost, ca. 23 Uhr MEZ

Information

Bereits von Giovanni Battista Hodierna vor oder um 1654 entdeckt, schreibt Messier am 2.9.1764: „Sternhaufen im Fuhrmann, nahe dem Stern φ." Mit einem gewöhnlichen Teleskop von 3½ Fuß hat man Mühe, Sterne zu unterscheiden; der Haufen enthält keine Nebel". Die Trümpler-Klasse I3r beschreibt M 36 als sternreichen, frei stehenden Haufen mit starker zentraler Konzentration sowie hellen und schwachen Sternen.

M 36 ist 15 Lj ausgedehnt und steht in 4297 Lj Entfernung. Sein Alter liegt zwischen 16 und 42 Millionen Jahren, er erscheint mit bis zu etwa 60 Mitgliedern unter seinen Haufennachbarn M 37 (östlich) und M 38 (westlich) im Fuhrmann recht sternarm. Seine hellsten B-Sterne erreichen 9^m Helligkeit, es gibt keine Roten Riesen. Im Feld von M 36 listet die Simbad-Datenbank [Simbad] zwölf Doppelsterne.

Astronomische Datenbanken

Das Centre de Données astronomiques de Strasbourg (CDS) betreibt ein Portal, das den Zugriff auf die wichtigsten astronomischen Datenbanken ermöglicht. Gibt man in die Suchmaske der Datenbank SIMBAD [Simbad] ein Himmelsobjekt ein, erhält man neben Koordinaten und Helligkeit Links zu weiterführenden wissenschaftlichen Arbeiten. Die Darstellung des Objekts mit überlagerten Markierungen und weiteren Informationen erfolgt im Aladin Sky Atlas [Aladin]. Zur Recherche extragalaktischer Objekte ist die NED-Datenbank geeignet [NED].

So finden Sie M 36

- M 36 steht hoch am südlichen Winterhimmel im Sternbild Fuhrmann.
- Starten Sie Ihre Suche bei ι Aur.
- Bewegen Sie Ihr Teleskop nun 4,5° nach Osten, bis zur Sterngruppe um 16 bis 19 Aur (5. bis 6. Größe).
- Weitere 3,5° östlich davon erreichen Sie einen Stern 6. Größe.
- M 36 liegt gut 0,5° nordwestlich dieses Sterns auf der Verbindungslinie zu einem weiteren Stern 6. Größe.

Beobachtung

Das ansehnliche Sternhaufentrio im Fuhrmann lebt von dem unterschiedlichen Erscheinungsbild der drei Objekte, jedes für sich ist aber ohne Frage auch als Einzelobjekt attraktiv. M 36 ist der kleinste und mittlere der drei Fuhrmann-Sternhaufen. Er zeigt bereits im 10×50-Fernglas rund ein Dutzend Sterne 9. bis 10. Größe. Im 75-mm-Refraktor verdreifacht sich die Zahl der wahrnehmbaren Einzelsterne. Die hellsten darunter bilden auffällige Sternketten, die M 36 fast das Aussehen eines fliegenden Vogels verleihen. Besonders gut sichtbar wird dieser Effekt bei Vergrößerungen um 70–120×. Beobachtet man mit einem 130-mm-Refraktor, dann tritt dieser Eindruck etwas in den Hintergrund; durch weitere, kompakter angeordnete schwächere Einzelsterne wirkt M 36 jetzt abgerundeter. Ein 300-mm-Reflektor zeigt rund 60 bis 80 Sterne, weitere schwache Mitglieder runden seine Kontur weiter ab. Etwas kurios wirkt eine sternärmere Region nahe des ansonsten gut besetzten Haufenzentrums. In der Nähe des Zentrums fallen drei hübsche Doppelsternpärchen ins Auge.

Fototipp

Ideal sind Teleobjektive bis etwa 300 mm Brennweite, da M 36 in einem interessanten Umfeld liegt. Westlich von M 36 liegt die HII-Region mit dem Sternhaufen NGC 1931, 17′ südlich die Dunkelwolke Barnard 226, und gut 2° nordwestlich liegt M 38. Alle zusammen passen ins Feld einer DSLR-Kamera EOS 350D mit 300 mm Tele. Und bei 200 mm Brennweite hat man zusätzlich noch die dekorativen Emissionsnebel IC 405 und IC 410 im Bild. Oder man entscheidet sich bei maximal 200 mm Brennweite für die Reihe M 37 – M 36 – M 38. 24′ südwestlich von M 36 liegt der knallrote, unregelmäßig veränderliche Kohlenstoffstern OW Aur ($12^m\!.3$–$13^m\!.6$).

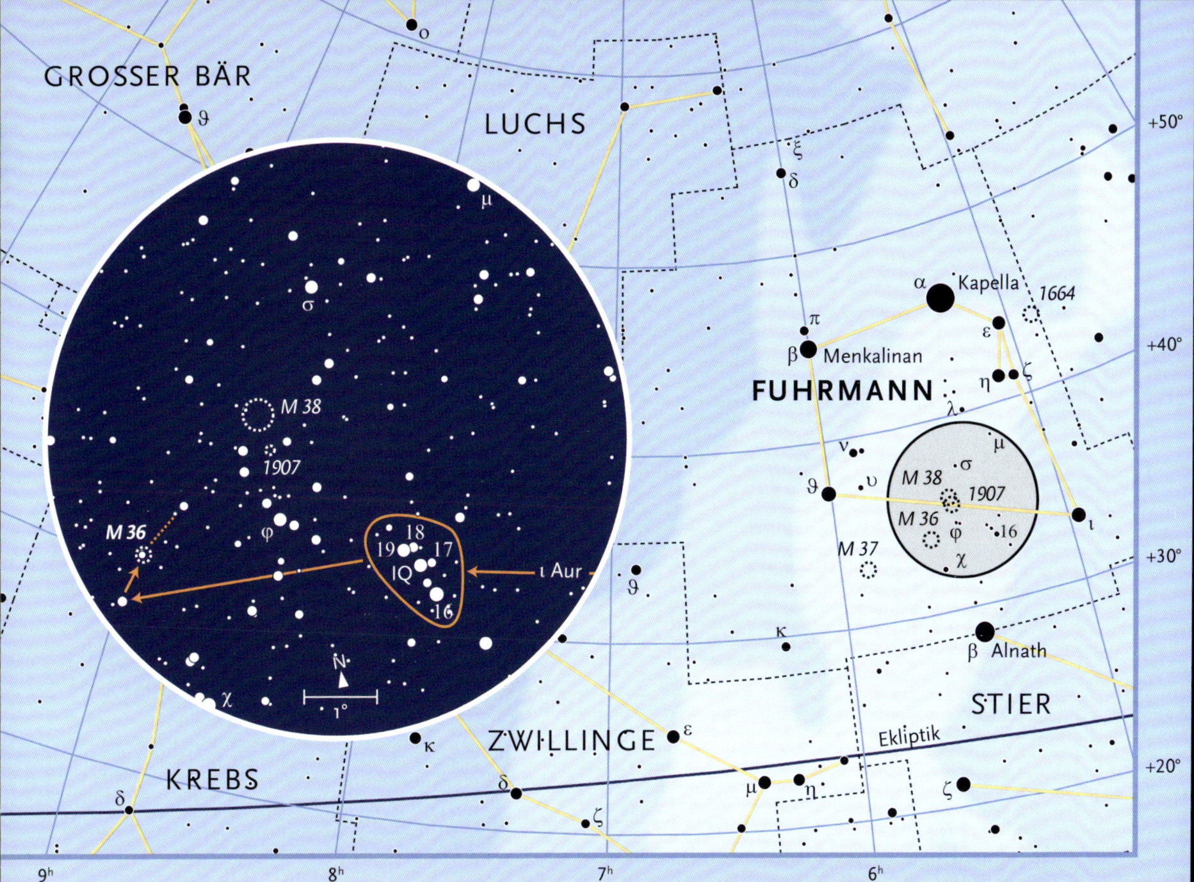

M 36. Optik: Astro-Physics 130mm EDF-S, **Brennweite:** 875 mm, **Kamera:** Canon EOS 5D, **Belichtung:** 45 min am 14. 12. 2007, **Ort:** Sörth

M 37

Steckbrief	
Messier-Nummer	37
NGC-Nummer	2099
Name	
Sternbild	Fuhrmann
Objektklasse	Offener Sternhaufen
Klassifikation*	I1r
Rektaszension	$05^h 52^m\!.3$
Deklination	+32° 33′
Helligkeit	$5^m\!.6$
Ausdehnung	24′
Entfernung	4510 Lj
Kulmination**	9. Januar
Kulmination nächstes Objekt	M 35

* Erläuterung Seite 212/213; ** für 10° Ost, ca. 23 Uhr MEZ

Information

Bereits von Giovanni Battista Hodierna vor oder um 1654 entdeckt, schreibt Messier am 2. 9. 1764 über seine unabhängige Entdeckung zusammengefasst: „Haufen schwacher Sterne, verglichen mit dem vorhergehenden Objekt (Nr. 36) stehen die Sterne enger beieinander und schließen Nebel ein. Mit einem gewöhnlichen Teleskop von 3½ Fuß hat man Mühe, Sterne zu sehen, 9′ Durchmesser.“ M 37 ist 32 Lj ausgedehnt und steht in 4509 Lj Entfernung.

Die Trümpler-Klasse I1r beschreibt ihn als sternreichen, frei stehenden Haufen mit starker zentraler Konzentration, der überwiegend Sterne mit gleicher scheinbarer Helligkeit enthält. Der Haufen ist 347 Millionen Jahre alt und beinhaltet über 2000 Sterne, von denen 150 heller als $12^m\!.5$ sind. M 37 enthält mehr als ein Dutzend Roter Riesensterne und in der Mitte den markanten $9^m\!.2$ hellen F8-Stern HD 39183. Im Aladin Sky Atlas [Aladin] kann man im Bereich des Haufens rund 23 Veränderliche und 32 Doppelsterne identifizieren, darunter 10 δ-Scuti-Sterne (vgl. S. 88) und 18 Weiße Zwerge. M 37 bietet reichlich Objekte für eigene Untersuchungen sowie für die Erstellung eines Farben-Helligkeits-Diagramms, das der physikalische Fingerabdruck eines Sternhaufens ist. Der schwächste gelistete Stern ist 21^m hell.

So finden Sie M 37

- Am Winterhimmel steht M 37 ebenfalls hoch im Sternbild Fuhrmann.
- Startpunkt der Suche ist ϑ Aur.
- Von hier aus geht es knapp 2° nach Westen, wo Sie den Stern υ Aur finden, einen Stern gut 5. Größe.
- 4° weiter südlich stoßen Sie auf lang gezogenes spitzwinkliges Dreieck aus Sternen 6. Größe.
- M 37 befindet sich gut 0,5° nordöstlich der Südwestspitze dieses Dreiecks.

Beobachtung

M 37 ist im Vergleich zu seinen Nachbarn M 36 und M 38 der eindrucksvollste Sternhaufen im Fuhrmann. Das 10×50-Fernglas zeigt ihn als einfach erkennbaren, ovalen Nebelfleck, unter sehr dunklem Nachthimmel kann man bereits erste Einzelsterne erahnen. Im 75-mm-Refraktor bei etwa 40–70× sind unter ähnlichen Bedingungen rund vier bis fünf Dutzend Sterne zu sehen, die sich auf ein nicht ganz vollmondgroßes Areal verteilen; scheinbar dahinter erkennt man einen diffusen Schimmer nicht aufgelöster Haufensterne. Nahe des Zentrums ist eine balkenförmige Sternlücke zu sehen, insgesamt ist der Sternhaufen eher rund. Der 130-mm-Refraktor zeigt den Umriss des Sternhaufens etwas eckiger, insgesamt sind sicherlich rund 100 Sterne zu sehen.

Auch im großen 300-mm-Reflektor ist die balkenförmige Sternlücke immer noch sichtbar, rund 200 Sterne oder mehr füllen hier das Gesichtsfeld bei 100× aus. Diese sind deutlich erkennbar zum Zentrum konzentriert, dort fällt der oben schon erwähnte Stern HD 39183 mit 9. Größe auf. Die restlichen Sterne gehen herunter bis an eine Grenzgröße von etwa 15^m. Was auch immer Sie in einer Winternacht vorher beobachtet haben – M 37 kann als gelungener Abschluss jedes Beobachtungsabends erfreuen: Der Anblick ist stets atemberaubend.

Fototipp

M 37 ist ein sternreicher Offener Sternhaufen, gut 3,5° südöstlich von M 36. Eine unmodifizierte DSLR-Kamera ist bereits gut geeignet, da im nahen Umfeld von M 37 keine hellen rötlichen HII-Regionen vorhanden sind. Die ideale Aufnahmebrennweite liegt zwischen 300 und 1000 mm, weil sich M 37 damit gut vom Milchstraßenumfeld abhebt. Der Haufen glänzt mit seinen überwiegend blauen Sternen, ist aber auch mit einigen roten Sternen durchsetzt. 2° westlich von M 37 liegt die kleine Dunkelwolke Barnard 34, sie liegt auf einer Dichteskala (Opazität) von 1 bis 6 (undurchsichtig) auf Rang 4.

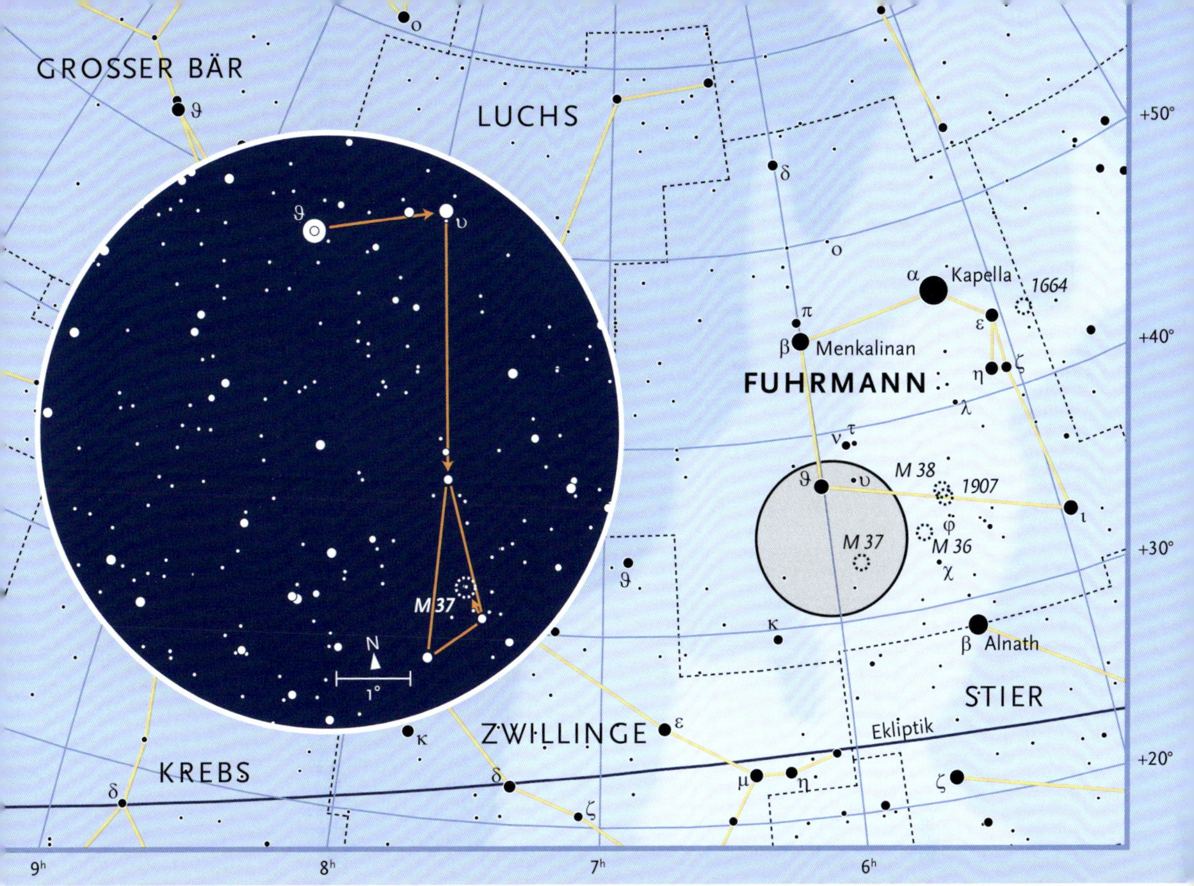

M 37. Optik: Astro-Physics 130mm EDF-S, **Brennweite:** 875 mm, **Kamera:** Canon EOS 5D, **Belichtung:** 25 min am 1. 1. 2008, **Ort:** Sörth

M 38

Steckbrief	
Messier-Nummer	38
NGC-Nummer	1912
Name	
Sternbild	Fuhrmann
Objektklasse	Offener Sternhaufen
Klassifikation*	II2r
Rektaszension	$05^{h}\,28^{m}{,}7$
Deklination	+35° 50′
Helligkeit	$6^{m}{,}4$
Ausdehnung	25′
Entfernung	3480 Lj
Kulmination**	2. Januar
Kulmination nächstes Objekt	M 1

* Erläuterung Seite 212/213; ** für 10° Ost, ca. 23 Uhr MEZ

Information

Wie auch schon die beiden anderen Messier-Haufen M 36 und M 37 im Fuhrmann entdeckte Giovanni Battista Hodierna vor oder um 1654 dieses Objekt. Messier trug es am 25. 9. 1764 in seinen Katalog ein mit der Beschreibung: „Haufen schwacher Sterne nahe dem Stern σ, gering entfernt von den beiden vorhergehenden Haufen, von rechteckiger Form und ohne Nebel, wenn man ihn mit einem guten Teleskop sorgsam beobachtet, 15′ ausgedehnt."

Die Trümpler-Klasse II2r beschreibt M 38 als sternreichen, frei stehenden Haufen mit geringer zentraler Konzentration und Sternen mittlerer Helligkeitsverteilung. M 38 ist mit schätzungsweise 100 Mitgliedern 25 Lj ausgedehnt und steht in 3475 Lj Entfernung. Sein Alter wird zwischen 150 und 363 Millionen Jahre angegeben. Hellster Stern 9′ nordöstlich der Haufenmitte ist der gelbe G5-Riese HD 35878 mit $8^{m}{,}4$ Helligkeit und 900-facher Sonnenleuchtkraft.

Rauschreduktion in Fotos

Bei langer Belichtung und hoher ISO-Empfindlichkeit ab 800 ist ein Deep-Sky-Bild im Hintergrund verrauscht. Das Muster ist unregelmäßig und umso heller, je wärmer der Kamerasensor und je länger die Belichtungszeit ist. Außerdem werden Pixeldefekte sichtbar. Um das Rauschen zu reduzieren, deckt man nach der Aufnahme das Objektiv ab und nimmt ein Dunkelbild mit gleicher Belichtungszeit auf. Dieses wird mit einem Bildbearbeitungsprogramm vom Objektbild subtrahiert. Bei vielen DSLR-Kameras gibt es eine aktivierbare Rauschreduzierung, die dies automatisch nach jeder Aufnahme erledigt.

So finden Sie M 38

> M 38 steht zur Jahreswende hoch über unseren Köpfen in der Wintermilchstraße im Fuhrmann.
> Beginnen Sie die Suche bei ι Aur.
> 4,5° weiter östlich stoßen Sie auf eine auffällige Fünfergruppe aus den Sternen 16 bis 19 Aur (5. bis 6. Größe) sowie dem Veränderlichen Stern IQ Aur.
> 1,5° weiter nach Ostnordost gelangen Sie zu φ Aur.
> Jetzt schwenken Sie weitere 1,5° nach Norden. Dort finden Sie zwei Sterne 6. Größe, die ein gleichschenkliges Dreieck mit dem Sternhaufen an der Nordspitze bilden.

Beobachtung

Blicken wir in Richtung M 38, dann schauen wir auf unseren galaktischen „Gartenzaun" – der Sternhaufen liegt am äußeren Rand des lokalen Milchstraßenarms (Orion-Arm). Beim westlichsten der drei Fuhrmann-Sternhaufen sieht man in einem 10×50-Fernglas bereits eine Handvoll Einzelsterne 9. bis 10. Größe vor einer milchigen Wolke nicht aufgelöster Sterne. M 36 ist gut 2° südöstlich davon im gleichen Fernglasgesichtsfeld zu sehen. Im 75-mm-Refraktor zeigt der Sternhaufen eine deutliche Kreuzform, es sind vier bis fünf Dutzend Sterne sichtbar. Im 130-mm-Refraktor tritt die Kreuzform in den Hintergrund, es kommen viele weitere Sterne bis etwa 13. Größe dazu. Auffallend die vielen schwächeren Sternketten; auch sieht man gut, wie der Haufen zum Zentrum hin konzentrierter wird. Im gleichen Gesichtsfeld ist bei 50× auch der sehr kleine, diffuse Sternhaufen NGC 1907 zu sehen. Bei 100× zeigt ein 300-mm-Reflektor rund 150 bis 170 Einzelsterne bis ungefähr 15. Größe. Das Sehfeld ist voll, noch deutlicher als im 130-mm-Refraktor sind die schönen Sternketten vor der Wintermilchstraße zu sehen!

Fototipp

Ideal für eine DSLR-Kamera vom Typ EOS 350D, die für die Sternhaufenfotografie nicht unbedingt modifiziert sein muss, und eine Telebrennweite bis etwa 500 mm. NGC 1907, ein knappes Grad südöstlich von M 38 gelegen, bildet mit M 38 ein hübsches Haufenpärchen. Ein halbes Grad westlich von M 38 befindet sich der sehr unscheinbare 9′ ausgedehnte Offene Sternhaufen Czernik 21.

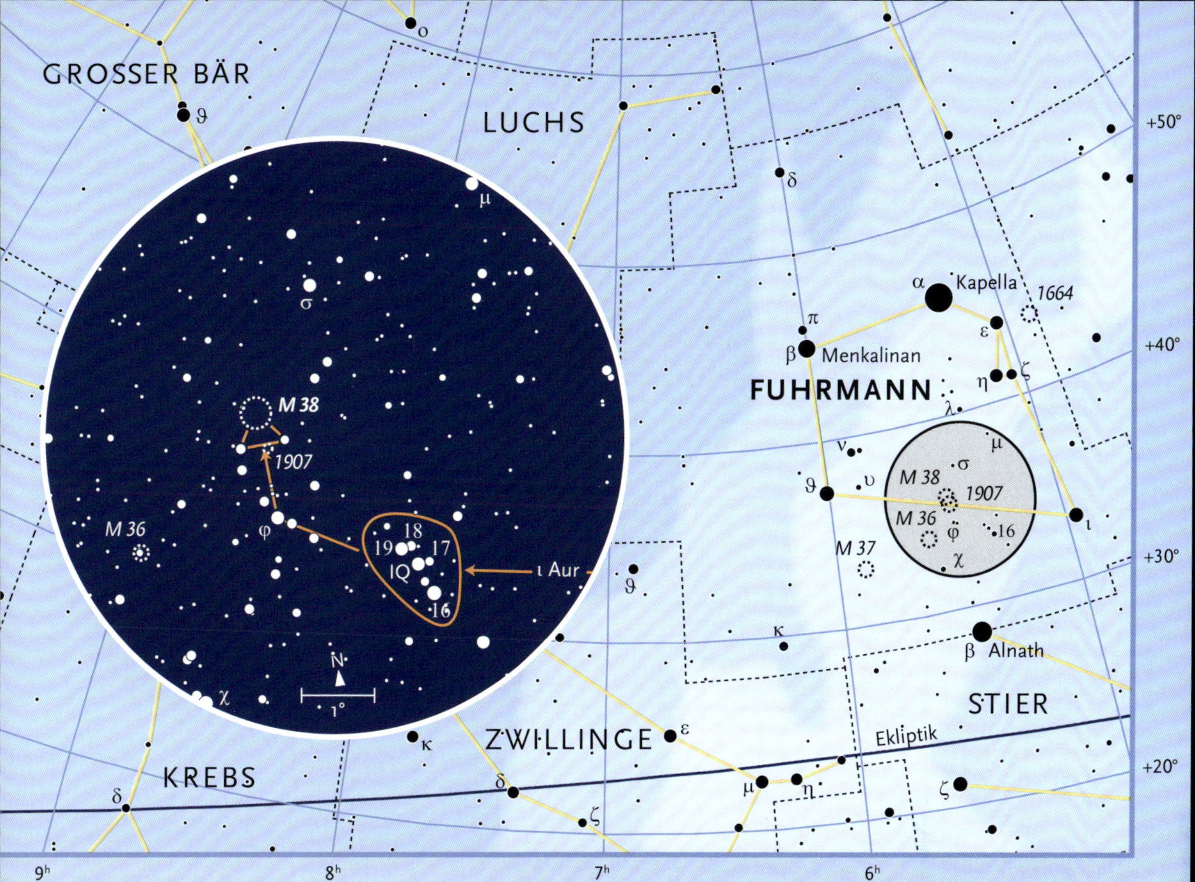

M 38. Optik: Astro-Physics 130mm EDF-S, **Brennweite:** 875 mm, **Kamera:** Canon EOS 5D, **Belichtung:** 25 min am 1. 12. 2007, **Ort:** Sörth

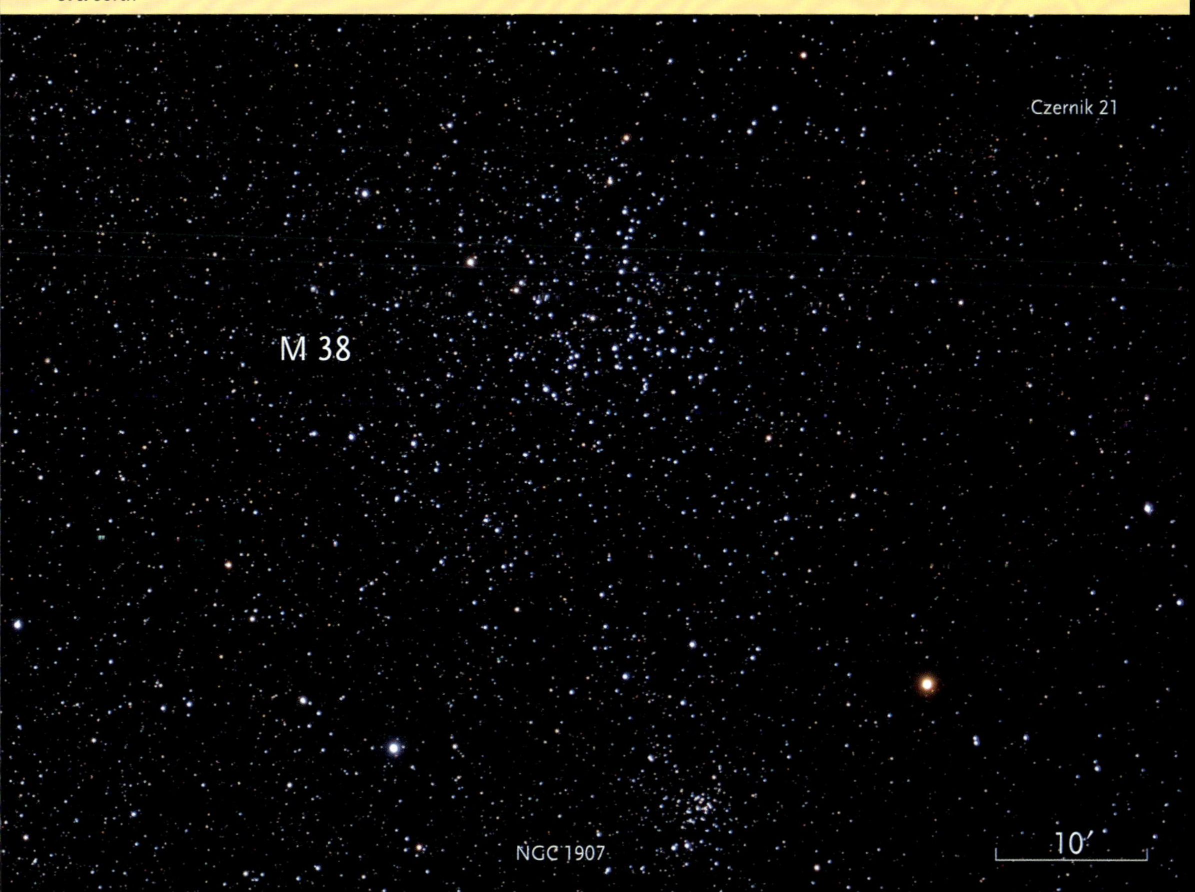

M 39

Steckbrief	
Messier-Nummer	39
NGC-Nummer	7092
Name	
Sternbild	Schwan
Objektklasse	Offener Sternhaufen
Klassifikation*	III2m
Rektaszension	$21^h 32^m\!\!,2$
Deklination	+48° 26′
Helligkeit	$4^m\!\!,6$
Ausdehnung	32′
Entfernung	1010 Lj
Kulmination**	4. September
Kulmination nächstes Objekt	M 2

* Erläuterung Seite 212/213; ** für 10° Ost, ca. 23 Uhr MEZ

Information

„Sternhaufen nahe der Schwanzspitze des Schwans, man kann ihn mit einem gewöhnlichen Fernrohr von 3½ Fuß sehen, 1° Durchmesser", so beschrieb Messier die ihm zugeschriebene Entdeckung vom 24. 10. 1764. Die Trümpler-Klasse III2m weist M 39 als mäßig sternreichen, frei stehenden Haufen ohne erkennbare Konzentration mit Sternen mittlerer Helligkeitsverteilung aus.

M 39 steht mit 1014 Lj Entfernung sehr nah vor dem Hintergrund der entfernteren Milchstraßensterne und ist mit 9 Lj Durchmesser eines des kleinsten Messier-Objekte. Nur 30 Mitglieder werden ihm zugeschrieben, das Alter liegt bei ungefähr 466 Millionen Jahre. Hellster Stern ist HD 205210, 5′ östlich der Haufenmitte gelegen mit $6^m\!\!,6$ Helligkeit, Spektraltyp A0 und etwa 220-facher Sonnenleuchtkraft.

So finden Sie M 39

> M 39 im Sternbild Schwan steht in den Spätsommermonaten fast im Zenit.

Das optimale Aufnahmeformat

Bei einer DSLR-Kamera ist die Wahl des „Rohformats" (engl. Raw) optimal. Es bewirkt, dass das Bild nach der Aufnahme unverändert abgespeichert wird. Es ist besser als das JPEG-Format, das bereits beim Speichern eine Verringerung der Bildinformation wie Helligkeit und Schärfe vornimmt. Für eine Deep-Sky-Aufnahme sollte immer das Rohformat gewählt werden, Stacking-Programme können es verarbeiten.

> Die Suche beginnt bei α Cyg (Deneb), dem Hauptstern des Schwans.
> Von dort aus geht es 9° nach Osten, wo Sie ein lang gezogenes Dreieck aus den Sternen ρ Cyg, 71 Cyg und SAO 50824 erreichen (4. und 5. Größe).
> Stellen Sie 71 Cyg in die Gesichtsfeldmitte ein und schwenken Sie dann 2° nach Norden, dort werden Sie M 39 sofort erkennen.

Beobachtung

Es gibt tatsächlich Himmelsobjekte, bei deren Beobachtung die Besitzer eines kleinen Teleskops oder Fernglases im Vorteil sind. Der Offene Sternhaufen M 39 ist ein schönes Beispiel dafür: Mit einem 150-mm bis 200-mm-Teleskop sehen Sie angesichts der enormen Sterndichte in dieser Himmelsregion und des vergleichsweise kleinen Gesichtsfeldes den Wald vor lauter Bäumen nicht. M 39 enthält zwar helle Sterne, im allgemeinen Getümmel gehen diese aber fast unter. Ein 10×50-Fernglas hingegen offenbart Ihnen eine hübsche Ansammlung von über einem Dutzend Sterne 6. bis 9. Größe, die sich über die Fläche einer Vollmondscheibe verteilen.

Wer diesen Sternhaufen dennoch mit einem Teleskop beobachten möchte, sollte nicht mehr als 30–40× vergrößern. Schon mit einem 100-mm-Refraktor werden Sie praktisch alle seiner rund 30 Mitglieder sehen können, allerdings auch viele Hintergrundsterne, denn der Sternhaufen ist relativ nah. Schön ist auch die Beobachtung mit einem 80-mm-Refraktor kurzer Baulänge – dieses Instrument ermöglicht ein Sehfeld von rund 3°, in dem M 39 besonders gut zur Geltung kommt.

Fototipp

M 39 ist ein 32′ ausgedehnter, lockerer Sternhaufen, der vor sternreichen Milchstraßenwolken liegt. Mit einem Teleobjektiv bis 300 mm Brennweite erfasst man außer B 363 auch weitere Dunkelwolken im Umfeld. Der $13^m\!\!,2$ helle und 56″ große rötliche Planetarische Nebel PN G093.3-02.4 liegt knapp 1° nordöstlich von M 39. Die knotige Struktur des kleinen PN ist schon bei 500 mm Brennweite sichtbar! Etwa 4′ nordöstlich des δ-Cepheiden V 1726 Cyg ($8^m\!\!,87$–$9^m\!\!,06$) liegt der unscheinbare Offene Sternhaufen C2128+488, nach seinem Entdecker 1986 „Platais 1" benannt und unter diesem Namen in der Simbad-Datenbank [Simbad] auffindbar.

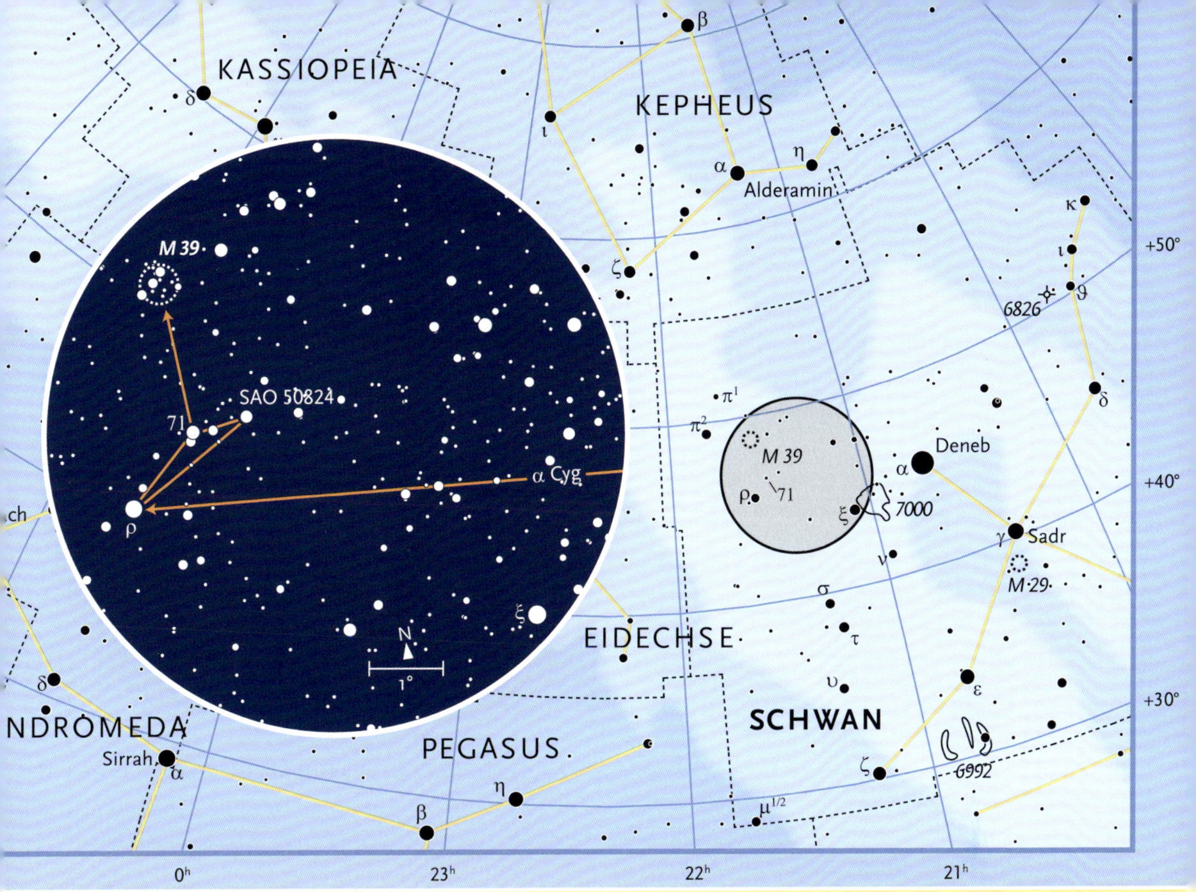

M 39. Optik: Pentax 75 + Beugungskreuz vor dem Objektiv, Nebelfilter IDAS LPS-P2, **Brennweite:** 500 mm, **Kamera:** Canon EOS 20D, **Belichtung:** 30 min am 15. 9. 2007, **Ort:** Sörth

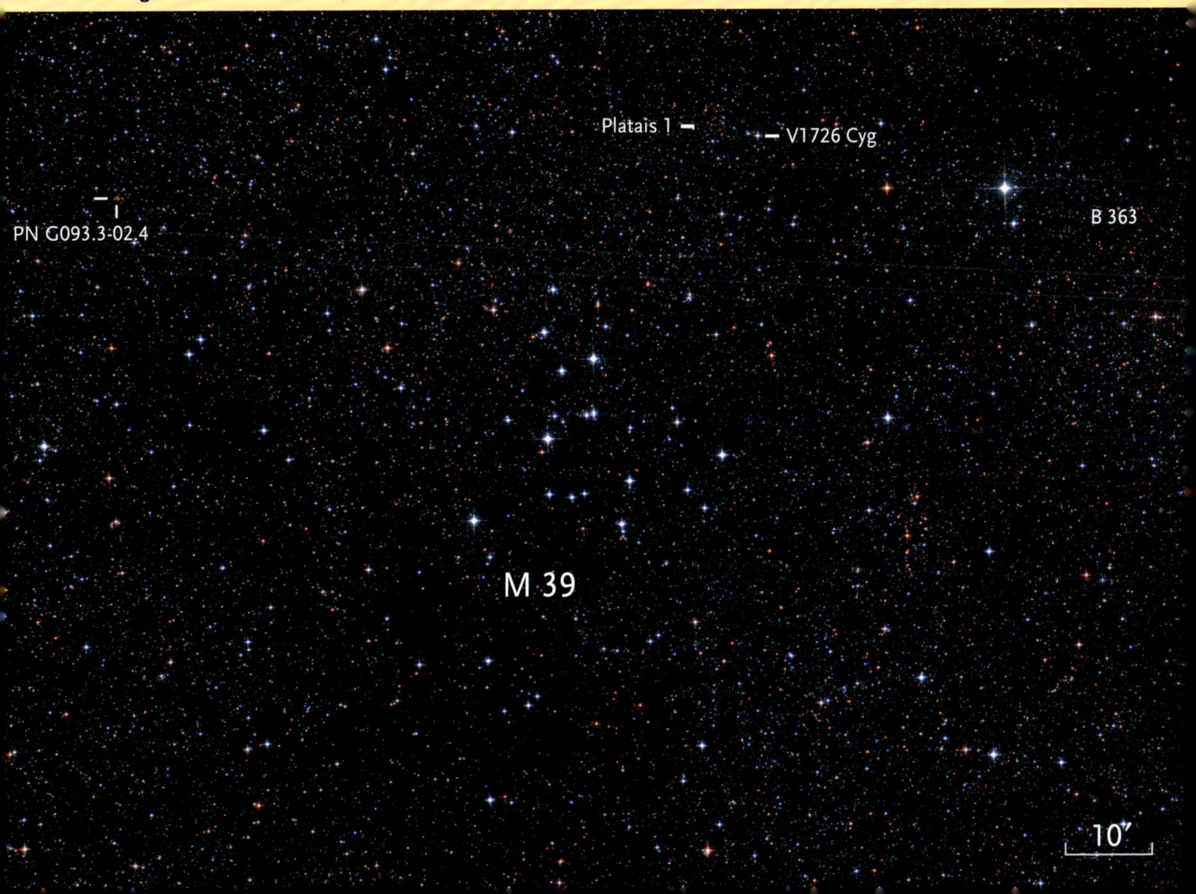

M 40 Winnecke 4

Steckbrief	
Messier-Nummer	40
NGC-Nummer	–
Name	Winnecke 4
Sternbild	Großer Bär
Objektklasse	zwei Sterne
Klassifikation*	–
Rektaszension	$12^{\mathrm{h}}\,22^{\mathrm{m}}{,}4$
Deklination	+58° 05′
Helligkeit	$9^{\mathrm{m}}{,}0/9^{\mathrm{m}}{,}3$
Ausdehnung	0,9′
Entfernung	490 Lj/1860 Lj
Kulmination**	18. April
Kulmination nächstes Objekt	M 100

* Erläuterung Seite 212/213; ** für 10° Ost, ca. 23 Uhr MEZ

Information

Am 24. 10. 1764 beschrieb Messier seine Entdeckung wie folgt: „Zwei schwache Sterne dicht beieinanderstehend. Man hat Schwierigkeiten, sie mit einem gewöhnlichen Fernrohr von 6 Fuß zu unterscheiden.“ Es handelt sich bei M 40 um den optischen Doppelstern Winnecke 4 mit zwei Komponenten, die auf dem Foto aus dem Jahr 2007 auf der rechten Seite 54″ voneinander entfernt stehen. Sie sind gravitativ nicht aneinander gebunden [M 40].

Sensorformate digitaler Kameras

Mit Einführung der digitalen Fotografie wurden Kameras populär, die vom gewohnten Kleinbildformat (KB) 24 × 36 mm abwichen. Seit etwa 2002 hat sich das kleinere Sensorformat „APS-C“ mit den ungefähren Abmessungen 15 x 22 mm etabliert. Die Pixel werden immer kleiner und liegen nun im Bereich von 5 µm, so dass eine APS-C-Kamera von 10 bis 12 Megapixeln guter Standard ist. Auch die neu gerechneten Objektive bilden schärfer und farbreiner ab. Das hat besonders im „Vollformat“ seinen Preis, weshalb Kameraausstattungen mit dem heute als Vollformat bezeichneten früheren KB-Format deutlich teurer sind als im kleineren APS-C-Format. Zum Vergleich der Bildwinkel bei gleicher Brennweite dient der „Crop-Faktor“. Eine APS-C-Kamera hat etwa den Crop-Faktor 1,6. Das bedeutet z. B., dass ein Normalobjektiv einer Vollformatkamera mit 50 mm Brennweite einem 1,6 x 50 mm = 80 mm Porträtobjektiv einer APS-C-Kamera entspricht.

Der östliche der beiden Sterne ist HD 238108 (Spektraltyp F8, Helligkeit $9^{\mathrm{m}}{,}3$, Entfernung 1858 Lj), seine Eigenbewegung zeigt in Richtung Positionswinkel 334° (Nordwest, vgl. S. 44). Der westliche Stern ist HD 238107 (Spektraltyp G0, Helligkeit $9^{\mathrm{m}}{,}0$, Entfernung 489 Lj). Dieser bewegt sich in Richtung Positionswinkel 263° (West). Unter dem Begriff „Eigenbewegung (EB)“ versteht man die Verschiebung der Position eines Fixsterns an der gedachten Himmelskugel.

So finden Sie M 40

- Um diesen Doppelstern zu finden, müssen Sie zuerst δ UMa (Megrez), den nordöstlichen Kastenstern des Großen Wagens aufsuchen.
- Knapp 1° nordöstlich davon ist 70 UMa als Stern 5. Größe leicht erkennbar.
- M 40 ist knapp ein drittel Grad weiter nordöstlich in Fortsetzung der gleichen Linie als Stern 8,5. Größe zu sehen. Der Sucher löst ihn dabei noch nicht als Doppelstern auf.

Beobachtung

Jeder, der sich dieses Messier-Objekt zum ersten Mal ansieht, wird sich fragen: Was hat sich Messier nur dabei gedacht? Aus der Sicht eines heutigen Beobachters ist an diesem Objekt wirklich gar nichts Besonderes: Egal, ob man mit einem kleinen 60-mm-Refraktor oder einem 300-mm-Reflektor schaut, in jedem Fall bleibt M 40 einfach nur ein Doppelstern mit 54″ Abstand. Die Komponenten sind mit $9^{\mathrm{m}}{,}0$ und $9^{\mathrm{m}}{,}3$ ähnlich hell, weisen bei der Beobachtung keinerlei Farbdifferenz auf und stehen in einem ziemlich sternarmen Gebiet der Sternanordnung des Großen Wagens. Aufgrund des großen Abstands der beiden Einzelsterne taugt M 40 noch nicht einmal als Testobjekt für das Auflösungsvermögen eines Teleskops, allenfalls für ein 10×50-Fernglas.

Fototipp

Man kann Winnecke 4 schon mit einem leichten Teleobjektiv mühelos als Doppelstern abbilden. Mit einem 300-mm-Teleobjektiv und einer DSLR-Kamera im APS-C-Format wie der EOS 350D hat man sogar noch den Kastenstern δ UMa des Großen Wagens als Aufsuchstern im Gesichtsfeld. M 40 ist aber auch ein interessantes Objekt für lange Brennweiten, denn knapp 12′ westlich steht die 2′ große Balkenspirale NGC 4290, westlich daneben die Spiralgalaxie NGC 4284.

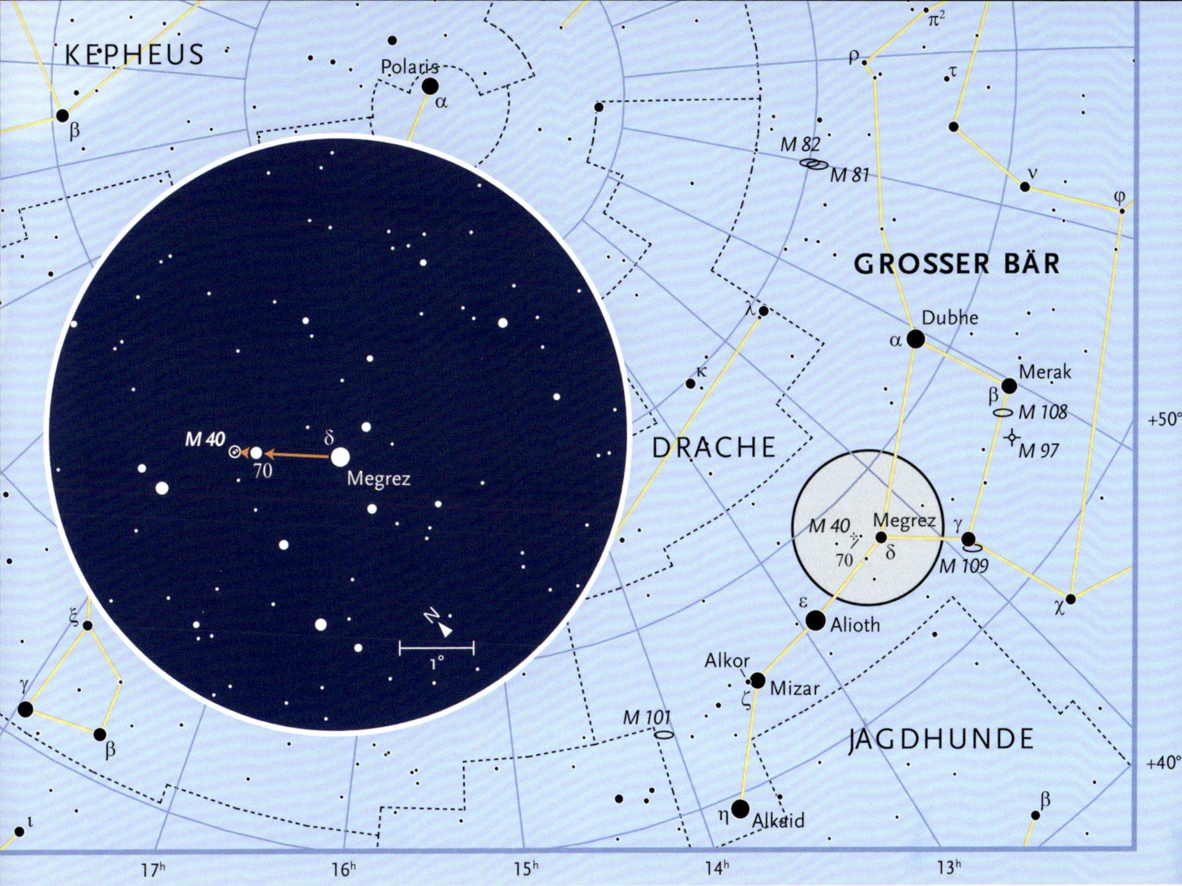

M 40. Optik: Meade 12″ ACF, **Brennweite:** 3000 mm, **Kamera:** Canon EOS 5D, **Belichtung:** 25 min am 11. 2. 2008, **Ort:** Sörth

M 41

Steckbrief	
Messier-Nummer	41
NGC-Nummer	2287
Name	
Sternbild	Großer Hund
Objektklasse	Offener Sternhaufen
Klassifikation*	I3r
Rektaszension	$06^{h}\,46^{m}{,}0$
Deklination	−20° 46′
Helligkeit	$4^{m}{,}5$
Ausdehnung	38′
Entfernung	2260 Lj
Kulmination**	22. Januar
Kulmination nächstes Objekt	M 50

* Erläuterung Seite 212/213; ** für 10° Ost, ca. 23 Uhr MEZ

Information

Der Offene Sternhaufen M 41 wurde als Nebelfleck vielleicht schon von Aristoteles um 325 v. Chr., aber sicher von Giovanni Battista Hodierna vor oder um 1654 gesehen. Messier schreibt am 16. 1. 1765 über seine Entdeckung: „Sternhaufen unter Sirius. Er erscheint neblig in einem gewöhnlichen Fernrohr von 1 Fuß; er ist nichts anderes als ein Haufen schwacher Sterne." Die Trümpler-Klasse I3r beschreibt ihn als sternreichen, frei stehenden Haufen mit starker zentraler Konzentration sowie hellen und schwachen Sternen.

M 41 steht in 2259 Lj Entfernung und ist 25 Lj ausgedehnt. Sein Alter beträgt zwischen 190 bis 280 Millionen Jahre. Der Haufen enthält etwa 100 Sterne, darunter drei Weiße Zwerge und vier Doppelsterne. Das hellste Haufenmitglied ist der $6^{m}{,}9$ helle Rote Riesenstern HD 49091 vom Spektraltyp K3 mit 700-facher Sonnenleuchtkraft im Zentrum des Haufens. Der helle B9-Stern 12 CMa am südöstlichen Haufenrand gehört nicht zu M 41.

Das Seeing

Der englischsprachige Begriff „Seeing" ist ein in Bogensekunden (″) angegebenes Maß für die Luftunruhe, die durch atmosphärische Turbulenzen bedingt ist. Stehen die Sterne flimmerfrei am Himmel oder im Teleskop, spricht man von gutem Seeing. Ein am Himmel funkelndes, im Teleskop waberndes Sternbildchen deutet auf schlechtes Seeing hin. Amateurastronomen sprechen bei einer Detailauflösung von besser als etwa 1,5″ von gutem Seeing. 2″ bis 4″ sind jedoch der Normalfall.

So finden Sie M 41

> M 41 steht tief am südlichen Winterhimmel im Sternbild Großer Hund.
> Als Anfangsstern für die Suche dient der hellste Stern des Himmels: α CMa (Sirius).
> Schwenken Sie nun rund 4° entlang einer losen Aufreihung von Sternen 6. bis 7. Größe nach Süden – schon im Sucherfernrohr erkennen Sie den mit dieser Optik schwach glimmenden Sternhaufen.

Beobachtung

Wenn eine kalte winterliche Hochdruckwetterlage klare Nächte und gute Horizontsicht mit sich bringt, sollte M 41 auf jeden Fall auf den Beobachtungsplan. Im Sternbild Großer Hund hat man ihn schnell gefunden, im 75-mm-Refraktor sieht man einen wunderschönen Sternhaufen: Bei einem fast hausförmigen Umriss zeigt eine 40-fache Vergrößerung bis zu 35 Sterne, die teilweise in einer lose gruppierten Kette durch das Zentrum laufen. Ein 130-mm-Refraktor kann mit rund 50 Sternen von 7. Größe abwärts aufwarten, die im kleineren Teleskop beobachtete „Hausform" löst sich vor dem Hintergrund weiterer schwächerer Sterne auf. Der Sternhaufen scheint eher eine generelle Ost-West-Ausdehnung zu haben, ein einzelner Sternarm deutet nach Westen.

Ein 300-mm-Reflektor zeigt bei ungefähr 100× ein vollständig mit rund 100 Einzelsternen gefülltes Gesichtsfeld. Die Haufenmitglieder sind sehr locker angeordnet, dennoch ist dieser Haufen auch in größeren Instrumenten empfehlenswert.

Fototipp

Mit einem 135-mm-Teleobjektiv passen der hellste Stern am Himmel, Sirius, und der 4° südlich von ihm gelegene Offene Sternhaufen M 41 dekorativ in das Hochformat einer APS-C-Kamera vom Typ EOS 350D. Mit einer Vollformatkamera und maximal 800 bis 1000 mm Brennweite steht M 41 gut aufgelöst und freigestellt vor dem Sternfeld der Wintermilchstraße. Noch längere Brennweiten machen hier aber kaum Sinn, weil das Seeing bei einer Deklination von knapp −21° die Bildschärfe begrenzt. Sinnvoll ist auf jeden Fall, eine im Winter häufiger vorkommende sehr transparente Nacht abzuwarten, damit die schönen Sternfarben dargestellt werden können.

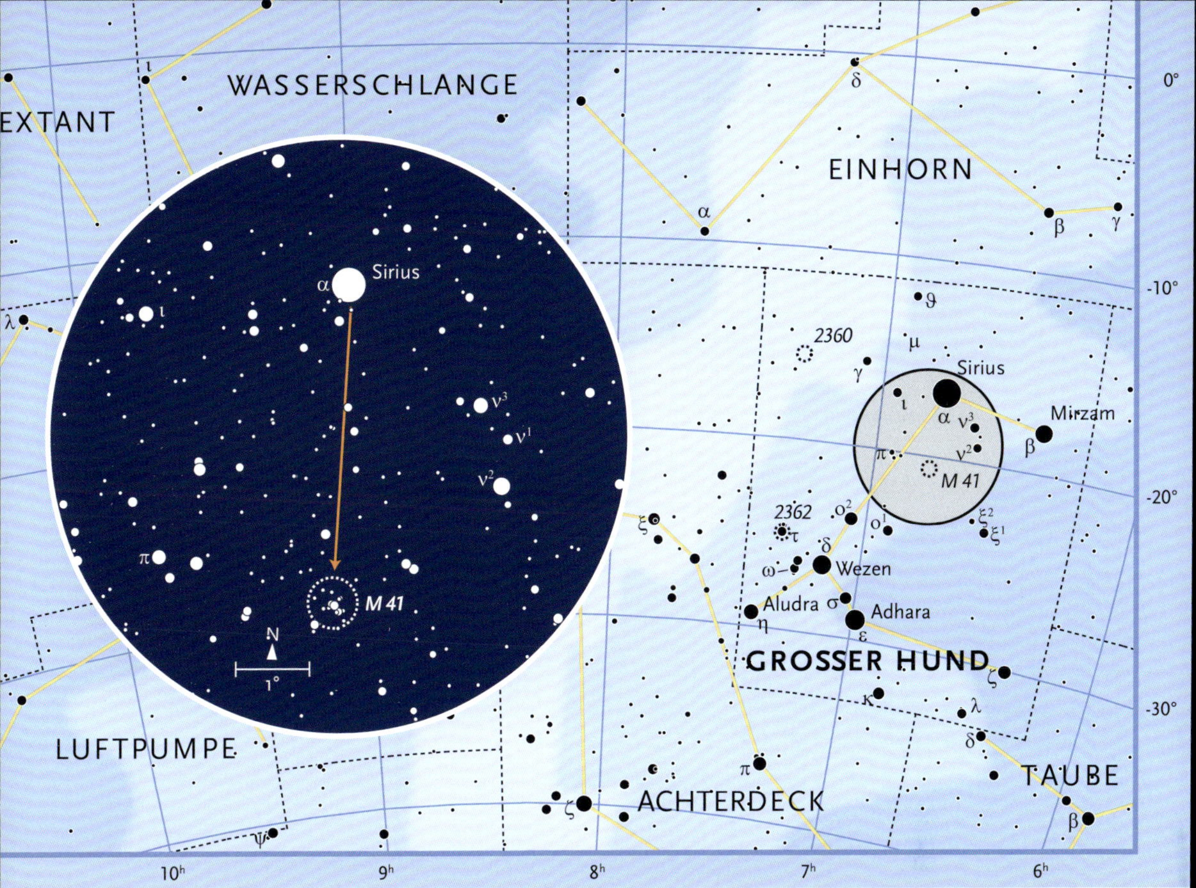

M 41. Optik: Astro-Physics 130mm EDF-S, **Brennweite:** 875 mm, **Kamera:** Canon EOS 5D, **Belichtung:** 34 min am 2. 2. 2008, **Ort:** Sörth

M 42 Orion-Nebel
M 43

Steckbrief		
Messier-Nummer	42	43
NGC-Nummer	1976	1982
Name	Orion-Nebel	
Sternbild	Orion	Orion
Objektklasse	Emissionsnebel	Emissionsnebel
Klassifikation*	–	–
Rektaszension	$05^{h}35^{m}{,}3$	$05^{h}35^{m}{,}6$
Deklination	−05° 23′	−05° 16′
Helligkeit	$4^{m}{,}0$	$7^{m}{,}0$
Ausdehnung	90×60′	6′
Entfernung	1350 Lj	1350 Lj
Kulmination**	4. Januar	4. Januar
Kulmination nächstes Objekt	M 43	M 36

* Erläuterung Seite 212/213; ** für 10° Ost, ca. 23 Uhr MEZ

Information

Die teleskopische Entdeckung von M 42 wird Nicolas-Claude Fabri de Peiresc im Jahr 1610 zugeschrieben, Galilei zeichnete die Trapezregion 1617. Messier fügte den auch von ihm gezeichneten Nebel (wie auch M 43) am 4. 3. 1769 seinem Katalog hinzu: „Position des wunderschönen Nebels im Schwert des Orion um den Stern ϑ und drei andere, die man nur mit einem guten Fernrohr sehen kann."

Die Zentralregion enthält im Umkreis von rund 20″ Durchmesser vier 5^{m} bis 8^{m} helle Sterne, die wegen ihrer Anordnung die „Trapezsterne" ϑ^1 Ori A, B, C und D genannt werden, und deren Komponenten A, B und C Veränderliche sind. Bis zu 300 Mitglieder verbergen sich hinter dunklen Staubwolken im Trapezsternhaufen, dessen hellstes Mitglied ϑ^1 Ori C vom Spektraltyp O ($5^{m}{,}2$) die meiste UV-Energie zur Ionisation des Nebels beiträgt. Die 30 Lj ausgedehnte Sternentstehungsregion ist nur 1350 (± 23) Lj entfernt. Auf Aufnahmen des Hubble Space Telescope wurden protostellare Staubscheiben gerade entstehender Sterne entdeckt.

M 43 wurde 1731 von Jean Jacques d'Ortous de Mairan entdeckt. Er ist 3 Lj groß und Teil des Nebelkomplexes. Im Zentrum steht der Veränderliche NU Orionis.

So finden Sie M 42 und M 43

> Der Orion-Nebel steht knapp unterhalb der drei Gürtelsterne im gleichnamigen Sternbild.

> Das Aufsuchen ist sehr einfach, beginnen Sie bei ε Ori (Alnilam).

> Schwenken Sie jetzt 4,5° nach Süden, so stecken Sie schon mitten im ausgedehnten Orion-Nebel M 42.

> M 43 finden Sie knapp 0,5° weiter nördlich davon.

Beobachtung

Dieser ausgedehnte Gasnebelkomplex ist eines der schönsten Himmelsobjekte. Bereits mit bloßem Auge ist er als diffuses Fleckchen unterhalb des Orion-Gürtels zu sehen. Bei guten Beobachtungsbedingungen (Bortle 5) sieht man mit einem 10×50-Fernglas schon die „Arme" von M 42, während man den nördlich davon gelegenen M 43 als diffusen Halo um einen Stern wahrnimmt. Bei etwa 30× zeigt ein 75-mm-Refraktor den auffälligen Zentralteil und die Arme in ihrer Gesamtheit. Die Richtung Nordosten weisende Dunkelwolke ist kaum auszumachen, M 43 aber ohne Probleme zu sehen. Mit einem 130-mm-Refraktor wird man mit dem Erkennen der ersten wolkigen Strukturen um den Zentralteil und der Raute des „Trapezes" belohnt, der zentralen markanten Sterngruppe. Bei etwa 40× sieht man in Verbindung mit einem OIII-Filter den Nebelkomplex in seiner vollen Pracht. Nach Südwesten hin wirkt er etwas verschwommener als nach Südosten.

Mit einem 300-mm-Reflektor wirken die Wolkenstrukturen nahe des Trapezes selbst mit Nebelfilter unglaublich plastisch, um das Trapez herum ist eine leichte Abdunkelung auszumachen. Nach Nordosten weisend wirkt auch die rüsselförmige Dunkelwolke sehr markant. Die zentrale Aufhellung weist eine auffällige Südostecke auf, der östliche Flügel des Nebels ist am Außenrand leicht aufgehellt.

Fototipp

Vor allem bei Brennweiten unter 1000 mm passiert es leicht, dass die Trapezsterne zu einem hellen Lichtfleck verschmieren. Insbesondere bei der Verwendung einer 12-Bit-DSLR-Kamera mit nur 4096 Graustufen pro Kanal sollte man zur Vermeidung der Überbelichtung neben lang belichteten Aufnahmen für die äußeren Nebelausläufer auch sehr kurz belichtete Aufnahmen bis hinunter zu wenigen Sekunden anfertigen. Das Histogramm der Aufnahme gibt Auskunft über die jeweils richtige Belichtung. Es klingt paradox, aber M 42/M 43 ist gerade wegen der enormen Helligkeitsunterschiede eine schwierig zu bearbeitende Nebelregion.

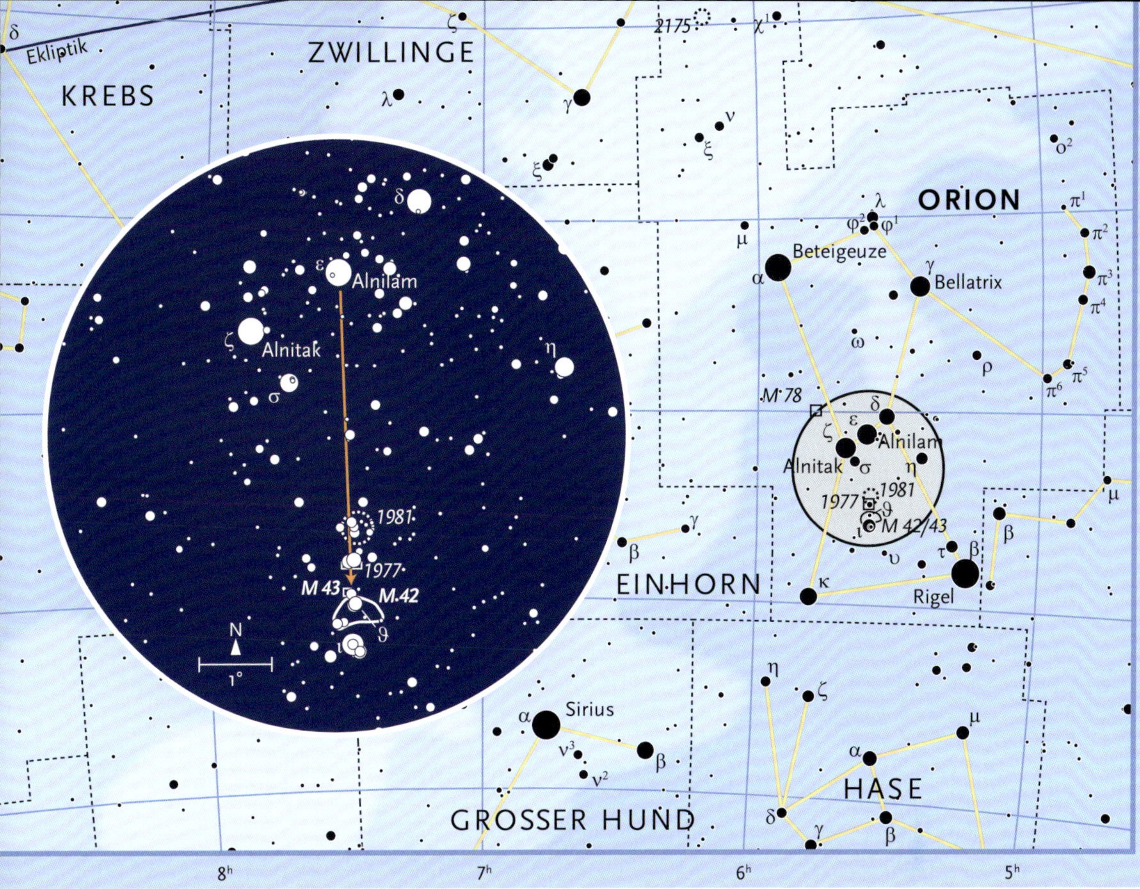

M 42, M 43. Optik: Meade 12″ ACF, **Brennweite:** 3000 mm, **Kamera:** Canon EOS 5D, **Belichtung:** 51 min am 16. 11. 2007, **Ort:** Sörth

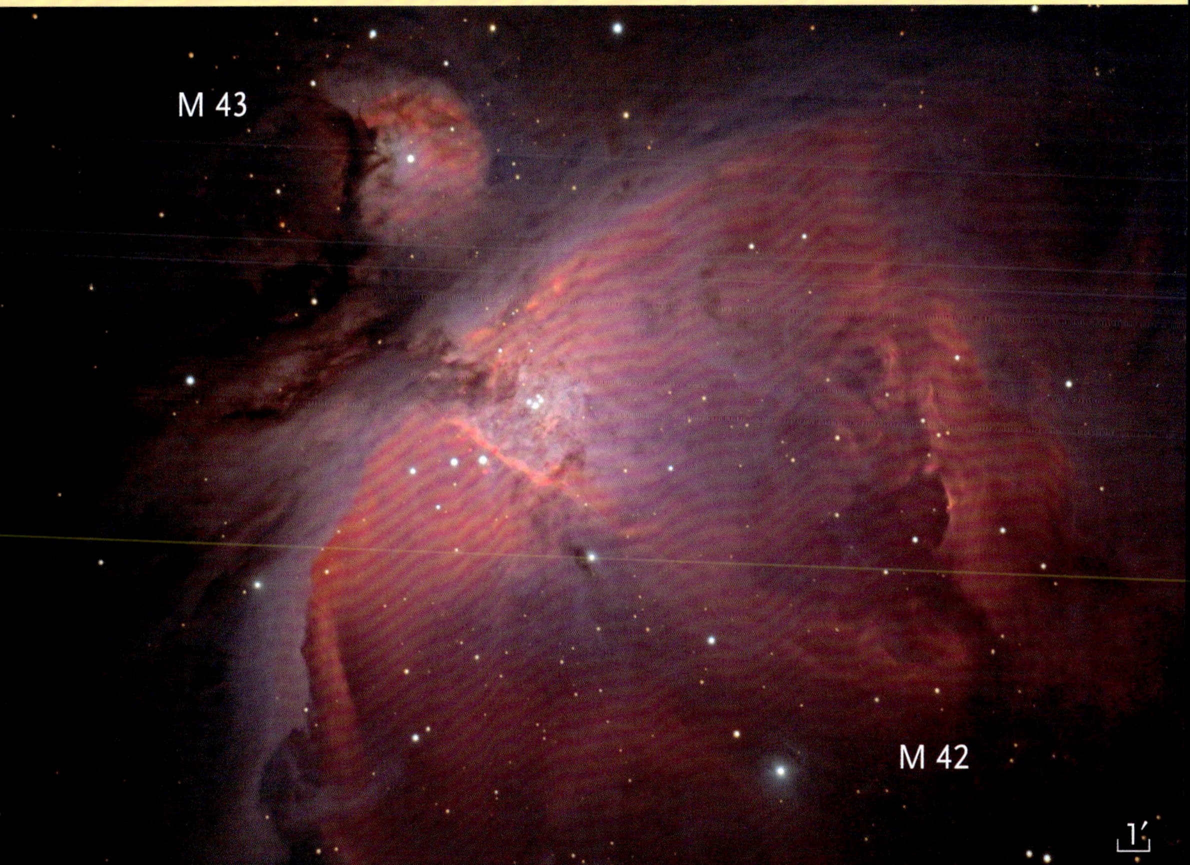

M 44 Praesepe

Steckbrief	
Messier-Nummer	44
NGC-Nummer	2632
Name	Praesepe, Krippe
Sternbild	Krebs
Objektklasse	Offener Sternhaufen
Klassifikation*	II2r
Rektaszension	$08^h 40^m,4$
Deklination	+19° 41′
Helligkeit	$3^m,1$
Ausdehnung	95′
Entfernung	610 Lj
Kulmination**	20. Februar
Kulmination nächstes Objekt	M 67

* Erläuterung Seite 212/213; ** für 10° Ost, ca. 23 Uhr MEZ

Information

Aratos von Soli, ein griechischer Poet, beschrieb 260 v. Chr. in seiner Phainomena an dieser Himmelsstelle ausführlich einen „schwachen Nebel". Galilei konnte den Nebel im Jahr 1609 bereits in mehr als 40 Sterne auflösen, und Messier trug am 4. 3. 1769 den Sternhaufen mit der Nummer 44 in seinen Katalog ein. M 44 ist 794 Millionen Jahre alt, mindestens 17 Lj ausgedehnt und steht in nur 610 Lj Entfernung. Die Praesepe (lat. für „Krippe") enthält einige Hundert Mitglieder, von denen 24 zwischen $6^m,3$ (ε Cnc, Spektraltyp A2) und $8^m,0$ hell sind und rund 100 Veränderliche Sterne.

TX Cancri ist ein Bedeckungsveränderlicher, ein Kontaktsystem vom Typ W UMa (vgl. S. 32) mit einer Helligkeit zwischen $10^m,0$ und $10^m,3$. BV und BN Cancri sind zwei δ-Scuti-Sterne. Sie gehören zu einer besonderen Gruppe pulsationsveränderlicher Sterne mit sehr geringen Amplituden bis $0^m,1$ und Lichtwechselperioden bis 5 Stunden. Einen Überblick über die Verteilung der Objekte verschafft man sich am sinnvollsten mit einer Planetariumssoftware wie TheSky, GUIDE oder Redshift [PP]. M 44 ähnelt hinsichtlich Alter und räumlicher Bewegung den Hyaden im Stier. Man nimmt an, dass beide Haufen aus derselben Gas- und Staubwolke vor bis zu 800 Millionen Jahren entstanden sind und langsam auseinanderdriften.

So finden Sie M 44

> Das Sternbild Krebs steht am südlichen Frühlingshimmel zwischen dem Löwen und den Zwillingen.
> Stellen Sie die Sterne γ und δ Cnc (5. und 4. Größe) im Sucherfernrohr ein.
> M 44 ist sofort zu erkennen, der Sternhaufen bildet zusammen mit den beiden Sternen ein fast gleichschenkliges Dreieck.

Beobachtung

Unter den Sternhaufen des nördlichen Sternenhimmels zählt die Praesepe zu den ausgedehntesten Vertretern ihrer Klasse. Schon ein klarer Vorstadtnachthimmel zeigt M 44 als vollmondgroßen, verwaschenen Fleck. Vom kleinen 8×21-Kompaktfernglas bis hin zum lichtstarken 10×50-Binokular ist dieser Sternhaufen ein echtes Paradeobjekt. Je nach Objektivdurchmesser sieht man mit diesen Optiken schon mühelos ein bis vier Dutzend Einzelsterne 6. Größe abwärts, die sich allerdings kaum zum Zentrum hin konzentrieren. Das Gesichtsfeld eines 75-mm-Refraktors ist bei 30-facher Vergrößerung von M 44 fast vollständig ausgefüllt, eine Konzentration der Sterne auf einen Zentralbereich hin ist gar nicht mehr sichtbar. Auffallend ist eine Art Mini-Sternanordnung nahe der Haufenmitte, die an ein auf der Seite liegendes „Haus des Nikolaus" erinnert. Hinzu kommt eine große Anzahl sehenswerter Doppelsterne sowie Dreier- und Vierersysteme.

Diese zu beobachten ist auch im 130-mm-Refraktor noch ganz reizvoll, als Sternhaufen tritt M 44 in Fernrohren diesen Durchmessers und größer aufgrund seiner Ausdehnung aber nicht mehr in Erscheinung. Man sieht im Prinzip mühelos durch den Haufen hindurch auf schwächere Hintergrundsterne und vereinzelte, lichtschwache Galaxien, die für die meisten Amateurbeobachter nur fotografisch zu erfassen sind.

Fototipp

M 44 ist ein großer Offener Sternhaufen für Brennweiten bis maximal 1000 mm. Bei langer Belichtung treten im Hintergrund neun Galaxien schwächer als 15^m hervor, allesamt weniger als 1′ ausgedehnt. 20′ nordwestlich der Haufenmitte steht der 24′ große und 105 Mitglieder fassende Galaxienhaufen Zwicky 1830 (Eingabe ZwCl 0835.7+2000 in NED-Datenbank [M 44]). Da M 44 knapp nördlich der Ekliptik liegt, finden gelegentlich scheinbare Begegnungen mit den äußeren Planeten statt. Ende Januar 2006 lief Saturn südlich an M 44 vorbei und blendete bei der Beobachtung des Haufens.

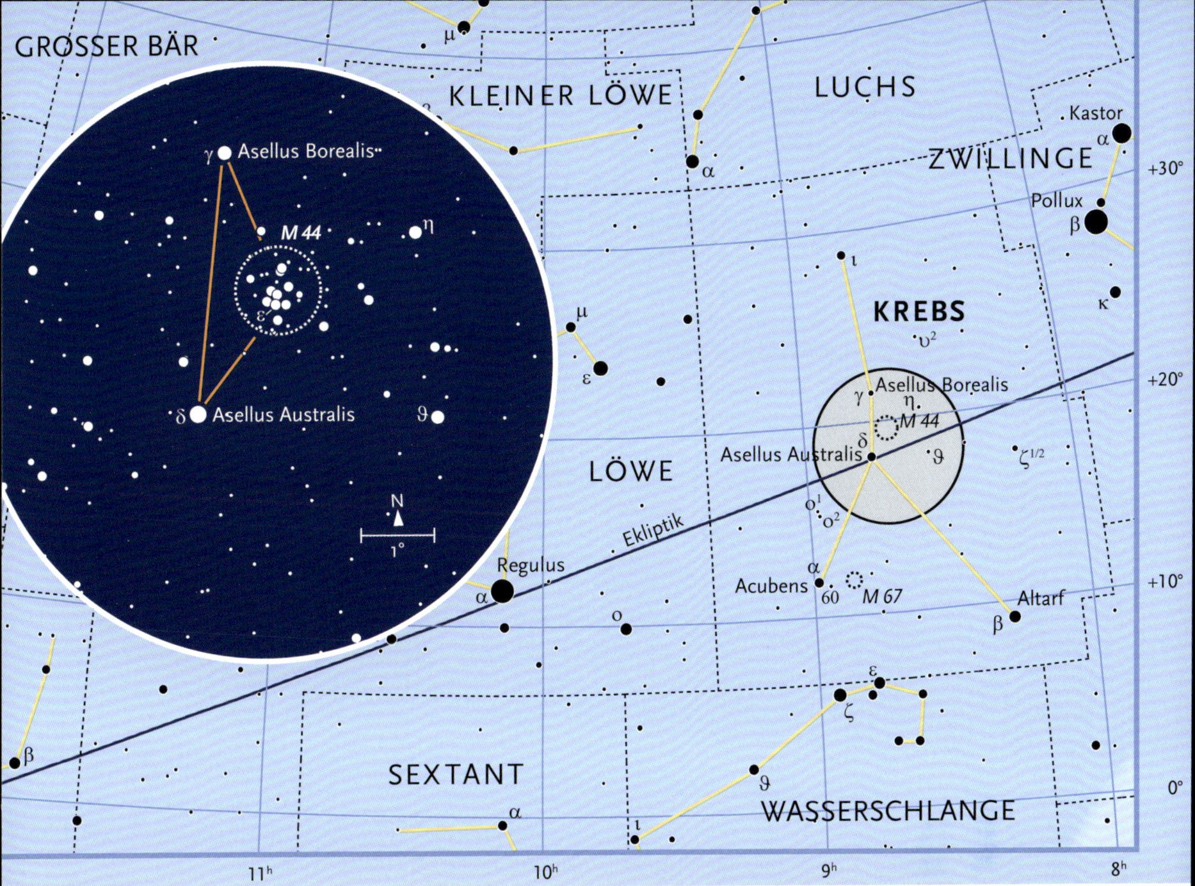

M 44. Optik: Pentax 75, **Brennweite:** 500 mm, **Kamera:** Canon EOS 5D, **Belichtung:** 25 min am 2. 1. 2008, **Ort:** Sörth

M45 Plejaden

Steckbrief	
Messier-Nummer	45
NGC-Nummer	–
Name	Plejaden, Siebengestirn
Sternbild	Stier
Objektklasse	Offener Sternhaufen
Klassifikation*	II3r
Rektaszension	$03^h\,47^m{,}4$
Deklination	+24° 07′
Helligkeit	$1^m{,}6$
Ausdehnung	110′
Entfernung	425 Lj
Kulmination**	8. Dezember
Kulmination nächstes Objekt	M 79

* Erläuterung Seite 212/213; ** für 10° Ost, ca. 23 Uhr MEZ

Information

Der Sternhaufen ist vermutlich auf der Himmelsscheibe von Nebra zu sehen, einer um 1600 v. Chr. für religiöse und astronomische Zwecke genutzten Bronzeplatte mit Goldapplikationen. Messier schloss seinen ersten Katalog mit dem 45. Eintrag am 4. 3. 1769 wie folgt ab: „Ein Sternhaufen, bekannt unter dem Namen Plejaden. Die Position ist jene von Alcyone."

Die Plejaden sind mit 135 Millionen Jahren ein noch junger, 14 bis 70 Lj ausgedehnter und nur 423 Lj entfernter Offener Sternhaufen mit mindestens 500 Mitgliedern. Hellster Stern ist Alcyone mit $2^m{,}9$ Helligkeit. Je nach Dunkelheit des Himmels sind zwischen sechs und zehn oder sogar mehr Sterne mit dem bloßen Auge sichtbar. Pleione ist in unregelmäßigen Zeitabständen veränderlich zwischen $4^m{,}8$ und $5^m{,}5$. Seit 1888 hat Pleione aufgrund ihrer schnellen Rotation dreimal eine Gashülle ausgebildet, zuletzt zwischen 1972 und 1987, wobei sie zunächst heller wurde und dann unter den Normalwert sank.

M 45 durchläuft den Rand einer Dunkelwolke, die das Licht der hellen blauen Sterne reflektiert. Dieser Reflexionsnebel ist nicht mit dem Sternhaufen assoziiert und somit nicht sein „Geburtsnebel", wird aber möglicherweise im südlichen Bereich des Merope-Nebels NGC 1435 durch die hellen blauen Sterne zum rötlichen Eigenleuchten angeregt.

So finden Sie M 45

> Die Plejaden sind im Handumdrehen gefunden, sie stehen 14° nordwestlich des Hauptsterns α Tau (Aldebaran) im Sternbild Stier und des noch ausgedehnteren Sternhaufens der Hyaden.

Beobachtung

Die Plejaden sind unter den mit bloßem Auge sichtbaren galaktischen Sternhaufen ganz sicher eines der hübschesten Beobachtungsobjekte. Schon unter einem Großstadthimmel kann man die sechs hellsten Sterne problemlos ohne optische Hilfsmittel erkennen, unter wirklich guten Beobachtungsbedingungen (Bortle 4) sind freisichtig bis zu 14 Sterne sichtbar. Den schönsten Anblick aber bietet der Haufen in einem Fernglas, egal, welche Öffnung oder welche Vergrößerung es hat. Schon auf den ersten Blick erinnern die Plejaden in ihrer Anordnung an den Großen Wagen. Auffällig ist auch eine Kette von Sternen 7. bis 9. Größe, die sich südlich von Alcyone in Richtung eines Sterns 5. Größe windet. Die bläulichen Reflexionsnebel, die man auf zahlreichen Fotografien der Plejaden findet, sind visuell leider nur sehr schwer zu erkennen. Selbst erfahrene Beobachter benötigen hierfür bestmögliche Sichtbedingungen und Fernglas- oder Teleskopoptiken mit optimaler Reflexunterdrückung.

Als Teleskopbeobachter sollte man darauf achten, nach Möglichkeit mit schwach vergrößernden Okularen ein Sehfeld von mindestens 1° zu erreichen. Höhere Vergrößerungen machen bei den Plejaden nur dann Sinn, wenn man etwa Doppelsterne aufsuchen möchte oder aber den Durchgang eines Kleinplaneten zwischen den Haufenmitgliedern verfolgen möchte. Da die Plejaden auf der Ekliptik liegen, kommt dies immer wieder vor.

Fototipp

Die Plejaden-Nebel sind nicht nur blau! Der Nebel NGC 1435 südlich von Merope scheint wie mit feinen Strichen gemalt zu sein und enthüllt rötliche Farbnuancen. Die gelblich rötlichen Nebelklümpchen im Feld sind besonders lichtschwach und verlangen eine lange Gesamtbelichtungszeit. Noch schwieriger sind die weitläufigen Außennebel der Plejaden. Mit kürzerem Teleobjektiv und sehr dunklem Himmel (Bortle 3) mit exzellenter Transparenz gelingt deren Darstellung viele Grad über den Sternhaufen hinaus. Bereits mit 800 mm Brennweite gelingt ansatzweise die Auflösung der Struktur des nur 34″ südöstlich von Merope gelegenen „Barnards Merope-Nebels", des Reflexionsnebels IC 349 (Inset).

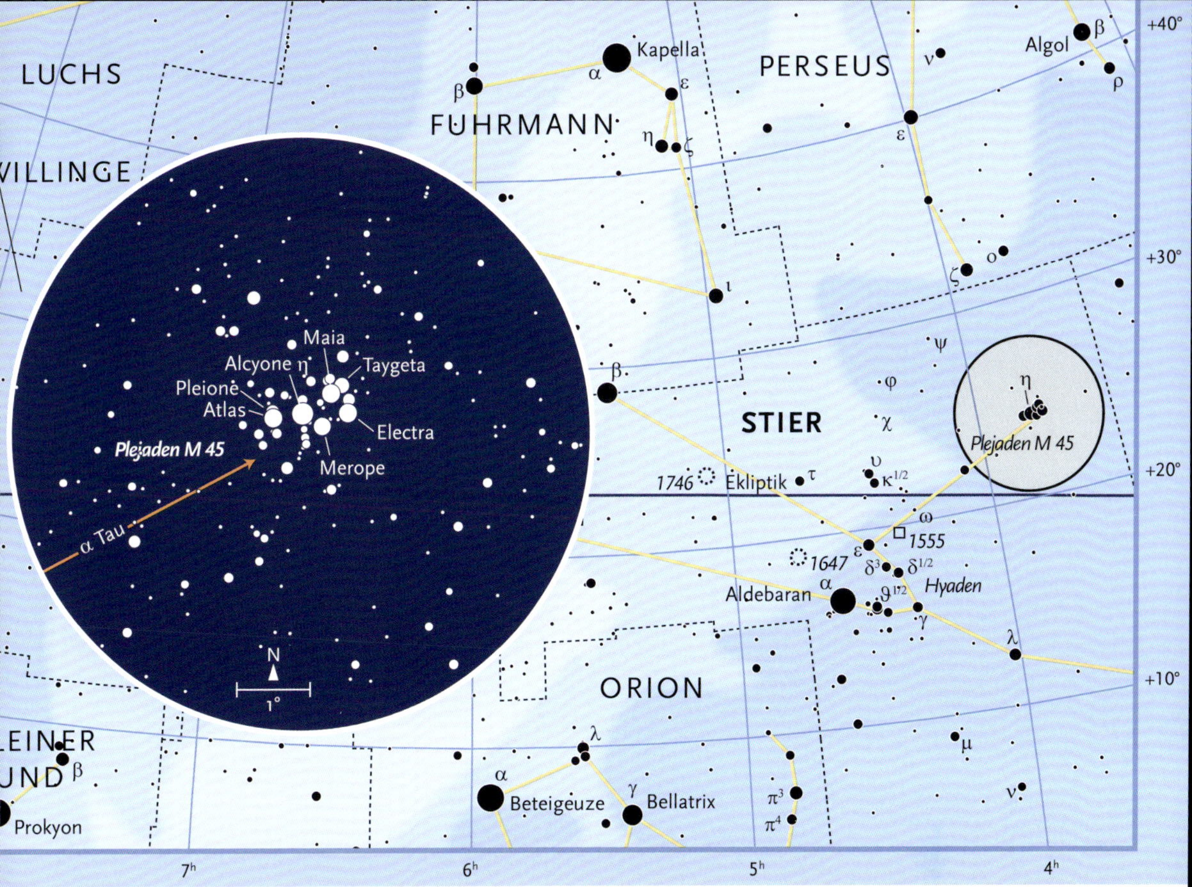

M 45. Optik: Astro-Physics 130mm EDF-S, **Brennweite:** 875 mm, **Kamera:** SBIG STL-11000M, **Belichtung:** Luminanz 50 min, Farbe 60 min am 25. 12. 2008. **Inset.** Optik: Meade 12″ ACF, **Brennweite:** 3000 mm, **Kamera:** Canon EOS 20D, **Belichtung:** 55 min am 8. 10. 2007, **Ort:** Sörth

M 46

M 47

Steckbrief

Messier-Nummer	46	47
NGC-Nummer	2437	2422
Name		
Sternbild	Achterdeck	Achterdeck
Objektklasse	Offener Sternhaufen	Offener Sternhaufen
Klassifikation*	II2r	III2m
Rektaszension	$07^{h}41^{m}{,}7$	$07^{h}36^{m}{,}6$
Deklination	−14° 49′	−14° 29′
Helligkeit	$6^{m}{,}1$	$4^{m}{,}4$
Ausdehnung	23′	31′
Entfernung	4480 Lj	1600 Lj
Kulmination**	5. Februar	4. Februar
Kulmination nächstes Objekt	M 93	M 46

* Erläuterung Seite 212/213; ** für 10° Ost, ca. 23 Uhr MEZ

Information

Messier entdeckte M 46 am 19. 2. 1771 und schrieb: „Ein Haufen sehr schwacher Sterne, die man nur mit einem guten Refraktor sehen kann, er enthält ein wenig Nebel." Die Trümpler-Klasse II2r beschreibt M 46 als sternreichen, frei stehenden Haufen mit geringer zentraler Konzentration und Sternen mittlerer Helligkeitsverteilung. M 46 ist in 4483 Lj Entfernung 30 Lj ausgedehnt und 145 Millionen Jahre alt. Der Offene Haufen enthält bis zu 500 Sterne, der hellste ist $8^{m}{,}7$ hell. Einer neueren Studie zufolge ist sicher, dass der Planetarische Nebel NGC 2438 mit seinem $17^{m}{,}7$ hellen Zentralstern nicht zu M 46 gehört.

M 47 wurde von Giovanni Battista Hodierna vor oder um 1654 entdeckt und von Messier am 19. 2. 1771 beschrieben als „Sternhaufen, nahe dem vorhergehenden, die Sterne sind heller, der Haufen enthält keinen Nebel". Die Trümpler-Klasse III2m beschreibt M 47 als mäßig sternreichen, frei stehenden Haufen ohne erkennbare Konzentration, mit Sternen mittlerer Helligkeitsverteilung. M 47 ist 14 Lj ausgedehnt und steht mit nur 1600 Lj Entfernung, fast ein Drittel näher als M 46. M 47 ist 132 Millionen Jahre alt und enthält mehr als 100 Mitglieder.

So finden Sie M 46 und M 47

> M 46 und M 47 stehen im Sternbild Achterdeck, tief am winterlichen Südhimmel.

> Beginnen Sie die Suche bei α CMa (Sirius) im Sternbild Großer Hund.

> Sirius bildet mit den Sternen ι und γ CMa, zwei Sternen 4. Größe, ein lang gestrecktes Dreieck.

> 5° östlich von γ CMa stoßen Sie auf einen Stern 5. Größe (auf der Karte mit 5^{m} bezeichnet).

> Von hier aus tasten Sie sich gut 2,5° nach Nordosten zu einem weiteren Stern 5. Größe, der mit einem Stern 6. Größe und M 47 ein nach Osten zeigendes Dreieck bildet.

> M 46 folgt gut 1° weiter östlich.

Beobachtung

8×42- oder 10×50-Ferngläser zeigen beide Sternhaufen zusammen im Sehfeld mit Einzelsternen 5. und 6. Größe. M 47 offenbart ein knappes Dutzend Sterne, während es bei M 46 meist nur zum Erkennen eines leicht körnigen ausgedehnten diffusen Flecks reicht.

M 47 als hellere Komponente zeigt sich im 75-mm-Refraktor bei etwa 50× als klumpige Ansammlung von rund 30 Einzelsternen, die ungefähr ein Drittel des Gesichtsfeldes ausfüllen. Im Zentrum erkennt man eine kastenförmige Gruppierung aus Sternen 8. bis 9. Größe. Im 130-mm-Refraktor bilden die Sterne eine markante Raute, südlich und westlich des Zentrums sind hübsche Sternketten zu erkennen. Im 300-mm-Reflektor füllt der Haufen bei 100× das gesamte Sehfeld aus.

M 46 zeigt im 75-mm-Refraktor bei guten Bedingungen (Bortle 4) 20 bis 30 Einzelsterne ab 9. Größe, er wirkt deutlich gedrängter als M 47. Ein 130-mm-Refraktor zeigt mithilfe eines Nebelfilters den kompakten Planetarischen Nebel NGC 2438 als kleines Fleckchen, insgesamt sind in diesem Instrument 40 bis 50 Einzelsterne erkennbar. Im 300-mm-Reflektor ist der Planetarische Nebel als kleiner Ring sichtbar, die Anzahl der Einzelsterne beträgt 70 bis 80.

Fototipp

M 46 und M 47 stehen nur 80′ voneinander entfernt und passen bis 500 mm Brennweite beide gut ins Bildfeld. Vor M 46 steht der grünliche Planetarische Nebel NGC 2438, der 1,3′ ausgedehnt ist. Auf der Rotaufnahme des Digitized Sky Survey erkennt man eine weitere lichtschwache Hülle mit 2,3′ Durchmesser und Teile einer über 4′ ausgedehnten Außenhülle [M 46]. 30′ nördlich von M 46 liegt mit PN G231.4+04.3 ein zweiter, 30″ großer, aber wesentlich lichtschwächerer Planetarischer Nebel (15^{m}). Nahe stehen auch die beiden Offenen Sternhaufen NGC 2423 und NGC 2425.

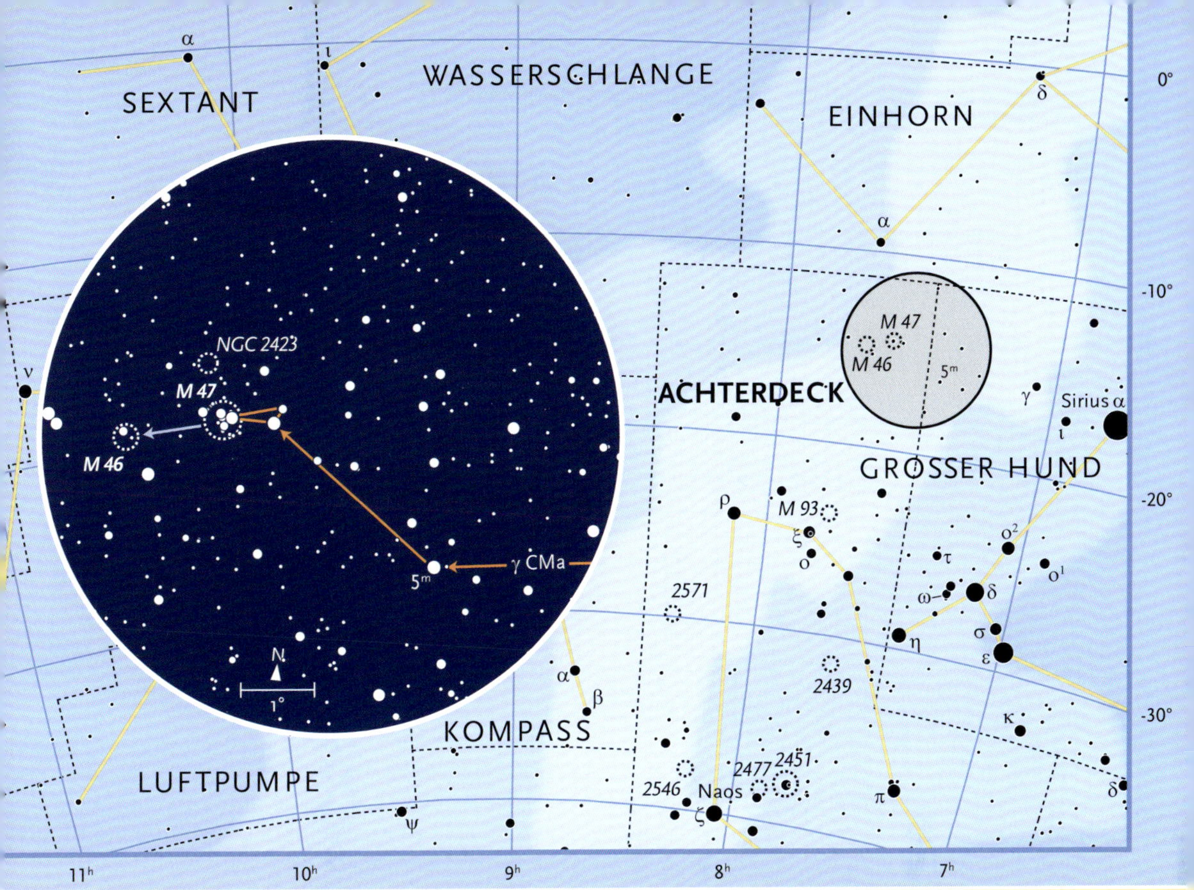

M 46, M 47. Optik: Astro-Physics 130mm EDF-S, **Brennweite:** 875 mm, **Kamera:** Canon EOS 5D, **Belichtung:** 25 min am 23. 1. 2006, **Ort:** Sörth

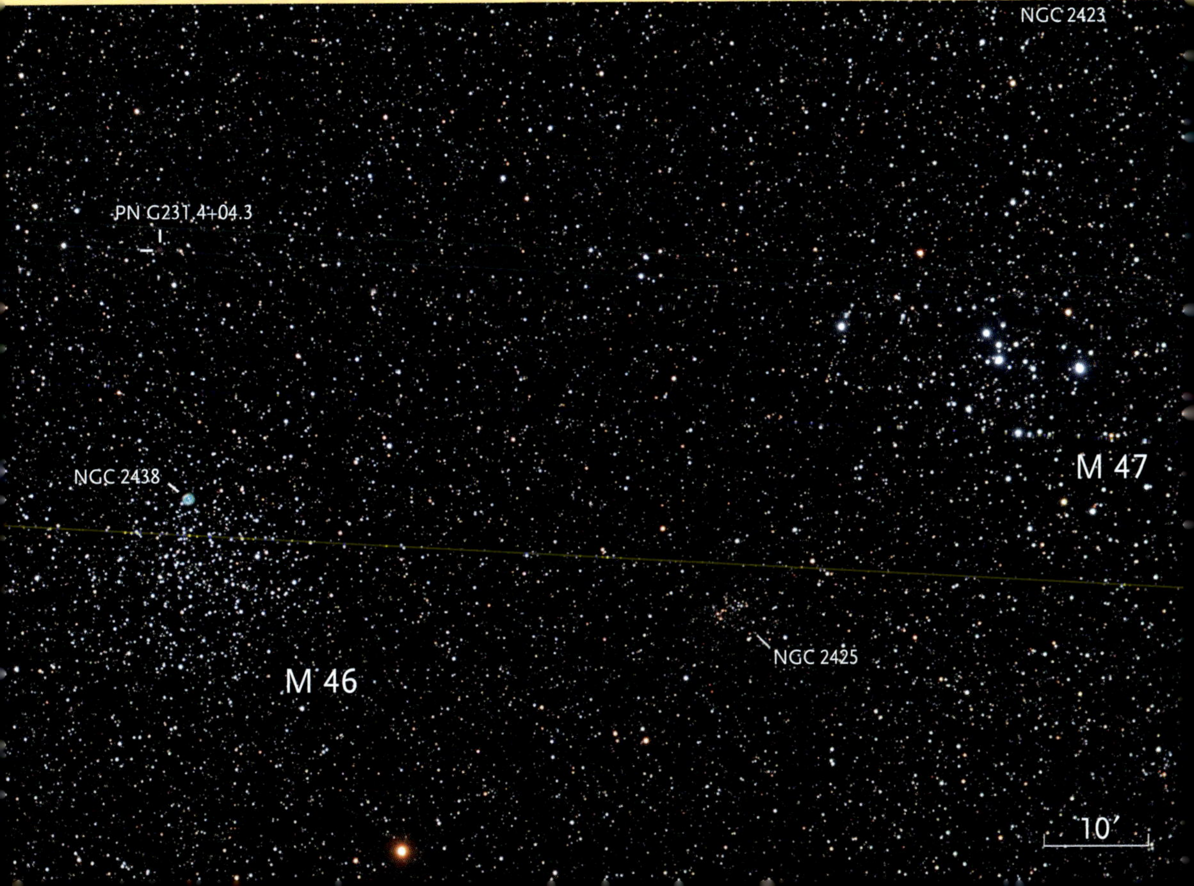

M 48

Steckbrief	
Messier-Nummer	48
NGC-Nummer	2548
Name	
Sternbild	Wasserschlange
Objektklasse	Offener Sternhaufen
Klassifikation*	I3r
Rektaszension	$08^h 13^m{,}7$
Deklination	−05° 45′
Helligkeit	$5^m{,}8$
Ausdehnung	44′
Entfernung	2510 Lj
Kulmination**	14. Februar
Kulmination nächstes Objekt	M 44

* Erläuterung Seite 212/213; ** für 10° Ost, ca. 23 Uhr MEZ

Information

Am 19. 2. 1771 entdeckte Messier einen „Haufen schwacher Sterne, ohne Nebel" im Sternbild Wasserschlange nahe dem Einhorn. M 48 war bis zur Aufklärung eines 5°-Positionsfehlers in Deklination und späterer Identifikation mit NGC 2548 durch T. F. Morris (1959) eines der „vermissten" Messier-Objekte, das aber zweifelsfrei zugeordnet werden konnte.

Die Trümpler-Klasse I3r beschreibt ihn als sternreichen, frei stehenden Haufen mit starker zentraler Konzentration sowie hellen und schwachen Sternen. Der scheinbar große Offene Sternhaufen ist 32 Lj ausgedehnt und steht in 2507 Lj Entfernung. Sein Alter beträgt rund 562 Millionen Jahre. Die Simbad-Datenbank [Simbad] listet mehr als 3500 fotometrierte Haufenmitglieder bis 22^m! Hellster Stern ist HD 68879 mit $8^m{,}2$, Spektraltyp G8, Leuchtkraftklasse III.

Fotometrie

Bei der Fotometrie geht es um die Messung von Helligkeiten. Der Sensor einer digitalen Kamera gleicht einem Fußballfeld, vollgestellt mit Wassereimern, die dicht an dicht stehen. Ein Regenschauer wird innerhalb weniger Minuten die Eimer unterschiedlich auffüllen. Der Wasserstand in jedem Eimer ist ein Maß für die gesammelte Regenmenge. Genau wie bei einem digitalen Sensor, nur dass hier einfallende Photonen von einem Stern Elektronen erzeugen, die gezählt werden. Je mehr Elektronen, desto heller der Stern. Mit jedem dieser Programme gelingt die Messung: [AA], [FW], [AS], [MDL], vgl. Seite 210.

So finden Sie M 48

> Starten Sie bei α CMi (Prokyon), dem Hauptstern im Sternbild Kleiner Hund.

> Gut 4,5° südöstlich erreichen Sie den 5^m hellen Stern ζ CMi (s. Übersichtskarte, außerhalb des Kreises).

> Schwenken Sie nun um weitere 4° nach Südosten zu 28 Mon, einem Stern 5. Größe.

> Dieser bildet mit den etwa gleich hellen Sternen 27 Mon und ζ Mon, einem Stern 4. Größe, ein gleichseitiges Dreieck mit gut 2° Kantenlänge.

> Von ζ Mon aus geht es knapp 4,5° nach Südosten zum 4^m hellen Stern C Hya, der zwischen zwei Sternen 5. Größe steht.

> 2,5° südlich der Verbindungslinie dieser beiden Sterne steht M 48, der mit ihnen ein fast rechtwinkliges Dreieck bildet.

Beobachtung

Der eher dezente Sternhaufen M 48 zeigt sich selbst in einem sehr guten 10×50-Fernglas nur als diffuser Fleck mit eher wenigen Einzelsternen. Weil er in einer relativ sternarmen Region der Wintermilchstraße steht, kann man ihn dennoch gut auffinden, gelingen sollte das auch schon in einem 8×42-Fernglas. Ein 75-mm-Refraktor zeigt ungefähr 35 Einzelsterne 8. bis 11. Größe, die sehr locker und „lückenhaft" angeordnet sind. Im 130-mm-Refraktor steigt die Zahl der Einzelsterne auf rund 45 bis 50 an. Die zentralen Haufenmitglieder bilden eine Art Bogen, der sich nach Osten hin öffnet. Darin enthalten sind einige nette Doppelsternpaare, für die eine rund 60-fache Vergrößerung empfehlenswert ist.

Für das Gesichtsfeld eines 300-mm-Reflektors ist der Sternhaufen bei rund 100× fast schon zu groß. Der bereits im kleineren Instrument gut sichtbare Bogen zeigt sich hier als eine hübsche Sternkette, die sich wie eine Art Mikroanordnung aus dem Haufenzentrum hervorwindet. Die Zahl der Einzelsterne steigt auf über 100.

Fototipp

M 48 ist ein aufgelockerter Offener Sternhaufen, der am besten mit sehr viel Sternumfeld aufgenommen wird, weil sich die lichtschwachen Haufensterne sonst unter den Feldsternen verlieren. Bei Brennweiten von 500 mm bis maximal 1000 mm sind bei langer Belichtung auch entfernte kleine Galaxien jenseits von 15^m Helligkeit im Umfeld des Haufens sichtbar.

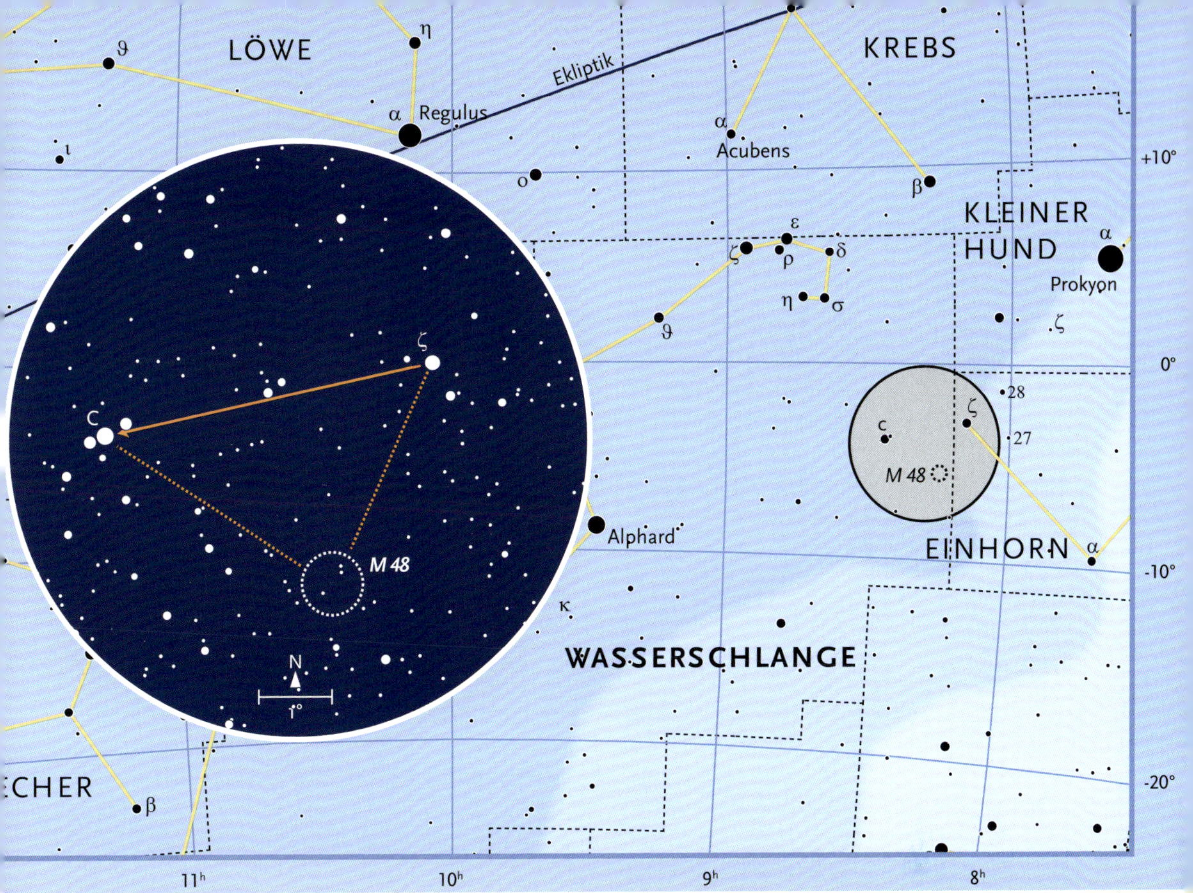

M 48. Optik: Astro-Physics 130mm EDF-S, **Brennweite:** 875 mm, **Kamera:** Canon EOS 5D, **Belichtung:** 25 min am 16. 12. 2007, **Ort:** Sörth

M 49

Steckbrief	
Messier-Nummer	49
NGC-Nummer	4472
Name	
Sternbild	Jungfrau
Objektklasse	Galaxie
Klassifikation*	E2/S0
Rektaszension	$12^h 29^m,8$
Deklination	+08° 00′
Helligkeit	$8^m,4$
Ausdehnung	10×8′
Entfernung	53 Mio Lj
Kulmination**	19. April
Kulmination nächstes Objekt	M 87

* Erläuterung Seite 212/213; ** für 10° Ost, ca. 23 Uhr MEZ

Information

Mit „Nebel in der Nähe des Sterns ρ Vir entdeckt. Man kann ihn in einem gewöhnlichen Teleskop von 3½ Fuß Länge nicht ohne Schwierigkeiten sehen", beschrieb Messier am 19. 2. 1771 seine erste Entdeckung in dieser Region. Messier verglich diesen Nebel acht Jahre später mit dem Kometen von 1779 und stufte beide als gleich hell ein. M 49 ist als Elliptische Riesengalaxie vom Typ E2/S0 Mitglied des Virgo-Haufens und Hauptgalaxie in der südlichen Virgo-Haufenregion.

M 49 enthält 200 Milliarden Sonnenmassen, ist 157 000 Lj ausgedehnt und steht in 53 Millionen Lj Entfernung. Von den geschätzt um die 6000 Kugelsternhaufen sind rund 1640 bis hinunter zu $26^m,5$ (!) in der Simbad-Datenbank [Simbad] gelistet.

Zudem listet Simbad 16 Novae und etliche Kandidaten für Planetarische Nebel auf. Im Juni 1969 fand man die bislang einzige Supernova 1969Q mit 13^m Helligkeit in der Nähe des 12^m hellen Vordergrundsterns östlich des Zentrums. M 49 steht in gravitativer Wechselwirkung mit kleineren Galaxien in der Umgebung, wie der $14^m,8$ hellen und 1,2′× 0,8′ großen Zwerggalaxie UGC 7636 knapp 6′ südöstlich des Zentrums von M 49. In Zentrum der Zwerggalaxie wird ein Schwarzes Loch vermutet.

So finden Sie M 49

- Wie ein Großteil der anderen Messier-Galaxien gehört auch M 49 zum Virgo-Galaxienhaufen, der am besten im Frühjahr beobachtet werden kann.
- Für M 49 empfiehlt sich als Ausgangspunkt δ Vir.
- Rund 4° nordwestlich taucht ein Sterndreieck aus Einzelsternen 5. bis 6. Größe auf, darunter 31 und 32 Vir.
- Zentrieren Sie 32 Vir an der Nordspitze im Okular und fahren langsam weitere rund 3° nach Westen – dann sollte M 49 etwa 0,5° nordwestlich eines Dreiecks aus Sternen 6. bis 7. Größe im Okulargesichtsfeld auftauchen.

Beobachtung

Diese Elliptische Galaxie ist bereits im 75-mm-Refraktor ein leicht erkennbares Objekt. Bei 60× ähnelt sie einem leicht defokussierten Stern, eine Helligkeitszunahme zum Kern hin ist eindeutig wahrnehmbar. Auch im 130-mm-Refraktor zeigt sich M 49 bei 75× immer noch als ziemlich kompakte Galaxie. Der Helligkeitszuwachs zum Zentrum hin ist im größeren Teleskop etwas differenzierter, weitere Details sind nicht zu erkennen. In einem 300-mm-Reflektor ist der Helligkeitsanstieg zur „nichtstellaren" Zentralregion sehr weich, insgesamt wirkt die Galaxie fast perfekt rund. Östlich des Zentrums ist ein Stern etwa 12. Größe zu sehen, sonstige Einzelheiten hat M 49 nicht zu bieten.

Südsüdwestlich ist die deutlich schwächere Galaxie NGC 4470 zu sehen. Es handelt sich um eine Ellipse, die deutlich hinter M 49 steht. Wie bei anderen Mitgliedern des Virgo-Galaxienhaufens hat man somit auch bei M 49 die Möglichkeit, selbst in größeren Teleskopen eine ansehnliche Doppelgalaxie aufs Korn zu nehmen. Aufgrund der relativ hohen Flächenhelligkeit der elliptischen Systeme im Virgo-Haufen sind diese, wie auch M 49, oft schon unter Vorstadtbedingungen gut aufzufinden.

Fototipp

Elliptische Galaxien sind im Zentrum wesentlich stärker konzentriert und damit enorm viel heller als in den Randzonen. Zur gleichmäßigen Darstellung der Galaxie sollte man die Helligkeitswerte so skalieren, dass ein möglichst kleiner punktförmiger Kern in der Galaxienmitte zu sehen ist. Dazu wendet man die sogenannte Gammaskalierung an. Das Bild wirkt nun zwar insgesamt weicher, die Sterne erscheinen etwas größer, doch die Galaxie brennt im Zentrum nicht aus. M 49 hat einen ausgedehnten Halo, für dessen Darstellung man eine lange Gesamtbelichtung benötigt.

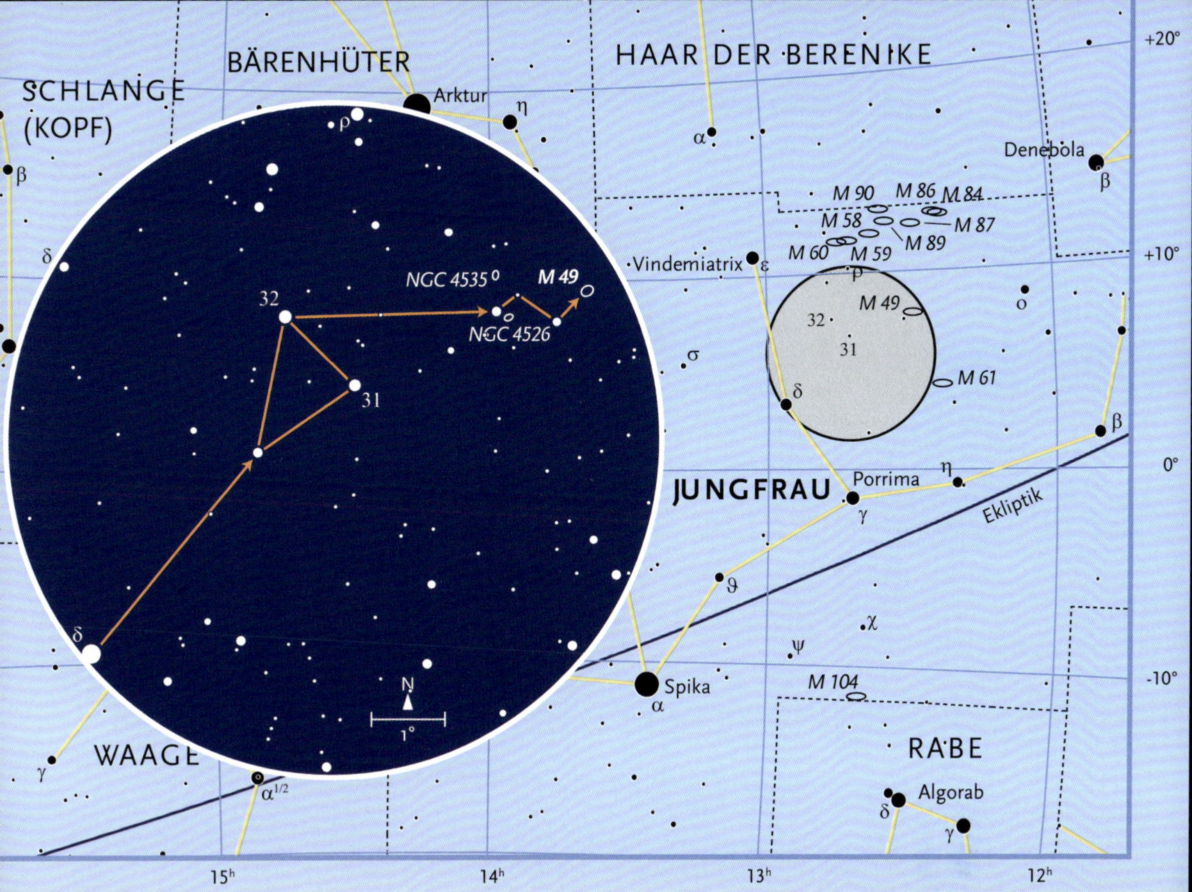

M 49. Optik: Meade 12″ ACF + Flattener, **Brennweite:** 2970 mm, **Kamera:** SBIG STL-11000M, **Belichtung:** 60 min am 26. 1. 2009, **Ort:** Sörth

M 50

Steckbrief	
Messier-Nummer	50
NGC-Nummer	2323
Name	
Sternbild	Einhorn
Objektklasse	Offener Sternhaufen
Klassifikation*	II3r
Rektaszension	$07^h 02\overset{m}{,}7$
Deklination	−08° 23′
Helligkeit	$5\overset{m}{,}9$
Ausdehnung	16′
Entfernung	2870 Lj
Kulmination**	26. Januar
Kulmination nächstes Objekt	M 47

* Erläuterung Seite 212/213; ** für 10° Ost, ca. 23 Uhr MEZ

Information

Nach Angaben seines Sohnes Jacques aus dem Jahr 1740 wird Giovanni Domenico Cassini die Entdeckung des Offenen Sternhaufens M 50 vor 1711 zugesprochen. Von Messier wurde er am 5.4.1772 unabhängig entdeckt und so beschrieben: „Haufen mit mehr oder weniger leuchtenden Sternen, gefunden bei der Beobachtung des Kometen von 1772." Die Trümpler-Klasse II3r beschreibt M 50 als sternreichen, frei stehenden Haufen mit geringer zentraler Konzentration sowie hellen und schwachen Sternen.

M 50 ist 13 Lj ausgedehnt und steht in 2872 Lj Entfernung. Hellstes von mindestens 240 in der Simbad-Datenbank [Simbad] gelisteten Haufenmitgliedern bis 13^m ist der auf dem Foto auffällig rote K3-Stern HD 52938 mit $7\overset{m}{,}9$ Helligkeit.

So finden Sie M 50

> Der Sternhaufen ist einer von vielen, die entlang der Wintermilchstraße im Sternbild Einhorn aufgereiht sind – wobei die meisten anderen davon deutlich schwächer als M 50 sind.

> Starten Sie den Ausflug zu M 50 bei α CMa (Sirius) im Großen Hund, und schwenken Sie zu einem knapp 2° nördlich gelegenen rechtwinkligen Dreieck mit 11 CMa (5. Größe) an der Nordspitze.

> 5° nördlich von 11 CMa stoßen Sie auf ein nahezu gleichseitiges Dreieck aus Sternen 5. Größe.

> Von hier aus brauchen Sie nur gut 3° nach Nordosten zu schwenken – vorbei an einem Stern 6. Größe –, um M 50 zu erreichen.

Farbbilderzeugung einer DSLR

Auf dem Sensor einer DSLR-Kamera sind die mikrometerkleinen Pixel in Form einer Matrix angeordnet. Über jeder der Millionen lichtempfindlichen Fotozellen liegt ein Rot-, Grün- oder Blaufilter. Jeweils vier Pixel in der Reihenfolge „Rot-Grün", darunter „Grün-Blau" bilden ein farbigen Bildpunkt. Diese Anordnung geht auf Bryce E. Bayer zurück („Bayer"-Matrix). Berücksichtigt werden muss dies z. B. bei der Bestimmung der Bildauflösung.

Beobachtung

Bei den Offenen Sternhaufen des Messier-Kataloges fällt einem kaum spontan der 50. Eintrag ein – zu oft fehlt er in den Top-Empfehlungen für den Winter. Doch schon in einem kleinen Teleskop wird klar: Diese Vernachlässigung hat M 50 nicht verdient.

Die hellsten Einzelsterne sind als kompakte Sternansammlung in der relativ sternarmen Milchstraßenregion des Sternbildes Einhorn schon im 10×50-Fernglas gut aufzufinden. Ein 75-mm-Refraktor hat immerhin schon 40 bis 50 Einzelsterne zu bieten, die helleren davon sind bis zu 8^m hell und konzentrieren sich kurioserweise mehr auf den Ost- und Westrand des Sternhaufens. Zum Zentrum hin sammeln sich etliche schwächere Sterne, insgesamt ist die Struktur von M 50 eher klumpig, im Gesamteindruck ähnelt er M 36. Ein 130-mm-Refraktor zeigt bei 60× weit über 100 einzelne Sterne, die zentrale Ansammlung schwächerer Sterne hat eine leicht balkenförmige Kontur. Im Vergleich zum kleineren Instrument wirkt hier der Sternhaufen noch klumpiger, das Okulargesichtsfeld wird bis zur Hälfte gefüllt.

In einem 200-mm-Reflektor schließlich erkennt man etwa 150 Einzelsterne bis ungefähr $13\overset{m}{,}5$, viele schwächere kommen hinzu. Die Sternfülle ist zwar immer noch beeindruckend, allerdings führen die Ausdehnung sowie die galaktischen Hintergrundsterne dazu, dass M 50 weniger prägnant wirkt als in kleineren Instrumenten.

Fototipp

M 50 ist ein schöner Offener Sternhaufen in einem attraktiven Fotoumfeld, ideal für Brennweiten zwischen 500 und 1000 mm. Die Nebel NGC 2316 (Durchmesser 3′) und VdB 87 (Durchmesser 5′) liegen jeweils nur rund 1° entfernt, sie erfordern jedoch eine längere Brennweite und lange Belichtung.

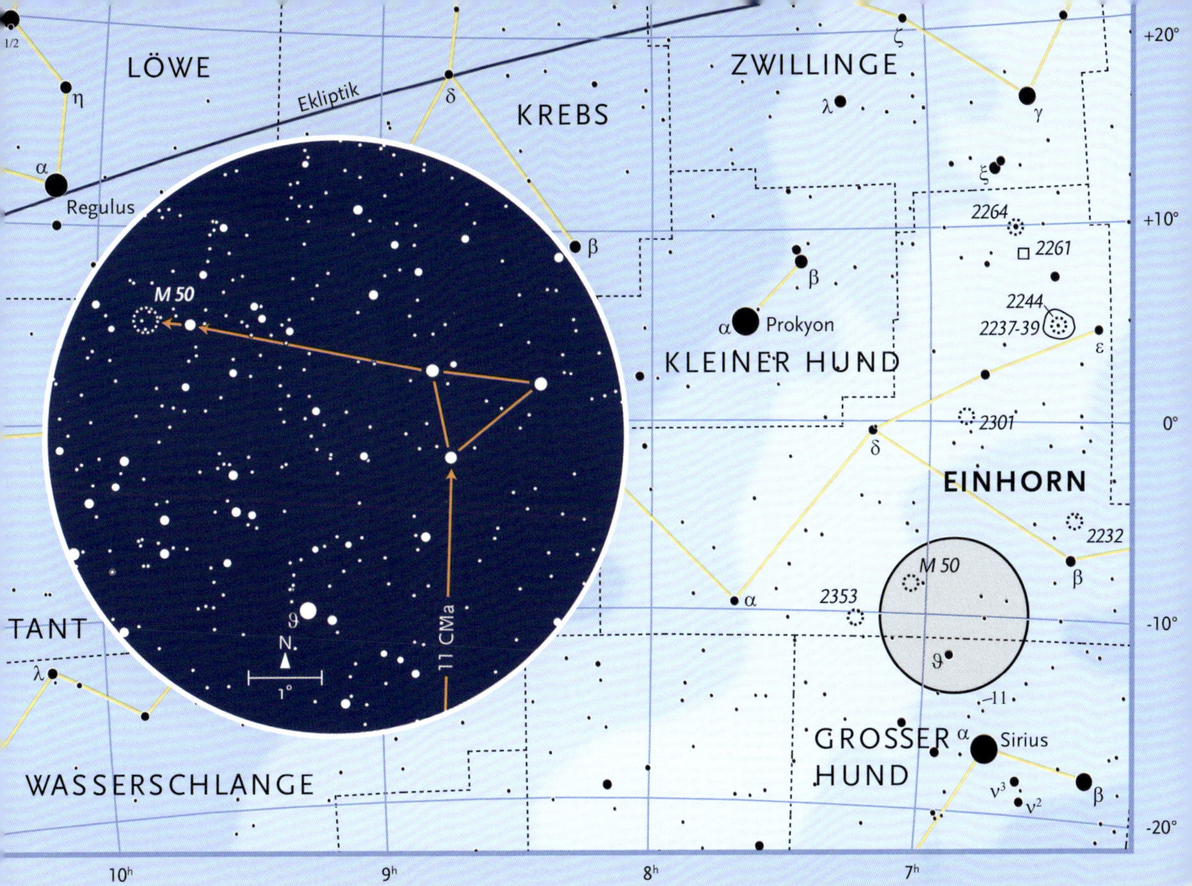

M 50. Optik: Astro-Physics 130mm EDF-S, **Brennweite:** 875 mm, **Kamera:** Canon EOS 5D, **Belichtung:** 18 min am 6. 1 .2008, **Ort:** Sörth

M 51 Whirlpool-Galaxie

Steckbrief	
Messier-Nummer	51
NGC-Nummer	5194-5
Name	Whirlpool-Galaxie
Sternbild	Jagdhunde
Objektklasse	Galaxie
Klassifikation*	Sc+Irr
Rektaszension	$13^{h}29^{m},9$
Deklination	+47° 12′
Helligkeit	$8^{m},1$
Ausdehnung	11×7′/6×5′
Entfernung	28 Mio Lj
Kulmination**	5. Mai
Kulmination nächstes Objekt	M 83

* Erläuterung Seite 212/213; ** für 10° Ost, ca. 23 Uhr MEZ

Information

Messier entdeckte die Galaxie NGC 5194 (die größere) am 13.10.1773 und trug sie am 11.1.1774 wie folgt in seinen Katalog ein: „Sehr schwacher Nebel, ohne Sterne. Man kann ihn in einem gewöhnlichen Teleskop von 3½ Fuß Länge nicht ohne Schwierigkeiten sehen. Er ist doppelt, jeder der beiden hat ein helles Zentrum, die 4′ 35″ voneinander getrennt sind.“ Später fügte Messier handschriftlich hinzu, dass Méchain den Begleiter (NGC 5195) am 21.3.1781 entdeckt hatte. Beide Galaxien zusammen werden als M 51 bezeichnet.

M 51 ist in 28 Millionen Lj Entfernung Hauptgalaxie einer kleinen Galaxiengruppe von sieben weiteren Galaxien, darunter M 63. Die Sc-Spirale NGC 5194 ist 89 000 Lj ausgedehnt, der irreguläre Begleiter NGC 5195 wird mit 49 000 Lj Durchmesser angegeben. Die Gezeitenwirkung des vorüberziehenden Begleiters bewirkt eine hohe Sternentstehungsrate in der Sc-Galaxie, die in ihrem kleinen, nur 120 Lj ausgedehnten Zentralbereich einen aktiven Kern verbirgt. Man vermutet dort eine 5 Lj große Akkretionsscheibe von Materie mit einer Million Sonnenleuchtkräften um ein Schwarzes Loch.

So finden Sie M 51

> M 51 steht im Nordteil der Jagdhunde. Beginnen Sie die Suche im Großen Wagen beim Stern η UMa (Alkaid), dem vorderen Stern der Deichsel.

> Schwenken Sie von η zunächst 2° nach Westen, dort stoßen Sie auf einen Stern 5. Größe (24 CVn).

> Rund 1,5° südwestlich dieses Sterns finden Sie ein rechtwinkliges Dreieck aus Sternen 7. Größe.

> Richten Sie Ihr Teleskop auf den südlichsten Stern dieser Gruppe, M 51 finden Sie 0,5° westlich davon.

Beobachtung

Bei sehr klarer Sicht ist diese über viele Monate des Jahres hinweg beobachtbare Galaxie schon mit einem 10×50-Fernglas einfach aufzufinden. Wer sich M 51 jedoch mit einem kleinen Teleskop von 60 bis 80 mm Öffnung nähert, wird den fotografischen Eindruck ganz schnell aus seinem Gedächtnis verbannen müssen. Dennoch ist die Galaxie einfach zu erkennen, sie zeigt sich als ovaler Schimmer mit einem kompakten Kern. Die Begleitgalaxie NGC 5195 erscheint eher verschwommen, ebenso ihre Kernregion – eine Verbindung zwischen beiden Galaxien ist nicht zu erkennen. Unter einem wirklich klaren Himmel zeigt ein 130-mm-Refraktor mit 60× bereits Ansätze von Spiralarmen.

Ein 300-mm-Reflektor belohnt einen Beobachter mit einem gemäldegleichen Bildeindruck: Die Spiralarme sind bei guter Sicht (Bortle 3) deutlich erkennbar, sie zeigen Verdickungen und Helligkeitsvariationen, der Übergang zur Begleitgalaxie ist sichtbar. Vor der Hauptgalaxie stehen einige schwache Feldsterne unserer Milchstraße, die man für eine Supernova halten könnte. Wie die Supernovae 1994I, 2005cs und 2011dh in der Galaxie aber gezeigt haben, sind diese spektakulären Explosionen am Ende eines Sternenlebens zumindest im Maximum deutlich heller.

Fototipp

Mit einer für rotes Hα-Licht empfindlichen DSLR- oder CCD-Kamera lassen sich die feinen Farbnuancen innerhalb der Spirale NGC 5194 darstellen: blaue Sternwolken, magentafarbene HII-Regionen, bräunliche Dunkelwolken in den Spiralarmen und ein eher gelblicher Begleiter NGC 5195, der mit der großen Spirale wechselwirkt. Je dunkler und klarer der Nachthimmel und je länger die Belichtung ist, desto höher ist die Chance auf Darstellung der ausgedehnten lichtschwachen Ausläufer. Eigene Fotos sollten Sie mithilfe der Simbad-Datenbank [Simbad] unbedingt nach Supernovae absuchen! Die dritte bekannte Supernova (SN 2005CS) in M 51 wurde vom deutschen Amateurastronomen Wolfgang Kloehr am 27.6.2005 entdeckt.

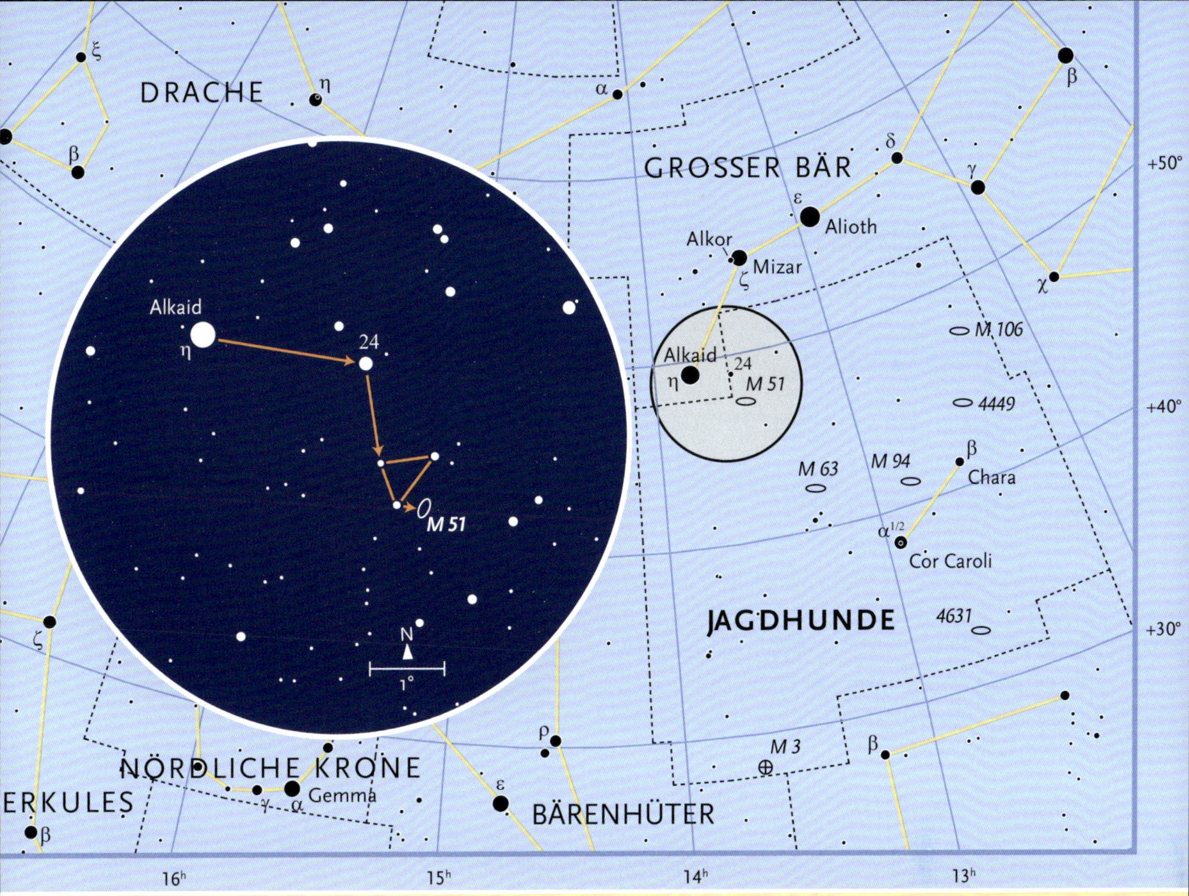

M 51. Optik: Meade 12″ ACF, **Brennweite:** 3000 mm, **Kamera:** Canon EOS 20D, **Belichtung:** 115 min am 12. 3. 2007, **Ort:** Sörth

M 52

Steckbrief	
Messier-Nummer	52
NGC-Nummer	7654
Name	
Sternbild	Kassiopeia
Objektklasse	Offener Sternhaufen
Klassifikation*	II2r
Rektaszension	$23^{h}\,24^{m}.8$
Deklination	+61° 35′
Helligkeit	$6^{m}.9$
Ausdehnung	13′
Entfernung	4630 Lj
Kulmination**	3. Oktober
Kulmination nächstes Objekt	M 110

* Erläuterung Seite 212/213; ** für 10° Ost, ca. 23 Uhr MEZ

Information

Messier entdeckte am 7. 9. 1774 einen „Haufen sehr schwacher Sterne, vermischt mit Nebel, die man nur mit einem achromatischen Fernrohr sehen kann". Die Trümpler-Klasse II2r beschreibt M 52 als sternreichen, frei stehenden Haufen mit geringer zentraler Konzentration und Sternen mittlerer Helligkeitsverteilung.

M 52 ist ein junger, nur 69 Millionen Jahre alter Offener Sternhaufen in 4632 Lj Entfernung. Er ist nur rund 18 Lj ausgedehnt. Die Angaben zur Zahl der Mitgliedssterne schwanken zwischen 100 und einigen Tausend, je nachdem, bis zu welcher Grenzgröße der Haufen fotometriert wurde. Hellster Stern ist BD +60°2532, ein $8^{m}.3$ heller gelber Riesenstern mit Spektraltyp F7 und Leuchtkraftklasse Ib (am westlichen Rand des Haufens, s. Foto). Er ist ein Doppelstern mit zwei Komponenten von $8^{m}.41$ und $10^{m}.64$ Helligkeit und 44″ gegenseitigem Abstand. Die hellsten blauen Sterne sind etwa 11^{m} hell. M 52 enthält vier pulsationsveränderliche Sterne, darunter einen vom Typ δ Scuti (vgl. S. 88), sowie ein Algol-System (vgl. S. 108), die allesamt in der Simbad-Datenbank [Simbad] gelistet sind und deren Identifikation leicht mit dem Aladin Sky Atlas [Aladin] gelingt.

So finden Sie M 52

- M 52 in der Kassiopeia ist in unseren Breiten das gesamte Jahr hindurch zu beobachten, am besten jedoch in den Herbstmonaten, wenn der Sternhaufen durch den Zenit wandert.
- Startpunkt der Suche ist β Cas (Caph), der westlichste Stern des Himmels-W.
- 2° weiter nördlich davon finden Sie ein lang gezogenes Viereck aus Sternen 6. bis 7. Größe.
- Von diesem Viereck aus bewegen Sie Ihr Teleskop 4,5° nach Westen vorbei an einem Stern 5. Größe, bis Sie beim Stern 4 Cas ankommen, auch ein Stern 5. Größe, der zusammen mit zwei Sternen 6. und 7. Größe ein fast rechtwinkliges Dreieck bildet.
- 0,75° südlich von 4 Cas liegt M 52.

Beobachtung

Im Fernglas zeigt sich der ganzjährig beobachtbare Offene Sternhaufen M 52 als kleines Wölkchen inmitten der Sternwolken der Kassiopeia nahe einem Stern 8. Größe. Mit einem 75-mm-Refraktor sind bei 40× zehn bis 15 Sterne zu erkennen. Neben dem auffälligen, am Westrand gelegenen Stern 8. Größe zeigen sich die weiteren Haufenmitglieder als deutlich schwächere Sterne 11. bis 12. Größe. Insgesamt betrachtet ist M 52 ein ziemlich kompakter Vertreter seiner Art, das unterstreicht auch sein Anblick im 130-mm-Refraktor.

Fernrohre von 200 oder gar 300 mm Öffnung geben M 52 aufgrund der kleineren Okulargesichtsfelder deutlich lockerer wieder. Wie auch bei anderen Sternhaufen, die entlang der Milchstraße angesiedelt sind, macht sich hier die allgemeine galaktische Sternmenge im Bildhintergrund bemerkbar. Der helle Riesenstern am Westrand von M 52 zeigt in Instrumenten dieser Größenordnung einen leicht orangefarbenen Farbeindruck – wie bereits erwähnt, gehört er tatsächlich zum Sternhaufen und ist nicht bloß ein Vordergrundstern.

Fototipp

M 52 steht in einem nebelreichen Milchstraßenumfeld, das besonders für Telebrennweiten von 300 bis 800 mm attraktiv ist. Der Bubble-Nebel NGC 7635 liegt nur rund 40′ südwestlich von M 52 und NGC 7538 liegt 80′ westlich. 20′ südlich von M 52 steht der unscheinbare Offene Haufen Czernik 43. Zur kontrastreichen Darstellung der rötlichen Wasserstoffnebel empfiehlt sich der Einsatz eines Nebelfilters, der das Himmelsstreulicht etwas abschwächt. Je nach Typ des Nebelfilters muss man um den Faktor zwei bis drei länger belichten. Eine bei der roten Hα-Wellenlänge empfindliche DSLR- oder CCD-Kamera ist für die Nebel unbedingt erforderlich.

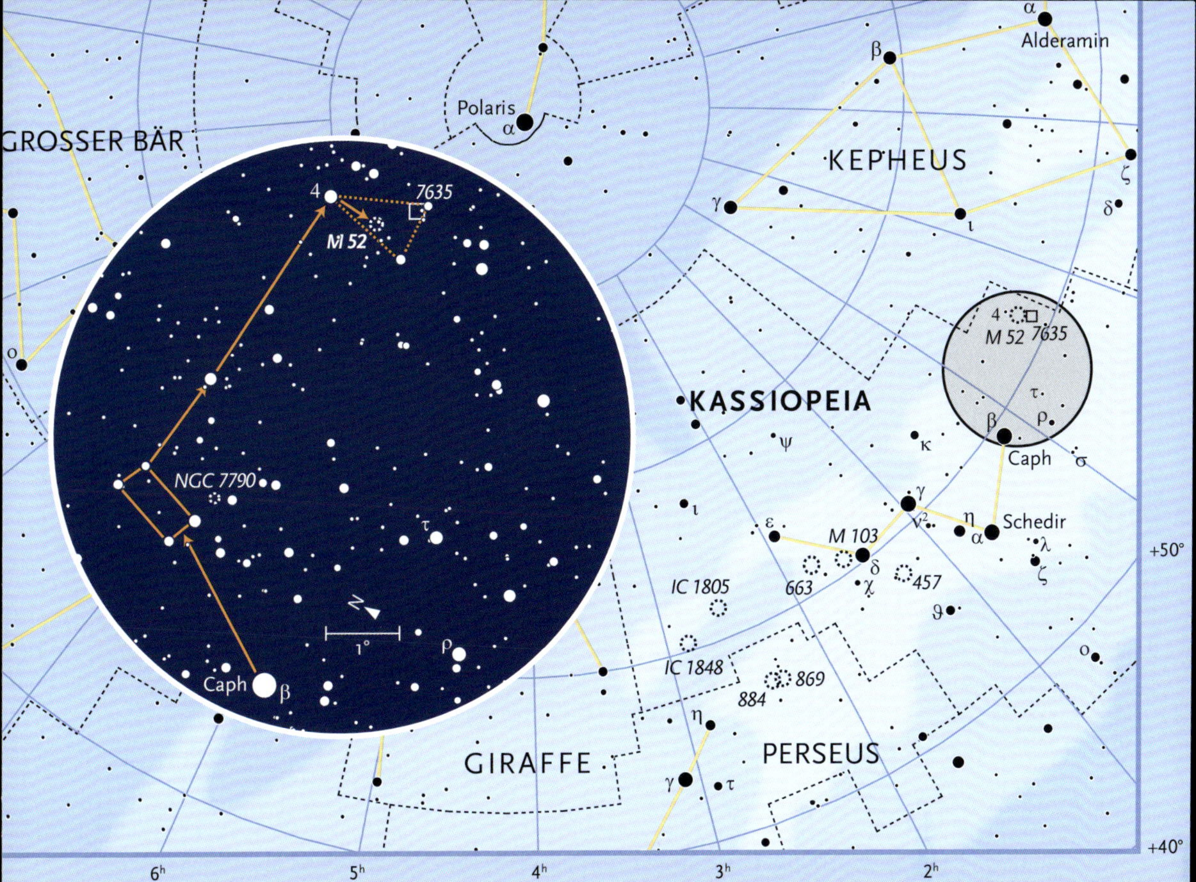

M 52. Optik: Meade 12″ ACF, **Brennweite:** 3000 mm, **Kamera:** Canon EOS 5D, **Belichtung:** jeweils 30 min am 2. 8. und 14. 9. 2007, **Ort:** Sörth

M 53

Steckbrief	
Messier-Nummer	53
NGC-Nummer	5024
Name	
Sternbild	Haar der Berenike
Objektklasse	Kugelsternhaufen
Klassifikation*	V
Rektaszension	$13^h 12^m.9$
Deklination	+18° 10′
Helligkeit	$7^m.6$
Ausdehnung	13′
Entfernung	61 270 Lj
Kulmination**	30. April
Kulmination nächstes Objekt	M 63

* Erläuterung Seite 212/213; ** für 10° Ost, ca. 23 Uhr MEZ

Information

Am frühen Morgen des 3.2.1775 entdeckte Johann Elert Bode ein nebliges Objekt, das Messier am 26.2.1777 als „Nebel ohne Sterne, rund und auffällig" beschrieb. Der Kugelsternhaufen M 53 ist 61 270 Lj entfernt, ebenso groß ist sein Abstand zum galaktischen Zentrum. Seine mäßige Sternkonzentration wird mit Klasse V angegeben. M 53 ist 232 Lj ausgedehnt, er enthält einen 33-Millisekundenpulsar, 59 RR-Lyrae-Sterne, knapp 200 „Blue Stragglers" und acht Pulsationsveränderliche vom Typ SX Phoenicis. Diese sind kleiner als die Sonne und vom Spektraltyp A2 bis F5. Sie kommen überwiegend in Kugelhaufen vor und zeichnen sich durch Helligkeitsfluktuationen von etwa $0^m.7$ alle ein bis zwei Stunden aus. Die hellsten Sterne in M 53 sind $13^m.8$ hell.

So finden Sie M 53

- M 53 findet sich im Sternbild Haar der Berenike, das westlich vom Bärenhüter gelegen am günstigsten im Frühjahr beobachtet werden kann.
- Lokalisieren Sie zunächst α Com (Diadem). Dieser Stern rund 4. Größe steht etwa 16° westlich von α Boo (Arktur).
- Haben Sie ihn gefunden, dann sind Sie auch schon fast bei M 53 angelangt – dieser steht nur 1° nordöstlich von α Com.

Blue-Straggler-Sterne

Sogenannte „Blue Straggler"-Sterne können entstehen, wenn zwei Haufensterne miteinander kollidieren und zu einem heißeren und damit bläulichen Stern verschmelzen. Für den englischen Begriff „Straggler" gibt es in diesem Fall keine passende deutsche Übersetzung – weder die direkte Übersetzung als „Nachzügler" noch Ausdrücke wie „Versprengter" oder „Ausreißer" sind passend.

Beobachtung

Der vergleichsweise unscheinbare Kugelhaufen M 53 hat das Pech, am Frühlingshimmel in unmittelbarer Nähe zum Paradeobjekt M 3 zu stehen. Aufmerksamkeit hat er aber gerade wegen dieses Kontrastes dennoch verdient. Im 75-mm-Refraktor zeigt sich M 53 bei 60× deutlich schwächer und diffuser als M 3, andererseits auch deutlich symmetrischer. Südöstlich des Haufens ist der auffällige Doppelstern Struve 648 mit 10^m Helligkeit und 87″ gegenseitigem Abstand der verschiedenfarbigen Komponenten zu sehen. In einem 130-mm-Refraktor tauchen dann vor einem insgesamt immer noch diffusen Objekt die ersten Einzelsternchen etwa 13. bis 14. Größe auf. Die Kernregion ist bei Weitem nicht so hervorstechend wie bei M 3.

Ein 300-mm-Reflektor zeigt viele Dutzend Einzelsterne bis in die Zentralregion hinein. Vollständig aufgelöst ist diese jedoch immer noch nicht, nach wie vor bleibt ein verschwommener, blasser Hintergrundschimmer. Die geringeren scheinbaren Helligkeiten der Einzelsterne sind im Vergleich zu M 3 ein sehr anschaulicher Indikator für die deutlich größere Entfernung von M 53 – er befindet sich eher in den Randzonen unserer Milchstraße. 1° südöstlich von M 53 ist der sehr viel verstreutere Kugelhaufen NGC 5053 zu finden, er ist ähnlich weit entfernt und zeigt sich als wesentlich unauffälligeres Objekt. Man muss schon eine sehr klare Nacht erwischen und mit mindestens 200 mm Öffnung beobachten, um überhaupt Einzelsterne erahnen zu können.

Fototipp

M 53 ist nur mäßig konzentriert, man kann die Sterne im Zentralbereich fotografisch gut auflösen. Er ist ein eindrucksvoller Kugelsternhaufen für die Fotografie mit langen Brennweiten um 3000 mm. Mit NGC 5053 liegt ein weiterer, aber lichtschwächerer Kugelsternhaufen nur 1° südöstlich von M 53. Beide Haufen passen mit Optiken von 500 bis 800 mm Brennweite und einer Kamera mit APS-C-Format zusammen gut ins Bildfeld.

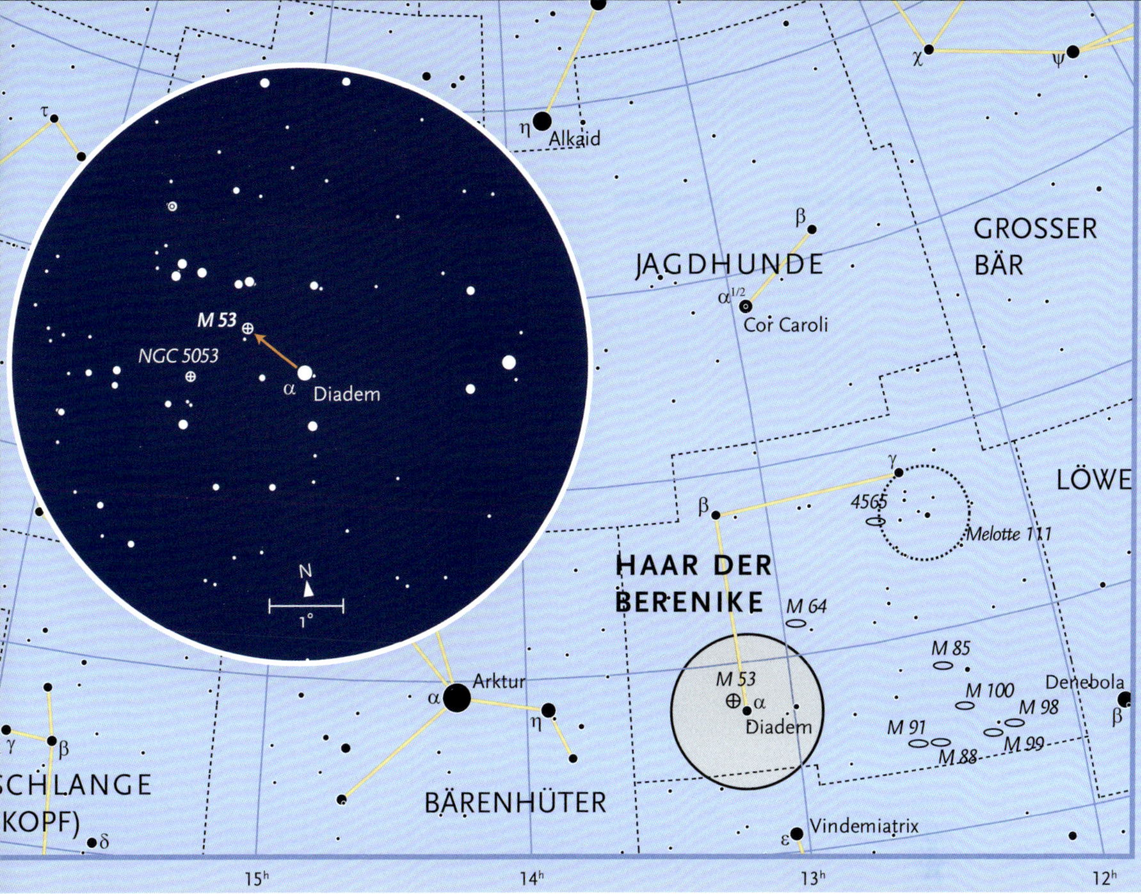

M 53. Optik: Meade 12″ ACF + Flattener, **Brennweite:** 2970 mm, **Kamera:** SBIG STL-11000M, **Belichtung:** Luminanz 110 min am 23. 4. 2009. **Kamera:** Canon EOS 5D, **Belichtung:** 30 min am 25. 4. 2007, **Ort:** Sörth

M 54

Steckbrief	
Messier-Nummer	54
NGC-Nummer	6715
Name	
Sternbild	Schütze
Objektklasse	Kugelsternhaufen
Klassifikation*	III
Rektaszension	$18^{h}\,55^{m},1$
Deklination	−30° 29′
Helligkeit	$7^{m},6$
Ausdehnung	12′
Entfernung	87 400 Lj
Kulmination**	26. Juli
Kulmination nächstes Objekt	M 56

* Erläuterung Seite 212/213; ** für 10° Ost, ca. 23 Uhr MEZ

Information

„Sehr schwacher Nebel, sein Zentrum ist hell, und er enthält keinen Stern, gefunden mit einem achromatischen Fernrohr von 3½ Fuß Länge", so beschrieb Messier seine Entdeckung am 24. 7. 1778. M 54 ist 305 Lj ausgedehnt und steht in 87 400 Lj Entfernung. Seit 1994 weiß man, dass M 54 ein extragalaktischer Kugelsternhaufen ist: Er gehört zu der erst im Jahr 1993 entdeckten elliptischen Sagittarius-Zwerggalaxie (SagDEG), die mit unserer Milchstraße wechselwirkt und von ihr vereinnahmt wird.

Nicht nur wegen seiner enormen Distanz stehen die Sterne im Zentrum von M 54 scheinbar sehr dicht: Sie sind mit Klasse III auch stärker als durchschnittlich konzentriert. Die hellsten Sterne in M 54 sind scheinbar nur $15^{m},5$ hell. Von den 117 Veränderlichen sind 67 Haufenveränderliche vom Typ RR Lyrae. M 54 ist mit 850 000 Sonnenleuchtkräften nach ω Centauri der leuchtkräftigste Kugelsternhaufen – und der erste extragalaktische, der entdeckt wurde.

So finden Sie M 54

> M 54 liegt sehr südlich im Sternbild Schütze auf dem Boden der „Teekanne".

> Nehmen Sie sich als Startstern ζ Sgr (Ascella) vor. In einer sehr klaren Nacht mit guter Horizontsicht ist M 54 bereits in einem 7×50-Sucher nur gut 1,5° westsüdwestlich von ζ Sgr im Gesichtsfeld zu lokalisieren.

> Andernfalls schwenken Sie gut 1° nach Südsüdosten, dort finden Sie einen $5^{m},5$ hellen Stern.

> Von diesem Stern aus bewegen Sie Ihr Teleskop zu einem Sternpaar 6. und 7. Größe knapp 1,5° weiter westlich, das etwa 15' voneinander getrennt ist.

> Gut 1° westlich des nördlicheren der beiden Sternchen stoßen Sie auf einen rund $6^{m},5$ hellen Stern.

> M 54 liegt gut 15' oberhalb der Verbindungslinie dieser beiden Sterne.

Beobachtung

Unter den Kugelsternhaufen des Messier-Kataloges ist M 54 ganz sicher eines der schwierigsten Objekte. Durch die enorm südliche Position tief am Sommerhimmel, erschwert Horizontdunst in unseren Breiten das Beobachten des Sternhaufens ganz erheblich. Auch in guten Sucherfernrohren oder Ferngläsern tut man sich schwer, ihn von Sternen zu unterscheiden. Hierzulande wird man wohl am ehesten ein Instrument wie einen 130-mm-Refraktor benötigen, um M 54 halbwegs gut erkennen zu können, in südlichen Urlaubsländern reicht ein 80-mm-Refraktor mit 50×. Damit sieht der Kugelhaufen aus wie ein leicht defokussierter Stern.

Beobachtet man im 130-mm-Refraktor, dann zeigt sich unter guten Bedingungen (Bortle 4) eine starke Aufhellung zu einer sehr kompakten Zentralregion, aber noch keine Einzelsterne. Diese lassen sich allenfalls ab 200 mm Öffnung erahnen, wobei der Sternhaufen größtenteils noch etwas fleckig wirkt. Faszinierend ist die Vorstellung, dass man hier auf einen extragalaktischen Kugelhaufen blickt!

Fototipp

Ein schwierig aufzulösender Kugelsternhaufen, denn sein sternreicher, kompakter Kern ist nur 1′ ausgedehnt. Gerade bei M 54 ist ein digitales Komposit mit vielen kurz und lang belichteten Aufnahmen unterschiedlicher Belichtungszeit empfehlenswert, um das Ausbrennen des Haufenzentrums zu verhindern – was bei dieser Aufnahme nicht ganz gelang. Zudem muss das Seeing Sterndurchmesser unter 2″ zulassen, weshalb M 54 aufgrund seiner südlichen Deklination von Mitteleuropa aus mit langer Brennweite nicht gut aufgenommen werden kann. Hinzu kommt, dass durch die atmosphärische Extinktion in niedriger Höhe die blauen Sterne stark abgeschwächt werden. Im APS-C-Format bei 200 mm Brennweite kann man M 54, M 69 und M 70 gemeinsam aufnehmen, wenn man auf M 70 zentriert.

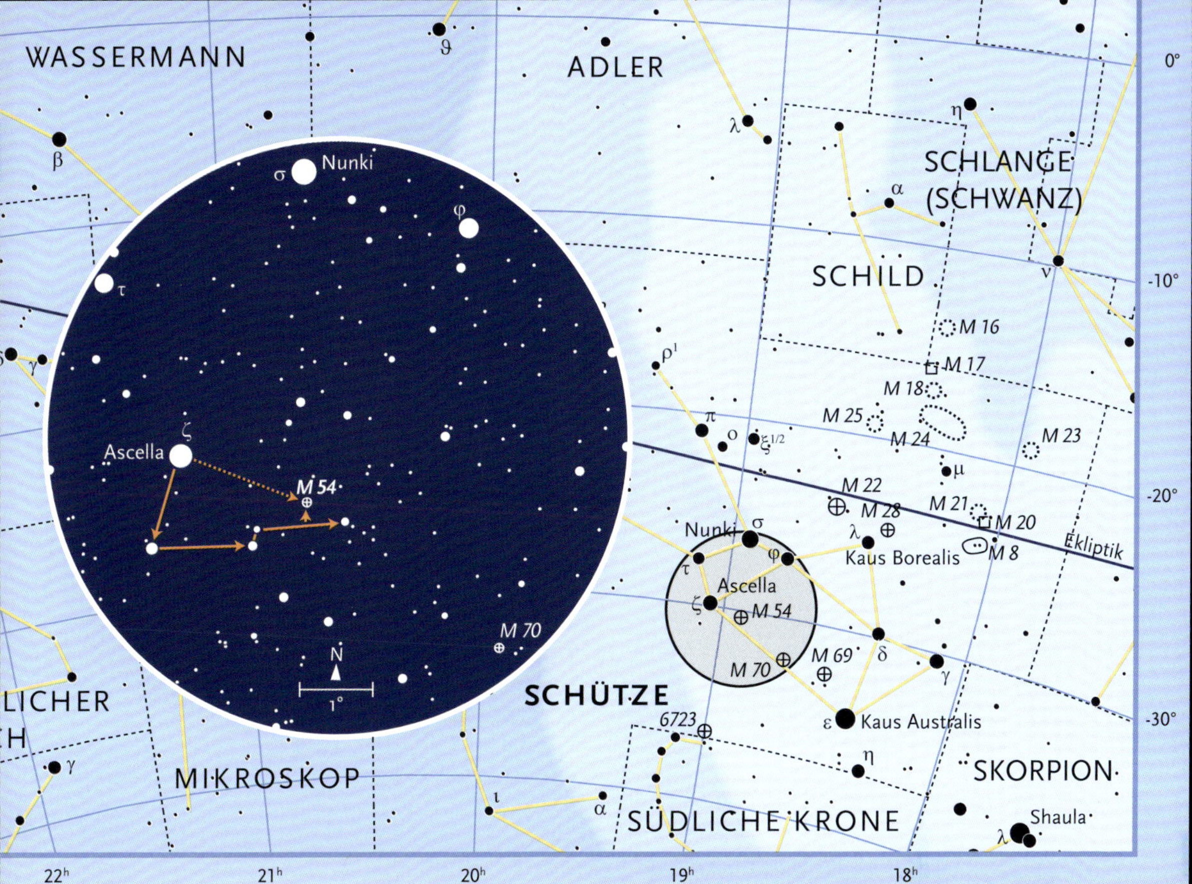

M 54. Optik: Meade 14″ ACF + Reducer, **Brennweite:** 3000 mm, **Kamera:** Canon EOS 5D, **Belichtung:** 34 min am 26. 5. 2008, **Ort:** Farm Tivoli/Namibia

M 55

Steckbrief	
Messier-Nummer	55
NGC-Nummer	6809
Name	
Sternbild	Schütze
Objektklasse	Kugelsternhaufen
Klassifikation*	XI
Rektaszension	$19^h 40^m,0$
Deklination	−30° 58′
Helligkeit	$6^m,3$
Ausdehnung	19′
Entfernung	17 300 Lj
Kulmination**	7. August
Kulmination nächstes Objekt	M 71

* Erläuterung Seite 212/213; ** für 10° Ost, ca. 23 Uhr MEZ

Information

Von Nicolas Louis de Lacaille am 16. 6. 1752 entdeckt, fügte Messier das Objekt am 24. 7. 1778 seinem Katalog hinzu: „Nebel, der ein weißlicher Fleck von 6′ Ausdehnung ist. Sein Licht ist gleichmäßig, und er scheint keinen Stern zu enthalten." M 55 ist 96 Lj ausgedehnt in 17 000 bis 19 660 Lj Entfernung. Mit Klasse XI ist er der am lockersten gepackte Kugelsternhaufen im Messier-Katalog, ähnlich wie M 71. Die hellsten Sterne in M 55 sind $11^m,2$ hell.

M 55 enthält 42 Veränderliche: 15 RR-Lyrae-Sterne, 24 SX-Phoenicis-Sterne (vgl. S. 104) und drei Bedeckungsveränderliche (Kontaktsysteme), außerdem eine Population von 74 Blue Straggler-Sternen. Drei 1996 entdeckte RR-Lyrae-Variable scheinen nicht mit M 55, sondern mit der 1994 entdeckten Sagittarius-Zwerggalaxie (SagDEG) assoziiert zu sein. Mehr als 800 präzise fotometrierte Haufensterne bis 21^m sind in der Simbad-Datenbank [Simbad] gelistet!

Bedeckungsveränderliche Sterne

Bei einem Algol-System (Prototyp Algol, β Persei) umkreisen sich ein großer, dunkler Unterriese und ein etwas kleinerer, aber heller B-Stern und bedecken sich gegenseitig regelmäßig, was zum Abfall der Gesamthelligkeit führt. Bei einem β-Lyrae-System sind die beiden Sterne ellipsoid verformt, beim Prototyp β Lyrae wird der größere zusätzlich von der Akkretionsscheibe des kleineren abgeschwächt. W-UMa-Systeme sind extreme Kontaktsterne mit einer gemeinsamen Gashülle.

So finden Sie M 55

> M 55 liegt im östlichen Teil des Sternbildes Schütze, abseits der sternreichen Milchstraßenwolken.
> Nehmen Sie sich als Startstern ζ Sgr (Ascella) vor.
> Nun schwenken Sie 5° exakt in Richtung Osten, dort stoßen Sie auf ein Sternpaar mit $5^m,6$ und $5^m,9$ Helligkeit, dessen Komponenten gut 0,5° voneinander entfernt stehen.
> M 55 liegt gut 3° südöstlich des helleren Sterns.

Beobachtung

Auch dieser Kugelsternhaufen leidet bezüglich der Sichtbarkeit von Mitteleuropa aus sehr unter seiner südlichen Position, daher ist er hier auch nicht einfach zu beobachten. Vom Mittelmeerraum aus betrachtet ist M 55 als einfaches Fernglasobjekt einzustufen, unter den dortigen Beobachtungsbedingungen kann man ihn mit einem 10×50-Fernglas auf Anhieb als diffusen runden, fast einer Kometenkoma ähnlichen Fleck ausmachen. Ein 80-mm-Refraktor zeigt ihn auch bei 50× noch sehr verwaschen, rund und nur mäßig zum Zentrum hin heller werdend, außerdem liegt ein etwas fleckiger Bildeindruck vor. Mit einem 130-mm-Refraktor sind ansatzweise die ersten Einzelsterne sichtbar, der Sternhaufen wirkt sehr rund und weist auch in diesem Teleskop bei 60–80× eine sehr wenig konzentrierte Kernregion auf.

Mit einem 200-mm-Reflektor ist M 55 bei 80–120× unter sehr gutem Himmel (Bortle 3) ein wirklich schönes Objekt mit unzähligen Einzelsternen. Der Sternhaufen ist bis ins Zentrum aufgelöst und verträgt bei ruhiger Luft auch noch 150–180×. Wenn er nur nicht so weit südlich wäre – unter mitteleuropäischen Bedingungen wirkt M 55 mit dem gleichen Instrumentarium leider deutlich verwaschener.

Fototipp

Eindrucksvoller, fotografisch sehr gut aufzulösender Kugelsternhaufen. Mit einem guten apochromatischen (weitgehend farbfehlerfreien) Objektiv sind schon bei 500 mm Brennweite im Zentrum Einzelsterne sichtbar, ein grandioser Sternhaufen mit vielen blauen und roten Sternen, der in seiner Wirkung M 13 in nichts nachsteht! Ideal sind längere Brennweiten bis 3000 mm. M 55 wirkt damit fast wie ein vollständig aufgelöster Offener Sternhaufen. Nur seine geringe Höhe lässt ihn von Mitteleuropa aus (leider!) sehr blass erscheinen.

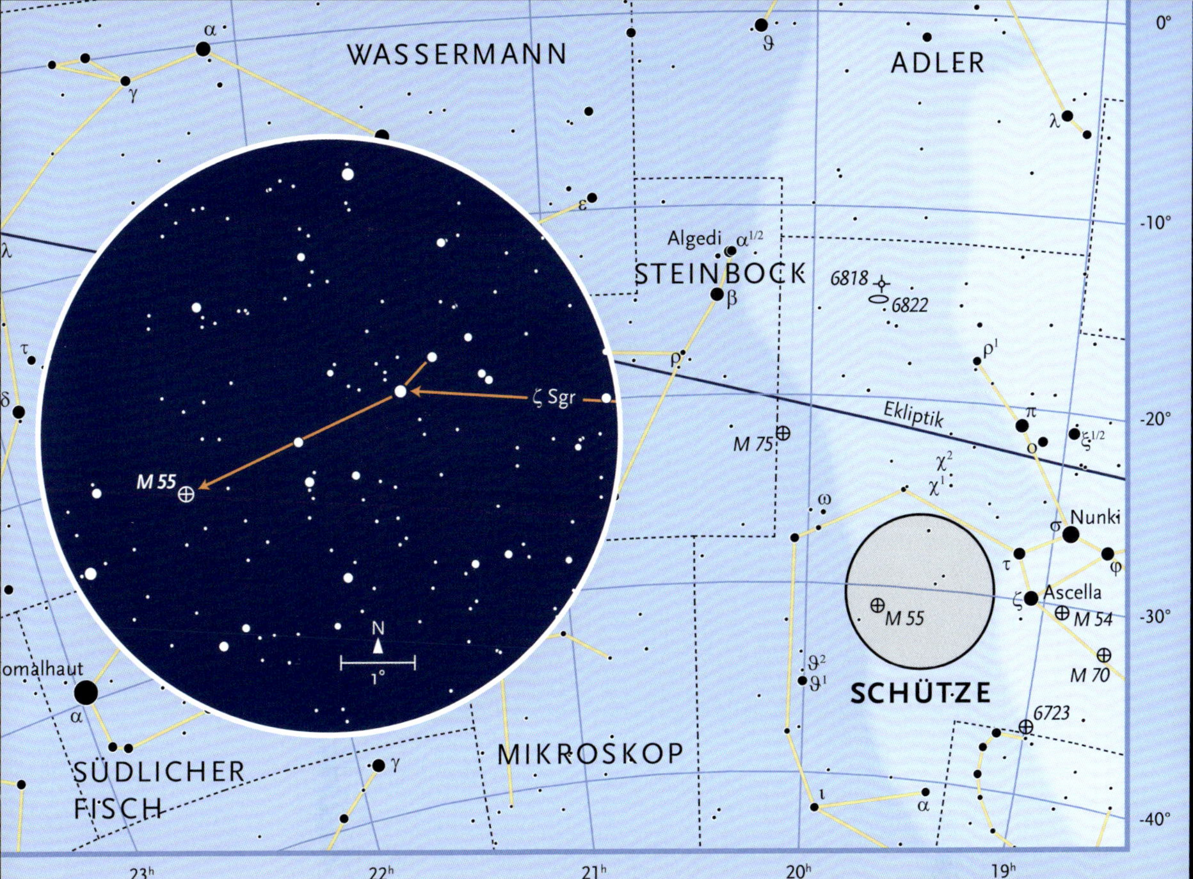

M 55. Optik: Meade 14″ ACF + Reducer, **Brennweite:** 3000 mm, **Kamera:** Canon EOS 5D, **Belichtung:** 25 min am 27. 5. 2008, **Ort:** Farm Tivoli/Namibia

M 56

Steckbrief	
Messier-Nummer	56
NGC-Nummer	6779
Name	
Sternbild	Leier
Objektklasse	Kugelsternhaufen
Klassifikation*	X
Rektaszension	$19^{h}16^{m}{,}6$
Deklination	+30° 11′
Helligkeit	$8^{m}{,}3$
Ausdehnung	9′
Entfernung	32 930 Lj
Kulmination**	1. August
Kulmination nächstes Objekt	M 55

* Erläuterung Seite 212/213; ** für 10° Ost, ca. 23 Uhr MEZ

Information

Messier beschrieb seine Entdeckung vom 23. 1. 1779 anlässlich der Beobachtung des Kometen von 1779 wie folgt: „Nebel ohne Sterne, mit wenig Licht." M 56 ist 86 Lj ausgedehnt und steht in rund 32 900 Lj Entfernung und ist 31 600 Lj vom galaktischen Zentrum entfernt. Der hellste Stern im mit Klasse X wenig konzentrierten Haufen ist $13^{m}{,}0$ hell, die 25 hellsten Sterne sind durchschnittlich $15^{m}{,}3$ hell. Harlow Shapley fand eine Elliptizität des Haufens im Positionswinkel 45° (vgl. S. 44).

M 56 enthält 200 000 Sonnenmassen und 12 Veränderliche, darunter zwei RR-Lyrae-Sterne, einen Cepheiden und einen RV-Tauri-Stern. Dieser repräsentiert das wenig erforschte Übergangsstadium vom pulsierenden Überriesen zum Weißen Zwerg mit Ausbildung eines Planetarischen Nebels. Die Sterne sind zwischen 13^{m} und 16^{m} hell und im Aladin Sky Atlas [Aladin] identifizierbar.

So finden Sie M 56

> Am Ostrand des Sternbildes Leier gelegen, gehört M 56 zu den Objekten des Sommerhimmels.
> Zum Aufsuchen beginnen Sie bei β Cyg (Albireo), dem Kopfstern des Schwans.
> Rund 2° nordwestlich stoßen Sie auf den Stern 2 Cyg, der etwa 5^{m} hell ist.
> Zusammen mit zwei Sternen 7. Größe bildet er ein annähernd rechtwinkliges Dreieck, bei dem die beiden schwächeren Ecksterne die Westkante bilden.
> Knapp 1,5° weiter westnordwestlich taucht der Kugelhaufen auf.

Beobachtung

In der hoch stehenden Sommermilchstraße sind Kugelsternhaufen Mangelware, M 56 ist einer der auffälligeren Vertreter seiner Art in dieser Himmelsregion. In Richtung des Sternbildes Leier sehen wir auf die relativ nahe gelegenen (rund 12 000 Lj entfernten) Ausläufer eines galaktischen Spiralarmes, der zu den Außenbezirken unserer Milchstraße gehört. Durch diesen Arm hindurch blicken wir in Richtung M 56.

In einem Fernglas ist der Kugelsternhaufen eher schwierig auszumachen, seine kompakten Abmessungen und das sternreiche Umfeld sind die Haupthindernisse. Im 75-mm-Refraktor ist der Sternhaufen jedoch leicht aufzufinden, bei 60× zeigt er sich als runder Nebel mit leichtem Helligkeitsanstieg zum Zentrum hin. Ein 130-mm-Refraktor erleichtert die Erkennbarkeit des Haufens zwar, weitere Strukturen gibt aber auch diese Optik nicht her, die Einzelsterne sind einfach zu schwach.

Ein 300-mm-Reflektor hingegen zeigt den Kugelhaufen deutlich aufgelöst, nur im Zentrum ist noch ein diffuser Schimmer nicht aufgelöster Sterne zu sehen. Auch bei 100× und entsprechend kleinem Gesichtsfeld sticht das äußerst sternreiche Umfeld von M 56 ins Auge. Unter einem klaren Landhimmel entsteht bei der Beobachtung mit einem größeren Teleskop tatsächlich der Eindruck, als stünde der Kugelsternhaufen hinter einem Vorhang schwächerer Vordergrundsterne – ein wirklich hübscher Anblick.

Fototipp

Kleiner, gut aufzulösender Kugelsternhaufen für längere Brennweiten ab etwa 1500 mm. M 56 steht – abgesehen vom sternreichen Umfeld – sozusagen „allein auf weiter Flur", nur der 73′ nordwestlich gelegene Planetarische Nebel NGC 6765 scheint im unmittelbaren Umfeld noch interessant zu sein. NGC 6765 ist $12^{m}{,}9$ hell und auf Aufnahmen des Digitized Sky Survey [NGC 6765] bis zu 84″ ausgedehnt. Sein Zentralstern ist ein 16^{m} heller Weißer Zwerg. Im Vollformat und bis 1000 mm Brennweite kann man beide Objekte noch zusammen aufnehmen, mit einem 200-mm-Teleobjektiv und einer APS-C-Kamera steht sogar β Cyg (Albireo) unten dekorativ im Bild.

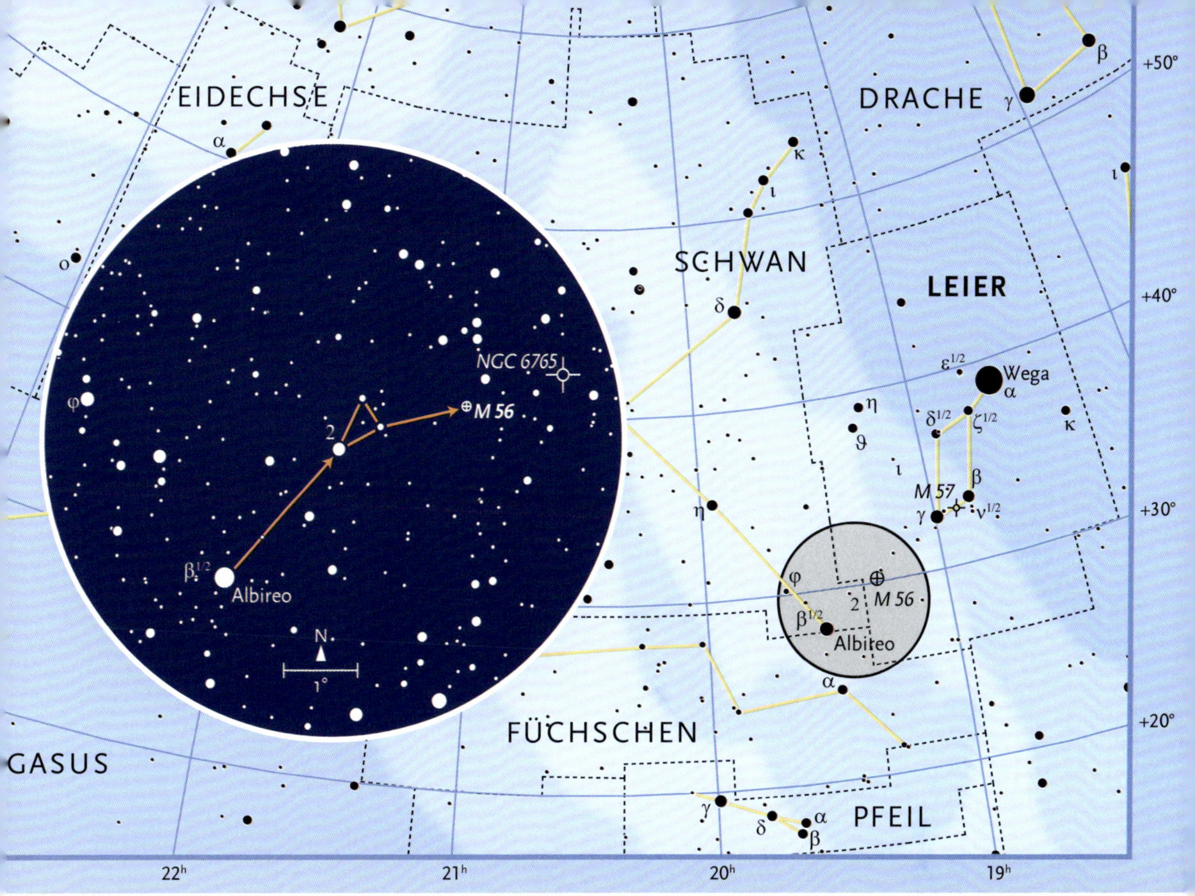

M 56. Optik: Meade 12″ ACF + Flattener, **Brennweite:** 2970 mm, **Kamera:** SBIG STL-11000M, **Belichtung:** Luminanz 130 min am 14. und 15. 7. 2009. **Kamera:** Canon EOS 20D, **Belichtung:** 30 min am 11. 9. 2006, **Ort:** Sörth

M 57 Ringnebel

Steckbrief	
Messier-Nummer	57
NGC-Nummer	6720
Name	Ringnebel
Sternbild	Leier
Objektklasse	Planetarischer Nebel
Klassifikation*	IV
Rektaszension	18h 53m,6
Deklination	+33° 02′
Helligkeit	8m,8
Ausdehnung	1,7×1,2′
Entfernung	2300 Lj
Kulmination**	26. Juli
Kulmination nächstes Objekt	M 54

* Erläuterung Seite 212/213; ** für 10° Ost, ca. 23 Uhr MEZ

Information

Messiers Katalogeintrag nach seiner Beobachtung vom 31. 1. 1779 lautet: „Es schien, dass dieser Lichthaufen, der rundlich ist, aus sehr kleinen schwachen Sternen zusammengesetzt war [...]. Monsieur Darquier [...] berichtet: ‚Nebelfleck zwischen γ & β der Leier; er ist sehr glanzlos, aber perfekt begrenzt; er ist groß wie Jupiter und gleicht einem erloschenen Planeten'." Antoine Darquier könnte damit die Namensgebung dieser Objektklasse beeinflusst haben.

M 57 ist ein Planetarischer Nebel in 2300 Lj Entfernung, entstanden vor etwa 10 000 bis 20 000 Jahren. Im Zentrum des 0,9 Lj großen hellen Rings steht ein 15m,8 heller Weißer Zwerg mit einer Oberflächentemperatur von 100 000 K. Der räumliche Aufbau von M 57 ist kompliziert: Die Ringstruktur besteht nur scheinbar. Gegenwärtigen Modellen zufolge sieht man einen hellen Ring nur deshalb, weil man auf einen zur Sichtlinie geneigten ellipsoiden Körper blickt, der in eine sphärische Hülle eingebettet ist. Der Nebel dehnt sich mit 1″ pro Jahrhundert aus. Das intensive UV-Licht des Zentralsterns regt die unterschiedlichen Nebelbestandteile zum Eigenleuchten an. Im Zentrum leuchtet der Nebel im grünlichen Licht des doppelt ionisierten Sauerstoffs (OIII), am Rand dominiert das rote Hα-Leuchten des Wasserstoffs.

So finden Sie M 57

> Den Ringnebel finden Sie im Südteil des Sternbildes Leier, zwischen den Sternen γ und β Lyr.

> 0,5° nordwestlich von γ Lyr stoßen Sie auf einen Stern 5. Größe.

> Von diesem Stern aus bewegen Sie Ihr Teleskop rund 45′ nach Westen, und schon haben Sie M 57 gefunden.

Beobachtung

Wie kaum ein anderes Himmelsobjekt wird der Ringnebel seinem Namen gerecht – wie ein Rauchring hängt er hoch am Sommerhimmel in den Randzonen der Milchstraße des Sternbildes Leier. Bereits im 75-mm-Refraktor offenbart er bei 60× seine Ringgestalt, aufgrund seiner hohen Flächenhelligkeit darf man bei einem 100-mm-Refraktor ruhig über 100× vergrößern. Im 130-mm-Refraktor sieht man blickweise eine leichte Aufhellung innerhalb des Rings, weitere Strukturen bleiben jedoch verwehrt. Im 300-mm-Reflektor jedoch zeigt sich, dass der Ring keine gleichförmige, sondern eher eine fleckige Struktur hat; die Aufhellung des Innenbereichs ist jetzt ziemlich auffällig. Dennoch bleibt dem Beobachter auch in diesem Teleskop selbst unter sehr guten Bedingungen (Bortle 4) der Zentralstern verwehrt. Um ihn wahrnehmen zu können, bedarf es einer 400-mm-Spiegeloptik unter sehr dunklem Himmel (Bortle 3).

Die auf sehr lange belichteten Fotografien erkennbaren schwachen Außennebel von M 57 sind für visuelle Beobachter leider unbeobachtbar. Nebelfilter bringen bei diesem Nebel übrigens nur relativ wenig Kontrastgewinn, durch die bereits erwähnte hohe Flächenhelligkeit kann man M 57 aber auch oft unter einem Stadthimmel wahrnehmen. Nicht zuletzt deswegen und wegen seines leichten Aufsuchweges ist der Ringnebel ein klassisches Einsteigerziel.

Fototipp

Da der helle Ring von M 57 nur 89×64″ groß ist, muss das Seeing für Detailabbildungen im Ringnebel sehr gut sein, um 1,5″. Der bis zu 4′ ausgedehnte, lichtschwache Halo ist am besten bei sehr dunklem Himmel (Bortle 4 bis 2) mit einem schmalbandigen Hα- Filter und langer Gesamtbelichtungszeit aufzunehmen. Das Foto zeigt den äußeren Halo des Ringnebels, der mit einem solchen Filter aufgenommen wurde (Halbwertsbreite 7 nm). Die 4′ nordwestliche und 60″ große Balkenspirale IC 1296 zeigt unter sehr guten Himmelsbedingungen (Bortle 2) feine Strukturen und komplettiert das attraktive Motiv.

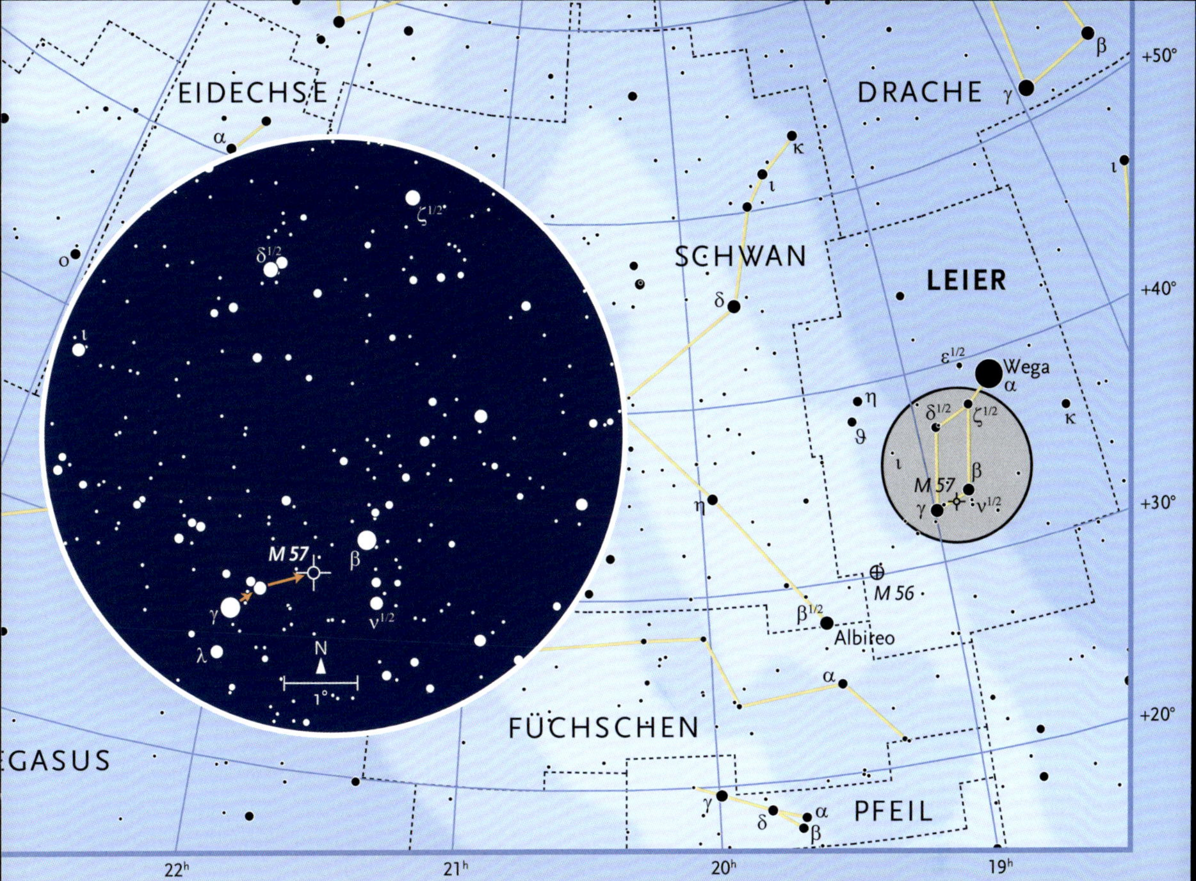

M 57. Optik: Meade 12″ ACF + Flattener, **Brennweite:** 2970 mm, **Kamera:** SBIG STL-11000M, **Belichtung:** Luminanz 50 min am 24. 5. 2009, RGB 100 min am 16. 8. 2009, Hα (HWB 7 nm, 2 × 2-Binning) 60 min am 23. 8. 2009, **Ort:** Sörth

M 58

Steckbrief	
Messier-Nummer	58
NGC-Nummer	4579
Name	
Sternbild	Jungfrau
Objektklasse	Galaxie
Klassifikation*	SBc
Rektaszension	$12^{h}37^{m}.7$
Deklination	+11° 49′
Helligkeit	$9^{m}.6$
Ausdehnung	6×5′
Entfernung	68 Mio Lj
Kulmination**	21. April
Kulmination nächstes Objekt	M 68

* Erläuterung Seite 212/213; ** für 10° Ost, ca. 23 Uhr MEZ

Information

Mit der Beschreibung „Sehr schwacher Nebel. Die schwächste Beleuchtung der Fäden [des Mikrometers] macht ihn unsichtbar" trägt Messier seine Entdeckung am 15. 4. 1779 in seinen Katalog ein. M 58 ist eine Balkenspiralgalaxie in 68 Millionen Lj Entfernung, außer ihr enthält der Messier-Katalog nur noch drei weitere Balkenspiralgalaxien, und zwar M 91, M 95 und M 109. M 58 gehört zum Virgo-Haufen, ihre Ausdehnung beträgt rund 105 000 Lj. Sie ist eine sogenannte LINER-Galaxie mit einem aktiven Galaxienkern.

Zwei helle Supernovae sind in M 58 bekannt: SN 1988a mit $13^{m}.5$ und SN 1989m sogar mit $12^{m}.2$. Spiralgalaxien sollte man mit Hilfe von Vergleichsaufnahmen im Aladin Sky Atlas [Aladin] immer nach möglichen Supernovae absuchen!

So finden Sie M 58

> M 58 gehört zum im Frühjahr gut beobachtbaren Virgo-Galaxienhaufen.

> Als Startobjekt empfiehlt sich ε Vir (Vindemiatrix) im nördlichen Bereich des Sternbildes Jungfrau.

> Stellen Sie ε Vir an den nördlichen Rand Ihres Okulargesichtsfeldes (bei 20–30×) und schwenken Sie 5° nach Westen – dort stoßen Sie auf ein Dreieck aus Sternen 6. bis 7. Größe, die um den rund 5^{m} hellen ρ Vir herum gruppiert sind.

> 1,5° nördlich davon finden Sie das benachbarte Galaxienpaar M 59 und M 60, M 58 steht rund 1,5° weiter westlich.

Beobachtung

M 58 ist eine der zahlreichen Galaxienentdeckungen von Messier, die zum Virgo-Haufen gehören. Die zarte Balkenspirale zeigt leider in den meisten Amateurfernrohren beileibe nicht so schöne, hauchdünne Spiralarme wie auf Fotografien, aber weil sie schon mit einem 75-mm-Refraktor leicht zu finden ist, eignet sie sich gut für den Einstieg in eine Galaxienwanderung durch den Virgo-Haufen.

Auffällig ist im 75-mm-Refraktor die vergleichsweise hohe Flächenhelligkeit. Bei 60× wirkt die Galaxie sehr kompakt, zur Mitte hin wird sie mäßig heller. Weitere Details bleiben größeren Instrumenten vorbehalten. Im 130-mm-Refraktor ist sie deutlich auffälliger als im kleinen Refraktor, die zentrale Aufhellung ist so gerade eben nicht stellar, sie ist von einer sehr verschwommenen Kontur umgeben.

Im 300-mm-Reflektor jedoch zeigt sich der längliche Zentralbereich ziemlich deutlich, auch die äußere, ebenfalls länglich erscheinende Kontur der Galaxie kann man mit einem Instrument dieser Größenordnung gut ausmachen. Der Unterschied zum fotografischen Eindruck lässt sich leicht erklären: Der visuelle Beobachter sieht in erster Linie die helle Balkenstruktur, während die für ein runderes Erscheinungsbild auf der Fotografie verantwortlichen Ausläufer der Spiralarme und Randbezirke für Amateurteleskope meist zu schwach sind.

Fototipp

Scheinbar kleine Balkenspirale im Virgo-Haufen mit fotografisch überraschend lichtschwachen Spiralarmen, die man am besten mit Brennweiten ab 2000 mm mit reichlich Belichtung aufnimmt. Aber auch mit 500 mm Brennweite und einer DSLR-Kamera im APS-C-Format wie der EOS 350D ist M 58 interessant, da im Umfeld weitere Messier-Galaxien des Virgo-Haufens liegen. Je nach Wahl der Bildmitte kann man zusätzlich zu M 58 drei bis vier Galaxien gleichzeitig aufnehmen, darunter M 59, M 60, M 87, M 89 und M 90. Ein Sternkartenprogramm, bei dem man die Brennweite und das Kameraformat voreinstellen kann, ist bei der vorbereitenden Planung hilfreich [PP]. Übrigens: Auf Infrarotaufnahmen des Spitzer Space Telescope sind die Sternentstehungsregionen in den Spiralarmen der Galaxie viel deutlicher und strukturierter zu erkennen als im sichtbaren Licht.

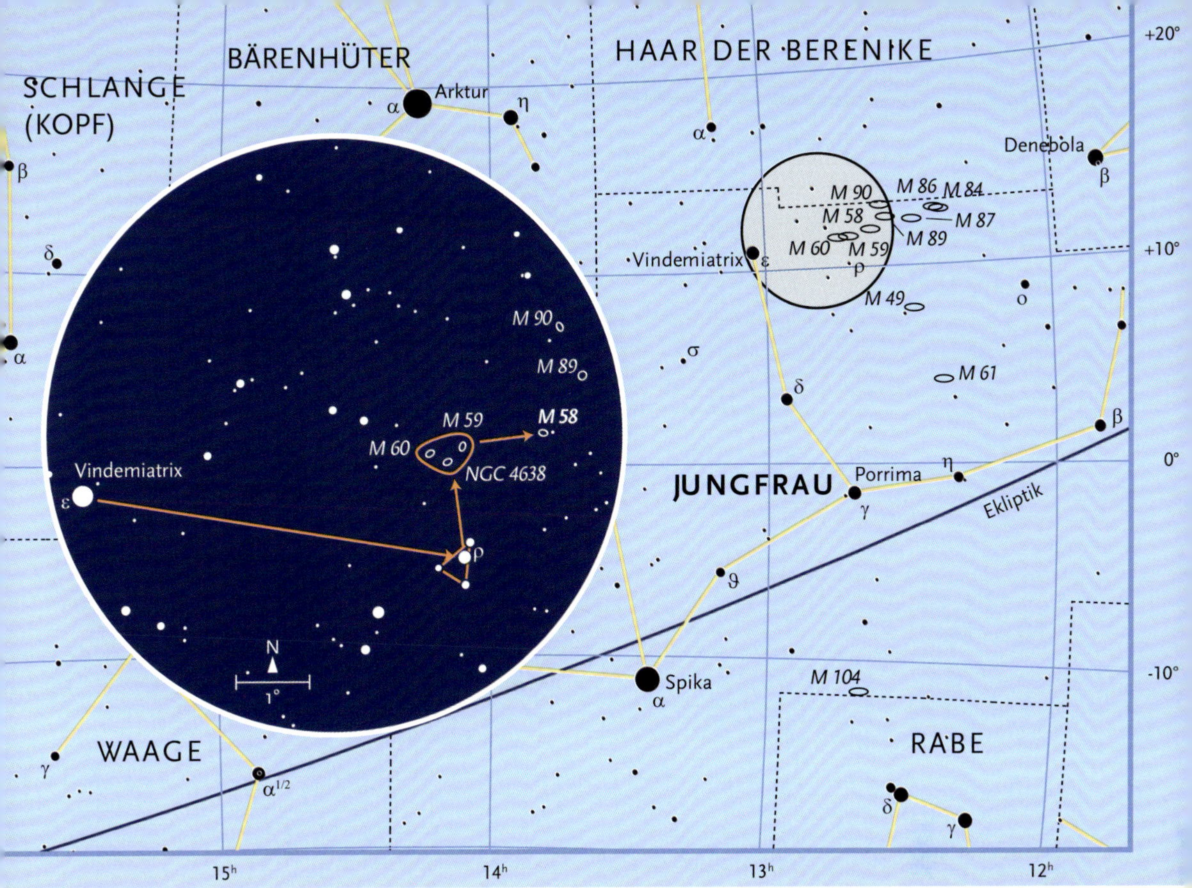

M 58. Optik: Meade 12″ ACF + Flattener, **Brennweite:** 2970 mm, **Kamera:** SBIG STL-11000M, **Belichtung:** Luminanz 120 min am 20. 3. und 19. 4. 2009 und Farbe 60 min am 26. 1. 2009, **Ort:** Sörth

M 59
M 60

Steckbrief		
Messier-Nummer	59	60
NGC-Nummer	4621	4649
Name		
Sternbild	Jungfrau	Jungfrau
Objektklasse	Galaxie	Galaxie
Klassifikation*	E5	E2
Rektaszension	$12^h 42\overset{m}{,}0$	$12^h 43\overset{m}{,}7$
Deklination	+11° 39′	+11° 33′
Helligkeit	$9\overset{m}{,}6$	$8\overset{m}{,}8$
Ausdehnung	6×4′	8×6′
Entfernung	60 Mio Lj	55 Mio Lj
Kulmination**	22. April	22. April
Kulmination nächstes Objekt	M 60	M 94

* Erläuterung Seite 212/213; ** für 10° Ost, ca. 23 Uhr MEZ

Information

Johann Gottfried Köhler entdeckte beide Nebel am 11. 4. 1779, vier Tage vor Messiers unabhängiger Entdeckung am 15. 4. 1779. Messier schrieb zu M 59: „Nebel in Virgo in der Nachbarschaft des vorhergehenden, vom gleichen Licht, gleich schwach". Und zu M 60 in der gleichen Nacht ganz ähnlich: „Nebel in Virgo, etwas deutlicher als die beiden vorhergehenden."

M 59 ist eine stark elliptische Galaxie in 48 bis 60 Millionen Lj Entfernung, sie gehört wie M 60 zum Virgo-Haufen. Legt man die größere Distanz zugrunde, ist M 59 etwa 100 000 Lj ausgedehnt. Sie hat einen reichen Kugelsternhaufenhalo mit etwa 2000 Mitgliedern und einen 200 Lj großen Kern, der gegenläufig rotiert [M 59]. Die Supernova 1939B erreichte seinerzeit eine Helligkeit von $11\overset{m}{,}9$.

M 60 ist eine wenig abgeflachte elliptische Galaxie, die in 55 Millionen Lj Entfernung 120 000 Lj ausgedehnt ist. Die Gesamtmasse beträgt bis zu 1000 Milliarden Sonnenmassen, darunter ein 3700 Mitglieder starkes Kugelsternhaufensystem. Das Zentrum wird beherrscht von einem Schwarzen Loch mit 3,4 Milliarden Sonnenmassen. Am 28. 1. 2004 wurde die Supernova SN 2004w ($18\overset{m}{,}8$) entdeckt. Die Simbad-Datenbank [Simbad] listet zudem noch 13 Kandidaten für Planetarische Nebel in M 60 auf.

So finden Sie M 59 und M 60

> Beide Galaxien stehen in unmittelbarer Nachbarschaft zur vorher beschriebenen Galaxie M 58.

> Als Startobjekt empfiehlt sich ε Vir (Vindemiatrix) im nördlichen Bereich des Sternbildes Jungfrau.

> Stellen Sie ε Vir an den nördlichen Rand Ihres Okulargesichtsfeldes (bei 20–30×) und schwenken Sie 5° nach Westen – dort stoßen Sie auf ein Dreieck aus Sternen 6. bis 7. Größe, die um den rund 5^m hellen ρ Vir herum gruppiert sind.

> 1,5° nördlich davon finden Sie die Galaxien M 59 und M 60.

Beobachtung

Diese beiden Elliptischen Galaxien bilden ein hübsches Pärchen im Virgo-Galaxienhaufen. M 60 ist die hellere von beiden, im 75-mm-Refraktor ist sie deutlich oval, die Helligkeit nimmt nur mäßig zum Zentrum hin zu. Im Vergleich dazu wirkt M 59 kompakter, die Galaxie bildet ein rechtwinkliges Dreieck mit zwei Sternen 9. bzw. 10. Größe. Blickweise kann in der Nachbarschaft von M 60 auch die für dieses Instrument sehr schwache Galaxie NGC 4647 ausgemacht werden – so wird aus dem Paar ein Terzett. Im 130-mm-Refraktor wirkt M 59 eher wie ein unscharfer Stern, leicht zu sehen ist diese Galaxie nur aufgrund ihrer Nähe zu M 60. Der schwache Begleiter von M 60 wiederum sieht aus wie ein kleines, diffuses Wölkchen.

Wie bei den meisten Elliptischen Galaxien bringt der Sprung auf 300 mm Öffnung keinen Mehrgewinn an Details, dafür aber insgesamt eine bessere Erkennbarkeit. NGC 4647 ist in punkto Ausdehnung nicht viel kleiner als M 60, aber sehr viel diffuser und eben auch schwächer. Zwischen M 59 und M 60 lohnt sich auch ein Blick auf die längliche Galaxie NGC 4638. Auf jeden Fall ist dieses Galaxiengrüppchen ein lohnendes Ziel für frühjährliche Himmelsexkursionen in einem extragalaktischen Umfeld.

Fototipp

Das galaxienreiche Umfeld des Virgo-Haufens ist lohnend ab etwa 300 mm Brennweite und einer Kamera mit sehr feinen Pixeln um etwa 5 µm Größe, denn alle Virgo-Galaxien sind scheinbar nur wenige Bogenminuten ausgedehnt. Mit langer Brennweite um 3000 mm stehen neben M 59 und M 60 noch weitere fünf NGC/IC-Galaxien im Feld. M 60 bildet mit der 2,5′ nordwestlich liegenden bläulichen Balkenspirale NGC 4647 ein farblich kontrastierendes und damit sehr fotogenes Paar für lange Aufnahmebrennweiten.

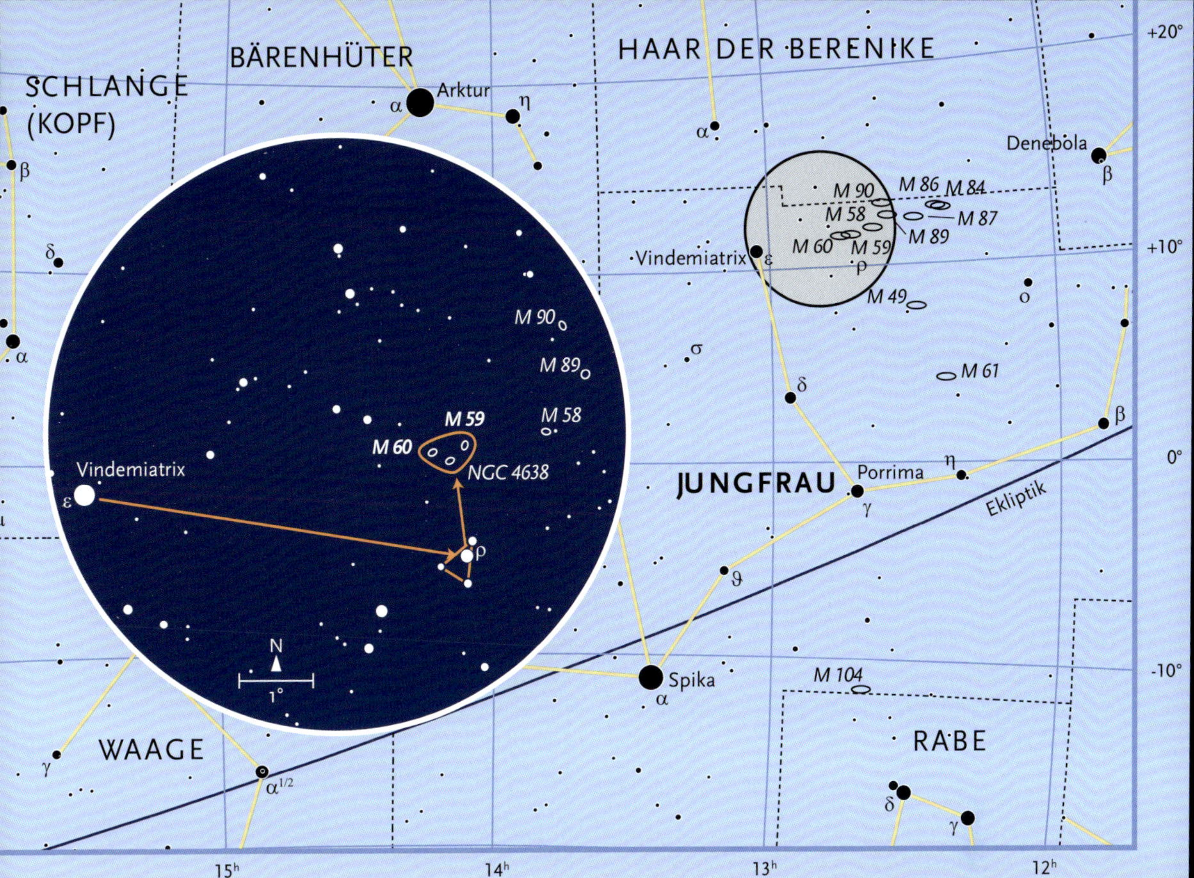

M 59, M 60. Optik: Meade 12″ ACF + Flattener, **Brennweite:** 2970 mm, **Kamera:** SBIG STL-11000M, **Belichtung:** 60 min am 21. 1. 2009, **Ort:** Sörth

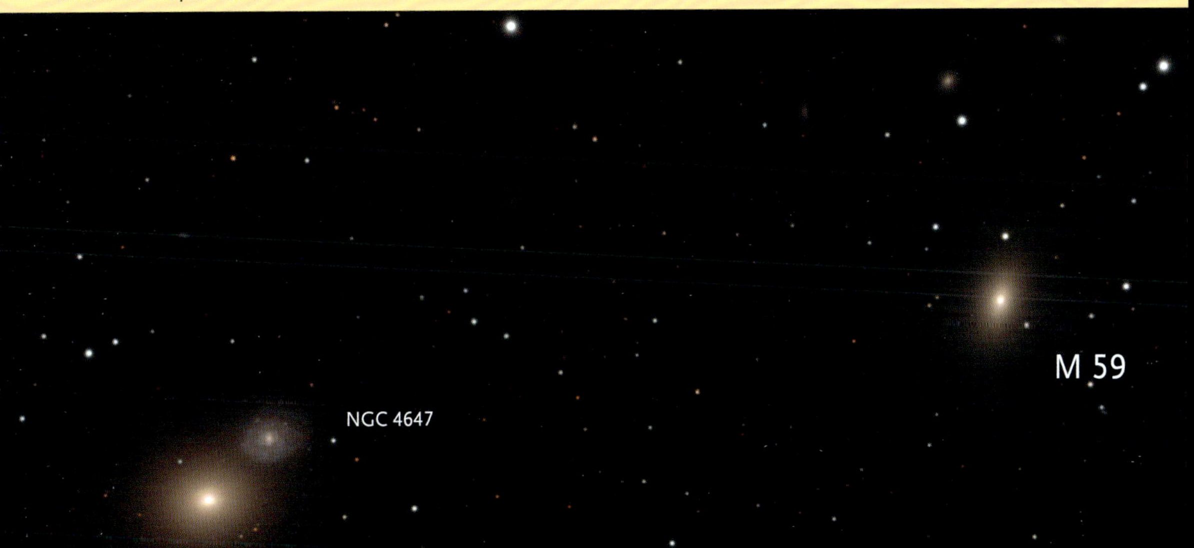

M 61

Steckbrief	
Messier-Nummer	61
NGC-Nummer	4303
Name	
Sternbild	Jungfrau
Objektklasse	Galaxie
Klassifikation*	Sb/SBc
Rektaszension	$12^h 21{,}^m9$
Deklination	+04° 28′
Helligkeit	$9{,}^m3$
Ausdehnung	7×6′
Entfernung	60 Mio Lj
Kulmination**	17. April
Kulmination nächstes Objekt	M 40

* Erläuterung Seite 212/213; ** für 10° Ost, ca. 23 Uhr MEZ

Information

Am 5.5.1779 entdeckte der italienische Astronom Barnaba Oriani bei der Beobachtung des Kometen von 1779 einen Nebel, den er als „sehr blass, genau wie der Komet“ beschrieb. Messier trug den Nebel nach unabhängiger Entdeckung am 11.5.1779 mit folgender Beschreibung in seinen Katalog ein: „Nebel, sehr schwach und schwierig zu erkennen. Am 5. und 6.5. mit dem Kometen von 1779 verwechselt und am 11.5. erkannt, dass es ein Nebel in der Bahn des Kometen war.“

M 61 steht als Mitglied des Virgo-Haufens in einer Entfernung von 50 bis 60 Millionen Lj und ist etwa 100 000 Lj ausgedehnt. Es handelt sich um eine Zwischenform zwischen einer Balkenspirale und einer normalen Spirale mit aktivem Galaxienkern und einer Gesamtmasse von 70 Milliarden Sonnenmassen. Sechs Supernovae wurden zwischen 1926 und 2008 entdeckt, zuletzt SN2008in am 26.12.2008. Die als Typ II klassifizierte Explosion eines massereichen, jungen Sterns 1,7′ nordöstlich des Galaxienzentrums wurde maximal $14{,}^m3$ hell.

Aktive Galaxienkerne

Ein Aktiver Galaktischer Kern (AGN) ist der allgemeine Oberbegriff für ein Schwarzes Loch mit einer Akkretionsscheibe, die beidseitig senkrecht zur Scheibe Materiejets aus der Kernregion ausgestößt. Je nach Einblickwinkel schaut man genau in die Jets (sogenannte Blazare) oder mehr oder weniger auf die Kante der Akkretionsscheibe (Seyfert-Galaxien). Die Jets (vgl. M 87) verlassen die einige astronomische Einheiten große Kernregion mit nahezu Lichtgeschwindigkeit. Ionisiertes Gas wird hier mithilfe von Magnetfeldern beschleunigt [M 61].

So finden Sie M 61

> M 61 liegt im südlicheren Bereich des Virgo-Haufens zwischen β und δ Vir.
> Die Reise zu M 61 beginnt bei η Vir.
> 4° nördlich stoßen Sie auf 16 Vir, einen Stern 5. Größe, der zusammen mit drei Sternen 8. Größe eine markante Raute bildet.
> Knapp 1° weiter nördlich finden Sie M 61.

Beobachtung

Im 75-mm-Refraktor ist diese auf Fotografien sehr ansehnliche Spiralgalaxie des Virgo-Haufens ein kniffliges Beobachtungsziel. Durch ihren verschwommenen Umriss ist sie nur schwer zu fassen, am leichtesten sichtbar ist sie bei Vergrößerungen um 30–40×. Der Helligkeitsanstieg zum Zentrum hin ist nur sehr mäßig – was die Erkennbarkeit im kleinen Teleskop ebenfalls erschwert. Der 130-mm-Refraktor macht es einem da wegen der größeren Öffnung schon sehr viel leichter, die Galaxie zu sichten – wenngleich die Zentralregion auch bei etwa 50× nach wie vor sehr diffus ist. Indirekt kann man unregelmäßige Ränder bzw. Spiralarme erahnen – mehr ist aber mit diesem Instrument nicht drin.

Im 300-mm-Reflektor ist die Kernregion gut sichtbar und leicht fleckig. Der verschwommene, diffuse Rest der Galaxie ist nach wie vor nicht einfach zu sehen, er zeigt sich als lichtschwacher Umriss rings um die auffällige Kernregion.

Fototipp

M 61 zeigt als Zwischenform zwischen Spirale und Balkenspirale helle, wohlstrukturierte abknickende Spiralarme, deren Entstehung in diesem Fall auf Dichteschwankungen des gasförmigen Anteils in der Galaxie beruht. Sie liegt in einem attraktiven Galaxienumfeld, das sich für lange Brennweiten eignet: NGC 4303A liegt 10′ nordöstlich und NGC 4292 12′ nordwestlich. Eine lange Gesamtbelichtung zur Darstellung der weiter außen liegenden, relativ lichtschwachen Spiralarme ist erforderlich. M 61 sollte man immer nach Supernovae absuchen: Zwischen 1926 und 2014 wurden sieben Supernovae zwischen 12^m und 14^m entdeckt – Rekord für die Messier-Galaxien!

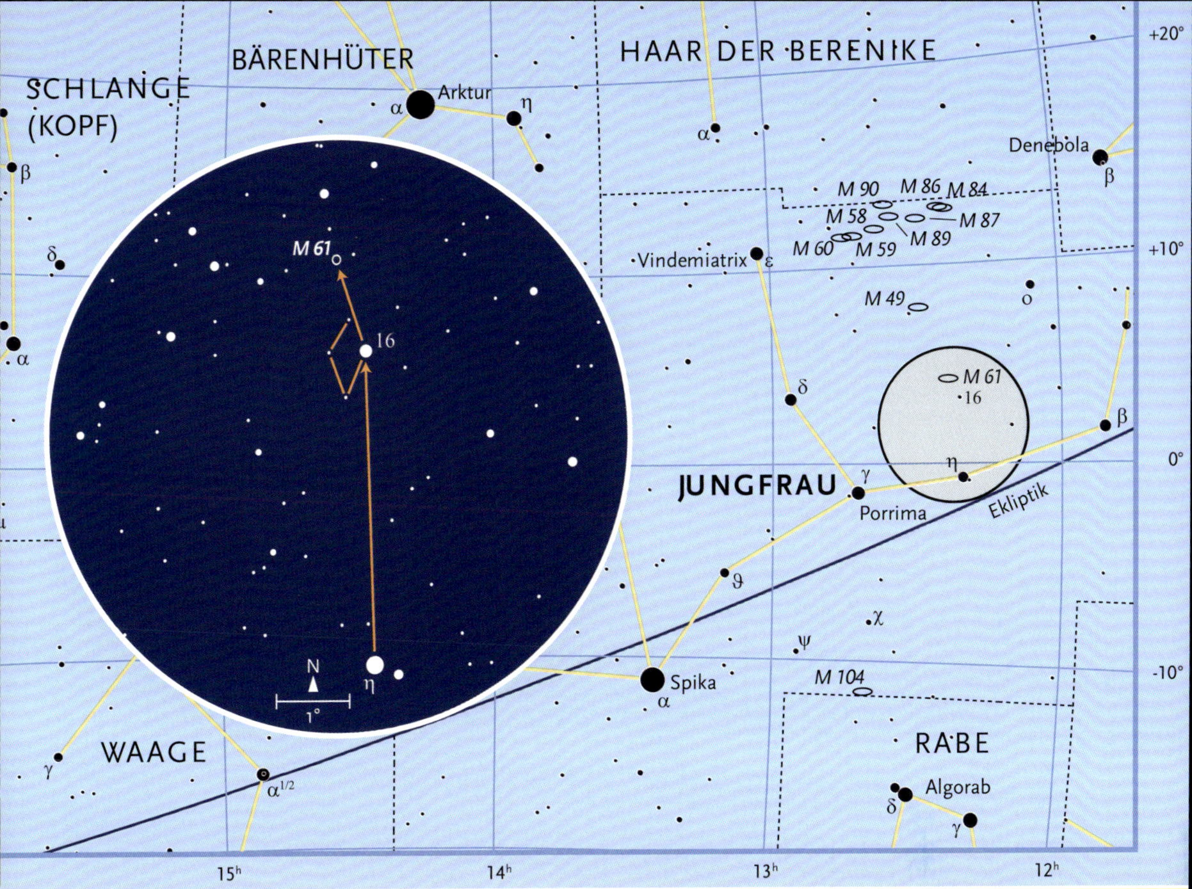

M 61. Optik: Meade 12″ ACF + Flattener, **Brennweite:** 2970 mm, **Kamera:** SBIG STL-11000M, **Belichtung:** Luminanz 100 min am 22. 4. 2009. **Kamera:** Canon EOS 5D, **Belichtung:** 100 min am 12. 2. 2008, **Ort:** Sörth

M 62

Steckbrief	
Messier-Nummer	62
NGC-Nummer	6266
Name	
Sternbild	Schlangenträger
Objektklasse	Kugelsternhaufen
Klassifikation*	IV
Rektaszension	$17^{h}\ 01^{m}{,}2$
Deklination	−30° 07′
Helligkeit	$6^{m}{,}5$
Ausdehnung	14′
Entfernung	35 100 Lj
Kulmination**	26. Juni
Kulmination nächstes Objekt	M 19

* Erläuterung Seite 212/213; ** für 10° Ost, ca. 23 Uhr MEZ

Information

„Sehr schöner Nebel, der einem kleinen Kometen ähnelt. Mit hellem Zentrum und von schwachem Leuchten umgeben", schreibt Messier am 4.6.1779 über den „Nebel", den er bereits am 7.6.1771 gesehen hat. Der Kugelsternhaufen M 62 ist mit Klasse IV mittel konzentriert und in rund 35 100 Lj Entfernung 143 Lj ausgedehnt. Sein Kerndurchmesser wird mit nur 22″ angegeben.

Die hellsten Sterne in M 62 sind $13^{m}{,}0$ hell. Der Haufen zeigt wegen seiner Nähe zum galaktischen Zentrum (je nach Quelle 5500 bis 8600 Lj) eine deutlich asymmetrische Sternverteilung. Bis zum Jahr 2005 waren 205 Haufenveränderliche vom Typ RR Lyrae bekannt sowie sechs Pulsare.

So finden Sie M 62

> Die Suche nach dem auf der Grenze zwischen Schlangenträger und Skorpion liegenden Kugelhaufen M 62 beginnt tief am Südhimmel bei τ Sco.

> Dieser steht an der Nordspitze eines Dreiecks mit zwei Sternen 7. Größe, das nach Osten zeigt.

> Von der Südspitze dieses Dreiecks aus schwenken Sie gut 4,5° nach Osten – dann stoßen Sie auf M 62. Das gleichmäßig besetzte Sternfeld weist auf dem Weg dorthin zwar keine markanten Mini-Anordnungen auf, aber der Sternhaufen hebt sich aufgrund seiner Helligkeit auch so ausreichend im Bild des Sucherfernrohrs ab.

Die Bildauflösung

Die Bildauflösung bei Langzeitbelichtungen hängt von Seeing, Nachführgenauigkeit, Fokussierung und Abbildungsmaßstab ab. Mit 5,4 μm feinen Kamerapixeln beispielsweise erreicht man bereits bei 1,1 m Brennweite einen Maßstab von 1″ pro Pixel, was für ein durchschnittliches Seeing von 2″ und schlechter schon ausreicht.

Beobachtung

Auch bei diesem südlichen Kugelhaufen erweist sich ein Beobachtungsplatz in Mitteleuropa als Nachteil. Gerade bei einem solch kompakten Objekt wie M 62 ist der Standort sogar doppelt schlecht: Zum einen dämpft der Horizontdunst das Licht der Einzelsterne erheblich, zum anderen sorgt die dort stärkere Luftbewegung für eine viel schlechtere Auflösung und eine verwaschene Abbildung. Als Konsequenz sollte man sich M 62 für den Urlaub aufheben oder nur in optimalen Nächten (Bortle 3 oder 4) beobachten.

In einem 80-mm-Refraktor sieht man einen leicht ovalen Fleck mit auffälliger Kernregion, mehr als 40× wird man meist nicht vergrößern wollen. Der Kugelhaufen ist einfach zu sehen, aber hierzulande nicht spektakulär – schon vom Mittelmeerraum aus beobachtet sieht das anders aus. Im 130-mm-Refraktor wirkt alles etwas präsenter und griffiger, aber auch mit diesem Instrument sind noch keine Einzelsterne auszumachen. Bei indirektem Sehen erkennt man, dass die Kernregion exzentrisch ist – ein eher ungewöhnlicher Anblick für einen Kugelsternhaufen. Mit einem 200-mm-Reflektor ist bei 60× diese Asymmetrie schon auffälliger, bei ruhiger Luft und 100× kann man blickweise am Rand die ersten Einzelsterne ausmachen.

Fototipp

Die Sterne stehen relativ dicht gedrängt im Zentrum des Kugelsternhaufens M 62. Deshalb ist ein digitales Komposit mit vielen kurz und lang belichteten Aufnahmen nötig, um eine Überbelichtung des Haufenzentrums zu vermeiden (vgl. Fototipp Seite 36). M 62 ist ein reizvoller Sternhaufen für mittlere bis lange Brennweiten. Schon mit 500 mm Brennweite löst man M 62 in den Randzonen in Einzelsterne auf und hat zusätzlich ein attraktives Milchstraßenumfeld, durchsetzt mit zahlreichen Dunkelwolken. Besonders eindrucksvoll ist M 62 bei hoher Auflösung mit langer Brennweite, aufgenommen in südlicheren Breiten als Mitteleuropa.

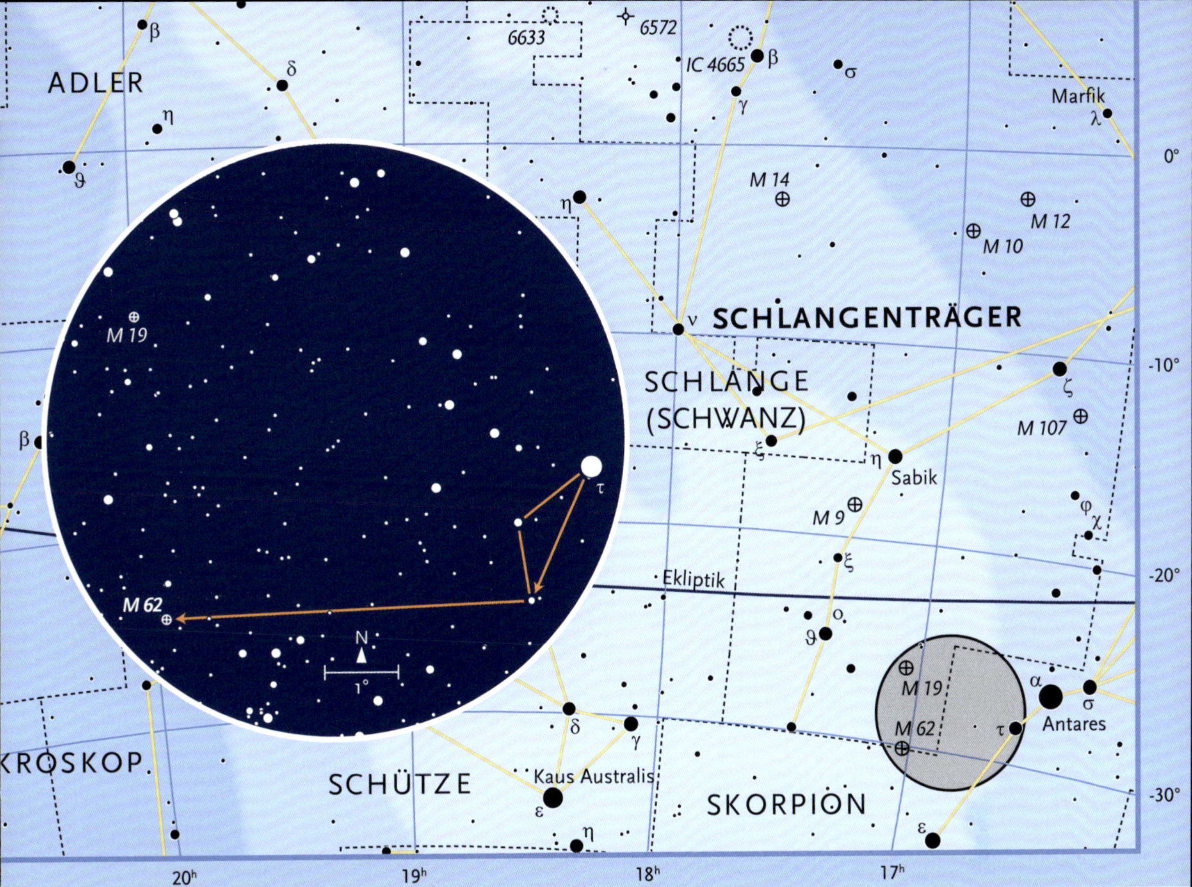

M 62. Optik: Meade 14″ ACF + Reducer, **Brennweite:** 3000 mm, **Kamera:** Canon EOS 5D, **Belichtung:** 34 min am 26. 5. 2008, **Ort:** Farm Tivoli/Namibia

M 63 Sonnenblumengalaxie

Steckbrief	
Messier-Nummer	63
NGC-Nummer	5055
Name	Sonnenblumengalaxie
Sternbild	Jagdhunde
Objektklasse	Galaxie
Klassifikation*	Sb
Rektaszension	$13^h 15^m.8$
Deklination	+42° 02′
Helligkeit	$8^m.5$
Ausdehnung	13×7′
Entfernung	37 Mio Lj
Kulmination**	1. Mai
Kulmination nächstes Objekt	M 51

* Erläuterung Seite 212/213; ** für 10° Ost, ca. 23 Uhr MEZ

Information

Mit der folgenden Beschreibung vom 14. 6. 1779 trägt Messier die erste Entdeckung seines Freundes Pierre Méchain in seinen Katalog ein: „Nebel von Monsieur Méchain entdeckt. Monsieur Messier suchte nach ihm: Er ist schwach und leuchtet ähnlich wie der Nebel Nummer 59. Er enthält keinen Stern, und die schwächste Beleuchtung des [Mikrometer-] Fadens lässt ihn verschwinden."

M 63 ist eine Spiralgalaxie in 27 bis 37 Millionen Lj Entfernung, sie ist zwischen 100 000 und 140 000 Lj ausgedehnt und enthält 140 Milliarden Sonnenmassen. M 63 ist eine LINER-Galaxie mit aktivem Kern, deren Spiralarme flockig strukturiert sind. Die am 24. 5. 1971 im blauen Spektralbereich $11^m.6$ helle Supernova SN 1971I ist die bisher einzige bekannte Supernova in M 63. Mehr als 30 Sternhaufen zwischen 17^m und 20^m können im Aladin Sky Atlas [Aladin] identifiziert werden. M 63 ist Mitglied der M 51-Galaxiengruppe.

Hα-Strahlung in der Fotografie

Emissionsnebel werden von nahegelegenen, heißen Sternen zum Eigenleuchten vor allem bei der tiefroten Hα-Wellenlänge 656,28 nm angeregt. Eine für diese Strahlung meist unempfindliche DSLR-Kamera muss für entsprechende Aufnahmen durch Entfernen ihres eingebauten Infrarotfilters modifiziert werden [UM]. Zur Kontrastverstärkung gibt es spezielle Hα-Filter, die nur einen schmalen Lichtbereich um die Hα-Linie passieren lassen.

So finden Sie M 63

- M 63 befindet sich im Sternbild Jagdhunde nordöstlich von α CVn und bildet zusammen mit diesem und β CVn ein fast gleichschenkliges Dreieck.
- Ausgangspunkt der Suche ist der Stern α CVn (Cor Caroli), 3° weiter östlich finden Sie eine auffällige Gruppe aus Sternen 6. und 7. Größe.
- Rund 2° nordöstlich dieser Gruppe stoßen Sie auf eine Ansammlung von Sternen 5. und 6. Größe.
- Zentrieren Sie Ihr Teleskop auf den nördlichsten dieser Sterne (19 CVn) und schwenken Sie anschließend 1° nach Norden – M 63 liegt nun vor Ihnen.

Beobachtung

M 63 ist eines der Messier-Objekte, die selbst mit einem kleinen Fernrohr leicht zu finden sind. Im 75-mm-Refraktor ist die Galaxie neben einem Stern 9. Größe schnell lokalisiert. Bei etwa 50× zeigt sie sich oval mit leichtem Helligkeitsanstieg zur Mitte hin. Der Anblick im 130-mm-Refraktor ist erstaunlich anders, hier fällt bei ähnlicher Vergrößerung die Zentralregion deutlich auf. Der eigentliche Kern ist sehr klein und nicht besonders hell. Die Bereiche außerhalb des Zentrums sind formlos, verwaschen und gehen in den Himmelshintergrund über. Der Rest der Feldumgebung ist bis auf den Stern 9. Größe sternarm.

Im Okular eines 300-mm-Reflektors springt der lichtschwache, aber feine und kleine Kern ins Auge, er ist von einem ovalen Halo umgeben – dadurch wirkt dieser Teil der Galaxie recht plastisch. Die diffusen Außenbezirke von M 63 zeigen keine weiteren Strukturen. Die auf dem Foto schön abgebildeten Spiralarme sind selbst in einem 400-mm-Reflektor so schwach, dass man sie nur als verschwommenen Nebel um die Zentralregion wahrnimmt.

Fototipp

Bei gutem Seeing und längerer Brennweite ist M 63 auflösbar bis ins Zentrum. Aber erst bei langer Gesamtbelichtung hebt sich die markante Dunkelwolke an ihrem Südrand deutlich ab, weshalb der Himmelshintergrund für die lichtschwachen äußeren Spiralarme sehr dunkel sein sollte (Bortle 4). Bereits mit einer für Hα-Strahlung empfindlichen DSLR-Kamera können die magentafarbenen HII-Regionen und blauen Sternhaufen in den Spiralarmen sowie die rötlichen Staubwolken diesseits des Galaxienzentrums aufgenommen werden.

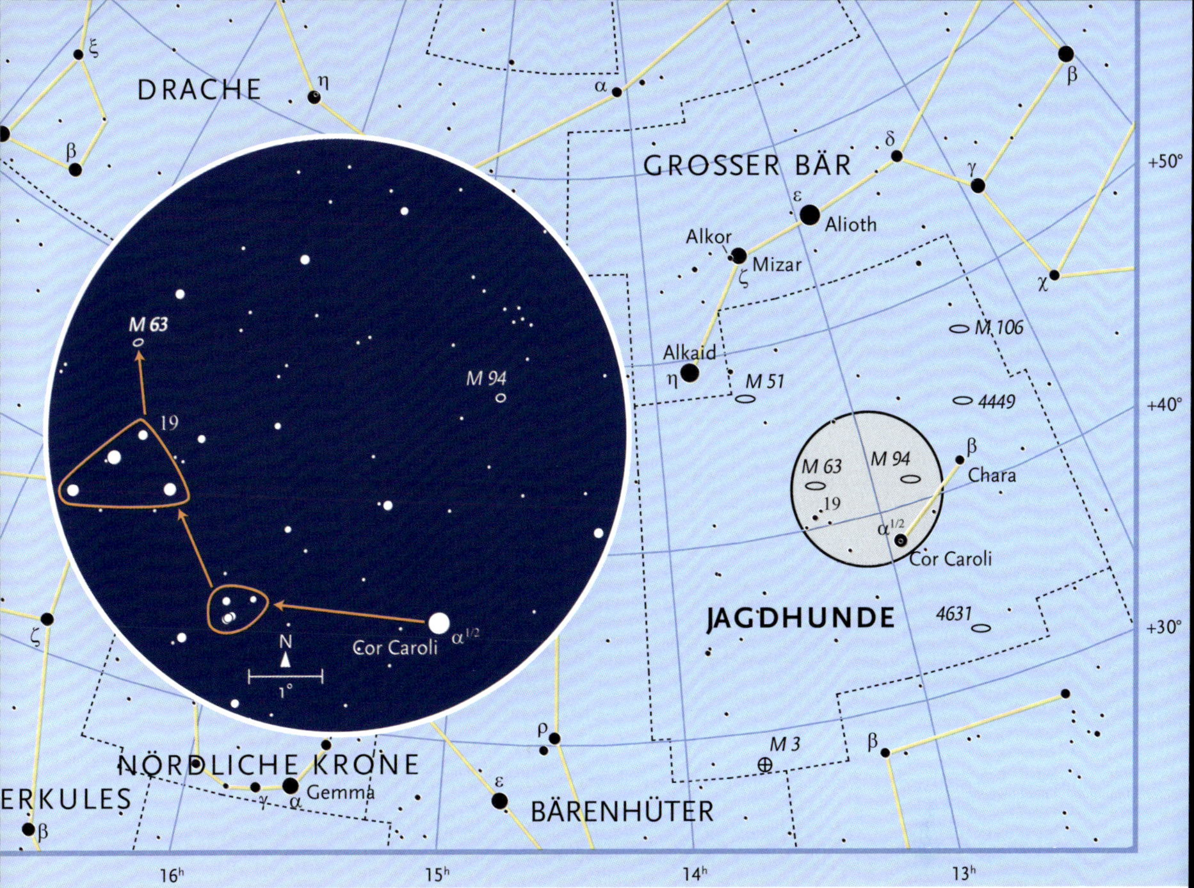

M 63. Optik: Meade 12″ ACF, **Brennweite:** 3000 mm, **Kamera:** Canon EOS 20D, **Belichtung:** 105 min am 8. 4. 2007, **Ort:** Sörth

M 64 Das Schwarze Auge

Steckbrief	
Messier-Nummer	64
NGC-Nummer	4826
Name	Das Schwarze Auge
Sternbild	Haar der Berenike
Objektklasse	Galaxie
Klassifikation*	Sb
Rektaszension	$12^h 56^m{,}7$
Deklination	+21° 41′
Helligkeit	$8^m{,}5$
Ausdehnung	10×5′
Entfernung	17 Mio Lj
Kulmination**	26. April
Kulmination nächstes Objekt	M 53

* Erläuterung Seite 212/213; ** für 10° Ost, ca. 23 Uhr MEZ

Information

Am 23. 3. 1779 entdeckte der britische Astronom Edward Pigott einen Nebel, den Messier am 1. 3. 1780 unabhängig fand und kurz beschrieb mit „Nebel in Haar der Berenike entdeckt, der halb so deutlich ist wie jener [Nr. 53] unter dem Haar". M 64 erstreckt sich über 50 000 Lj in 17 Millionen Lj Entfernung. Berühmt ist die Galaxie mit dem „Schwarzen Auge" („Black-eye"-Galaxie) für ihre Dunkelwolke nahe dem Zentrum, die auf Aufnahmen mit dem Hubble Space Telescope ihre Bestandteile offenbart: eine bunte Mixtur aus rötlichen Staubwolken, jungen blauen Sternhaufen und roten HII-Regionen.

Die innere Scheibe der Galaxie rotiert bis 3000 Lj vom Zentrum entfernt entgegen der äußeren Zone mit mittelalten Sternen, die sich im Radius über 40 000 Lj vom Zentrum hinaus erstreckt. In einer nur 150 Lj breiten „Reibungszone" findet eine lebhafte Sternentstehung statt. Die gegensätzliche Rotation im Zentrum von M 64 wird auf die Kollision mit einer gasreichen Begleitgalaxie vor vielleicht einer Milliarde Jahre zurückgeführt. Bislang sind keine Supernovae in M 64 beobachtet worden. Weiträumig bildet M 64 mit M 94 und acht weiteren Galaxien die lockere Canes-Venatici-I-Gruppe in 14 bis 20 Millionen Lj Entfernung.

So finden Sie M 64

> M 64 steht im Haar der Berenike. Dieses unauffällige Sternbild wird durch einen sehr ausgedehnten Sternhaufen dominiert, der bei dunklem Himmel südlich der Jagdhunde schon mit bloßem Auge ausgemacht werden kann (Melotte 111).

> 3° südöstlich dieses Sternhaufens stoßen Sie auf eine isoliert stehende Gruppe von Sternen 5. und 6. Größe mit dem Stern 23 Com im Nordwesten.

> Rund 4° östlich dieser Sterne finden Sie ein stumpfwinkliges Dreieck aus Sternen 5. und 7. Größe.

> M 64 bildet mit den Sternen 7. Größe ein gleichschenkliges Dreieck und steht an seiner Südspitze.

Beobachtung

Schon auf Fotografien mit Amateurteleskopen zeigt sich das ungewöhnliche Aussehen dieser Spiralgalaxie – der im Verhältnis zum gesamten Milchstraßensystem enorm ausgedehnten Dunkelwolkenregion hat sie ihren Namen zu verdanken. Im 75-mm-Refraktor ist diese Dunkelwolke auch bei 60× noch nicht zu sehen, aber dennoch ist M 64 auch in einem kleinen Teleskop lohnenswert: Die Galaxie ist einfach zu finden und schnell zu erkennen. Der Helligkeitsanstieg zur Kernregion hin fällt nur mäßig auf, insgesamt ist die Galaxie eher länglich. Ein 130-mm-Refraktor zeigt bereits einen leicht ovalen Umriss, die kernnahe Dunkelwolke ist bei 50× ansatzweise zu erkennen.

Im 300-mm-Reflektor gehört M 64 zu einer der ästhetischsten Galaxien des Nordhimmels. Die zentrale Dunkelwolke ist länglich ausgedehnt sofort zu sehen, sie sitzt nordöstlich der eher scheibenförmigen Zentralregion. Der Rest der Galaxie ist sehr diffus und geradezu weich, aber ein paar entspannte Beobachtungsminuten lohnen sich auch hierfür, denn bei längerem indirektem Sehen erkennt man nach und nach auch immer schwächere Randbezirke.

Fototipp

Nur bei gutem Seeing, langer Brennweite bzw. hoher Bildauflösung mit feinen Digitalkamerapixeln sind die „knotigen" Sternwolken und HII-Regionen im inneren Bereich der Galaxie auflösbar. Vorsicht sollte man walten lassen bei der Helligkeitsstreckung des fertigen Bildes. Die Gradationskurve nur so verändern, dass die äußeren Schalen der Galaxie sichtbar werden, ohne dass das „Schwarze Auge" im Galaxienzentrum durch den hellen Kern überbelichtet wird. M 64 ist ein Paradeobjekt im Frühling für mittlere bis extrem lange Brennweiten, je nach Himmelshelligkeit und Seeing-Bedingungen.

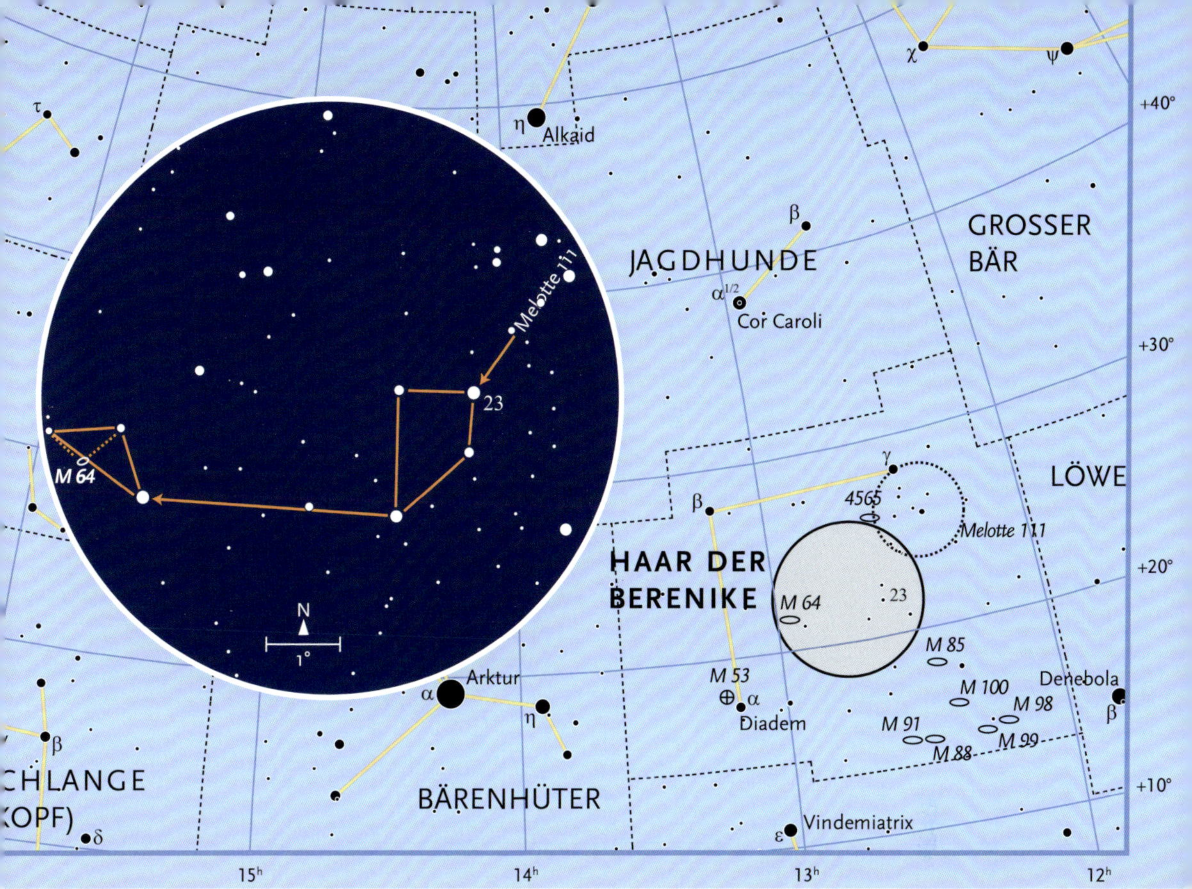

M 64. Optik: Meade 12″ ACF, **Brennweite:** 3000 mm, **Kamera:** Canon EOS 20D, **Belichtung:** 115 min am 16. 4. 2007, **Ort:** Sörth

M 65

M 66

Steckbrief		
Messier-Nummer	65	66
NGC-Nummer	3623	3627
Name		
Sternbild	Löwe	Löwe
Objektklasse	Galaxie	Galaxie
Klassifikation*	Sa	Sb
Rektaszension	$11^h 18^m.9$	$11^h 20^m.2$
Deklination	+13° 05′	+12° 59′
Helligkeit	$9^m.2$	$8^m.9$
Ausdehnung	10×3′	9×4′
Entfernung	30 Mio Lj	30 Mio Lj
Kulmination**	30. März	2. April
Kulmination nächstes Objekt	M 66	M 109

* Erläuterung Seite 212/213; ** für 10° Ost, ca. 23 Uhr MEZ

Information

Am 1.3.1780 findet Messier zunächst M 65: „Nebel im Löwen entdeckt. Er ist sehr schwach und enthält keinen Stern." Zu M 66 schreibt er später: „Der Nebel ist schwach und nahe beim vorherigen Objekt. Beide stehen im Refraktor-Gesichtsfeld. Der Komet von 1773 und 1774 lief zwischen den beiden Nebeln hindurch. Monsieur Messier sah ihn nicht zu jener Zeit, zweifellos wegen des Lichts des Kometen." M 65 und M 66 sind rund 90 000 Lj ausgedehnt und stehen in etwa 30 Millionen Lj Entfernung nur 175 000 Lj auseinander.

M 65 hat einen kleinen LINER-Kern (ebenso wie M 66), eng gewundene Spiralarme und eine auffällige Dunkelwolke auf der uns zugewandten Seite. Gesicherte Supernova-Ausbrüche in diesem Galaxienpaar sind 2013am ($15^m.6$) in M 65 und 1973R ($15^m.3$), 1989B ($12^m.3$), 2009hd ($16^m.5$) und 2016cok ($16^m.1$) in M 66. Das gerade einmal 17^m helle Ereignis vom 15.4.1997 (SN 1997bs) wird mittlerweile als Ausbruch eines massereichen Sterns gedeutet. Möglicherweise ist der nahe Vorübergang der Galaxie NGC 3628 die Ursache für die Deformation der nördlichen Spiralarme von M 66 aus der Ebene heraus.

So finden Sie M 65 und M 66

- Identifizieren Sie zunächst das Sternbild Löwe mit seinem hellen Hauptstern α Leo (Regulus), der „Vordertatze" des Löwen.
- Lokalisieren Sie dann den 3^m hellen ϑ Leo, und positionieren Sie ihn ins Zentrum Ihres Suchers.
- 2° südlich von ϑ Leo erkennt man eine markante Kette aus drei Sternen 5. bis 7. Größe, die in Nord-Süd-Richtung ausgerichtet ist.
- Richten Sie Ihr Teleskop auf den nördlichsten Teil dieser Kette.
- Schwenken Sie nun knapp 1° nach Osten, dort finden Sie einen Stern 7. Größe – M 65 steht knapp 20′ südlich von ihm, weitere 20′ südöstlich davon stoßen Sie auf M 66.

Beobachtung

M 65 und M 66 bilden eines der schönsten Galaxienpaare am Himmel. Schon in einem 75-mm-Refraktor kann man beide bei 35–50× nebeneinander im Gesichtsfeld bewundern. Die westlichere (M 65) ist insgesamt etwas lichtschwächer als die Schwestergalaxie, sie weist eine längliche Form mit leichter Verdickung zum Zentrum hin auf. Der Westrand ist etwas schärfer definiert als die Ostseite. M 66 zeigt eine leicht unregelmäßige Form mit einer diffusen Zentralregion, im Verhältnis zu M 65 ist sie weitaus asymmetrischer. Im 130-mm-Refraktor sieht man bei M 66 die Ansätze der Spiralarme als fleckige Strukturen, diffuse Ausläufer nach Norden und Süden sind indirekt sichtbar. Die Zentralregion von M 65 ist in diesem Instrument immer noch ziemlich lichtschwach, insgesamt wirkt die Galaxie bei 50× aber deutlich schärfer definiert.

Im 300-mm-Reflektor kann man das Zentrum von M 65 als kleines, scheibenförmiges Objekt sichten, das von einer ovalen Kernregion umgeben ist. Ansatzweise lässt sich die kernnahe Dunkelwolke als schmaler Streifen ausmachen. M 66 aber zeigt Spiralarme, in ihren Übergängen zur Kernregion zerfallen diese blickweise sogar in klumpige Strukturen, die auf die fotografisch erfassbaren Sternhaufen hinweisen. Die eigentliche Kernregion freilich fällt auch in einem Teleskop mit 300 mm Öffnung nicht auf.

Fototipp

M 65 und M 66 bilden zusammen mit der weiter nördlich gelegenen Galaxie NGC 3628 das bekannte Leo-Triplett. Alle drei Galaxien befinden sich im Aufnahmefeld einer Kamera im APS-C-Format bis knapp 1000 mm Brennweite. Mit einer Vollformatkamera passen M 65 und M 66 bei 3000 mm Brennweite gemeinsam ins Bildfeld: ein beeindruckender Anblick, wenn man bei gutem Seeing unter 2″ hoch aufgelöst fotografiert.

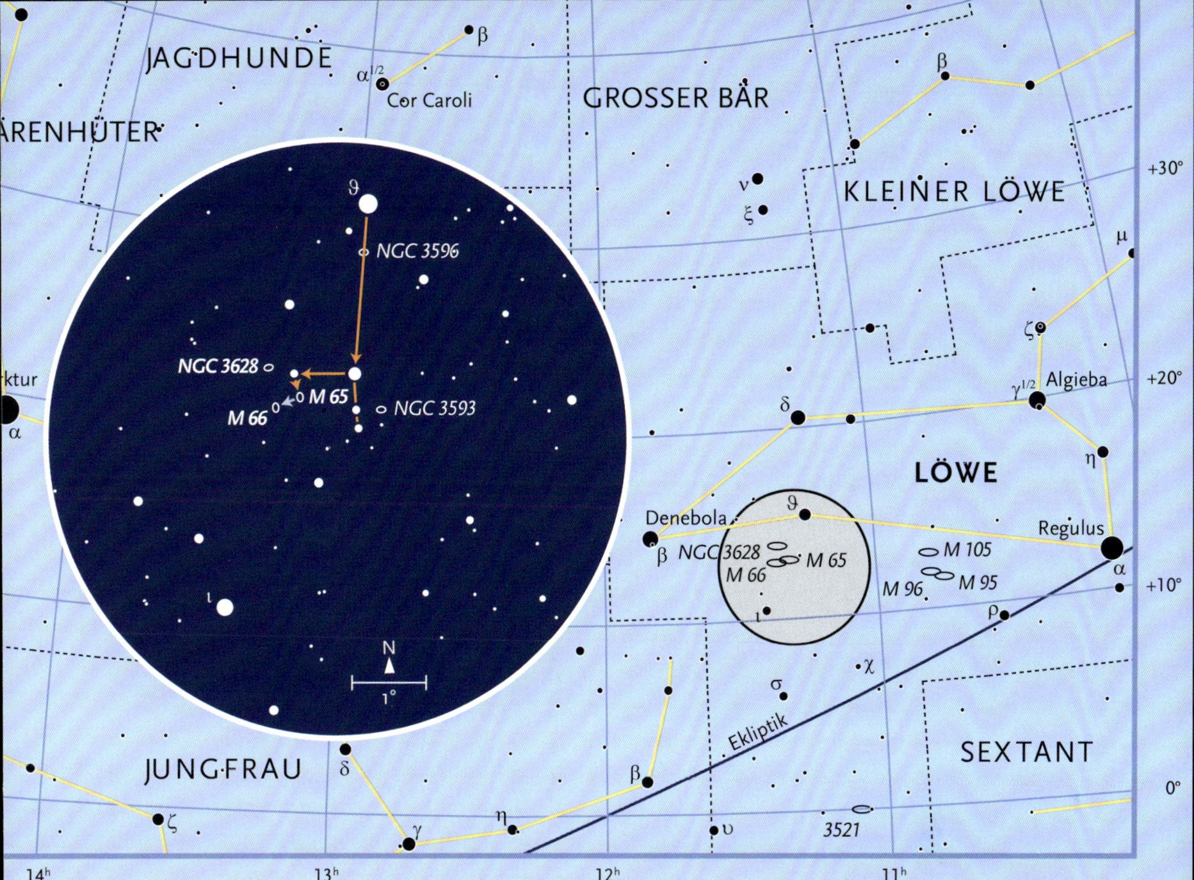

M 65, M 66. Optik: Meade 12″ ACF, **Brennweite:** 3000 mm, **Kamera:** Canon EOS 5D, **Belichtung:** 105 min am 11. 2. 2008, **Ort:** Sörth

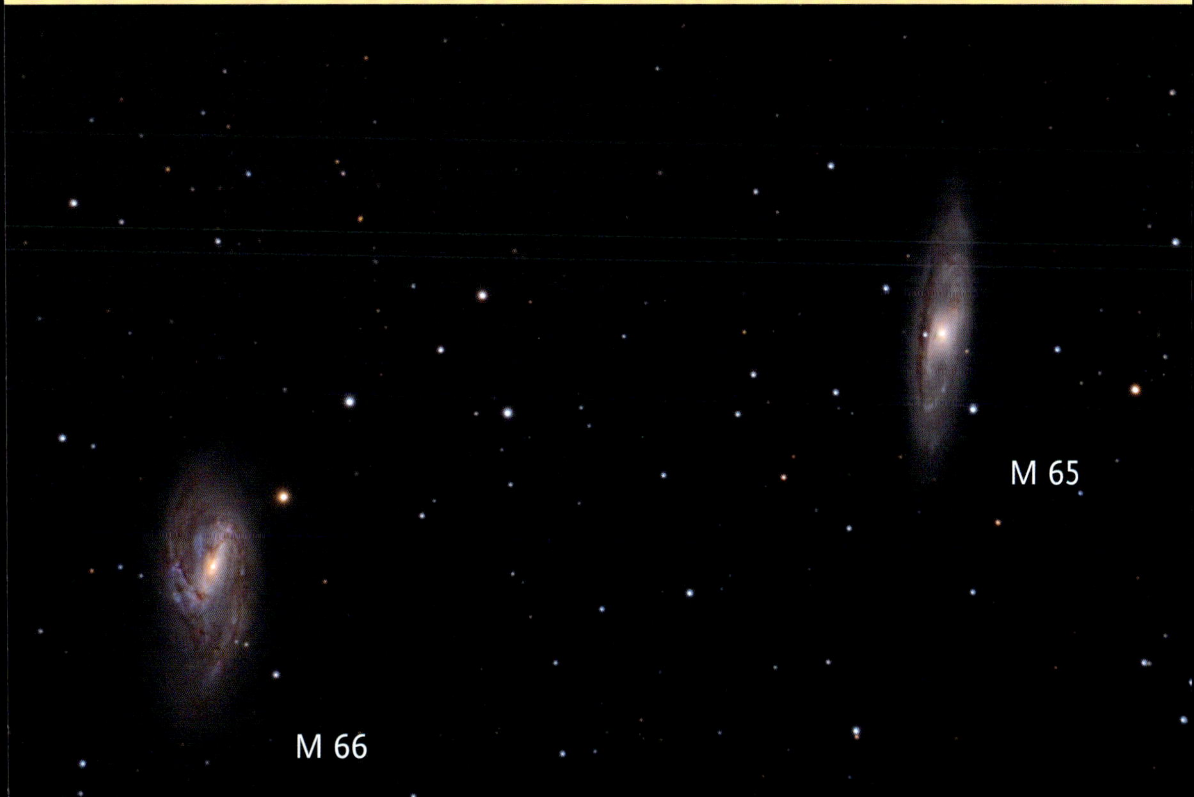

M 67

Steckbrief	
Messier-Nummer	67
NGC-Nummer	2682
Name	
Sternbild	Krebs
Objektklasse	Offener Sternhaufen
Klassifikation*	II3r
Rektaszension	$08^{h}\,51^{m}{,}4$
Deklination	+11° 48′
Helligkeit	$6^{m}{,}9$
Ausdehnung	30′
Entfernung	2960 Lj
Kulmination**	23. Februar
Kulmination nächstes Objekt	M 81

* Erläuterung Seite 212/213; ** für 10° Ost, ca. 23 Uhr MEZ

Information

Die Entdeckung wird Johann Gottfried Köhler vor 1779 zugeschrieben. Messier entdeckte den Haufen ohne davon Kenntnis zu erlangen am 6.4.1780 und schrieb: „Ein Haufen schwacher Sterne mit Nebel." Die Trümpler-Klasse II3r beschreibt M 67 als sternreichen, frei stehenden Haufen mit geringer zentraler Konzentration sowie hellen und schwachen Sternen.

M 67 ist 26 Lj ausgedehnt und steht 2960 Lj entfernt. Für einen Offenen Sternhaufen hat M 67 mit 4 Milliarden Jahren ein stattliches Alter, ähnlich dem unseres Sonnensystems. Daher werden insbesondere die rund 100 sonnenähnlichen Sterne in M 67 genauer untersucht. Da die Sterne des Haufens viel Zeit für ihre Entwicklung hatten, findet man unter den 500 Mitgliedern elf helle Riesensterne vom Spektraltyp K und ebenso viele Blue Straggler-Sterne. M 67 enthält weiterhin 200 Weiße Zwerge. Der Haufen ist gut fotometriert, man findet im Aladin Sky Atlas [Aladin] Sterne bis 21^{m} verzeichnet. Hellster Stern ist der K0-Stern HD 75700 mit $7^{m}{,}9$ Helligkeit [Simbad]. M 67 ist reich an Veränderlichen Sternen, darunter sind 20 Bedeckungsveränderliche, sechs δ-Scuti-Sterne (vgl. S. 88) und sieben kataklysmische Sterne, die in kurzer Zeit ihre Helligkeit dramatisch ändern können.

So finden Sie M 67

- M 67 finden Sie im Sternbild Krebs zwischen den hellen Sternen α Leo (Regulus) im Löwen und α CMi (Prokyon) im Kleinen Hund (vgl. Karte S. 218).
- Starten Sie die Suche bei α Leo (Regulus) und schwenken Sie 17° nach Westen, bis Sie bei α Cnc (Acubens) ankommen.
- Von dort aus schwenken Sie Ihr Teleskop knapp 2° nach Westen, vorbei am 5^{m} hellen Stern 60 Cnc, und schon haben Sie M 67 erreicht.

Beobachtung

In einem 75-mm-Refraktor ist dieser Sternhaufen ein hübsches Beobachtungsobjekt. Da er in einer vergleichsweise sternarmen Himmelsregion steht, hebt er sich gut von seiner Umgebung ab und ist deutlich ästhetischer als die viel hellere Praesepe. Unter guten Sichtbedingungen (Bortle 4) sind 35 bis 40 Einzelsterne 8. bis 11. Größe zu erkennen, der auffallende, leicht rötlich helle Stern am Nordostrand des Haufens gehört jedoch nicht dazu. Die anderen auffälligeren Einzelsterne bilden einen Bogen, von der Unterkante des Haufens nach Norden öffnend. Die restlichen, schwächeren Sterne sind gleichmäßiger verteilt. Beim 130-mm-Refraktor steigt die Zahl der sichtbaren Sterne auf 60 bis 70 an, der im kleineren Instrument sichtbare Sternbogen geht angesichts der zusätzlichen schwächeren Sterne etwas unter. Insgesamt wirkt der Sternhaufen im größeren Teleskop kompakter. Die ideale Vergrößerung für beide Instrumente liegt bei 40–60×.

Im 300-mm-Reflektor füllt M 67 bei 95× mehr als das halbe Sehfeld aus, er wirkt runder und gleichmäßiger. Die Zahl der Einzelsterne übersteigt die 200, viele schwächere Sterne haben sich zu kleinen, auffälligen Grüppchen angeordnet. An diese Grüppchen kann man sich bei guter Sicht (Bortle 5) und ruhiger Luft auch mit 120 –150× und mehr wagen, man wird dabei den einen oder anderen Doppelstern finden. Mit einem Weitwinkelokular, das an einem solchen Teleskop 65–75× ermöglicht, ist der Anblick des glitzernden Sternhaufens atemberaubend.

Fototipp

M 67 ist ein großer Offener Sternhaufen für Brennweiten zwischen 500 und 2000 mm mit einer Kamera im APS-C-Format wie der EOS 350D. Der Sternhaufen steht weitab des Milchstraßenbandes in einem relativ dünn besetzten Sternumfeld. Bei langer Belichtung schmücken zahllose lichtschwache, weniger als 1′ große Galaxien das Umfeld des eindrucksvollen Sternhaufens, der durch seine außergewöhnlich vielen hellen roten Sterne besticht.

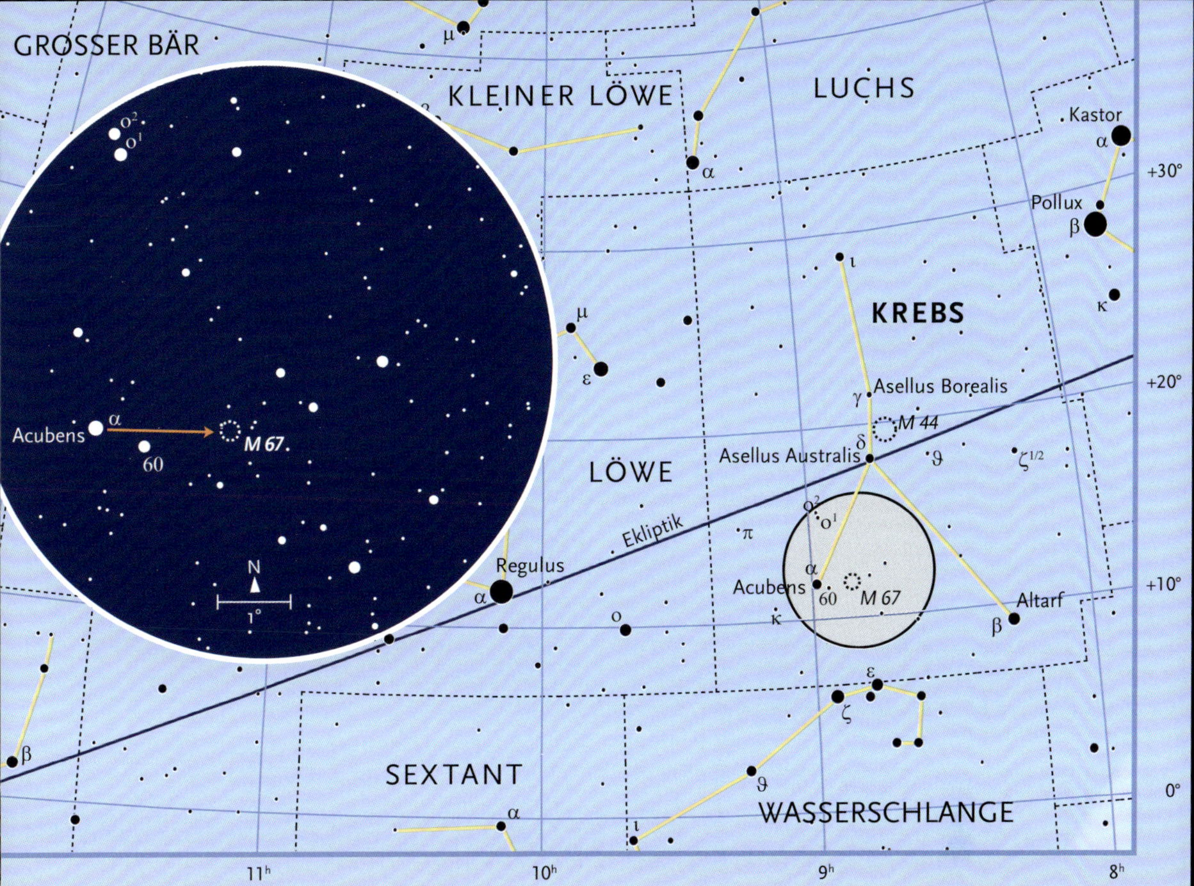

M 67. Optik: Meade 12″ ACF + Flattener, **Brennweite:** 2970 mm, **Kamera:** SBIG STL-11000M, **Belichtung:** Luminanz 50 min am 29. 1. 2009. **Optik:** Astro-Physics 130mm EDF-S, **Brennweite:** 875 mm, **Kamera:** Canon EOS 5D, **Belichtung:** 25 min am 2. 1. 2008, **Ort:** Sörth

M 68

Steckbrief	
Messier-Nummer	68
NGC-Nummer	4590
Name	
Sternbild	Wasserschlange
Objektklasse	Kugelsternhaufen
Klassifikation*	X
Rektaszension	$12^{h}\,39^{m}{,}5$
Deklination	−26° 45′
Helligkeit	$7^{m}{,}8$
Ausdehnung	11′
Entfernung	36 580 Lj
Kulmination**	22. April
Kulmination nächstes Objekt	M 104

* Erläuterung Seite 212/213; ** für 10° Ost, ca. 23 Uhr MEZ

Information

„Nebel ohne Sterne unter Rabe und Wasserschlange. Er ist sehr schwach und sehr schwer zu sehen mit den Refraktoren. In der Nähe steht ein Stern sechster Größe", so beschrieb Messier seine Entdeckung vom 9. 4. 1780. Erst Wilhelm Herschel gelang 1786 die Auflösung in Einzelsterne. Der Kugelsternhaufen M 68 steht in 36 580 Lj Entfernung im galaktischen Halo weitab der Milchstraßenebene. Seine galaktische Breite beträgt immerhin 36°, die galaktische Länge 299°. Gezählt wird vom Zentrum der Milchstraße aus. M 68 umläuft es innerhalb von 500 Millionen Jahren auf einer sehr exzentrischen Bahn.

Der Kugelhaufen ist 117 Lj ausgedehnt und mit Klasse X sehr aufgelockert. Die hellsten Sterne in M 68 sind $12^{m}{,}6$ hell. Mehr als 800 Sterne bis 18^{m} sind präzise fotometriert und über den Aladin Sky Atlas [Aladin] auffindbar. In dieser Datenbank kann man auch elf von 48 Haufenveränderlichen vom Typ RR Lyrae identifizieren.

So finden Sie M 68

> Um M 68 in der Wasserschlange zu finden, müssen Sie zunächst das Sternbild Rabe unterhalb der Jungfrau suchen – in klaren Frühlingsnächten ist es als markantes Sternviereck zu erkennen (s. Karte S. 218).

> Beginnen Sie die Suche bei β Crv an der Südostecke des Raben.

> Knapp 4° südöstlich von β Crv stoßen Sie auf einen Stern 5. Größe.

> Gut 0,5° nordöstlich liegt M 68.

Beobachtung

Unter den Kugelsternhaufen des Messier-Kataloges ist M 68 eines der weniger beachteten Objekte. Zumindest für Beobachter auf der Nordhalbkugel ist dies mit der sehr südlichen Position am Himmel im Sternbild Wasserschlange zu erklären. An die Beobachtung dieses Sternhaufens sollte man sich daher nur in wirklich klaren Nächten machen, denn die sternarme Himmelsregion lässt sonst das Aufsuchen per „Starhopping" zur Qual werden. Einmal gefunden ist der Haufen dann auch ziemlich unauffällig. Im 75-mm-Refraktor ist er zwar bei 35–50× auf Anhieb zu sehen, mehr als ein diffuses und verschwommenes Fleckchen ist aber nicht zu erkennen. Die Helligkeitskonzentration zum Zentrum hin fällt nicht sehr ausgeprägt aus. Im 130-mm-Refraktor ist der Sternhaufen bei 40× deutlich auffälliger, aber Einzelsterne sind immer noch nicht zu sehen. Die Form ist rund und symmetrisch, ansonsten ist er ziemlich unspektakulär.

Auch ein 300-mm-Reflektor zeigt selbst unter sehr guten mitteleuropäischen Sichtbedingungen (Bortle 4) keine Einzelsterne, die zentrale Aufhellung fällt nur mäßig aus. Dass Messier dieses unscheinbare Objekt überhaupt gefunden hat, mag an der Vorliebe des Kometenbeobachters für das Abfahren des Horizonthimmels liegen, die Sternarmut des umliegenden Himmelsareals wird ebenfalls dazu beigetragen haben. Beobachter in südlicheren Gefilden haben es da erwartungsgemäß leichter, ihnen gelingt bei guter Sicht (Bortle 3 oder 4) schon das Erkennen zahlreicher Einzelsterne in den Randbereichen selbst mit einem 200-mm-Reflektor.

Fototipp

M 68 ist wenig konzentriert und deshalb bereits mit 500 mm Brennweite eindrucksvoll aufzunehmen. Bei längerer Brennweite ist er im Zentrum sehr gut aufgelöst. Die geringe Höhe von M 68 im Frühling in Mitteleuropa hat eine hohe Abschwächung der blauen Lichtanteile zur Folge. Die vielen auf dem Foto der rechten Seite sichtbaren blauen Sterne fehlen dann, weshalb man den Haufen am besten unter einem Alpenhimmel oder von der Südhalbkugel der Erde aus aufnimmt. FI Hydrae abseits des Haufens ist ein Mira-Veränderlicher vom Spektraltyp M4, der mit einer Periode von 324 Tagen zwischen $10^{m}{,}2$ und $17^{m}{,}4$ schwankt (vgl. auch S. 70).

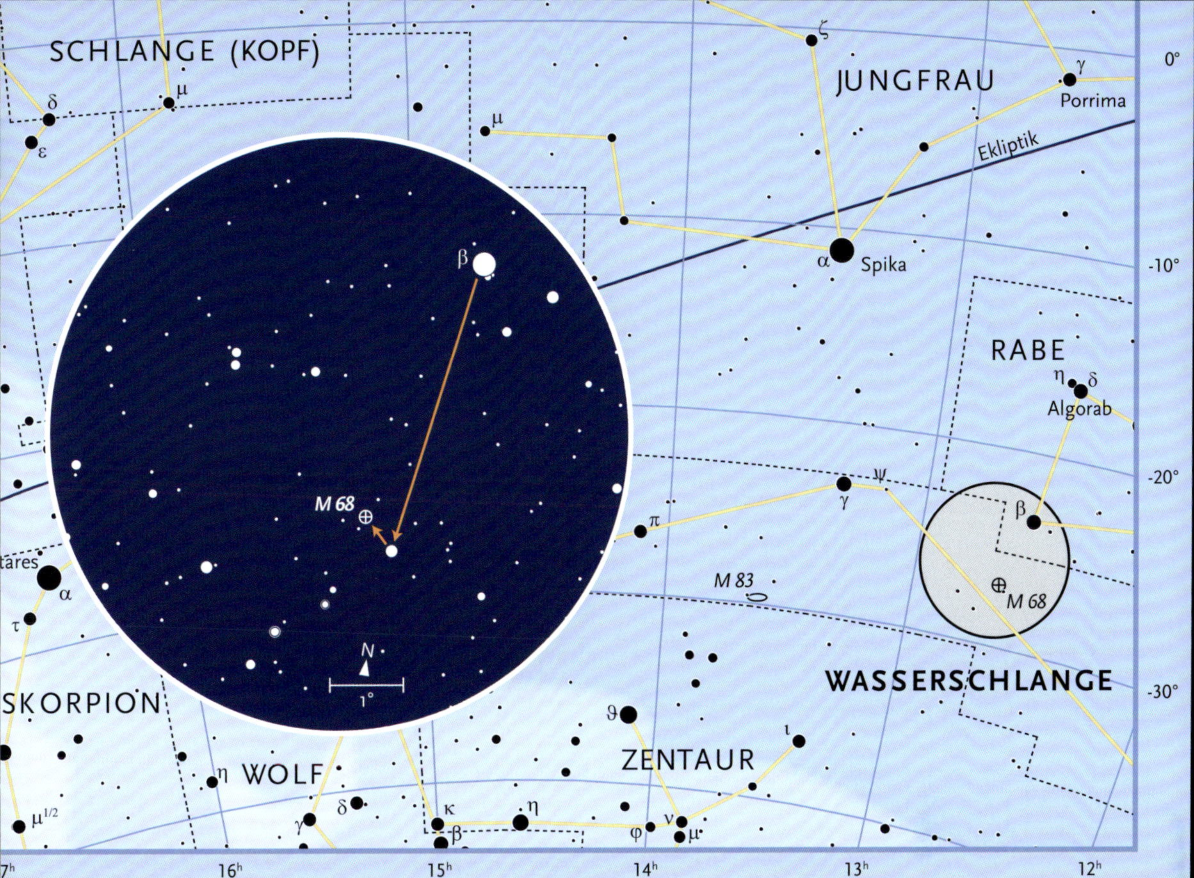

M 68. Optik: Meade 14″ ACF + Reducer, **Brennweite:** 3000 mm, **Kamera:** Canon EOS 5D, **Belichtung:** 59 min am 26. 5. 2008, **Ort:** Farm Tivoli/Namibia

M 69

Steckbrief	
Messier-Nummer	69
NGC-Nummer	6637
Name	
Sternbild	Schütze
Objektklasse	Kugelsternhaufen
Klassifikation*	V
Rektaszension	$18^h 31^m,4$
Deklination	−32° 21′
Helligkeit	$7^m,6$
Ausdehnung	10′
Entfernung	36 920 Lj
Kulmination**	20. Juli
Kulmination nächstes Objekt	M 25

* Erläuterung Seite 212/213; ** für 10° Ost, ca. 23 Uhr MEZ

Information

Es ist nicht vollständig geklärt, ob Nicolas Louis de Lacaille den Nebel schon 1752 gesehen hat. Im Jahr 1764 suchte Messier jedenfalls bereits danach, fand ihn aber erst am 31. 8. 1780 und schrieb: „Nebel ohne Stern, neben einem Stern 9. Größe. Sein Licht ist sehr schwach, er ähnelt dem Kern eines kleinen Kometen, 2′ Durchmesser." Der Kugelsternhaufen M 69 ist 107 Lj groß und steht in 36 920 Lj Entfernung von der Erde, er ist nur rund 7700 Lj vom galaktischen Zentrum entfernt. M 69 und M 70 sind mit nur 1800 Lj Abstand räumliche Nachbarn.

Der Haufen fasst 300 000 Sonnenmassen und ist mit Klasse V nur mittelmäßig konzentriert. M 69 ist „metallreich", wobei Astronomen damit den Anteil von Elementen schwerer als Helium verstehen. Seine hellsten Sterne sind $13^m,2$ hell. Die genaue Zahl der wenigen in M 69 enthaltenen Veränderlichen, die keine Feldsterne sind, ist unklar. Als zugehörig zählt man die beiden Mira-Sterne V 1894 Sgr ($13^m,2$–$18^m,8$) mit 196,5 Tagen Lichtwechselperiode und V 3480 Sgr ($13^m,2$–$18^m,2$) mit 277 Tagen Periode (vgl. auch S. 70).

So finden Sie M 69

> Als eines der südlichsten Messier-Objekte steht M 69 sehr tief am Sommerhimmel im Sternbild Schütze.
> Der Kugelhaufen ist dennoch (relativ) gut zu finden, starten Sie Ihre Suche bei ε Sgr (Kaus Australis).
> Rund 1° nordöstlich von ε Sgr sehen Sie ein gleichseitiges Dreieck aus Sternen 6. und 7. Größe.
> Nehmen Sie den nördlichen Stern des Dreiecks ins Visier und schwenken Sie knapp 1° weiter in nordöstlicher Richtung. Dort stoßen Sie auf den engen Doppelstern HR 6936 ($5^m,5$/$9^m,8$), dessen Komponenten 3,5″ voneinander entfernt stehen.
> M 69 steht gut 0,5° nördlich dieses Sterns.

Beobachtung

Von Mitteleuropa aus ist M 69 aufgrund seiner extrem südlichen Deklination eigentlich nur mit 130 mm Öffnung aufwärts halbwegs interessant, aber auch in Teleskopen mit 200 bis 300 mm Öffnung wird der Beobachtungsspaß ganz erheblich von Horizontdunst und Luftunruhe geschmälert. In südlicheren Gefilden jedoch ist er schon mit einem 10×50-Fernglas als kleines und rundes Fleckchen inmitten der Milchstraße gut auszumachen. Kompakt und rund ist auch der Anblick in einem 80-mm-Refraktor bei 40×. Unter guten Verhältnissen (Bortle 4) zeigt ein 130-mm-Refraktor die hellsten Einzelsterne und eine leicht scheibenartige, mäßig heller werdende Zentralregion. Gut geeignet für die Beobachtung ist eine Vergrößerung um 80x. Ein auffälliger Stern 8. Größe nordwestlich des Kugelsternhaufens ist ein galaktischer Vordergrundstern.

Im 300-mm-Reflektor gelingt die Auflösung in Einzelsterne über den gesamten Haufenradius hinweg, hilfreich für das Erkennen möglichst vieler Sterne im ansonsten diffusen Zentralbereich sind eine 150- bis 180-fache Vergrößerung und ruhige Luft. Lassen Sie sich bei dieser Herausforderung Zeit und Muße, nicht zuletzt auch für das richtige Scharfstellen Ihres Okulars.

Fototipp

Die Sterne stehen relativ dicht im Zentrum des Haufens. Deshalb ist die Anfertigung eines digitalen Komposits mit vielen kurz und lang belichteten Aufnahmen sinnvoll, um eine Überbelichtung des Haufenzentrums zu vermeiden (vgl. S. 36). Da M 69 mit knapp 10′ Durchmesser einer der scheinbar kleinsten Kugelhaufen am Himmel ist, lässt er sich mit Telebrennweiten ab etwa 500 mm nur im Randbereich in Einzelsterne auflösen. Für die Auflösung bis in die Haufenmitte sind Brennweiten ab 1500 mm und gutes Seeing nötig. Der rötliche Mira-Stern V 1894 Sgr steht nur 1,6′ südlich des Haufenzentrums, der zweite Mira-Stern V 3480 Sgr 5,2′ nordwestlich.

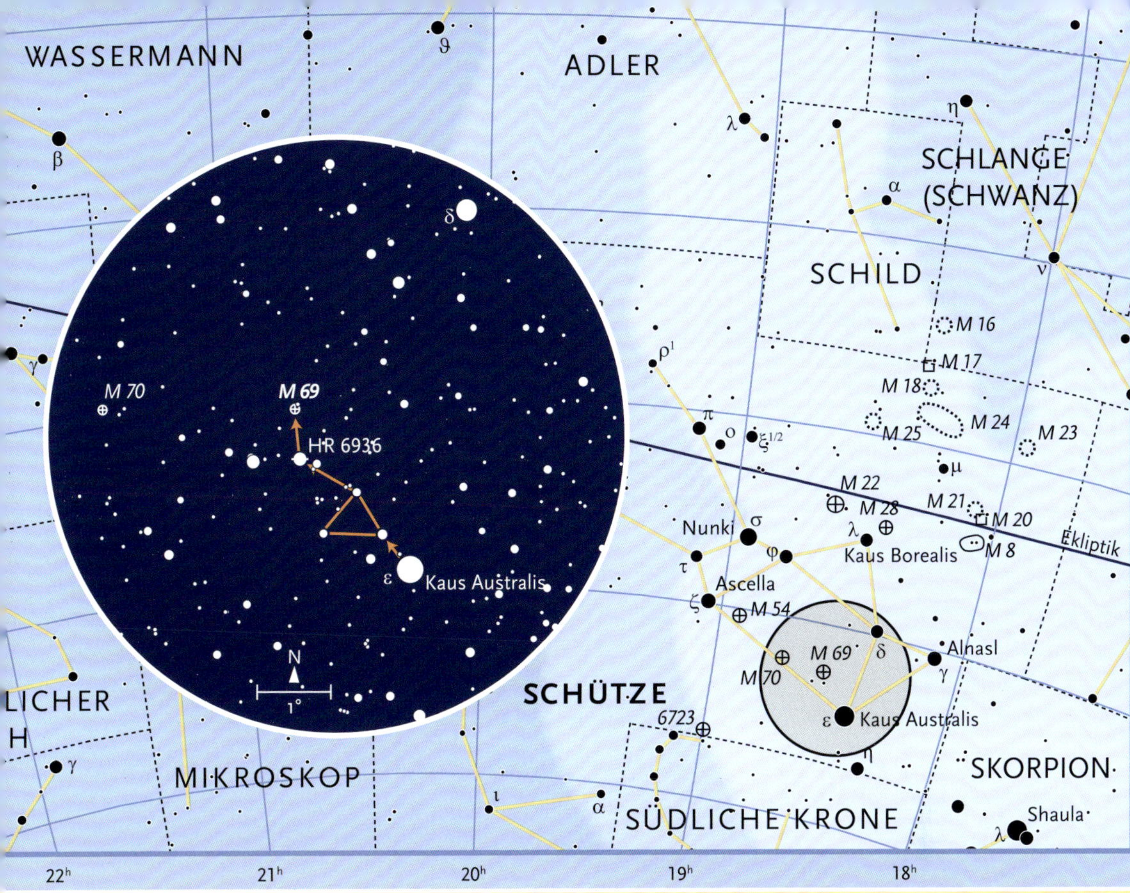

M 69. Optik: Meade 14″ ACF + Reducer, **Brennweite:** 3000 mm, **Kamera:** Canon EOS 5D, **Belichtung:** 49 min am 27. 5. 2008, **Ort:** Farm Tivoli/Namibia

M 70

Steckbrief	
Messier-Nummer	70
NGC-Nummer	6681
Name	
Sternbild	Schütze
Objektklasse	Kugelsternhaufen
Klassifikation*	V
Rektaszension	$18^{h}43^{m}{,}2$
Deklination	−32° 18′
Helligkeit	$7^{m}{,}9$
Ausdehnung	8′
Entfernung	34 770 Lj
Kulmination**	23. Juli
Kulmination nächstes Objekt	M 26

* Erläuterung Seite 212/213; ** für 10° Ost, ca. 23 Uhr MEZ

Information

Am 31. 8. 1780 entdeckte Messier einen Nebel und trug ihn mit Nummer 70 in seinen Katalog wie folgt ein: „Nebel ohne Stern, nahe dem vorhergehenden auf dem gleichen Breitengrad, 2′ Durchmesser.“ Der mit Klasse V mittel konzentrierte Kugelsternhaufen M 70 ist 81 Lj ausgedehnt und steht in 34 770 Lj Entfernung von der Sonne. Er ist 7000 Lj vom galaktischen Zentrum entfernt. M 70 hat mit einer Masse von etwa 200 000 Sonnen einen kleinen, dichten Kern nach einem früheren Kernkollaps.

Viel ist von M 70 nicht bekannt: Der Haufen enthält nur zehn Veränderliche Sterne, ähnlich wenige wie M 69. Darunter befinden sich vier Haufenveränderliche vom Typ RR Lyrae und möglicherweise zwei Blue Straggler-Sterne. Die hellsten Sterne in M 70 sind $14^{m}{,}0$ hell.

So finden Sie M 70

- Als eines der südlichsten Messier-Objekte steht M 70 sehr tief am Sommerhimmel im Sternbild Schütze.
- Der Kugelhaufen steht in direkter Linie zwischen den Sternen ζ Sgr (Ascella) und ε Sgr (Kaus Australis).
- Rund 1° nordöstlich von ε Sgr treffen Sie auf ein gleichseitiges Dreieck mit Sternen 6. und 7. Größe.
- Nehmen Sie den nördlichen Stern des Dreiecks ins Visier und schwenken Sie knapp 1° weiter in nordöstlicher Richtung. Dort stoßen Sie auf den engen Doppelstern HR 6936 ($5^{m}{,}5$/$9^{m}{,}8$), dessen Komponenten 3,5″ voneinander entfernt stehen.
- Gut 0,5° östlich steht ein weiterer rund 5^{m} heller Stern sowie ein schwächerer, etwa $6^{m}{,}5$ heller Stern.
- Von dem flachen Sternbogen dieser drei Sterne aus knapp 2° weiter in nordöstlicher Richtung stoßen Sie direkt auf M 70.

Beobachtung

Nur 3° östlich von M 69 gelegen, kann man bei M 70 auch aufgrund der wahren räumlichen Lage innerhalb unseres Milchstraßensystems von einem Nachbarn jenes anderen Kugelhaufens sprechen. Beide Objekte ähneln sich durchaus, was man auch auf den Fotos sieht. M 70 mag eine etwas stärker betonte Zentralregion haben. Sinnvoll ist eine Beobachtung von M 70 in unseren Breiten ebenfalls eigentlich nur bei guten Sichtbedingungen (Bortle 3 oder 4). Der mitteleuropäische Himmel gibt bei dieser Himmelsposition mit einem Teleskop bis 200 mm nicht mehr als eine diffuse Wolke ohne Struktur her, aber weiter südlich positionierten Beobachtern bietet M 70 schon mehr: Auffinden kann man ihn dort bereits mit dem 10×50-Fernglas, im 80-mm-Refraktor wirkt er bei 40× nicht ganz so „weich“ wie M 69. Noch klarer tritt die Kernregion unter guten Bedingungen (Bortle 3) im 130-mm-Refraktor bei 80× hervor, dann findet man auch schon die ersten Einzelsterne.

Mit einem 300-mm-Reflektor sieht man einen vollständig aufgelösten Kugelhaufen, der 120–150× gut verträgt, die Kernregion ist deutlich kompakter als bei M 69. Wenige Bogenminuten nördlich des Kugelhaufens fällt ein rötlicher Stern 10. Größe auf, dieser ist ein galaktischer Vordergrundstern.

Fototipp

Die Haufensterne stehen im Zentrum dieses mit nur 8′ Durchmesser relativ kleinen Haufens recht dicht gedrängt. Deshalb ist ein digitales Komposit mit vielen kurz und lang belichteten Aufnahmen unbedingt erforderlich, um eine Überbelichtung des Haufenzentrums zu vermeiden (vgl. Fototipp Seite 36). M 70 lässt sich schon mit einer sehr scharf abbildenden apochromatischen (weitgehend farbfehlerfreien) Optik von 500 mm Brennweite im Randbereich in Einzelsterne auflösen. Für die Auflösung bis in die Haufenmitte sind Brennweiten ab 1500 mm aufwärts angeraten. 8,3′ nordwestlich des Haufenzentrums findet man den Mira-Stern V 952 Sgr ($13^{m}{,}1$–$15^{m}{,}8$) mit einer Lichtwechselperiode von 295,4 Tagen (vgl. auch S. 70).

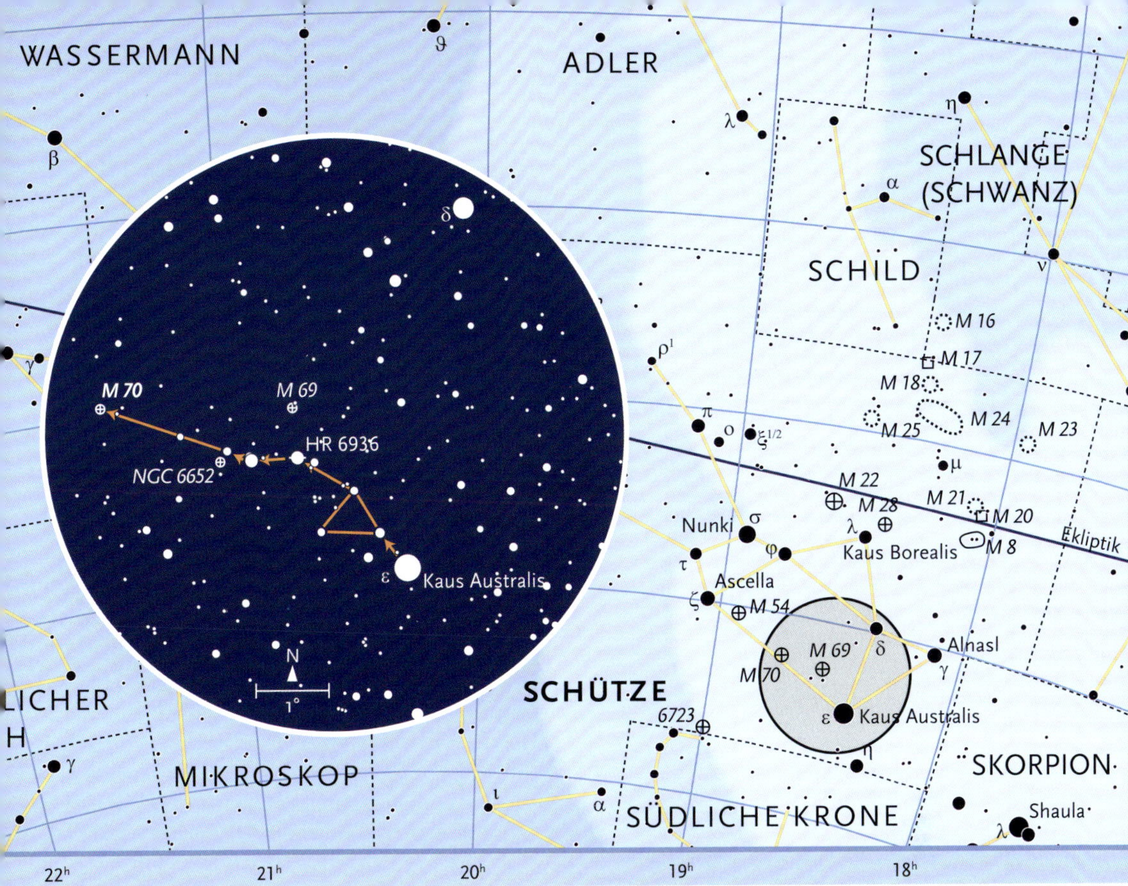

M 70. Optik: Meade 14″ ACF + Reducer, **Brennweite:** 3000 mm, **Kamera:** Canon EOS 5D, **Belichtung:** 26 min, 28. 5. 2008, **Ort:** Farm Tivoli/Namibia

M 71

Steckbrief	
Messier-Nummer	71
NGC-Nummer	6638
Name	
Sternbild	Pfeil
Objektklasse	Kugelsternhaufen
Klassifikation*	XI
Rektaszension	$19^h 53^m{,}8$
Deklination	+18° 47′
Helligkeit	$8^m{,}2$
Ausdehnung	7′
Entfernung	18 330 Lj
Kulmination**	10. August
Kulmination nächstes Objekt	M 27

* Erläuterung Seite 212/213; ** für 10° Ost, ca. 23 Uhr MEZ

Information

Philippe Loys de Chéseaux entdeckte diesen Nebel 1746. Pierre Méchain fand ihn am 28. 6. 1780 unabhängig, und Messier fügte ihn am 4. 10. 1780 seinem Katalog wie folgt hinzu: „Sein Licht ist sehr schwach, und er enthält keinen Stern, 3,5′ Durchmesser." M 71 steht in 18 330 Lj Entfernung und ist 37 Lj ausgedehnt. Die Einordnung als locker konzentrierter Kugelsternhaufen der Klasse XI ist nicht absolut gesichert, seine Erscheinungsform und Zusammensetzung ähnelt eher einem dicht gedrängten Offenen Sternhaufen. Nach Abwägung aller Unterschiede und Gemeinsamkeiten gibt es zurzeit eine allgemeine Übereinkunft darüber, M 71 als Kugelsternhaufen einzustufen.

Die hellsten Sterne in M 71 sind $12^m{,}1$ hell. Die Simbad-Datenbank [Simbad] listet zudem 23 Veränderliche Sterne. Z Sagittae ist einer von mindestens sechs Roten Riesensternen in M 71, der aber keine Haufenveränderlichen vom Typ RR Lyrae enthält. Z Sge vom Spektraltyp M6 schwankt halbregelmäßig zwischen $13^m{,}5$ und $15^m{,}7$. Mindestens 13 Blue Straggler-Sterne wurden gefunden. Für eigene fotometrische Arbeiten findet man Sterne bis zur 20. Größenklasse über den Aladin Sky Atlas [Aladin].

Der Aladin Sky Atlas

... ist ein interaktiver, online verfügbarer Himmelsatlas des Centre de Données astronomiques de Strasbourg [Aladin]. Nach Eingabe der Nummer eines Objekts erhält man einen etwa 15′ großen Ausschnitt aus einem der digitalen, astronomischen Himmelsatlanten sowie Markierungen und Daten aller in der Simbad-Datenbank geführten Feldobjekte.

So finden Sie M 71

> M 71 steht in dem kleinen, aber hübschen und markanten Sommersternbild Pfeil, unterhalb des Schwans.
> Beginnen Sie mit der Suche bei δ Sge, dem zentralen Stern dieses Sternbildes.
> Gut 1° östlich treffen Sie auf eine in Südwest-Nordost-Richtung ausgerichtete Sternkette 6. und 8. Größe mit 9 Sge am Südende.
> M 71 liegt etwa 15′ östlich der Sternkette.

Beobachtung

Lange Zeit hielt man M 71 für einen Offenen Sternhaufen ähnlich M 11 im Schild. Ein Blick auf das Foto offenbart sofort die Sonderstellung des extrem zerstreuten Kugelhaufens, aber auch als visueller Beobachter kann man dies gut nachvollziehen. Im 80-mm-Refraktor zeigt sich M 71 noch als diffuser, leicht fleckiger Klecks, eine weitere Struktur ist nicht auszumachen. Schon im 130-mm-Refraktor mit 80× wirkt die Kontur irregulärer als bei anderen Kugelsternhaufen, die ersten erkennbaren Einzelsterne sind alles andere als symmetrisch angeordnet.

Die ungewöhnliche Gestalt von M 71 offenbart sich jedoch vollständig erst ab 300 mm Öffnung und 100–120×: Der Kugelhaufen ist gar nicht richtig rund, sondern eher dreieckig oder fächerförmig geformt, die Spitze zeigt nach Südwesten. Eine Helligkeitszunahme zum Zentrum hin ist kaum feststellbar, er erinnert an eine abgeschwächte Variante von M 11. Mindestens 150 Einzelsterne sind sichtbar, sie verschmelzen allerdings mit dem sternreichen Hintergrund der Sommermilchstraße, so dass eine genaue Zählung schwierig ist. Gibt es die Luftunruhe her, dann lohnt sich auch einmal ein Blick mit 180-facher Vergrößerung.

Fototipp

Da M 71 ein sehr aufgelockerter Kugelsternhaufen ohne zentrale Konzentration ist, ist er bereits für Telebrennweiten ab 500 mm lohnend. Doch erst mit langen Brennweiten um 3000 mm und langer Gesamtbelichtung ist M 71 so richtig eindrucksvoll. Auffallend sind die zahlreichen roten Sterne. Je tiefer die Grenzgröße reicht, desto eher dominiert der Charakter eines Kugelhaufens.

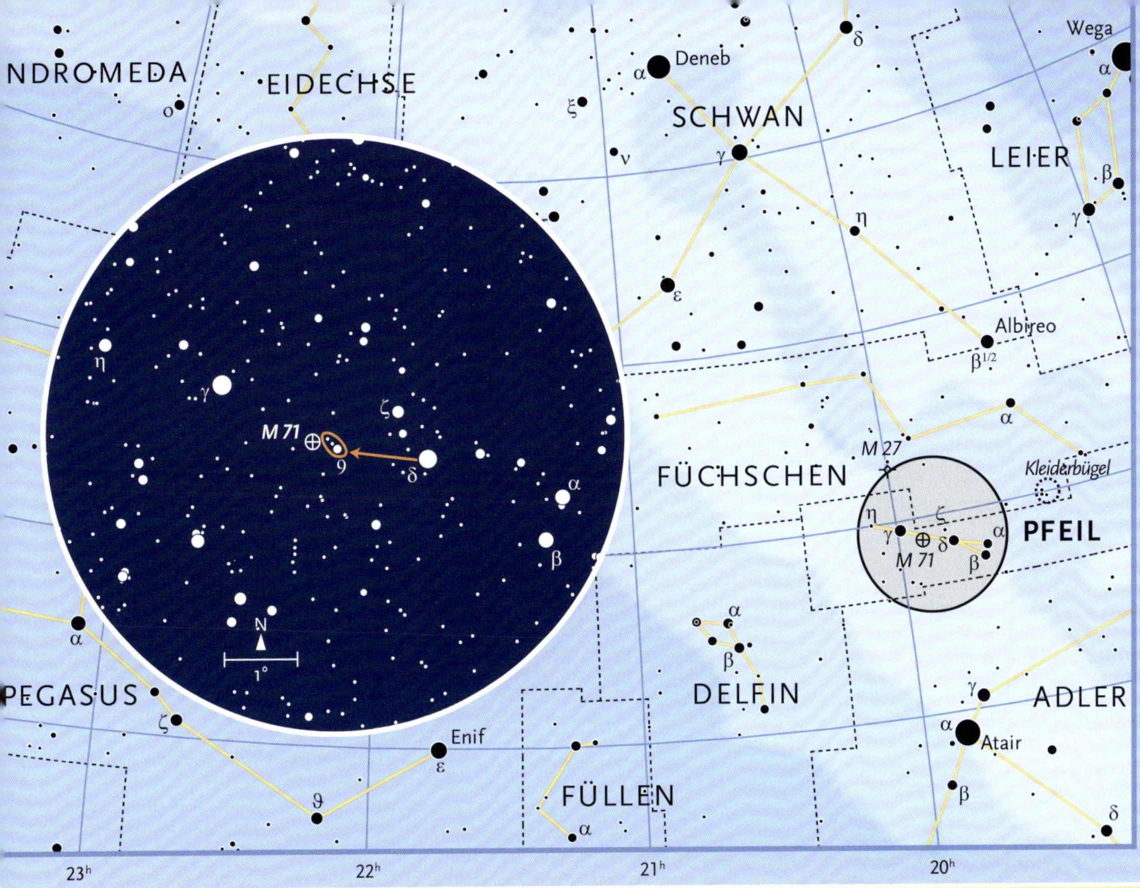

M 71. Optik: Meade 12″ ACF + Flattener, **Brennweite:** 2970 mm, **Kamera:** SBIG STL-11000M, **Belichtung:** Luminanz 70 min am 21. 9. 2008. **Kamera:** Canon EOS 5D, **Belichtung:** 18 min am 12. 9. 2007, **Ort:** Sörth

M 72

M 73

Steckbrief		
Messier-Nummer	72	73
NGC-Nummer	6981	6994
Name		
Sternbild	Wassermann	Wassermann
Objektklasse	Kugelsternhaufen	vier Sterne
Klassifikation*	IX	–
Rektaszension	$20^{h}\,53\overset{m}{,}5$	$20^{h}\,58\overset{m}{,}9$
Deklination	–12° 32′	–12° 38′
Helligkeit	$9\overset{m}{,}3$	$9\overset{m}{,}3$
Ausdehnung	6′	1,4′
Entfernung	58 510 Lj	900–2590 Lj
Kulmination**	15. August	27. August
Kulmination nächstes Objekt	M 73	M 15

* Erläuterung Seite 212/213; ** für 10° Ost, ca. 23 Uhr MEZ

Information

Am 4. 10. 1780 schrieb Messier über M 72: „Der Nebel wurde von Monsieur Méchain am 29./30. 8. 1780 gesehen. Er sah ihn am 4. und 5. 10. Das Licht ist so schwach wie das des vorhergehenden, 2′ Durchmesser.“ M 72 ist ein Kugelsternhaufen mit 102 Lj Durchmesser in 58 510 Lj Entfernung. Er ist mit Klasse IX wenig konzentriert. Diskutiert wird, ob M 72 aufgrund seiner Umlaufbahn um das Milchstraßenzentrum eher zur Sagittarius-Zwerggalaxie gehört [M 72]. Die hellsten Sterne in M 72 sind $14\overset{m}{,}2$ hell. Von den über 50 Veränderlichen sind 28 RR-Lyrae-Sterne.

Als „Haufen von drei oder vier schwachen Sternen, der auf den ersten Blick einem Nebel ähnelt und etwas Nebel enthält“, beschrieb Messier seine Entdeckung Nummer 73 vom 4./5. 10. 1780. Der Eintrag zählt zu den Kuriositäten im Messier-Katalog und ist möglicherweise eine zufällige optische Gruppierung von vier räumlich nicht zusammengehörenden Sternen 10. bis 12. Größe [M 73a]. Alternativ handelt es sich um einen mindestens 9′ ausgedehnten, zwei bis drei Milliarden Jahre alten Offenen Sternhaufen (NGC 6994) mit mehr als 60 Mitgliedern bis zu 21^{m} Helligkeit, dessen Zentrum in 2021 Lj Entfernung von der Sonne steht. NGC 6994 ist vom galaktischen Zentrum 26 400 Lj entfernt und liegt 1410 Lj unterhalb der galaktischen Ebene. Dort, in der äußeren Galaxienscheibe, könnte er sich aufgelöst haben [M 73b]. Die wahre Natur von M 73 ist nach wie vor ungeklärt, das Rennen bleibt offen.

So finden Sie M 72 und M 73

> M 72 ist im Sternbild Wassermann zu finden, der Kugelsternhaufen befindet sich in der Südwestecke dieses Sternbildes.

> Beginnen Sie Ihre Reise bei ε Aqr, rund 12° südwestlich von β Aqr (Sadalsuud).

> Knapp 1,5° nordöstlich von ε Aqr befindet sich μ Aqr, der 3,5° nördlich von M 72 steht.

> Beim Schwenk von μ Aqr nach Süden stößt man auf ein nach Nordosten weisendes, gleichschenkliges Dreieck aus Sternen 6. bis 7. Größe.

> 45′ südsüdöstlich dieses Dreiecks folgt ein weiterer Einzelstern 8. Größe, der Kugelsternhaufen steht ungefähr 15′ südwestlich dieses Einzelsterns.

> Ideal ist es, M 73 im Anschluss an M 72 zu beobachten. Vom Kugelhaufen aus steht M 73 nur knapp 1,5° weiter östlich.

Beobachtung

Unter den Messier-Kugelhaufen ist M 72 einer der schwächsten, jedoch fällt er in einem sternarmen Umfeld als diffuses Objekt recht gut auf. Die Sichtung per Sucherfernrohr oder Fernglas ist zwar kaum möglich, im 80-mm-Refraktor aber ist er als kleiner Fleck erkennbar, optimal bei 40–60×. Mit dem 130-mm-Refraktor ist das Nebelchen besser zu fassen, zeigt aber nach wie vor eine kaum hervorgehobene Zentralregion. Mit 200 mm sind Einzelsterne nur unter allerbesten Bedingungen (Bortle 2 oder 3) und 200× im Randbereich erkennbar, das Zentrum ist leicht aufgehellt. Mit einem 300-mm-Reflektor und 200× hat man die Chance auf ein paar Dutzend Sterne, aber M 72 bleibt eine Herausforderung und einmal mehr ein Indiz für Méchains Talent als Beobachter.

In Messiers Optiken mag eine kompakte Sterngruppe wie M 73 etwas neblig ausgesehen haben. Als heutiger Beobachter weiß man jedoch: Mehr als vier Sternchen 10. bis 12. Größe finden sich hier nicht, egal, mit welcher Öffnung man beobachtet.

Fototipp

Obwohl M 72 mit 6′ Durchmesser recht klein ist, kann er wegen seiner geringen zentralen Dichte mit längerer Brennweite sehr gut aufgelöst werden. M 73 liegt 80′ östlich von M 72. Beide passen mit 500 mm Brennweite zusammen in das Bildfeld einer DSLR-Kamera im APS-C-Format. Mit langer Brennweite und Gesamtbelichtung kann man versuchen, bei M 73 einen Haufencharakter nachzuweisen.

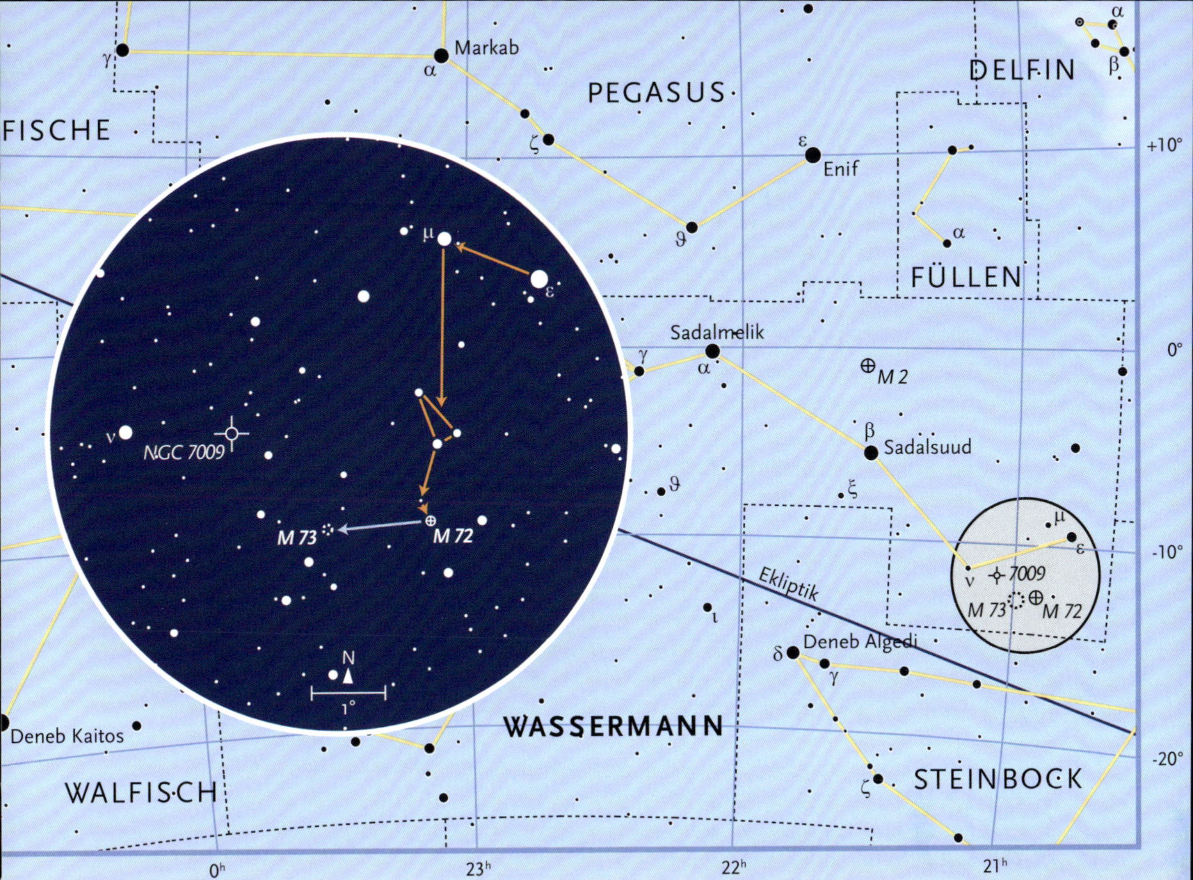

M 72. Optik: Meade 14″ ACF + Reducer, **Brennweite:** 3000 mm, **Kamera:** Canon EOS 5D, **Belichtung:** 35 min am 4. 6. 2008, **Ort:** Farm Tivoli/Namibia

M 73. Optik: Meade 12″ ACF, **Brennweite:** 3000 mm, **Kamera:** Canon EOS 5D, **Belichtung:** 30 min am 13. 9. 2007, **Ort:** Sörth

M 74

Steckbrief	
Messier-Nummer	74
NGC-Nummer	628
Name	
Sternbild	Fische
Objektklasse	Galaxie
Klassifikation*	Sc
Rektaszension	$01^h 36\overset{m}{,}7$
Deklination	+15° 47′
Helligkeit	$9\overset{m}{,}1$
Ausdehnung	11×10′
Entfernung	32 Mio Lj
Kulmination**	5. November
Kulmination nächstes Objekt	M 76

* Erläuterung Seite 212/213; ** für 10° Ost, ca. 23 Uhr MEZ

Information

Am 18. 10. 1780 notierte Messier: „Nebel ohne Sterne, von Monsieur Méchain Ende September 1780 gesehen. Der Nebel enthält keine Sterne, ist ziemlich groß und extrem schwer zu beobachten. Man kann ihn mit größerer Sicherheit unter Frostbedingungen erkennen." Die Sc-Spirale M 74 ist 93 000 Lj ausgedehnt und steht in 32 Millionen Lj Entfernung. Die Spiralarme sind durchsetzt von Assoziationen blauer, heißer, junger Sterne und rötlich leuchtenden HII-Regionen, in denen neue Sterne entstehen.

M 74 ist die Hauptgalaxie einer nach ihr benannten Gruppe, die außerdem NGC 660, UGC 891, UGC 1104, UGC 1171, UGC 1176, UGC 1195 und UGCA 20 enthält. Bislang wurden vier Supernovae in M 74 entdeckt: 2002ap erreichte als Typ Ib/c im Maximum $12\overset{m}{,}3$ und wurde als Hypernova eines Sterns mit 40 Sonnenmassen klassifiziert, 100-mal heller als eine durchschnittliche Supernova. Die zweite Supernova, diesmal vom Typ II, war SN 2003gd, die mit $13\overset{m}{,}2$ entdeckt und dann sukzessive schwächer wurde. SN 2013ej schließlich brachte es auf $12\overset{m}{,}4$, SN 2019krl auf nur $20\overset{m}{,}1$. Bis 23^m sind Einzelobjekte in M 74 in der Simbad-Datenbank [Simbad] gelistet [M 74].

So finden Sie M 74

> Um dieses lichtschwache Objekt in den Fischen zu finden, identifizieren Sie zunächst den Widder. (vgl. Karte S. 218)

> An seiner Westseite treffen Sie auf die Sterne α Ari (Hamal), β Ari und das Doppelsternsystem γ Ari.

> Verlängern Sie den Abstand der beiden Widder-Hauptsterne α und β Ari um das Doppelte, dann stoßen Sie auf den 4^m hellen Stern η Psc in den Fischen.

> M 74 liegt knapp 1,5° nordöstlich von η Psc und bildet zusammen mit zwei Sternen 6. und 7. Größe ein fast gleichseitiges Dreieck mit einer Seitenlänge von gut 1°.

Beobachtung

Die Nummer 74 ist ein sehr erstaunlicher Eintrag im Messier-Katalog. Beim Aufsuchen im 75-mm-Refraktor fragt man sich unwillkürlich, wie Méchain dieses Objekt mit seinen aus heutiger Sicht völlig unzulänglichen Teleskopoptiken wohl gefunden haben mag. Bei 35–50× ist ein nur indirekt wahrnehmbares verschwommenes Fleckchen zu erahnen – mehr nicht. Selbst unter besten europäischen Sichtbedingungen (Bortle 2 oder 3) bleibt diese Galaxie fast ein Phantom. Im 130-mm-Refraktor ist sie immer noch nicht einfach zu sehen – ein diffuser Fleck, der ganz zart zum Zentrum hin heller wird. Die Kontur dieses in sehr sternarmer Umgebung angesiedelten Objektes ist stark verwaschen, man kann es nach wie vor erst mit indirektem Sehen ausmachen.

Im 300-mm-Reflektor gelingt die Sichtung bei 150× schon deutlich besser, man erkennt einen relativ kompakten verwaschenen Kern inmitten einer losen Kette aus Sternen 12. bis 13. Größe. Die Spiralarme sind allerdings auch in diesem Instrument selbst bei besten Bedingungen (Bortle 2) kaum zu erahnen, lediglich ein schwacher Schimmer ist auszumachen. Auch mit modernem Equipment ist diese Spiralgalaxie visuell eine Herausforderung!

Fototipp

M 74 ist groß und 9^m hell – und fotografisch eine Herausforderung aufgrund der geringen Flächenhelligkeit von $14\overset{m}{,}4$ pro Quadratbogenminute. Ein sehr dunkler Nachthimmel (Bortle 4) und eine rauscharme digitale Kamera sind erforderlich, um die relativ kontrastarmen Spiralarme gut abzubilden. Hier stößt man an die Grenzen einer DSLR-Kamera, die wesentlich stärker rauscht als eine gekühlte astronomische CCD-Kamera. Bei der Bildbearbeitung kann man die Dunkelwolken bis nahe an den „stellaren" Kern herausarbeiten und versuchen, die Magentafarbe der HII-Regionen zu erhalten. M 74 ist ein Objekt für Brennweiten ab 500 mm.

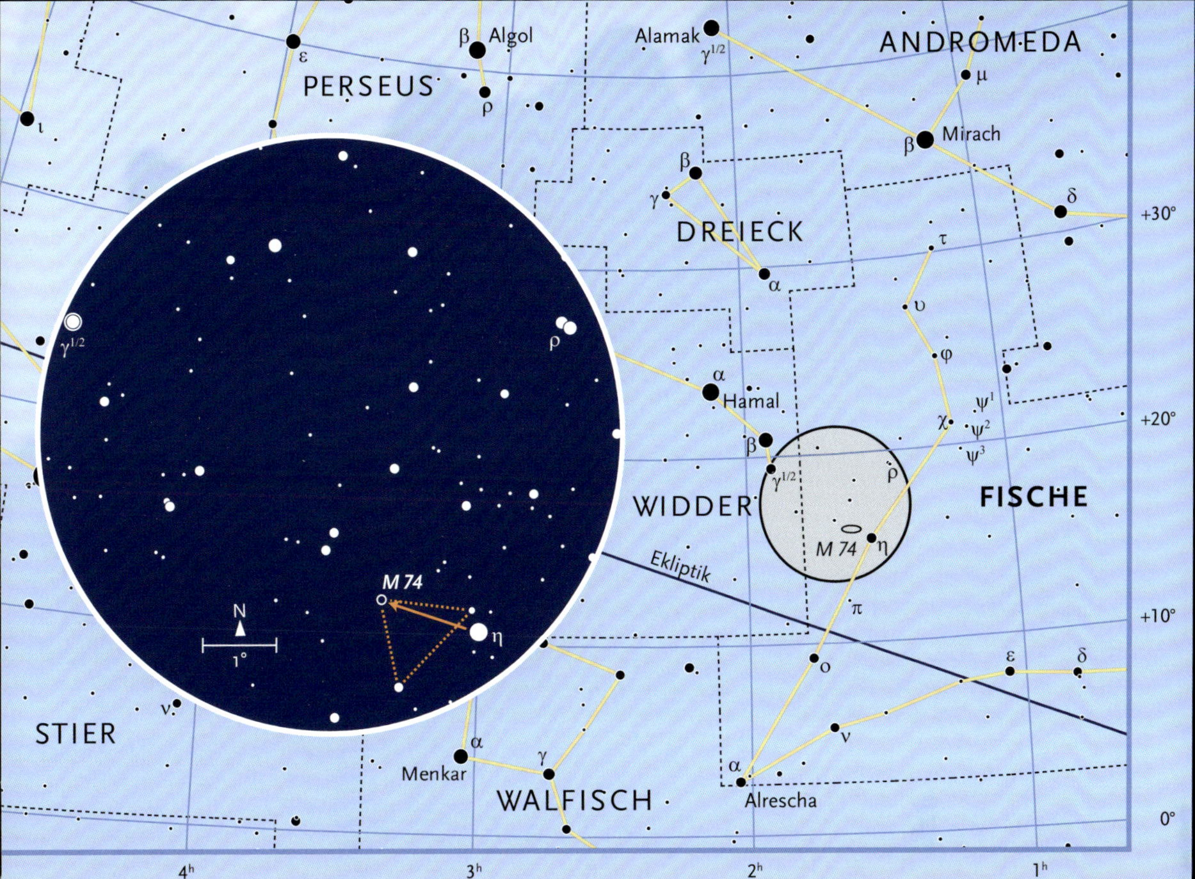

M 74. Optik: Meade 12″ ACF + Flattener, **Brennweite:** 2970 mm, **Kamera:** SBIG STL-11000M, **Belichtung:** Luminanz 50 min, Farbe 60 min am 26. 9. 2008, **Ort:** Sörth

M 75

Steckbrief	
Messier-Nummer	75
NGC-Nummer	6864
Name	
Sternbild	Schütze
Objektklasse	Kugelsternhaufen
Klassifikation*	I
Rektaszension	$20^h\,06^m\!.1$
Deklination	−21° 55′
Helligkeit	$8^m\!.6$
Ausdehnung	7′
Entfernung	78 220 Lj
Kulmination**	14. August
Kulmination nächstes Objekt	M 29

* Erläuterung Seite 212/213; ** für 10° Ost, ca. 23 Uhr MEZ

Information

Am 18. 10. 1780 notierte Messier: „Nebel ohne Sterne, von Monsieur Méchain am 27. und 28. 8. 1780 gesehen. Er schien Monsieur Messier aus nichts als sehr schwachen Sternen zu bestehen; Nebel enthaltend." M 75 ist nach M 54 der zweitfernste Messier-Kugelhaufen, er ist 78 220 Lj von der Sonne entfernt, 55 200 Lj vom galaktischen Zentrum. Er erstreckt sich über 160 Lj. Die Gesamtmasse beträgt eine halbe Million Sonnenmassen. M 75 ist mit Klasse I extrem kompakt.

Der Kugelsternhaufen enthält 46 Haufenveränderliche vom Typ RR Lyrae (Stand 2003) und 26 Kandidaten für Blue Straggler-Sterne mit Helligkeiten um 20^m. Die hellsten Sterne in M 75 sind $14^m\!.6$ hell. Informationen zu bestimmten Sterngruppen, die nicht in der Simbad-Datenbank [Simbad] enthalten sind, findet man am besten mit der Suchmaschine Google und den passenden Suchbegriffen, wie z. B. „NGC 6864 RR Lyr". Damit wird beispielsweise nach RR-Lyrae-Sternen in M 75 recherchiert. Nicht ganz einfach ist jedoch die Bewertung der häufig stark streuenden Angaben hinsichtlich ihrer Vertrauenswürdigkeit.

Die Bit-Tiefe einer Digitalkamera

Beim Auslesen der Bildinformation eines Pixels im Kamerasensor wird der dabei fließende analoge Strom digitalisiert. Digitalisiert man mit 8 Bit, kann man maximal $2^8 = 256$ Graustufen pro Farbkanal darstellen. Gute Kameras arbeiten mit 12 Bit (4096 Graustufen) bis 16 Bit (65 536 Graustufen).

So finden Sie M 75

- M 75 ist am Ostrand des Sternbildes Schütze unmittelbar an der Grenze zum Steinbock zu finden.
- Zum Aufsuchen lokalisieren Sie zunächst β Cap und den gut 3,5° weiter südöstlich gelegenen ρ Cap.
- 0,5° südwestlich von ρ Cap finden Sie π Cap.
- Weitere 2° westsüdwestlich folgt σ Cap, ebenfalls ein Stern 5. Größe.
- Knapp 2° südlich von σ folgt ein etwa 7^m heller Stern.
- Etwa 1° südsüdwestlich treffen Sie auf 4 Cap, einen Stern 6. Größe.
- M 75 folgt knapp 3° weiter westlich.

Beobachtung

Nahe der Grenze zwischen Schütze und Steinbock gelegen, befindet sich M 75 schon etwas abseits der Milchstraße und ist daher in einem eher sternärmeren Himmelsareal anzutreffen. Mit einem 80-mm-Refraktor sieht man bei 40× nur ein strukturloses Fleckchen, das einem defokussierten Stern ähnelt. Mit dem 130-mm-Refraktor fällt auf, dass der Sternhaufen eine deutliche Helligkeitszunahme zum Zentrum hin hat – aber auch bei 70 –100× ist nicht ein Hauch von Einzelsternen zu erahnen, das gilt selbst für optimales Seeing.

Wenn Ihnen ein 300-mm-Reflektor zur Verfügung steht, dann können Sie unter optimalen Bedingungen (Bortle 3) zum einen die ersten Einzelsterne im Randbereich und zum anderen auch einen kompakten und auffälligeren Kern wahrnehmen. Weitere Details bleiben jedoch Beobachtern mit noch größeren Teleskopen vorbehalten.

Fototipp

Die Sterne stehen relativ dicht im Zentrum dieses sehr kompakten Haufens. Ein digitales Komposit mit vielen gestackten kurz und lang belichteten Aufnahmen kann helfen, die Überbelichtung des Haufenzentrums zu vermeiden (vgl. Fototipp Seite 36). Da M 75 mit 7′ Ausdehnung einer der scheinbar kleinsten und entferntesten Kugelsternhaufen ist, lässt er sich mit Telebrennweiten ab etwa 500 mm nur im Randbereich soeben in Einzelsterne auflösen. Für die Auflösung bis in die Haufenmitte sind Brennweiten ab 1500 mm aufwärts und nach Möglichkeit ein gutes Seeing unter 2″ nötig. Bei −21° Deklination ist das von Mitteleuropa aus kaum zu realisieren.

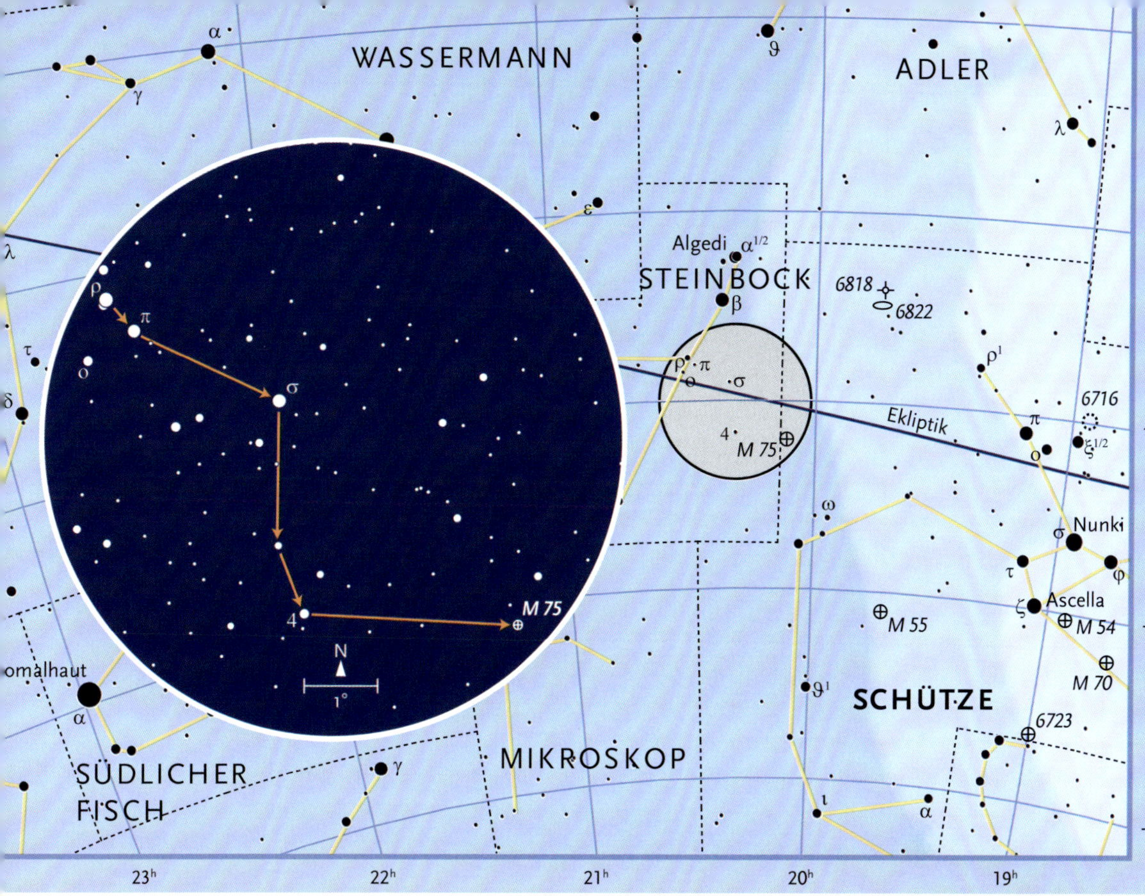

M 75. Optik: Meade 14″ ACF + Reducer, **Brennweite:** 3000 mm, **Kamera:** Canon EOS 5D, **Belichtung:** 30 min am 28. 5. 2008, **Ort:** Farm Tivoli/Namibia

M 76 Kleiner Hantelnebel

Steckbrief	
Messier-Nummer	76
NGC-Nummer	650/651
Name	Kleiner Hantelnebel
Sternbild	Perseus
Objektklasse	Planetarischer Nebel
Klassifikation*	III+VI
Rektaszension	$01^h 42^m,3$
Deklination	+51° 35′
Helligkeit	$10^m,1$
Ausdehnung	1,6×0,7′ (Zentralbereich) / 5×2′
Entfernung	3400 Lj
Kulmination**	7. November
Kulmination nächstes Objekt	M 34

* Erläuterung Seite 212/213; ** für 10° Ost, ca. 23 Uhr MEZ

Information

Messier trug den von seinem Freund Pierre Méchain entdeckten Nebel am 21. 10. 1780 in seinen Katalog ein und zitierte: „Der Nebel enthält keinen Stern, er ist klein und schwach." Der Zentralkörper im Planetarischen Nebel M 76 ist mit 100″× 40″ Winkeldurchmesser absolut gesehen ungefähr 1 Lj groß. Alles in allem ist M 76 wohl 20 Lj ausgedehnt. Die Entfernungsangaben schwanken zwischen 2500 Lj und 3900 Lj.

M 76 zeigt eine bipolare Form. Der Zentralkörper ist ein mit bis zu 60 km/s expandierender dicker Nebelring (Torus), dessen Ebene etwa 15° gegen die Sichtlinie geneigt ist. Der nordwestliche Rand ist dem Beobachter zugeneigt. Der Ring ist eingehüllt in senkrecht dazu ausgerichtete langsamer expandierende Nebelbögen, die von einem früheren Gasausstoß stammen müssen. Der Zentralstern ist ein $17^m,5$ heller, extrem heißer Weißer Zwerg mit 140 000 K Oberflächentemperatur [M 76].

So finden Sie M 76

- Hoch am Herbst- und Winterhimmel finden Sie M 76 im Sternbild Perseus.
- Starten Sie die Suche beim $3^m,5$ hellen Stern 51 And, knapp 8° nordwestlich von γ And (Alamak).
- Gut 2° nordwestlich von 51 And finden Sie φ Per, einen Stern 4. Größe, am Westrand des Sternbildes Perseus.
- Knapp 1° nördlich steht ein Stern 6. Größe.
- M 76 ist nur 15′ westlich von diesem Stern zu sehen.

Was bewirkt ein „Flattener"?

Unter einem (Field-)Flattener versteht man ein Linsensystem, das optische Bildfehler des Teleskops durch Bildfeldebnung ausgleicht und so über das gesamte Kameraformat eine nahezu punktscharfe Abbildung bis in die Bildecken liefert.

Beobachtung

M 76 ist als kleiner Planetarischer Nebel erstaunlich einfach schon im 75-mm-Refraktor zu sehen. Man sieht zwar bei 50× nur ein verschwommenes kleines Fleckchen ohne weitere Strukturen – aber es hebt sich in jedem Fall schön aus der sternreichen Umgebung hervor. Der 130-mm-Refraktor hat da schon deutlich mehr zu bieten, sofort fällt die längliche Form des Wölkchens auf – man sollte zwischen 40- und 70-fach vergrößern. Zur Mitte hin ist der Nebel deutlich eingeschnürt, der Rand ist vergleichsweise gut vom Himmelshintergrund abgegrenzt – ein wirklich schön anzusehendes Deep-Sky-Objekt für ein Teleskop dieser Öffnung.

Der Blick auf M 76 durch ein 300-mm-Teleskop ist noch einmal eine gewaltige Steigerung gegenüber kleineren Optiken. Die Hantelform tritt noch stärker hervor, die Außenkanten des Nebels sind deutlich aufgehellt, blickweise ist auch eine leicht fleckige Struktur zu sehen. In keinem üblichen Amateurteleskop allerdings kann der Zentralstern visuell ausgemacht werden. Dafür bietet der Einsatz eines OIII-Nebelfilters einen wirklich spektakulären Kontrastgewinn bei nahezu jeder Teleskopgröße. Egal, ob unter Großstadthimmel oder auf dem Land, mit diesem Kunstgriff ist M 76 noch besser beobachtbar.

Fototipp

M 76 hat einen hellen Zentralkörper („Korken") und einen Halo von 5×2′ Ausdehnung, den man ab 500 mm Brennweite unter dunklem Himmel aufnehmen kann. Für den inneren Korkenbereich und zur Untersuchung des Zentralsterns braucht man eine lange Brennweite und optimalerweise ein Seeing unter 1,5″. Der Zentralstern mit $17^m,5$ Helligkeit ist ein optischer Dreifachstern, wobei die beiden 1,4″ südlich vom Hauptstern gelegenen Komponenten ($18^m,4$/$19^m,2$) mit 0,18″ gegenseitigem Abstand zu einem Begleitstern miteinander verschmelzen. Auf dieser Aufnahme ist der Zentralstern immerhin als leicht länglich erkennbar.

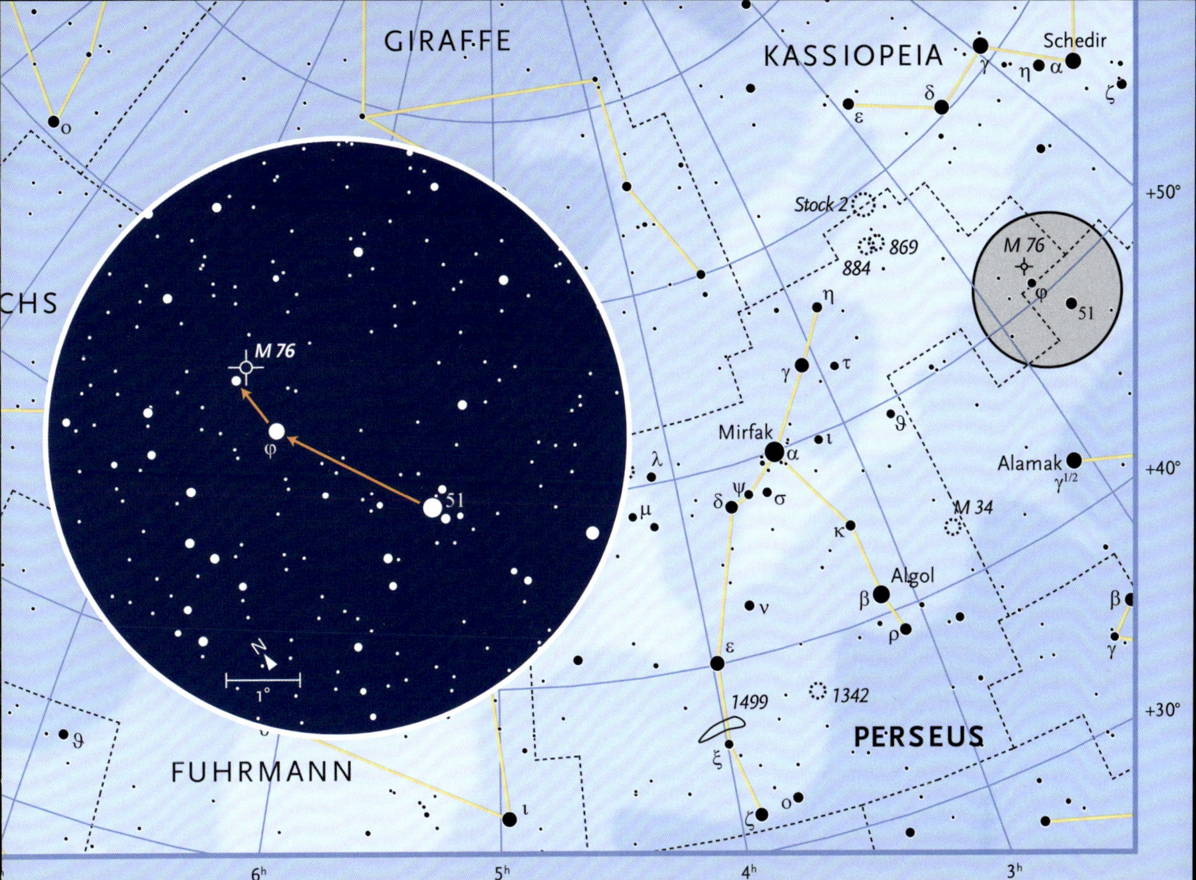

M 76. Optik: Meade 12″ ACF + Flattener, **Brennweite:** 2970 mm, **Kamera:** SBIG STL-11000M, **Belichtung:** Luminanz 100 min am 8. 9. 2008, Farbe 60 min am 31. 8. 2008, **Ort:** Sörth

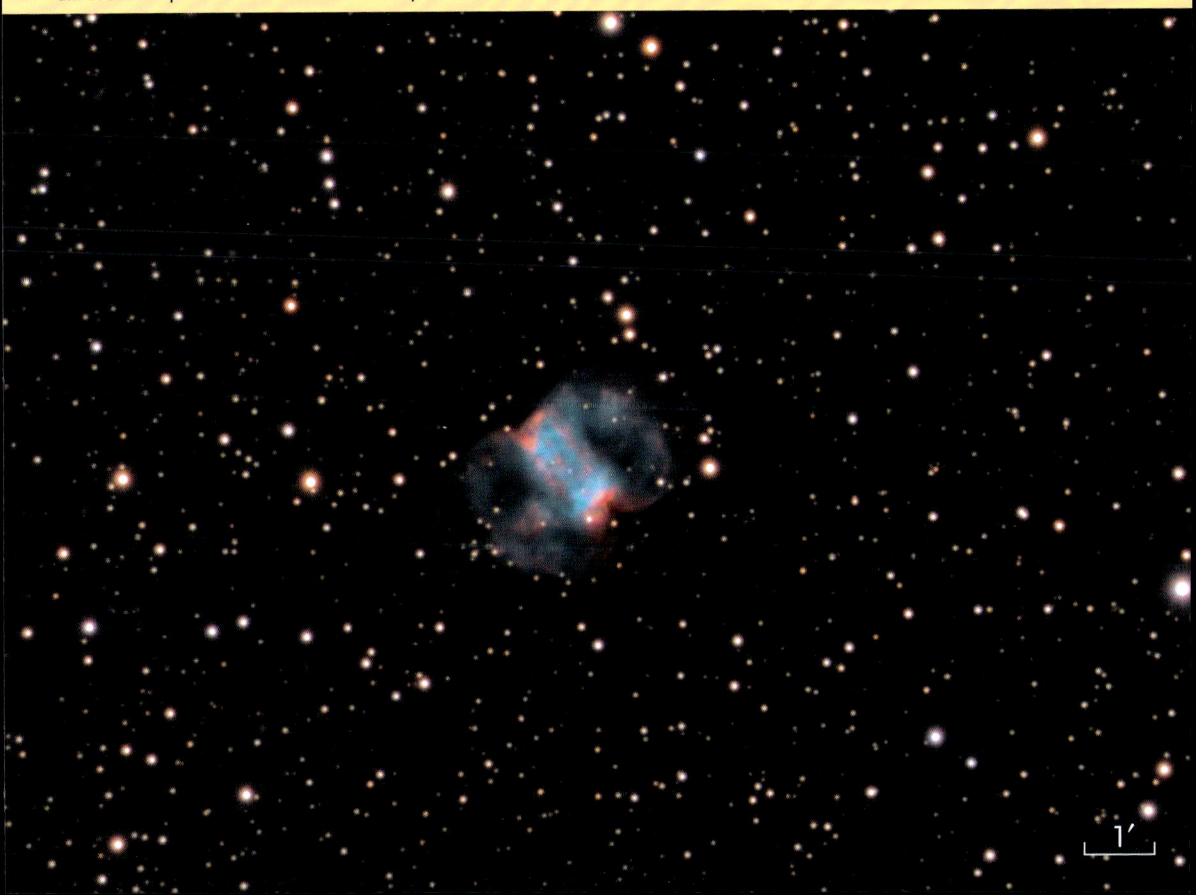

M 77

Steckbrief	
Messier-Nummer	77
NGC-Nummer	1068
Name	
Sternbild	Walfisch
Objektklasse	Galaxie
Klassifikation*	Sb
Rektaszension	$02^h 42^m{,}7$
Deklination	−00° 01′
Helligkeit	$8^m{,}9$
Ausdehnung	7×6′
Entfernung	60 Mio Lj
Kulmination**	7. November
Kulmination nächstes Objekt	M 45

* Erläuterung Seite 212/213; ** für 10° Ost, ca. 23 Uhr MEZ

Information

Mit der Beschreibung „Haufen schwacher Sterne, der etwas Nebel enthält. Monsieur Méchain sah diesen Haufen am 29. 10. 1780 in der Form eines Nebels," trägt Messier die Entdeckung von Méchain am 17. 12. 1780 ein. M 77, auch als Radiogalaxie Cetus A bekannt, ist eine 100 000 bis 170 000 Lj ausgedehnte Seyfert-Galaxie in 48 bis 60 Millionen Lj Entfernung.

Im Jahr 2003 wurden mit der Verbindung von zwei Very Large Telescopes (VLT) der Europäischen Südsternwarte (ESO) hoch auflösende interferometrische Messungen im infraroten Spektralbereich bei 10,8 µm Wellenlänge durchgeführt. Die Auflösung betrug fantastische 0,013″, entsprechend 3 Lj Ausdehnung in der Entfernung von M 77. Aus den Messungen wurde auf eine im Zentrum befindliche, ungefähr 3 Lj große und 500 K heiße Staubwolke geschlossen, die von einer 11 Lj ausgedehnten, 7 Lj dicken und nur 50 K „warmen" Scheibe umgeben ist. Vermutlich stürzt Materie von der Akkretionsscheibe in das zentrale Objekt, wobei enorme Energiemengen im Spektralbereich vom Röntgenlicht bis zum Infraroten ausgestoßen werden. Die Vermutung liegt nahe, dass dieser aktive Galaxienkern ein supermassives Objekt von 100 Mio. Sonnenmassen beherbergt [M 77]. In M 77 ist bislang nur die SN 2018ivc ($13^m{,}2$) bekannt.

Akkretionsscheiben

Akkretionsscheiben sind rotierende Gas-, Staub- oder heiße Plasmascheiben, die auf sie einfallendes Material sammeln und einem zentralen Objekt zuführen. Man findet sie um neu entstehende Sterne, aber auch um Schwarze Löcher, die über die Strahlung dieser Scheibe ihre Existenz preisgeben.

So finden Sie M 77

- M 77 befindet sich im Walfisch, fast unmittelbar auf dem Himmelsäquator.
- Lokalisieren Sie im Ostteil des Sternbildes den Stern δ Cet und positionieren Sie ihn an den äußersten Nordwestrand Ihres Teleskopgesichtsfeldes.
- Die Galaxie ist jetzt schnell gefunden, sie liegt nur rund 1° ostsüdöstlich von δ Cet und bildet mit δ und 84 Cet (6^m) ein gleichschenkliges Dreieck.

Beobachtung

Von den kleineren Galaxien des Messier-Katalogs ist M 77 eine der einfachsten, möglich machen dies ihre relativ hohe Flächenhelligkeit und eine sternarme Umgebung. Im 75-mm-Refraktor ist sie sofort als diffuses „Sternchen" zu finden, das man schon bei direktem Sehen leicht erkennen kann. Im 130-mm-Refraktor ist bei 50× ein sehr kleiner, soeben nicht stellarer Kern zu sehen. Dieser ist umgeben von einem leicht ovalen Halo. Östlich des Galaxienzentrums ist ein schwaches Sternchen etwa 11. Größe auszumachen, das eine „falsche" Supernova vorgaukelt.

Im 300-mm-Reflektor ist die Galaxie bei 95× im Zentrum etwas diffuser, die Kernregion ist nach wie vor sehr hell. Der Rest von M 77 geht sehr verwaschen allmählich in den Himmelshintergrund über. Mit etwas Geduld und indirektem Sehen kann man in diesem Teleskop klumpige Verdickungen in den Spiralarmen südöstlich und nördlich des Kerns erkennen, dadurch wirkt die Galaxie fast wie ein kleines Windrad. Bei ruhiger Luft darf man ab 200 mm Öffnung 150–200× vergrößern.

Fototipp

Mit langer Brennweite und höherer Auflösung kann man in M 77 die Spiralstruktur bis ins Zentrum verfolgen. M 77 ist mit ihren sehr lichtschwachen äußeren Spiralarmen mindestens 7′ ausgedehnt. Diese vernünftig abzubilden erfordert einen dunklen „Landhimmel" (Bortle 4) und eine rauscharme astronomische CCD-Kamera. Hier stößt die ungekühlte DSLR-Kamera bei einer Flächenhelligkeit von deutlich weniger als $13^m{,}2$ pro Quadratbogenminute (innerer Galaxienbereich) einfach an ihre Grenzen hinsichtlich des Hintergrundrauschens.

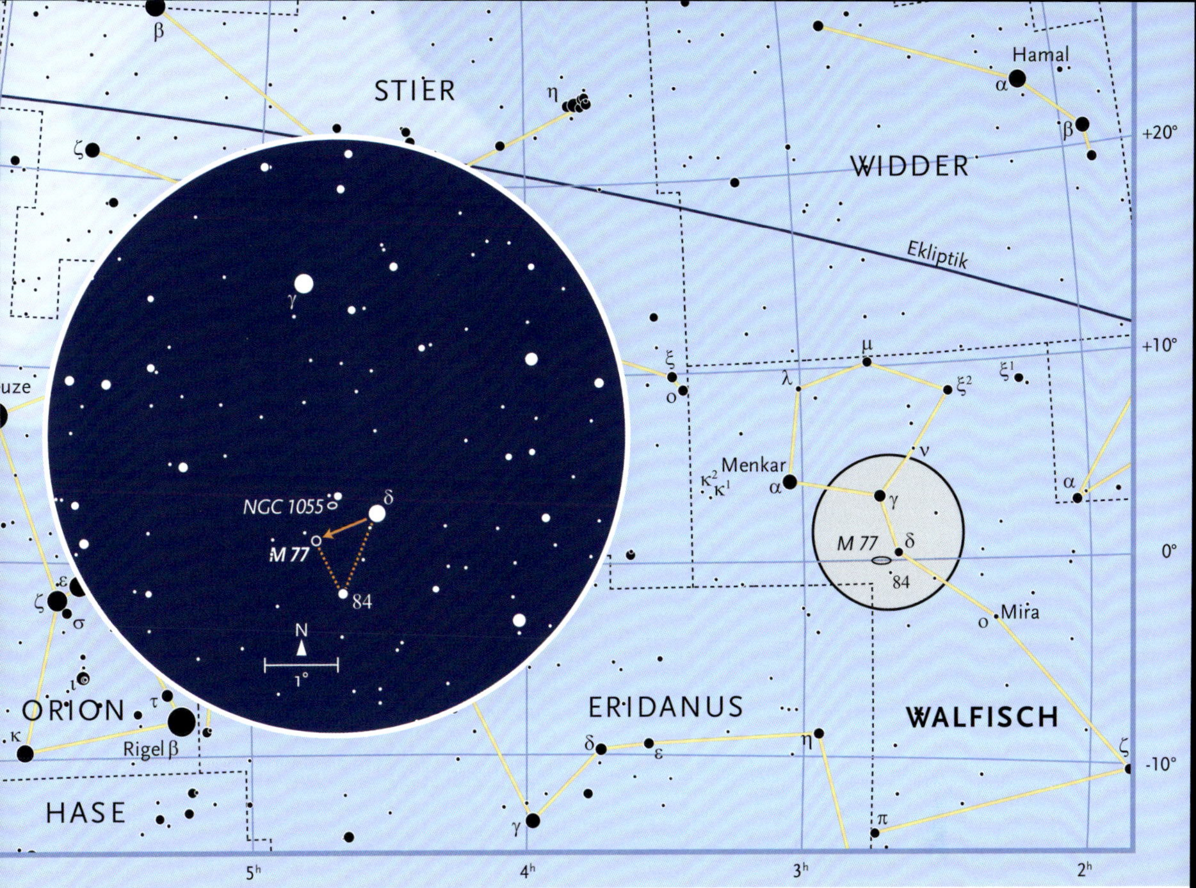

M 77. Optik: Meade 12″ ACF + Flattener, **Brennweite:** 2970 mm, **Kamera:** SBIG STL-11000M, **Belichtung:** Luminanz 190 min am 26. 9. und 23. 10. 2008, Farbe 60 min am 23. 10. 2008, **Ort:** Sörth

M 78

Steckbrief	
Messier-Nummer	78
NGC-Nummer	2068
Name	
Sternbild	Orion
Objektklasse	Reflexionsnebel
Klassifikation*	–
Rektaszension	$05^h 46^m\!,8$
Deklination	+00° 01′
Helligkeit	$8^m\!,0$
Ausdehnung	8×6′
Entfernung	1350 Lj
Kulmination**	7. Januar
Kulmination nächstes Objekt	M 37

* Erläuterung Seite 212/213; ** für 10° Ost, ca. 23 Uhr MEZ

Information

Der Nebel wurde Anfang des Jahres 1780 von Pierre Méchain entdeckt, von Messier aber erst am 17. 12. 1780 mit dessen Beschreibung zitiert: „Man kann zwei ziemlich helle Kerne sehen, die von Nebel umgeben sind. Zwei bis drei Bogenminuten Durchmesser." Die beiden Reflexionsnebel M 78 und NGC 2071 gehören zum großen Orion-Nebelkomplex in 1350 Lj Entfernung. M 78 ist 3 Lj ausgedehnt und reflektiert das Licht der beiden 10^m hellen B-Sterne HD 38563 A und B, die 50,4″ voneinander entfernt sind. Die Nebelregion beherbergt einige nur 100 000 Jahre alte Sterne, die noch in ihre Geburtsnebelhüllen eingebettet sind.

Einige dieser jungen, sogenannten T-Tauri-Sterne machen sich durch eine unregelmäßige Veränderlichkeit um bis zu 3^m bemerkbar. 17 Herbig-Haro-Objekte [M 78b] wurden gefunden, sehr junge Sterne in der Frühphase ihrer Entwicklung. Sie wechselwirken mit der umgebenden Molekülwolke LDN 1630 und stoßen Materie in Form von Jets aus. McNeils Nebel (weißer Pfeil) zeigt einen wiederholten Helligkeitsausbruch der Infrarotquelle IRAS 05436-0007.

So finden Sie M 78

> M 78 befindet sich im Sternbild Orion und liegt fast genau auf dem Himmelsäquator.

> Beginnen Sie Ihre Suche bei ζ Ori (Alnitak), dem östlichen Gürtelstern des Orion.

> Knapp 1° weiter nördlich stoßen Sie auf einen Stern 5. Größe, nach weiteren 1,5° folgt ein Stern 6. Größe.

> Von diesem Stern aus schwenken Sie 1,5 ° nach Osten, jetzt haben Sie M 78 im Gesichtsfeld.

> Zusammen mit 51 Ori (5. Größe) und dem Suchstern 6. Größe bildet M 78 ein fast rechtwinkliges Dreieck, an dessen Ostspitze er steht.

Beobachtung

Unter den Messier-Objekten ist M 78 der einzige Reflexionsnebel, gleichzeitig ist er auch der hellste am Himmel. Seine Staubwolken sind sichtbar, weil sie das Licht zweier bläulicher Riesensterne reflektieren. Diese beiden Sterne 10. Größe sind bereits im 75-mm-Refraktor bei 30–40× auszumachen. Die Nordwestkante des Nebels ist sehr viel schärfer definiert als die anderen Randpartien. Im deutlich lichtstärkeren 130-mm-Refraktor kommen keine weiteren Details zum Vorschein, wenngleich der Nebel einfacher wahrzunehmen ist. Ab 200 mm Öffnung ist es jedoch möglich, allmählich Details zu erkennen. Aufgrund der Ausdehnung des Nebels sollte man aber 80–100× nicht übersteigen.

Im 300-mm-Reflektor ist die schärfere Nordwestkante erheblich deutlicher abgegrenzt als in den kleineren Fernrohren, auch die anderen Randbereiche sind jetzt besser erkennbar. Die große Öffnung zeigt leicht flockige Strukturen im Nebel, die ihn fast plastisch wie eine kleine Wolke am Himmel erscheinen lassen. Wie alle anderen Reflexionsnebel ist auch M 78 durch einen Nebelfilter nicht besser darstellbar, da diese Nebel keine Linienstrahlung aussenden, deren Licht man durch geeignete Filter vom Hintergrund abheben kann. Hier hilft nur ein dunkler Himmel (Bortle 4).

Fototipp

M 78 ist der hellste Teil im mehrere Grad ausgedehnten Reflexionsnebelkomplex im Orion, der von dichten Dunkelwolken durchzogen ist. Im Februar 2004 entdeckte Jay McNeil [M 78a] auf CCD-Aufnahmen seinen etwa 1′ kleinen Nebel südwestlich von M 78, der auch nachträglich auf einer früheren Aufnahme von Evered Kreimer vom 22.10.1966 aufgefunden werden konnte.

Je länger die Aufnahmebrennweite, desto tiefer dringt man in die Nebelstrukturen ein. Geeignet sind eigentlich alle Brennweiten und Kameras unter einer Voraussetzung: Die Nacht sollte einen sehr dunklen und im Hinblick auf die blauen Nebelanteile vor allen Dingen transparenten Himmel bieten (Bortle 4).

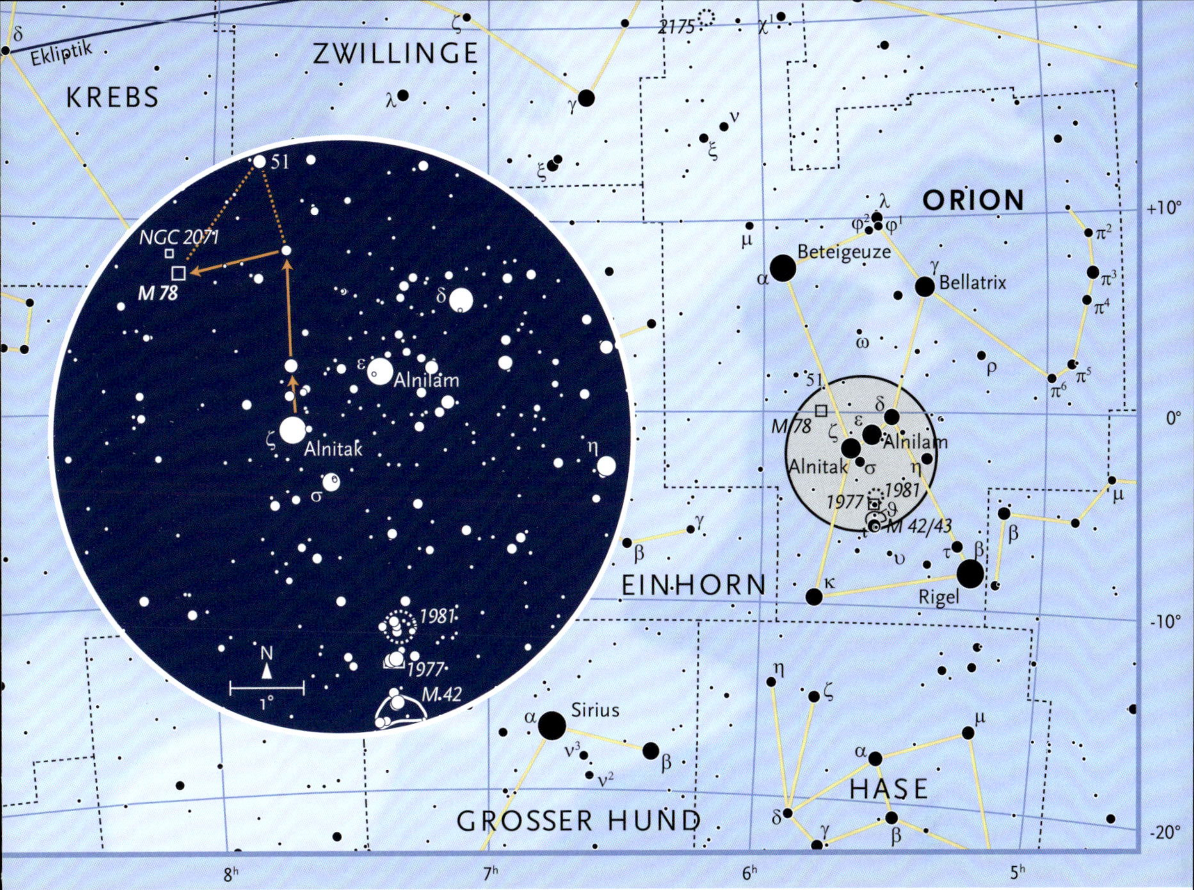

M 78. Optik: Astro-Physics 130mm EDF-S, **Brennweite:** 875 mm, **Kamera:** SBIG STL-11000M, **Belichtung:** Luminanz 60 min, Farbe 65 min am 25. 12. 2008, **Ort:** Sörth. **Pfeil:** McNeils Nebel.

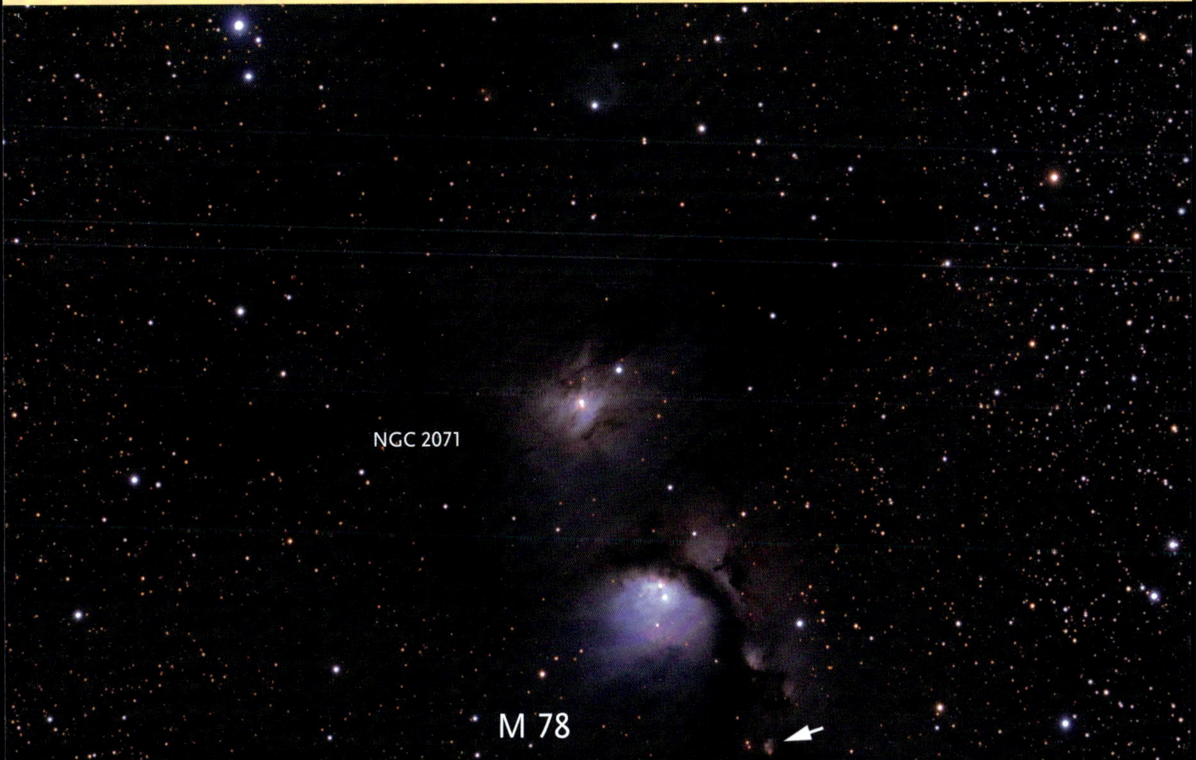

M 79

Steckbrief	
Messier-Nummer	79
NGC-Nummer	1904
Name	
Sternbild	Hase
Objektklasse	Kugelsternhaufen
Klassifikation*	V
Rektaszension	$05^{h}\,24\overset{m}{,}2$
Deklination	−24° 31′
Helligkeit	$7\overset{m}{,}7$
Ausdehnung	10′
Entfernung	45 210 Lj
Kulmination**	1. Januar
Kulmination nächstes Objekt	M 38

* Erläuterung Seite 212/213; ** für 10° Ost, ca. 23 Uhr MEZ

Information

„Nebel ohne Stern, von Monsieur Méchain gesehen am 26. 10. 1780. Monsieur Messier sah nach ihm am 17. 12.: Ein schöner Nebel mit hellem Zentrum und etwas diffus" ist Messiers Eintrag vom 17. 12. 1780. Der 131 Lj große Kugelsternhaufen M 79 steht in 45 210 Lj Entfernung von der Sonne und rund 65 900 Lj vom galaktischen Zentrum. Ungewöhnlich ist seine Lage am Winterhimmel, in entgegengesetzter Richtung zum Milchstraßenzentrum. M 79 ist zusammen mit den drei weiteren Kugelsternhaufen NGC 1851, NGC 2298 und NGC 2808 Mitglied der im Jahr 2003 entdeckten Canis-Maior-Zwerggalaxie, die von unserer Milchstraße vereinnahmt wird.

M 79 enthält 400 000 Sonnenmassen und ist mit Klasse V nur mittelmäßig konzentriert. Der Haufen weist eine leichte Elliptizität auf. Mit dem Ultraviolet Imaging Telescope (UIT) wurden im Jahr 1992 rund 100 blaue Sterne entdeckt. Die hellsten Sterne in M 79 sind $13\overset{m}{,}0$ hell. Nur acht Veränderliche wurden gefunden, darunter drei Haufenveränderliche vom Typ RR Lyrae.

So finden Sie M 79

> Zum Einstieg in die Suche nach diesem Objekt müssen Sie zunächst das unscheinbare Sternbild Hase am Winterhimmel unterhalb des Orion auffinden.
> Stellen Sie nun im Sucherfernrohr β Lep (Nihal) ein.
> 0,5° südöstlich von ihm steht ein Stern 6. Größe.
> Gut 1° weiter südlich finden Sie einen Stern 7. Größe.
> Noch einmal knapp 2° weiter nach Süden stoßen Sie auf einen weiteren Stern 7. Größe.
> Rund 1° westsüdwestlich finden Sie den Kugelhaufen M 79 im Sucherfernrohr als kleines rundes, kometenähnliches Fleckchen. Weitere gut 0,5° weiter südwestlich steht der Dreifachstern HD 35162, dessen Komponenten $5\overset{m}{,}5$ und $6\overset{m}{,}7$ (Abstand 3,5″) sowie $9\overset{m}{,}2$ (Abstand 61″) hell sind.

Beobachtung

Klirrend kalte Winternächte, wie sie bei stabilen Hochdruckwetterlagen vorkommen können, helfen enorm, um M 79 trotz der südlichen Position gut erkennen und beobachten zu können. Im 80-mm-Refraktor ist er allerdings bei 40× gerade einmal als mäßig konzentrierter runder Fleck zu sehen, der durch die relative Sternarmut der Umgebung aber noch gut auszumachen ist. Mit einem 130-mm-Refraktor kann man bei 50× sehen, dass der Haufen leicht elliptisch ist, bei 80× wirkt er fleckig und weist eine sehr kompakte Kernregion auf – bei dieser Vergrößerung kann man auch die ersten Einzelsterne wahrnehmen.

Im 200-mm-Reflektor gelingt es, den Sternhaufen bis nahe ans Zentrum in einige Sterne aufzulösen – allerdings bleibt ein ausgedehnter Hintergrundschimmer nicht aufgelöster Sterne scheinbar „hinter" den isolierten, hellsten Einzelsternen erhalten. Mit einem 300-mm-Reflektor ist M 79 deutlich aufgelöst, erkennbar sind 40 bis 50 Einzelsterne, der Haufen steht zwischen zwei Sternen 9. und 11. Größe.

Fototipp

Kleiner, durchschnittlich konzentrierter Kugelsternhaufen. Wegen seiner südlichen Deklination von −24° und der damit verbundenen geringen Kulminationshöhe ist M 79 von Mitteleuropa aus ein extrem schwieriges Messier-Objekt. Das schlechte Seeing begrenzt in der Haufenmitte die Auflösung in Einzelsterne, die atmosphärische Extinktion im blauen Spektralbereich führt zu stark geröteten Sternen bei Aufnahmen mit einer DSLR-Kamera. Am besten fotografiert man M 79 im Winter auf den Kanarischen Inseln oder im März/April in Namibia. Im Mai steht M 79 dort am Abend schon zu tief, um auf Aufnahmen so gut wie der vergleichbare Kugelsternhaufen M 80 zu wirken. Aus allen diesen Gründen war M 79 in diesem Buch das fotografisch am schwierigsten zu erreichende Messier-Objekt.

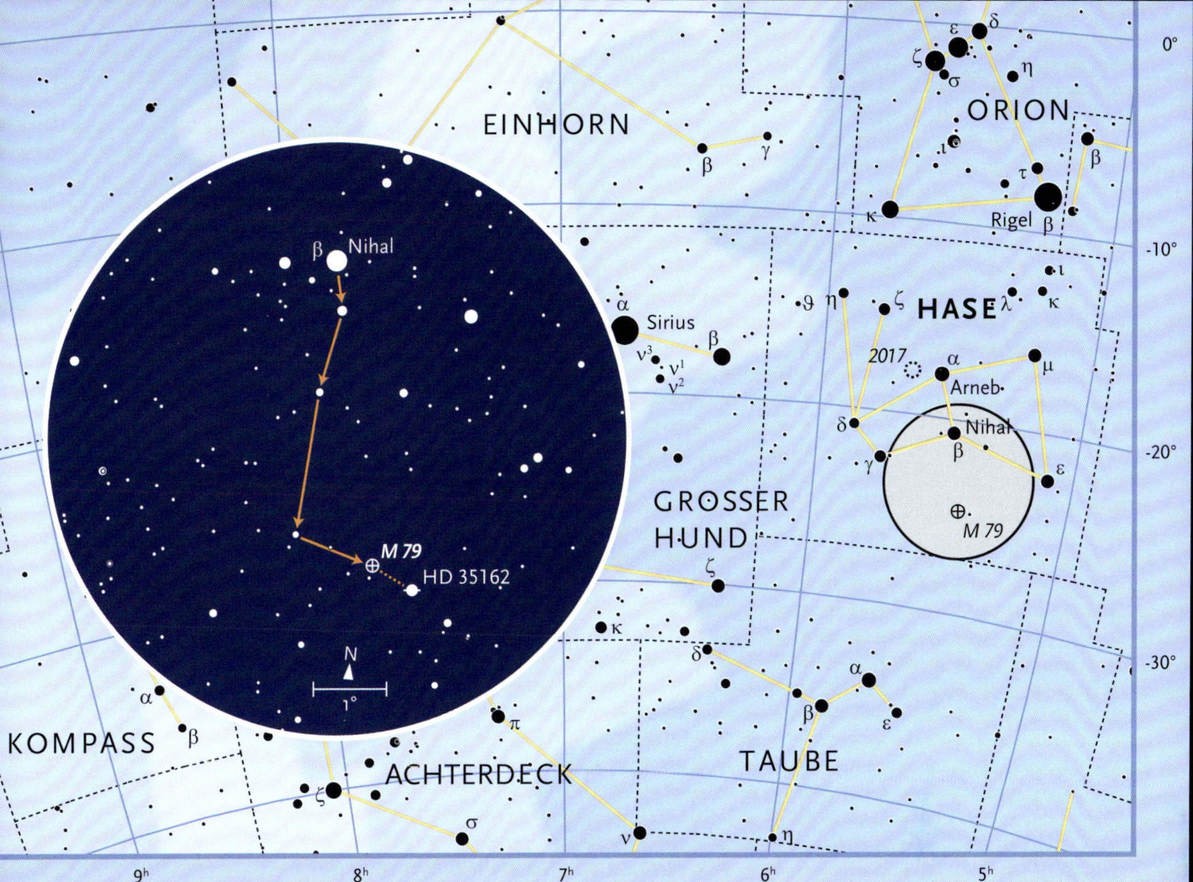

M 79. Optik: Meade 14" ACF + Reducer, **Brennweite:** 3000 mm, **Kamera:** Canon EOS 5D, **Belichtung:** 6 min am 26. 5. 2008, **Ort:** Farm Tivoli/Namibia. **Optik:** Astro-Physics 130mm EDF-S, **Brennweite:** 875 mm, **Kamera:** wie oben, **Belichtung:** 37 min, **Ort:** Sörth

M 80

Steckbrief	
Messier-Nummer	80
NGC-Nummer	6093
Name	
Sternbild	Skorpion
Objektklasse	Kugelsternhaufen
Klassifikation*	II
Rektaszension	$16^h 17^m{,}0$
Deklination	–22° 59′
Helligkeit	$7^m{,}3$
Ausdehnung	10′
Entfernung	48 220 Lj
Kulmination**	16. Juni
Kulmination nächstes Objekt	M 4

* Erläuterung Seite 212/213; ** für 10° Ost, ca. 23 Uhr MEZ

Information

„Nebel ohne Sterne, rund mit hellem Zentrum. Er erinnert an den Kern eines kleinen Kometen, umgeben von Nebel, 2′ Durchmesser." So beschreibt Messier seine Entdeckung vom 4. 1. 1781. Der Kugelsternhaufen M 80 ist 131 Lj ausgedehnt und steht in 48 220 Lj Entfernung zur Sonne und 17 200 Lj zum galaktischen Zentrum. Er ist mit Klasse II einer der am dichtesten gepackten Kugelsternhaufen der Milchstraße.

Mit dem Hubble Space Telescope wurden über 300 Blue Straggler-Sterne im Kern von M 80 gefunden, die nach der Verschmelzung kollidierender Roter Riesensterne entstanden sind. Die hellsten Sterne in M 80 sind $13^m{,}4$ hell. Am 21. 5. 1860 wurde von Wilhelm Auwers in Berlin mit $7^m{,}5$ Helligkeit eine sich im Verlauf abschwächende Nova in Richtung des Haufenzentrums entdeckt (T Scorpii). Man fand neben T Sco bislang nur zehn Veränderliche Sterne, darunter einen Cepheiden, sechs RR-Lyrae-Sterne und zwei Zwergnovae.

Novae

Eine Nova ist kein neuer Stern, denn die an einem solchen Ereignis Beteiligten hat es vor ihrer plötzlichen Sichtbarkeit schon gegeben. Eine Nova oder besser ein Novaausbruch kann in einem engen Doppelsternsystem aus einem Roten Riesen und einem Weißen Zwerg vorkommen. Der Weiße Zwerg zieht wasserstoffreiches Gas von seinem Begleiter ab und sammelt es in einer Akkretionsscheibe, bis es zu einer thermonuklearen Explosion des Wasserstoffs kommt. Bei Zwergnovae ist der Begleiter des Weißen Zwerges ein massearmer Roter Zwerg.

So finden Sie M 80

- M 80 ist am südlichen Sommerhimmel im Sternbild Skorpion unweit dessen „Scheren" zu finden.
- Beginnen Sie mit der Suche bei σ Sco, rund 2° nordwestlich von α Sco (Antares), und schwenken Sie zum knapp 1,5° weiter nördlich stehenden, auffallend rötlichen Stern o Sco (5^m).
- Knapp 0,5° nordöstlich folgt ein Stern 7. Größe.
- Weniger als 1° nordwestlich stoßen Sie auf einen Stern von rund 8. Größe.
- Knapp 0,5° weiter Richtung Nordwest steht M 80.

Beobachtung

M 80 ist ein weiterer ungewöhnlicher Kugelsternhaufen mit enorm hoher Sterndichte. Im 80-mm-Refraktor bemerkt man jedoch davon fast nichts, der Haufen zeigt sich bei 60× als sehr kleines, verwaschenes Fleckchen ohne jegliche Struktur. Im 130-mm-Refraktor bei 80× hat er tatsächlich etwas von einer Kometenkoma oder einem kleinen kompakten Schneeball, bei 120× wirkt er leicht fleckig. Weitere Einzelheiten sind nicht wahrzunehmen.

Mit einem 200-mm-Reflektor deuten sich unter optimalen Bedingungen (Bortle 2) die ersten Einzelsterne an, erforderlich ist für eine gute Sichtung jedoch nicht nur ein klarer Himmel, sondern auch ruhige Luft. Da M 80 einer der am dichtesten gepackten Sternhaufen ist, dürfen die Vergrößerungen dann auch in den Bereich 150–200× vordringen.

Fototipp

Die Sterne stehen sehr dicht gepackt im Zentrum des Haufens. Bei gutem Seeing unter 2″ lohnt sich eine lange Aufnahmebrennweite um 3000 mm, um den Haufen bis ins Zentrum fein aufzulösen. Nur rund 8′ östlich von M 80 befinden sich die rötlichen Mira-Sterne (vgl. S. 70) R Sco ($9^m{,}8$–$15^m{,}5$, Periode 224,6 Tage) und S Sco ($9^m{,}5$ –$15^m{,}5$, Periode 177,9 Tage). M 80 steht am nordwestlichen Rand einer ausgedehnten, äußerst farbenprächtigen Nebelregion, die von den rötlichen Nebeln nördlich von Antares und dem blauen Reflexionsnebel um ρ Oph beherrscht wird. Man sollte zur Aufnahme unbedingt eine modifizierte DSLR-Kamera und Teleobjektive bis maximal 500 mm Brennweite einsetzen.

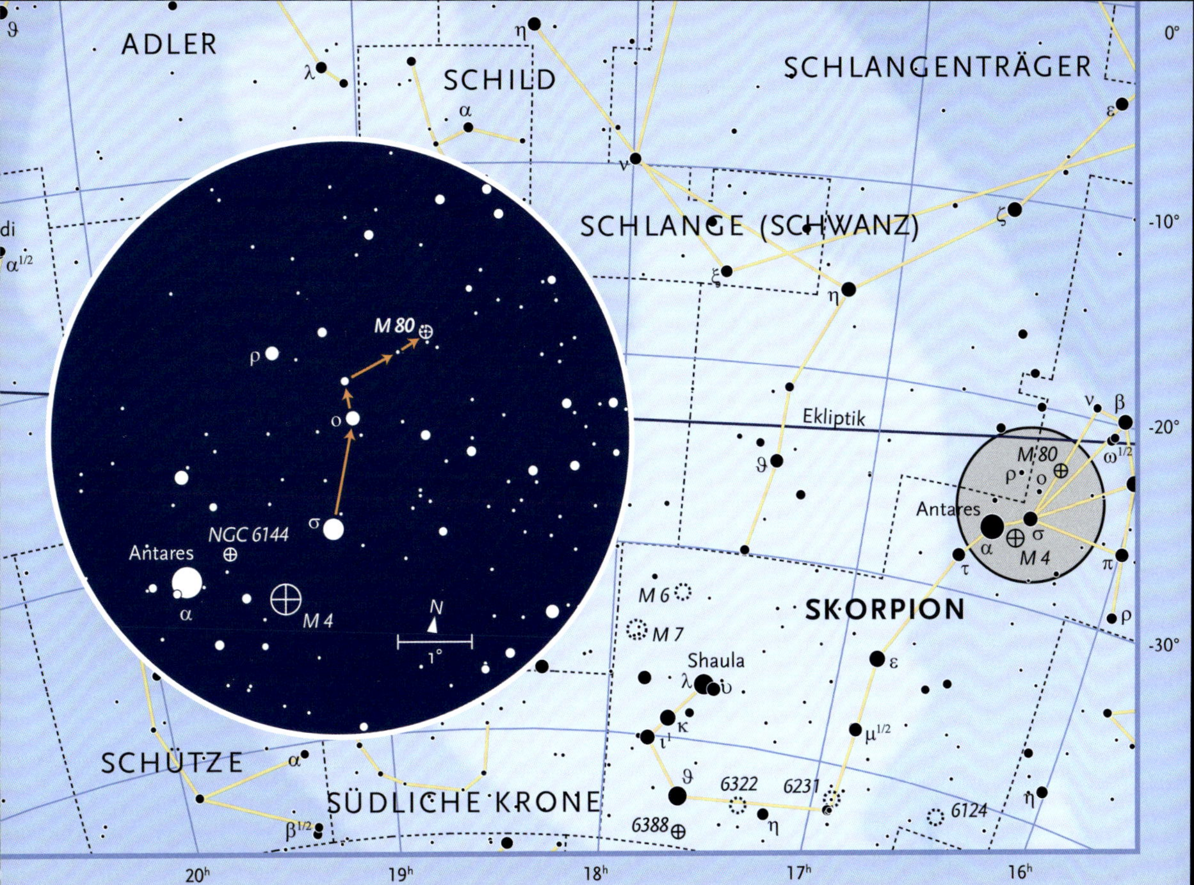

M 80. Optik: Meade 14″ ACF + Reducer, **Brennweite:** 3000 mm, **Kamera:** Canon EOS 5D, **Belichtung:** 43 min am 25. 5. 2008, **Ort:** Farm Tivoli/Namibia

M 81

Steckbrief	
Messier-Nummer	81
NGC-Nummer	3031
Name	
Sternbild	Großer Bär
Objektklasse	Galaxie
Klassifikation*	Sb
Rektaszension	$09^h 55\overset{m}{,}5$
Deklination	+69° 04′
Helligkeit	$6\overset{m}{,}9$
Ausdehnung	27×14′
Entfernung	11,8 Mio Lj
Kulmination**	11. März
Kulmination nächstes Objekt	M 82

* Erläuterung Seite 212/213; ** für 10° Ost, ca. 23 Uhr MEZ

Information

„Der Nebel ist ein wenig oval, das Zentrum klar", so trägt Messier am 9. 2. 1781 die Entdeckung von Johann Elert Bode vom 31. 12. 1774 in seinen Katalog ein. M 81 ist 95 000 Lj ausgedehnt und steht in 11,8 Millionen Lj Entfernung, die im Rahmen des „Hubble Key Project" durch Vermessung der Lichtkurven von 32 Cepheiden extrem genau bestimmt wurde. Im Kern von M 81 verbirgt sich ein Schwarzes Loch von 60 Millionen Sonnenmassen. Die Strahlung der Akkretionsscheibe ionisiert das umgebende Gas, das sich durch Aussendung von Emissionslinien verrät. M 81 wird mit ihrem aktiven Galaxienkern als LINER-Galaxie geführt. Die Gesamtzahl der Kugelsternhaufen wird auf 210 geschätzt, mehr als 114 Offene Haufen sind bereits gelistet.

Am 28. 3. 1993 entdeckte der spanische Amateurastronom Francisco Diaz mit seinem 10-Zoll-Teleskop die 11^m helle Supernova SN 1993J, deren sich ausdehnender Überrest von September 1993 an noch ein Jahr lang im Radiolicht beobachtet werden konnte. Erst am 28. 5. 2002 fand man den Partner im Doppelsternsystem, der das Supernova-Ereignis (Typ IIb) auslöste [M 81].

So finden Sie M 81

- M 81 ist am besten im Frühjahr zu beobachten.
- Startpunkt ist der Stern α UMa (Dubhe), der sich am „Heck" des Großen Wagens befindet.
- Etwa 10° westlich von α UMa finden Sie 23 UMa, einen Stern 3. Größe.
- Knapp 2,5° weiter westlich steht τ UMa, ein Stern 4. Größe.
- Nun geht es rund 4° nach Norden zur 4 bis 5^m hellen Sterngruppe aus σ^1, σ^2 und ρ UMa.
- 3,5° nordöstlich von ρ UMa stoßen Sie auf 24 UMa, einen Stern etwa 5. Größe.
- Knapp 1° südöstlich steht ein Stern 6. Größe, M 81 befindet sich gut 1° südwestlich dieses Sterns.

Beobachtung

Zusammen mit der unregelmäßigen Galaxie M 82 bildet M 81 das hübscheste Galaxienpaar des Nordhimmels. Nur 38′ voneinander entfernt sind die beiden Galaxien sowohl relativ hell als auch durch ihre Unterschiedlichkeit sehr spannend.

M 81 ist die hellere Komponente, im 75-mm-Refraktor ist sie als deutlich zur Mitte hin heller werdendes Oval gut auszumachen. Um sie zusammen mit M 82 im Feld nebeneinander sehen zu können, sollte man etwa 30–40× vergrößern. Die Spiralarme sind nicht direkt sichtbar, wohl fällt aber auf, dass die Galaxie leicht asymmetrisch ist. Ein 130-mm-Refraktor zeigt das Objekt bei 50× deutlich kontrastreicher. Südwestlich von M 81 ist mit Struve 1387 ein ansehnlicher Doppelstern erkennbar. Die beiden rund $10\overset{m}{,}6$ hellen Komponenten sind 8,9″ voneinander entfernt.

Im 300-mm-Reflektor hebt sich die Kernregion von M 81 noch etwas plastischer und griffiger ab, sie ist aber nach wie vor nicht stellar, sondern eher oval. Westlich des Kerns ist blickweise ein Ansatz der kernnahen Dunkelwolke zu erahnen, die auf Fotografien gut erkennbaren Spiralarme tauchen jedoch nicht auf.

Fototipp

Großartige Spiralgalaxie für alle Brennweiten ab 500 mm! Bei der Bildbearbeitung sollte man darauf achten, dass der innere Bereich mit den leicht bräunlichen Dunkelwolken nicht ausbrennt, wenn man den Kontrast für die lichtschwachen Spiralarme anhebt. Ebenso auf die magentafarbenen HII-Regionen achten. Die M 81-Gruppe ist ein lohnendes Galaxienfeld für Brennweiten ab 500 mm aufwärts, mit der gravitativ verbundenen Galaxie M 82 nur 38′ nördlich gelegen. Langbelichtete Aufnahmen zeigen als östlichen Begleiter die rund 2,5′ große irreguläre Zwerggalaxie Holmberg IX (UGC 5336). Mit größeren Teleskopen und langer Gesamtbelichtung gelingt die Auflösung von Holmberg IX in einzelne Sternhaufen.

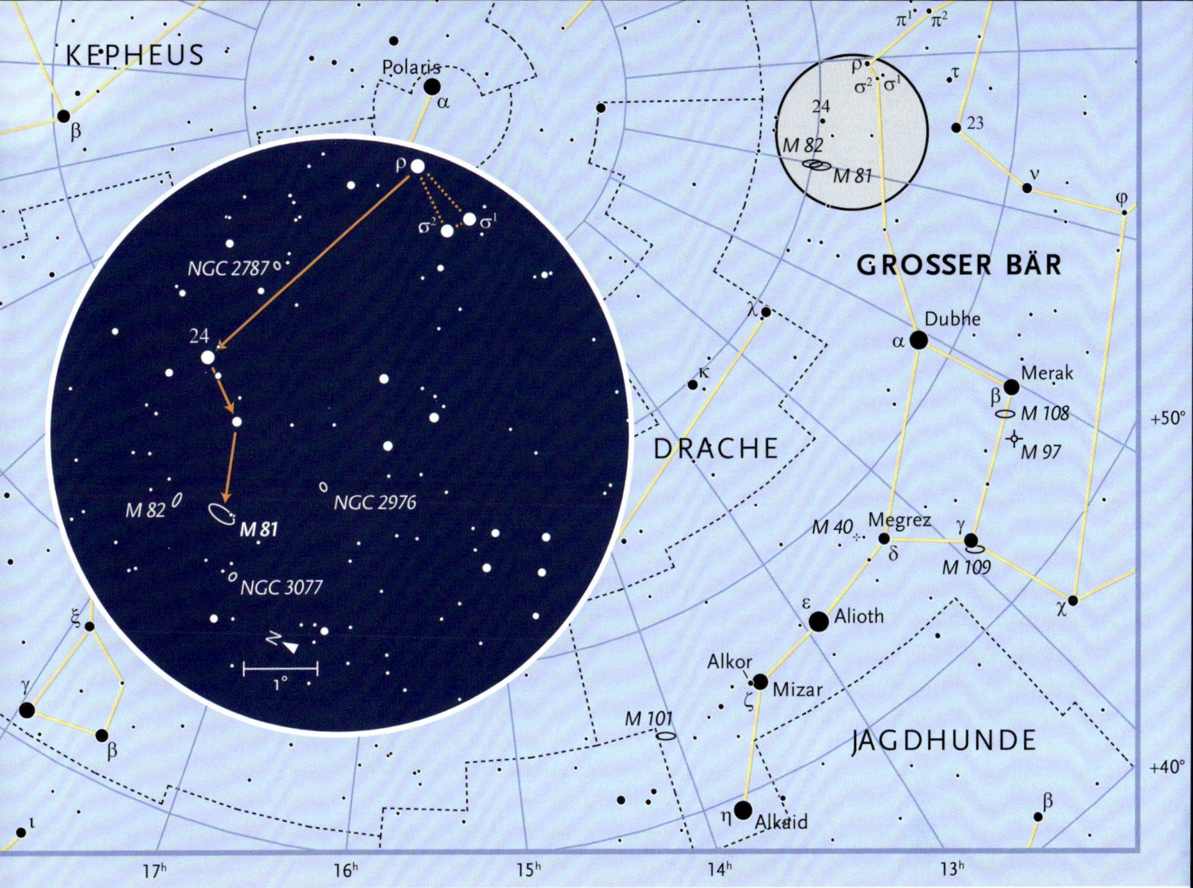

M 81. Optik: Meade 12″ ACF, **Brennweite:** 3000 mm, **Kamera:** Canon EOS 5D, **Belichtung:** 104 min am 12. 2. 2008, **Ort:** Sörth

M 82 Zigarrengalaxie

Steckbrief	
Messier-Nummer	82
NGC-Nummer	3034
Name	Zigarrengalaxie
Sternbild	Großer Bär
Objektklasse	Galaxie
Klassifikation*	Irr (Sbc)
Rektaszension	$09^h\,55^m{,}8$
Deklination	+69° 41′
Helligkeit	$8^m{,}4$
Ausdehnung	11×4′
Entfernung	11,5 Mio Lj
Kulmination**	11. März
Kulmination nächstes Objekt	M 95

* Erläuterung Seite 212/213; ** für 10° Ost, ca. 23 Uhr MEZ

Information

„Nebel ohne Stern nahe dem vorhergehenden. Sein Licht ist schwach und er ist länglich“, so trägt Messier am 9. 2. 1781 die Entdeckung von Johann Elert Bode vom 31. 12. 1774 in seinen Katalog ein. M 82 ist 11,5 Millionen Lj entfernt und 40 000 Lj ausgedehnt. Sie ist Mitglied der M 81-Galaxiengruppe. M 82 ist möglicherweise nicht irregulär geformt, sondern eine gestörte Balkenspirale. Im nahen Infrarotlicht wurden 2005 zwei symmetrisch angesetzte Spiralarme gefunden, deren Entstehung vom Partner M 81 ausgelöst worden sein könnte [M 82]. Die Äquatorebene von M 82 ist nur um 13° gegen die Sichtlinie geneigt, wir sehen die Balkenspirale also nahezu von der Kante („edge-on“).

Die nahe Begegnung mit M 81 vor einer halben Milliarde Jahren verursachte eine Sternentstehungswelle („Starburst“) im Galaxienzentrum mit turbulenten Gasströmungen senkrecht zur Galaxienebene, die vom Wind explodierender Supernovae angetrieben werden. Im Jahr 1997 wurden mit dem Hubble Space Telescope mehr als 100 Sternhaufen mit jeweils über 100 000 Sternen gefunden. 1996 durchgeführte Messungen der Bewegung der Sterne im Zentrum von M 82 lassen auf ein supermassives Schwarzes Loch mit 30 Millionen Sonnenmassen schließen.

Am 5. 3. 2004 fand man nachträglich auf Aufnahmen vom 21. 11. 2003 die Supernova SN 2004am vom Typ II mit 16^m Helligkeit. Deutlich heller war die am 21. Januar 2014 entdeckte Supernova 2014J mit einer Helligkeit von bis zu $10^m{,}5$.

So finden Sie M 82

> Von M 81 aus (s. S. 154) ist die benachbarte Galaxie M 82 im Handumdrehen gefunden: Sie steht nur gut 0,5° weiter nördlich und ist bis etwa 35× im gleichen Gesichtsfeld zu sehen.

Beobachtung

Schon auf den ersten Blick bietet die unregelmäßige Galaxie M 82 einen totalen Kontrast zur Spirale M 81. Obwohl M 81 heller ist, kann man ohne Übertreibung M 82 als eine der ungewöhnlichsten Galaxien für Amateurbeobachter am Himmel bezeichnen. Mühelos ist sie bereits im 75-mm-Refraktor auszumachen, die Galaxie zeigt sich als länglicher, relativ scharf begrenzter Strich mit deutlicher Kontur. Gleichsam wie ein Pinselstrich steht sie am Himmel und unterscheidet sich mit ihrem Anblick von allen anderen Messier-Galaxien. Kaum ein anderes Milchstraßensystem am Nordhimmel hebt sich so stark vom Himmelshintergrund ab. Im 130-mm-Refraktor wird dieser Gesamteindruck noch deutlich verstärkt. Eine leicht fleckige Struktur lässt sich dabei schon mit 50× erahnen, beim Vergrößern auf etwa 80× ist diese etwas besser wahrzunehmen.

Im 300-mm-Reflektor ist man fast schon geblendet von der immensen Flächenhelligkeit dieser Galaxie. Bei 100× zeigen sich ausprägte fleckige Strukturen bzw. Helligkeitsvariationen im hellen Teil, auch die Dunkelwolken sind teilweise auszumachen. Fast kann man schon von einer „Körnigkeit“ sprechen, die darauf hindeutet, dass man mit etwas mehr Öffnung unter gleichen Bedingungen noch weitere Details erfassen könnte. So oder so, in jedem Teleskop ab 200 mm Öffnung ist M 82 ein Genuss bei jeder Galaxientour am Frühjahrshimmel.

Fototipp

Die Staub- und Gaswolken der Starburst-Region im Zentrum von M 82 lassen sich mit längerer Brennweite ab 1500 mm bei gutem Seeing um 1,5″ gut auflösen. Möchte man zusätzlich die sehr lichtschwachen, filigranen und in ihrer Farbe roten Ausströmungen aus dem Zentrum aufnehmen, muss man ein engbandiges Hα-Filter von rund 10 nm Halbwertsbreite verwenden und vergleichsweise lange belichten. Eine rauscharme gekühlte CCD-Kamera ist hier bei Umgebungstemperaturen über dem Gefrierpunkt besser geeignet als eine modifizierte DSLR-Kamera.

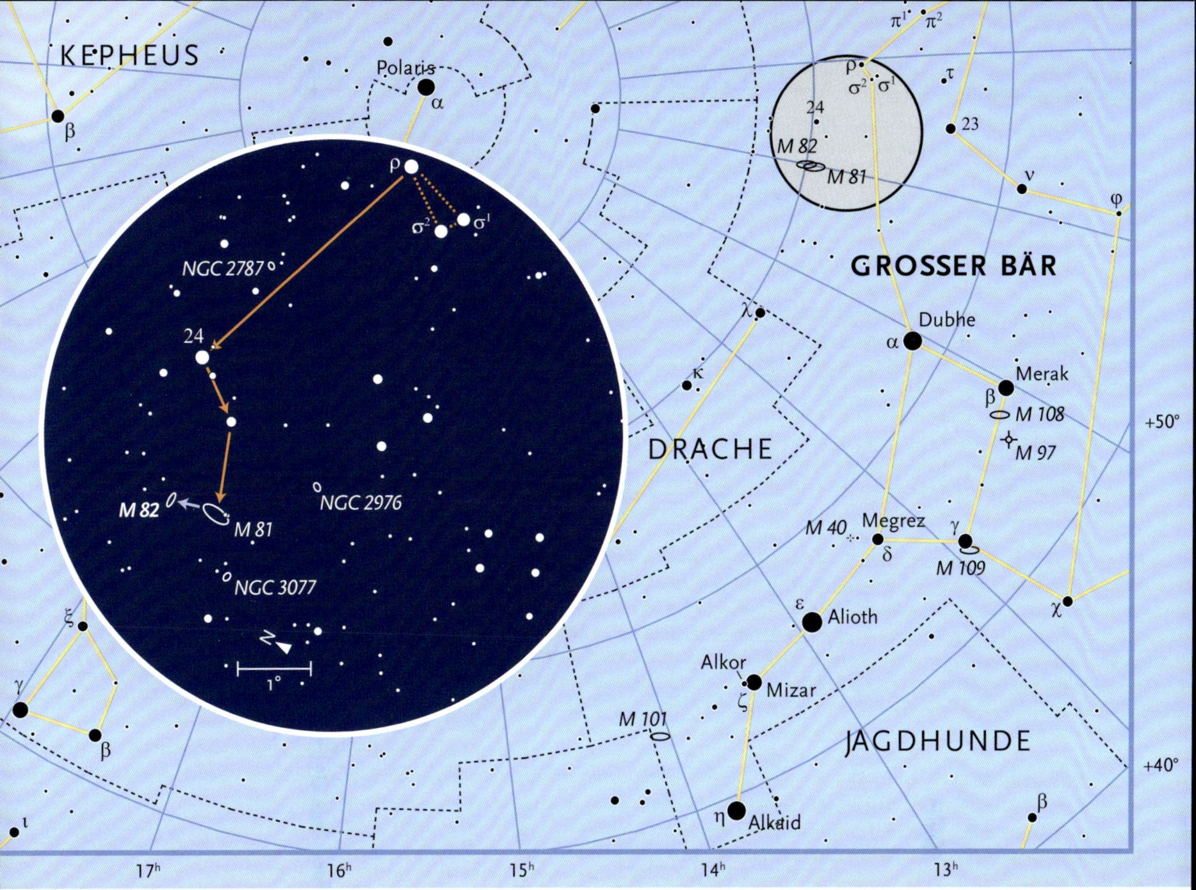

M 82. Optik: Meade 12″ ACF, **Brennweite:** 3000 mm, **Kamera:** Canon EOS 5D, **Belichtung:** 120 min am 10. 2. 2008, **Ort:** Sörth

M 83 Südliche Feuerradgalaxie

Steckbrief	
Messier-Nummer	83
NGC-Nummer	5236
Name	Südliche Feuerradgalaxie
Sternbild	Wasserschlange
Objektklasse	Galaxie
Klassifikation*	SABc
Rektaszension	$13^h 37^m{,}0$
Deklination	−29° 52′
Helligkeit	$7^m{,}5$
Ausdehnung	13×12′
Entfernung	14,7 Mio Lj
Kulmination**	6. Mai
Kulmination nächstes Objekt	M 3

* Erläuterung Seite 212/213; ** für 10° Ost, ca. 23 Uhr MEZ

Information

Nicolas Louis de Lacaille entdeckte am 23. 2. 1752 einen „kleinen formlosen Nebel", den Messier in Kenntnis jener Entdeckung am 17. 2. 1781 wie folgt beschrieb: „Nebel ohne Stern, leuchtet schwach und gleichmäßig, ist aber schwer zu sehen im Fernrohr." Was kein Wunder ist bei −30° Deklination! Die südliche Feuerradgalaxie M 83 ist 55 000 Lj groß und steht 14,7 Millionen Lj entfernt. M 83 ist eine Zwischenform aus einer normalen und einer Balkenspirale. Sie bildet mit zehn weiteren möglichen Mitgliedern, darunter die prominente Radiogalaxie NGC 5128 (Centaurus A), eine eigene Galaxiengruppe.

In M 83 wurden bislang sechs Supernovae entdeckt, sie war damit bis 2008 Rekordhalter unter den „Gastgebern". Die erste, SN 1923A, wurde von Carl Otto Lampland mit 14^m Helligkeit entdeckt. Weitere Entdeckungen folgten mit SN 1945B (max. $14^m{,}2$), SN 1950B ($14^m{,}5$), SN 1957D ($15^m{,}0$) und SN 1968L (12^m). Die letzte bekannte Supernova ist SN 1983N, die Robert Evans am 3. 7. 1983 ($12^m{,}5$) fand.

Auf einer Aufnahme des Chandra-Röntgenteleskops erkennt man im Kern von M 83 eine leuchtende Gaswolke und eine größere Anzahl stellarer Röntgenquellen, zumeist Neutronensterne. Vielleicht verbirgt sich hier auch ein supermassives Schwarzes Loch.

So finden Sie M 83

> M 83 steht in der Wasserschlange direkt an der Grenze zum Sternbild Zentaur, der Frühling ist die beste Jahreszeit für dieses schwierige Objekt.

> Starten Sie bei β Crv im Raben und bewegen Sie Ihr Teleskop gut 10° nach Osten, dort erreichen Sie bei gleicher Deklination γ Hya, einen Stern 3. Größe.

> Folgen Sie der Dreiersternenkette nach Südsüdost, die bei einem Stern 7. Größe nach Südost abknickt zu einem Stern 6. Größe (HD 117033).

> Knapp 2° südlich folgt eine weitere Dreierkette aus Sternen 5. bis 6. Größe.

> 1° südöstlich des letzten Sterns der Kette steht M 83, nur 0,5° südwestlich eines weiteren Sterns 6. Größe.

Beobachtung

Fotografisch ist M 83 eine der spektakulärsten Spiralgalaxien am Himmel. Schade nur, dass wir es hier einmal mehr mit einem sehr südlichen Objekt zu tun haben, keine andere Messier-Galaxie erreicht eine solch tiefe Deklination. Daher ist M 83 selbst mit einem 150-mm-Reflektor ein schwieriges Beobachtungsobjekt in unseren Breiten, der Horizontdunst lässt nur die Sichtung eines blassen, ausgedehnten Flecks zu ohne weitere Strukturen.

Unter gutem Himmel in südlichen Breiten (Bortle 4) zeigt ein 80-mm-Refraktor jedoch bei 35× einen ausgedehnten, leicht ovalen Schimmer, der leicht fleckig wirkt. Die Zentralregion ist nur mäßig heller, aber auf jeden Fall sichtbar. Mit einem 130-mm-Refraktor kann man bei 60× und klaren Sichtbedingungen neben dem zentralen Balken und der Kernregion auch die Spiralarme erahnen. Im 200-mm-Reflektor kann man bei 80× zudem einzelne Knoten und Aufhellungen in den Spiralarmen erkennen, dadurch wirkt M 83 noch eine Spur plastischer, ein toller Anblick – aber leider nicht in Mitteleuropa ...

Fototipp

Südlichste Galaxie im Messier-Katalog und schönste Balkenspirale des südlichen Sternenhimmels! Vom deutschsprachigen Raum aus ist M 83 wegen der geringen Höhe aber extrem schwierig zu fotografieren. Unter gutem Landhimmel (Bortle 4) wird die Spiralstruktur schon ab 500 mm Brennweite sehr gut aufgelöst. Außerdem stehen viele hübsche kleine Galaxien im Gesichtsfeld, darunter die 1,8×2,7′ große Irreguläre Galaxie NGC 5264 im östlichen Abstand von 1°. Mit langer Brennweite taucht man sehr tief in die Spiralarme ein und erkennt die einzelnen blauen Sternhaufen und magentafarbenen HII-Regionen. Ein Traumobjekt unter namibischem Himmel.

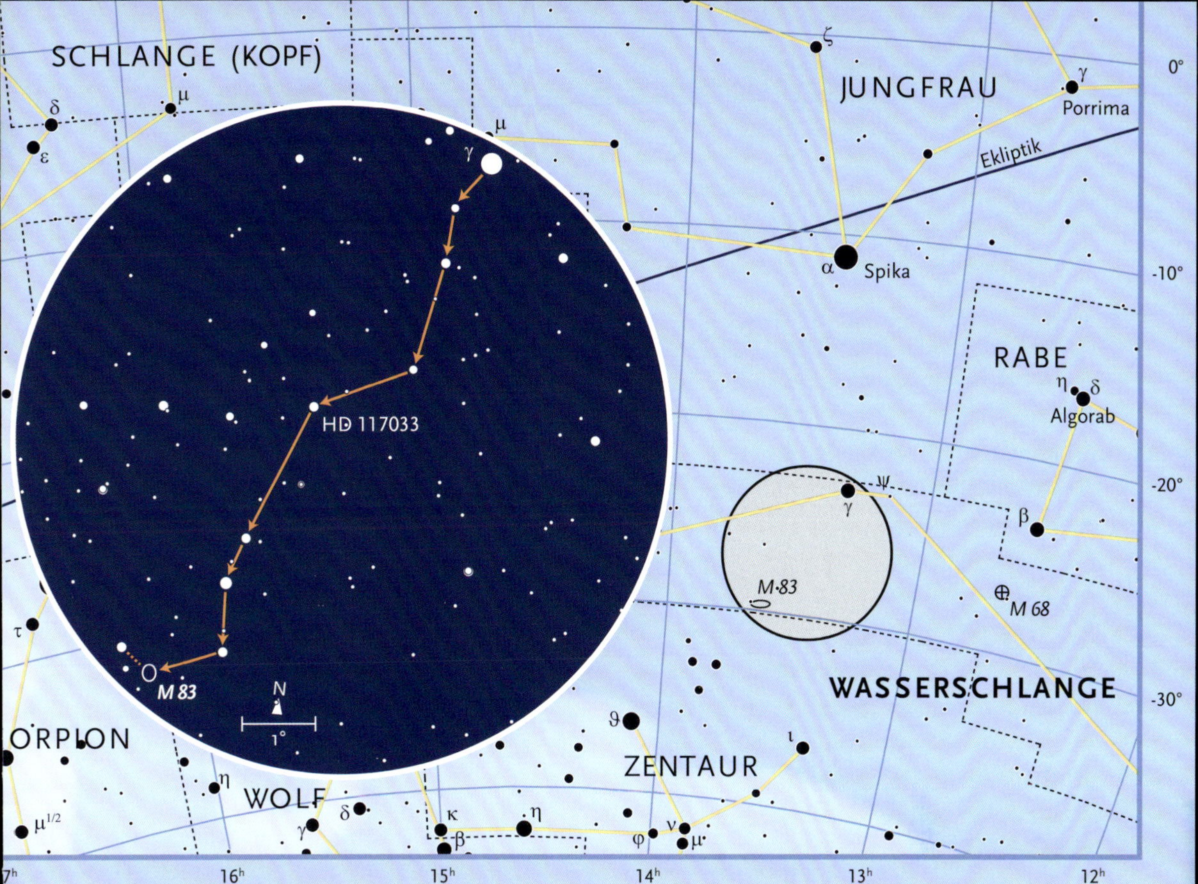

M 83. Optik: Meade 14″ ACF + Reducer, **Brennweite:** 3000 mm, **Kamera:** Canon EOS 5D, **Belichtung:** 80 min am 25. 5. 2008, **Ort:** Farm Tivoli/Namibia

M 84
M 86

Steckbrief		
Messier-Nummer	84	86
NGC-Nummer	4374	4406
Name		
Sternbild	Jungfrau	Jungfrau
Objektklasse	Galaxie	Galaxie
Klassifikation*	S0	S0
Rektaszension	$12^{h}25^{m}{,}0$	$12^{h}26^{m}{,}2$
Deklination	+12° 53′	+12° 57′
Helligkeit	$9^{m}{,}1$	$8^{m}{,}9$
Ausdehnung	7×6′	10×7′
Entfernung	55 Mio Lj	56 Mio Lj
Kulmination**	18. April	18. April
Kulmination nächstes Objekt	M 85	M 49

* Erläuterung Seite 212/213; ** für 10° Ost, ca. 23 Uhr MEZ

Information

Messiers Katalogeinträge vom 18. 3. 1871 ähneln sich: (Nr. 84) „Nebel ohne Stern, das Zentrum ist ein wenig leuchtend, umgeben von leichtem Nebel" und (Nr. 86) „Nebel ohne Stern, sehr nahe beim vorherigen Nebel. Sie erscheinen gleich zu sein." Die Galaxie M 86 nahe dem Zentrum des Virgo-Haufens liegt 56 Millionen Lj entfernt und ist 147 000 Lj ausgedehnt. M 84 liegt ebenfalls im Virgo-Haufen in rund 55 Millionen Lj Entfernung und ist mit 110 000 Lj Durchmesser etwas kleiner. Beide Galaxien werden durch den Hubble-Typ S0 als linsenförmige Galaxien klassifiziert, wobei man bei M 84 frontal auf die kleine Achse der Linse blickt.

1997 wurde im Kernbereich von M 84 eine markante Dunkelwolke entdeckt. Geschwindigkeitsmessungen der zentralen Gaswolke lassen vermuten, dass in M 84 ein supermassives Schwarzes Loch von mindestens 300 Millionen Sonnenmassen ruht. Die Supernova SN 1957B (13^{m}) wurde am 18. 5. 1957 entdeckt. Diskutiert wird, ob es sich bei der am 13. 6. 1980 entdeckten SN 1980I (14^{m}) um eine Supernova in M 84 oder um eine galaktische Nova handelt. Zuletzt wurde am 3. 12. 1991 mit SN 1991bg eine 14^{m} helle Supernova gefunden.

Ungewöhnlich an M 86 ist, dass sich diese Riesengalaxie auf uns zubewegt. Sie ist so schnell unterwegs, dass sich das mitgeführte Gas und der Staub am intergalaktischen Medium reiben, aufheizen und sogar herausgerissen werden.

So finden Sie M 84 und M 86

- Nahe dem Zentrum des Virgo-Haufens gelegen führt der Weg zu diesen beiden linsenförmigen Galaxien eigentlich mehr über andere Haufenmitglieder als über Vordergrundsterne unserer Milchstraße – hier empfiehlt sich ein genauer Blick in die Detailkarte.
- Ausgehend von ε Vir (Vindemiatrix) und ρ Vir sollte man sich über M 60/M 59/M 58 heranpirschen.
- Knapp 2° westnordwestlich von M 58 stoßen Sie im Teleskop auf die auffällige Ellipse M 87, noch einmal knapp 1,5° weiter westnordwestlich finden Sie dann M 84 und M 86.

Beobachtung

Dieses nur gut 15′ voneinander entfernte Galaxienpaar ist schon in einem 75-mm-Refraktor auf Anhieb zu erkennen. M 86 als östlichere Komponente ist etwas diffuser als M 84. Letztere wiederum hat einen schärfer definierten Kern. Erahnen lässt sich eine unterschiedliche Ausrichtung der großen Halbachsen beider Galaxien. Mittlere Vergrößerungen im Bereich 40–60× sind ideal. Im 130-mm-Refraktor darf man 60–80× verwenden, dann kann man auch jeweils die Helligkeitsabstufung vom Zentrum bis in die Außenbereiche gut wahrnehmen.

Im 300-mm-Reflektor ist die unterschiedliche Ausrichtung der Halbachsen noch augenfälliger, auch der schärfer abgegrenzte Kernbereich in M 84 ist deutlicher sichtbar. Höher als 100–130× zu vergrößern macht jedoch keinen Sinn. In unmittelbarer Umgebung sind noch mindestens sieben bis acht weitere schwächere Galaxien zu sehen – ein wirklich schönes Feld nahe dem Zentralbereich des Virgo-Haufens.

Fototipp

M 86 liegt im Zentrum des Virgo-Galaxienhaufens, 17′ östlich von M 84. NGC 4402, 10′ nördlich von M 86, komplettiert das fotogene Trio, das von schwachen Galaxien umgeben ist. Von M 84 ausgehend zieht sich eine Kette von Galaxien nach Nordosten über M 86 – NGC 4438 – NGC 4458 – NGC 4473 und weiteren bis zu NGC 4477. Diese wird „Markarians Kette" genannt. Zusammen mit M 87 liegen diese Galaxien in einem Bildkreis von knapp 2° Durchmesser: ein reiches Aufnahmefeld für Teleobjektive bis etwa 500 mm Brennweite, abhängig von der Größe des Kamerasensors. Man stellt dazu NGC 4438 in die Bildmitte ein.

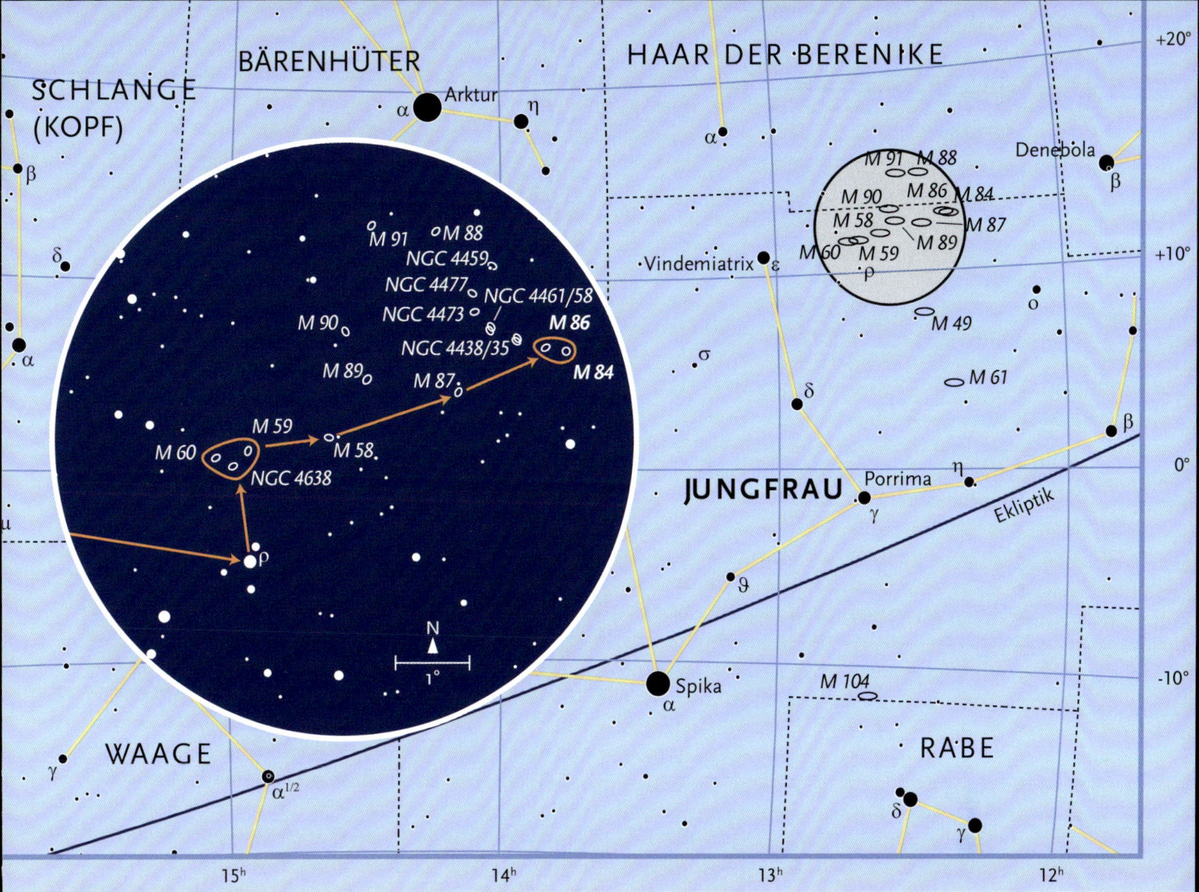

M 84, M 86. Optik: Meade 12″ ACF + Flattener, **Brennweite:** 2970 mm, **Kamera:** SBIG STL-11000M, **Belichtung:** 60 min am 26. 1. 2009, **Ort:** Sörth

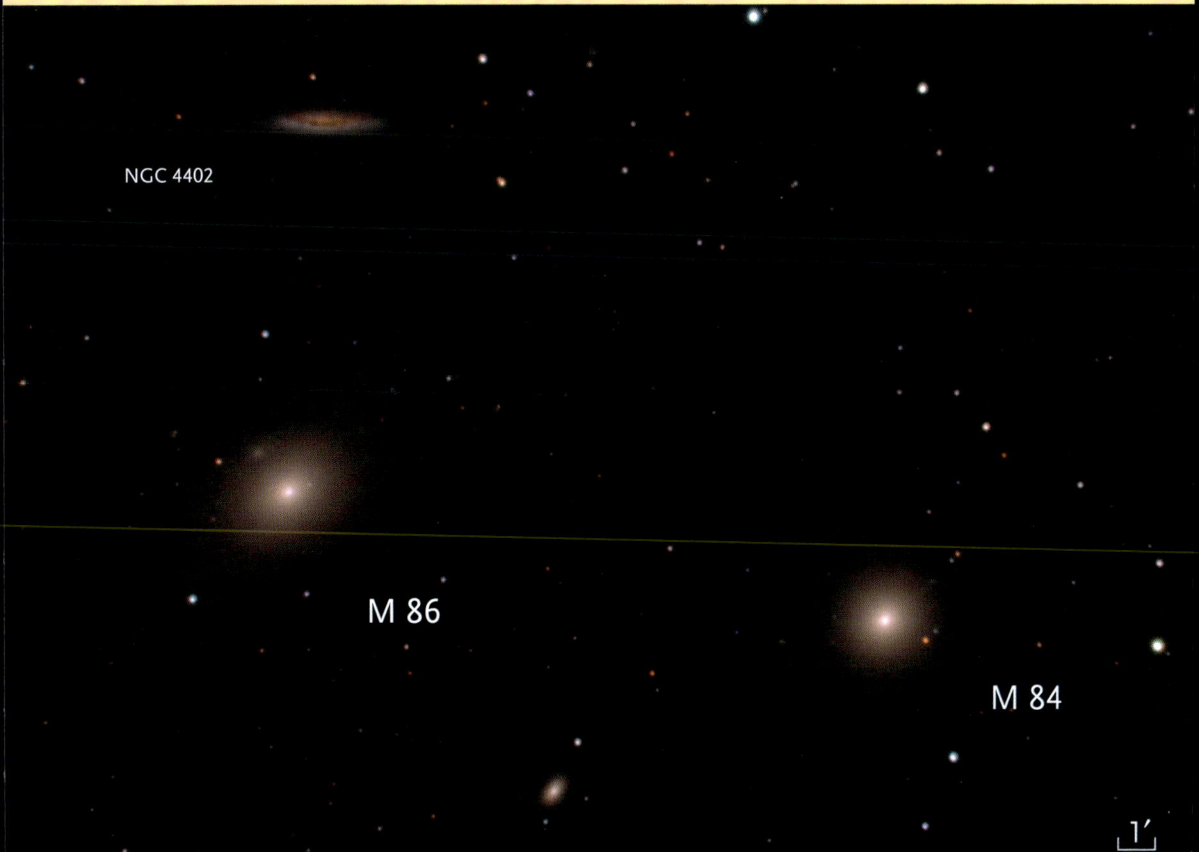

M 85

Steckbrief	
Messier-Nummer	85
NGC-Nummer	4382
Name	
Sternbild	Haar der Berenike
Objektklasse	Galaxie
Klassifikation*	S0
Rektaszension	$12^{h}25\overset{m}{,}4$
Deklination	+18° 11′
Helligkeit	$9\overset{m}{,}1$
Ausdehnung	7×6′
Entfernung	60 Mio Lj
Kulmination**	18. April
Kulmination nächstes Objekt	M 86

* Erläuterung Seite 212/213; ** für 10° Ost, ca. 23 Uhr MEZ

Information

Messiers Beobachtung und der 85. Katalogeintrag vom 18.3.1781 bestätigen Méchains Entdeckung: „Nebel ohne Stern, sehr schwach. Monsieur Méchain hat seine Position am 4.3.1781 bestimmt." Die linsenförmige Galaxie M 85 mit ähnlicher Leuchtkraft wie M 84 ist rund 100 000 Lj ausgedehnt und steht in 47 bis 60 Millionen Lj Entfernung im Virgo-Haufen. In ihrem Zentrum dominieren – wie auch bei M 84 – die gelben alten Sterne. M 85 steht mit dem kleinen Nachbarn NGC 4394 in Wechselwirkung und zeigt im Halo Ansätze von Spiralarmen. Im Jahr 2003 fand man mit dem Chandra-Röntgenteleskop 58 Quellen, bei denen es sich um massearme Röntgendoppelsterne handelt. Die einzige bekannte Supernova SN 1960R vom 20.12.1960 erreichte $11\overset{m}{,}7$ Helligkeit.

So finden Sie M 85

- Die Galaxie M 85 befindet sich in den nördlichen Ausläufern des Virgo-Haufens und ist deshalb bereits im unscheinbaren Sternbild Haar der Berenike zu finden.
- Zum Aufsuchen beginnen Sie am besten bei β Leo (Denebola), dem „Schwanzstern" des Löwen.
- 7° östlich treffen Sie auf ein Sterndreieck mit dem Stern 6 Com (5. Größe) und zwei Sternen 6. Größe.
- Vom östlichsten dieser Sterne schwenken Sie nun knapp 3,5° nach Norden, bis Sie auf 11 Com stoßen, einen Stern 5. Größe.
- Gut 1° weiter östlich finden Sie M 85.

Beobachtung

Auch wenn die Gesamthelligkeit von M 85 ähnlich der von M 84 und M 86 ist, so wirkt diese weitere Galaxie des Virgo-Haufens doch insgesamt etwas schwächer als ihre Geschwister. Aber auch sie ist schon im 75-mm-Refraktor bei 30× gut auszumachen. Mit 50× fällt es leichter, zusätzlich auch die nahe gelegene Balkenspirale NGC 4394 zu finden, die lediglich rund 8′ östlich steht und wie ein unscharf gestellter Einzelstern wirkt. M 85 selbst ist oval und weist eine ziemlich auffällige, kompakte Zentralregion auf. Diese sticht im 130-mm-Refraktor schon bei 40× noch deutlicher ins Auge, ganz eindeutig ein Unterschied zu dem Pärchen M 84/M 86. Weitere Einzelheiten kann man nicht erkennen, aber NGC 4394 fällt im größeren Fernrohr schon so deutlich auf, dass man sie trotz ihrer kleinen Abmessungen auch bei direktem Sehen sofort erkennt.

Noch eine gute Spur deutlicher ist der Begleiter im 300-mm-Reflektor zu erkennen, bei M 85 selbst bringt das Plus an Öffnung eine weitere Steigerung bei der Wahrnehmung der Zentralregion. Sehr auffällig ist ein Stern etwa 11. Größe knapp 3′ südöstlich des Zentrums, der gleichsam eine „falsche" Supernova in M 85 vorgaukelt.

DSLR- und CCD-Aufnahmen kombinieren

Ein DSLR-Farbbild kann mit einem Luminanzbild einer CCD-Kamera kombiniert werden. Dieses neue Hybridbild ist rauschärmer bei gleicher Farbdarstellung, weil der verrauschte Helligkeitsanteil des DSLR-Bildes durch das rauschärmere monochrome Bild der CCD-Kamera ersetzt wurde. Die beste Bildqualität und das größte Bildfeld erhält man bei gleicher Orientierung der Kameras unter Verwendung desselben Teleskops.

Fototipp

M 85 ist zusammen mit der 8′ östlich gelegenen und 3,3′ großen Balkenspirale NGC 4394 (mit blauen Spiralarmen) und der winzigen 30″ großen Galaxie IC 3292 ein sehr attraktives Objekt für längere Brennweiten. M 85 selbst zeigt eine interessante Struktur, die zu einem genauen Studium mit langer Gesamtbelichtung geradezu einlädt. Doch für den ausgedehnten Galaxienhalo braucht man eine rauscharme gekühlte CCD-Kamera, während man den hellen Galaxienkörper bereits mit einer nicht modifizierten DSLR-Kamera aufnehmen kann.

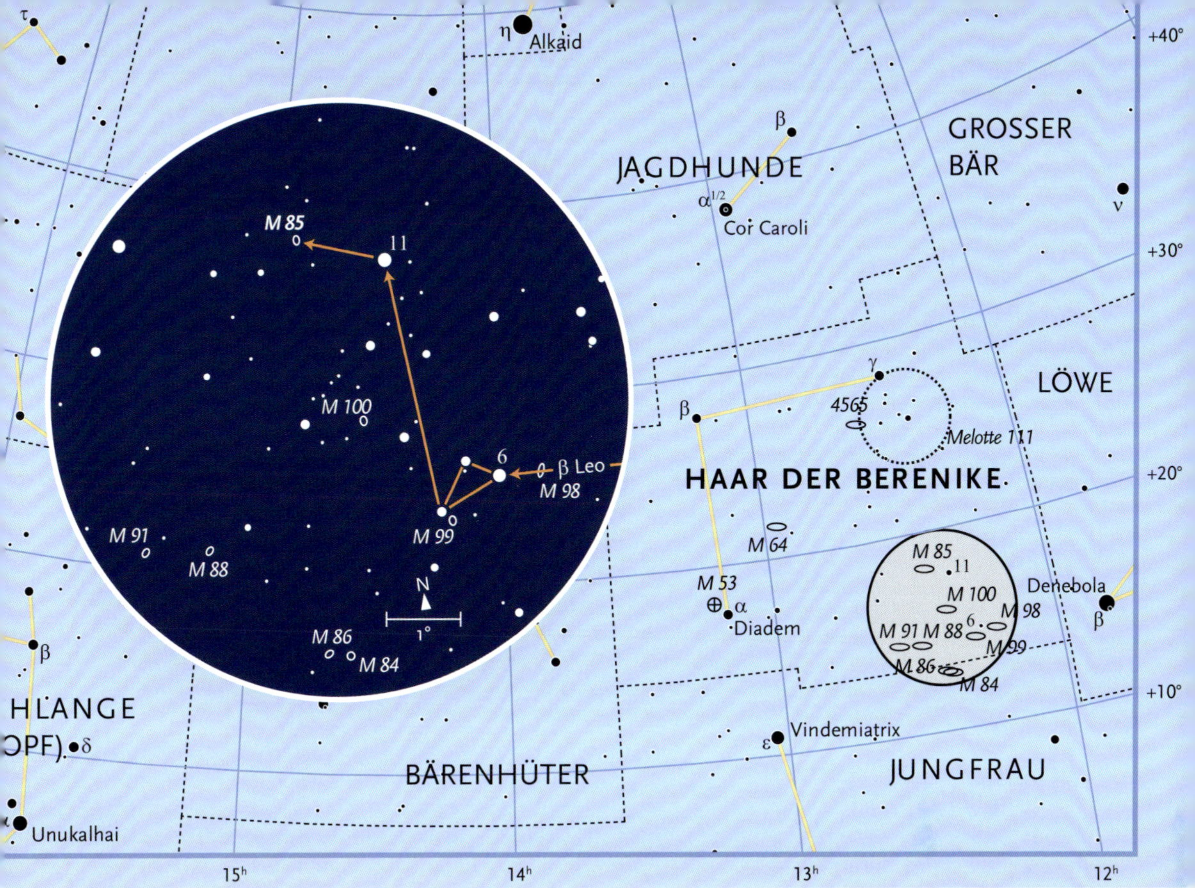

M 85. Optik: Meade 12″ ACF + Flattener, **Brennweite:** 2970 mm, **Kamera:** SBIG STL-11000M, **Belichtung:** 60 min am 30. 12. 2008, **Ort:** Sörth

M 87

Steckbrief	
Messier-Nummer	87
NGC-Nummer	4486
Name	
Sternbild	Jungfrau
Objektklasse	Galaxie
Klassifikation*	E1
Rektaszension	$12^h 30^m,8$
Deklination	+12° 23
Helligkeit	$8^m,6$
Ausdehnung	10×7′
Entfernung	52 Mio Lj
Kulmination**	20. April
Kulmination nächstes Objekt	M 88

* Erläuterung Seite 212/213; ** für 10° Ost, ca. 23 Uhr MEZ

Information

„Nebel ohne Stern, scheint die gleiche Helligkeit wie die beiden Nebel mit Nr. 85 und Nr. 86 aufzuweisen", so beschreibt Messier seine Entdeckung am 18. 3. 1781. Die Riesengalaxie M 87 ist 130 000 Lj ausgedehnt und steht in 52 Millionen Lj Entfernung nahe dem Zentrum des Virgo-Haufens. M 87 ist größer und aufgrund ihrer ellipsoiden Form „voluminöser" als unsere Milchstraße, sie enthält 2 bis 3 Billionen Sonnenmassen. Auf ganz tiefen Aufnahmen von David Malin sieht man einen ausgedehnten Galaxienhalo, der sich über mehr als 30′ (500 000 Lj) erstreckt.

Das supermassive Schwarze Loch im Zentrum birgt 3 Milliarden Sonnenmassen. Es ist die Ursache für zwei einander gegenüberliegende Materiejets, die mit nahezu Lichtgeschwindigkeit herausschießen. Der hier sichtbare über 6000 Lj lange Jet (Inset, weißer Pfeil) leuchtet aufgrund von Synchrotronstrahlung, die entsteht, wenn heiße Materie in engen Magnetfeldschläuchen gefangen und beschleunigt wird. Im April 2019 wurde erstmalig die Abbildung eines Schwarzen Lochs im Kern der Galaxie präsentiert.

M 87 verfügt über das größte bekannte System von Kugelsternhaufen, deren Zahl man auf 15 000 schätzt und deren hellste Vertreter bereits 18^m hell sind [Simbad]. Die einzige bekannte Supernova wurde im Jahr 1922 auf Aufnahmen von 1919 entdeckt. Die geschätzte Maximalhelligkeit betrug $11^m,5$. M 87 wird von vielen kleinen Satellitengalaxien umkreist. Der Virgo-Haufen ist ein höchst dynamischer Galaxienhort, M 87 und M 86 bewegen sich aufeinander zu.

So finden Sie M 87

> Der Weg zur hellen Ellipse M 87 nahe dem Zentrum des Virgo-Haufens wurde bereits bei M 84 und M 86 (Seite 160) beschrieben, die Schlüsselsterne zu Beginn der Suche sind ε und ρ Vir.

Beobachtung

Wer sich bei der Pirsch durch den Virgo-Haufen zunächst an den vorhergenannten Galaxien M 84, M 85 und M 86 versucht hat, dem wird beim Anblick von M 87 schon im 75-mm-Refraktor klar – hier steht der „Platzhirsch" im Okulargesichtsfeld. Diese Galaxie ist noch einfacher zu erkennen, ihre Gesamthelligkeit ist sehr deutlich höher als die der genannten Galaxien, die Kernregion ist sehr auffällig. Aber ganz egal, wie man die Vergrößerung nach unten oder oben variiert, weitere Strukturen treten nicht hervor. In einem 130-mm-Refraktor ist der Anblick ähnlich, ein nennenswerter Unterschied zur Beobachtung im kleineren Teleskop ist nicht wirklich gegeben. Höchstens die Auffälligkeit der Kernregion ist vielleicht noch etwas stärker.

Der auf langbrennweitigen Fotografien sichtbare Jet, der aus dem Zentrum von M 87 nach außen geschleudert wird, ist leider auch unter sehr guten Bedingungen mit einem 300-mm-Reflektor nicht sichtbar. Auch eine Vergrößerung über 200× bringt da nichts. Wohl gibt es Amateursichtungen dieses sehr interessanten Details, aber üblicherweise benötigt man dazu mindestens 400 mm Öffnung oder mehr. Die ebenfalls auf langbrennweitigen Fotos oftmals sichtbaren schwachen Kugelsternhaufen sind für visuelle Beobachter noch schwerer zu knacken, hier sind mehr als 500 mm Öffnung erforderlich.

Fototipp

Reiches Galaxienfeld für jede Aufnahmebrennweite! Der durch das Schwarze Loch im Zentrum von M 87 erzeugte und auf Aufnahmen leicht bläuliche Materiejet ist ein lohnendes Ziel für lange Aufnahmebrennweiten ab 2000 mm. M 87 sollte mit jeder der möglichst zahlreichen Einzelbelichtungen nicht überbelichtet werden. Die erste Aufnahme einer Serie also unbedingt auf die Sichtbarkeit des vergleichsweise hellen Jets prüfen (Pfeil im kl. Bild). Bei der Bildbearbeitung eignen sich Digital Development (DDP), Gammaskalierung oder logarithmische Skalierung, um ein Ausbrennen des Galaxienzentrums zu verhindern.

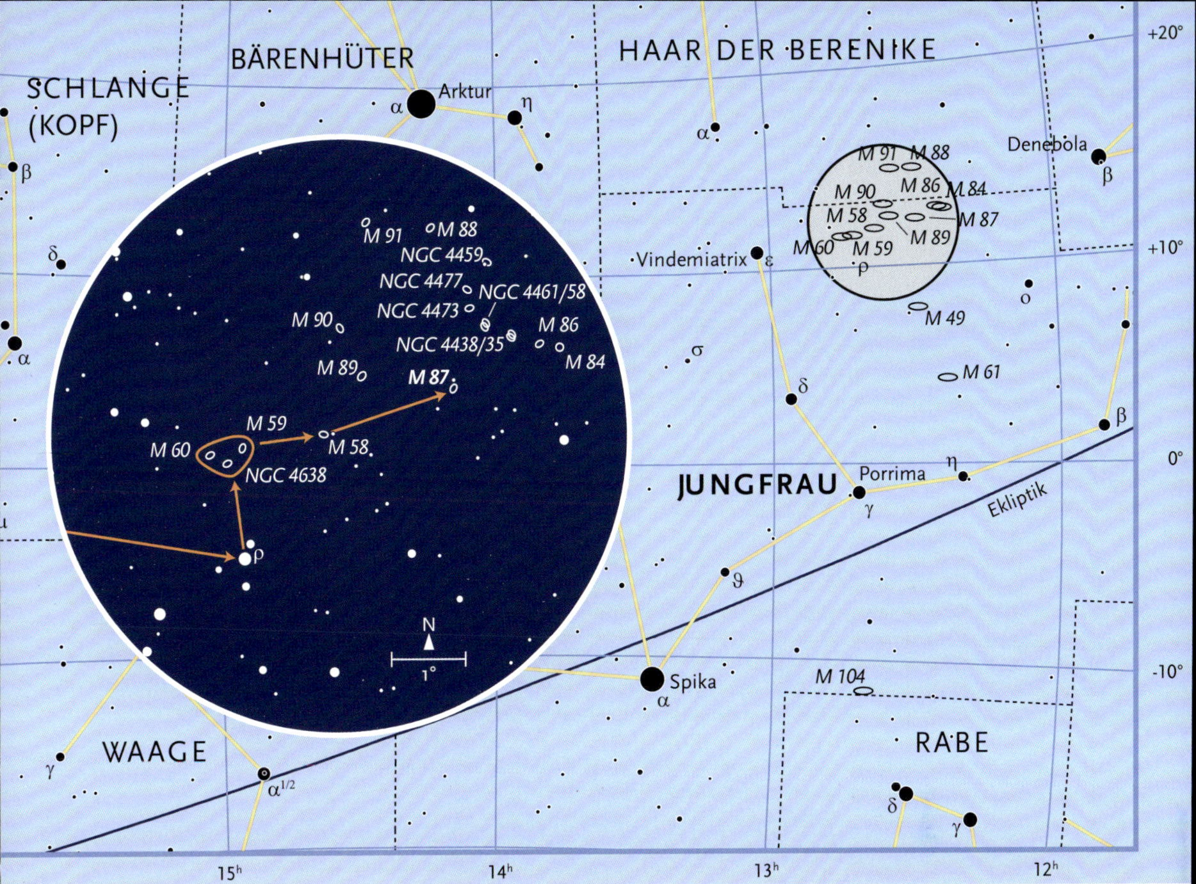

M 87. Optik: Meade 12″ ACF + Flattener, **Brennweite:** 2970 mm, **Kamera:** SBIG STL-11000M, **Belichtung:** Luminanz 70 min am 31. 3. 2009, Farbe 60 min am 21. 1. 2009, **Ort:** Sörth. **Pfeil** (Inset): Jet.

M 88

Steckbrief	
Messier-Nummer	88
NGC-Nummer	4501
Name	
Sternbild	Haar der Berenike
Objektklasse	Galaxie
Klassifikation*	Sbc
Rektaszension	$12^{h}32^{m}{,}0$
Deklination	+14° 25′
Helligkeit	$9^{m}{,}6$
Ausdehnung	7×4′
Entfernung	57 Mio Lj
Kulmination**	20. April
Kulmination nächstes Objekt	M 91

* Erläuterung Seite 212/213; ** für 10° Ost, ca. 23 Uhr MEZ

Information

Am 18. 3. 1781 entdeckte Messier einen „Nebel ohne Stern. Seine Helligkeit ist eine der schwächsten, erinnert an den Nebel Nr. 58 in Virgo." Die Spiralgalaxie M 88 ist Mitglied des Virgo-Haufens in 57 Millionen Lj Entfernung. Ihre Ebene ist um 30° gegen die Sichtlinie geneigt. Sie ist 130 000 Lj ausgedehnt, enthält 250 Milliarden Sonnenmassen und ist eine Seyfert-2-Galaxie. Die Supernova SN 1999cl vom Typ Ia wurde am 28. 5. 1999 mit $16^{m}{,}4$ Helligkeit entdeckt und erreichte am 5. 6. 1999 rund $13^{m}{,}7$ Helligkeit.

So finden Sie M 88

> Dieses Spiralsystem gehört ebenfalls zum Virgo-Haufen, ist aber im südlichen Bereich des Sternbildes Haar der Berenike zu finden.

Seyfert-Galaxien

Eine Seyfert-Galaxie zeichnet sich durch eine erhöhte Kernhelligkeit und Veränderlichkeit ihres Energieausstoßes aus der Kernregion aus. Die bis zu 10 000 km/s schnellen ausgestoßenen Gase werden spektroskopisch anhand der Verbreiterung ihrer Emissionslinien nach Seyfert in Typ 1 und Typ 2 unterschieden. Typ 2 weist nur schmale Linien auf, die auf eine geringere Geschwindigkeit schließen lassen. Im Zentrum der Galaxie liegt ein Schwarzes Loch, das von einer Akkretionsscheibe umgeben ist. Diese sammelt Materie aus der Umgebung ein und setzt dabei die größeren Energiemengen frei, Instabilitäten sind die Ursache der Veränderlichkeit.

> Am günstigsten ist es, auch hier die Suche wie bei M 85 mit β Leo (Denebola) im Löwen zu beginnen.

> Schwenken Sie nach Osten, bis Sie das dort (Seite 162) beschriebene Sterndreieck mit 6 Com gefunden haben.

> Etwa 2,5° weiter östlich stoßen Sie auf zwei Sterne 8. und 7. Größe, die zusammen mit M 88 ein sehr stumpfwinkliges, nach Norden zeigendes Dreieck bilden – die Galaxie steht dabei an der Ostecke.

Beobachtung

Falls Sie sich in der Reihenfolge der Katalognummern durch den Virgo-Haufen arbeiten, werden Sie an diesem Punkt froh sein, mal wieder eine Spiralgalaxie vor sich zu haben. Nicht, dass die Spiralarme zum Vorschein kämen – sie sind mit üblichen Amateurteleskopen selbst bei 400 mm Öffnung nicht zu sehen – aber der Anblick wirkt einfach erfrischend anders nach all den Ellipsen. Schon in einem 75-mm-Refraktor sieht man auf den ersten Blick ein auffälliges ovales Fleckchen, 50× ist hier ideal für die Wahrnehmung. Weitere Einzelheiten kann man nicht ausmachen, dafür ist die Helligkeit der Galaxie in diesem Teleskop dann doch nicht ausreichend. Bei der Beobachtung mit einem 130-mm-Refraktor ist schon bei 40× eine zentrale Aufhellung sichtbar, sie scheint ganz leicht Richtung Südwesten versetzt zu sein. Gut 2′ südöstlich davon ist ein weites, schwaches Doppelsternpärchen zu sehen.

Im 300-mm-Reflektor wirkt die Kernregion bei 95× scheibenförmiger und einigermaßen gut abgegrenzt, die Spiralarme bilden ein sie umgebendes diffuses Oval ohne weitere erkennbare Einzelheiten. Auch sonstige Details sind visuell nicht zu erkennen, es springen einem höchstens noch die beiden oben schon erwähnten schwachen Vordergrundsterne unserer Milchstraße ins Auge, die man aufgrund ihrer Position auch für vermeintliche Supernovae in der Galaxie halten könnte.

Fototipp

M 88 liegt in einem reichhaltigen Galaxienfeld. Diese Miniaturausgabe des Andromeda-Nebels mit ihren strukturreichen Spiralarmen liegt 50′ westlich von M 91. Hier ist eine lange Aufnahmebrennweite von Vorteil, am besten bei einem Seeing von unter 2″. 8′ südöstlich von M 88 liegt die Zwergnova AL Com, deren Normalhelligkeit von 20^{m} am 5. 4. 1995 auf $11^{m}{,}8$ und zuletzt Ende 2007 auf $16^{m}{,}2$ anstieg [M 88].

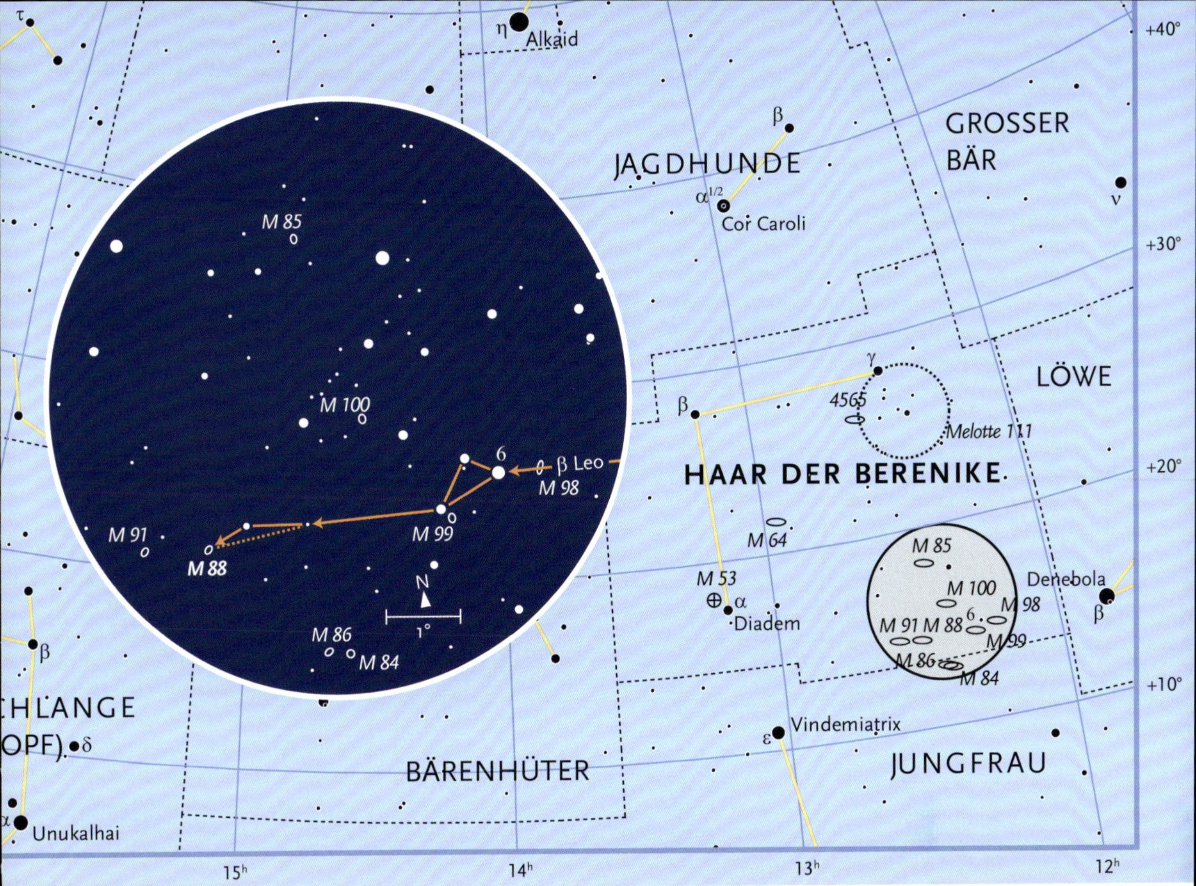

M 88. Optik: Meade 12″ ACF + Flattener, **Brennweite:** 2970 mm, **Kamera:** SBIG STL-11000M, **Belichtung:** Luminanz 90 min am 24. und 30. 3. 2009. **Kamera:** Canon EOS 5D, **Belichtung:** 88 min am 4. 5. 2008, **Ort:** Sörth

M 89

M 90

Steckbrief		
Messier-Nummer	89	90
NGC-Nummer	4552	4569
Name		
Sternbild	Jungfrau	Jungfrau
Objektklasse	Galaxie	Galaxie
Klassifikation*	E0	Sb
Rektaszension	$12^h 35^m\!,7$	$12^h 36^m\!,8$
Deklination	+12° 33	+13° 10
Helligkeit	$9^m\!,8$	$9^m\!,5$
Ausdehnung	6×5′	10×5′
Entfernung	50 Mio Lj	60 Mio Lj
Kulmination**	21. April	21. April
Kulmination nächstes Objekt	M 90	M 58

* Erläuterung Seite 212/213; ** für 10° Ost, ca. 23 Uhr MEZ

Information

„Nebel ohne Stern. Sein Licht war extrem schwach und blass, und man kann den Nebel nicht ohne Schwierigkeiten erkennen“ (M 89) und „Nebel ohne Stern, in Virgo, sein Licht ist so schwach wie das des Vorgängers Nr. 89“ (M 90), so beschreibt Messier seine Entdeckungen vom 18. 3. 1781. Die Elliptische Galaxie M 89 vom Typ E0 ist Mitglied des Virgo-Haufens in 50 Millionen Lj Entfernung. Sie ist 74 000 Lj ausgedehnt, die äußerste ihrer drei Hüllen sogar bis 150 000 Lj. 8′ südwestlich von M 89 sieht man einen länglichen Nebel, der wie ein Jet auf das Zentrum von M 89 ausgerichtet ist. Es handelt sich um eine Zwerggalaxie (s. Pfeil im kl. Bild), die aufgrund der Gezeitenkräfte von M 89 auseinandergezogen oder sogar aufgelöst wird. M 89 ist eine aktive LINER-Galaxie.

M 90 ist eine Sb-Spirale mit eng gewundenen äußeren Spiralarmen ohne Anzeichen von Sternentstehung ähnlich wie M 64. Ob die Seyfert-2-Galaxie M 90 zum Virgo-Haufen gehört oder nur vorgelagert ist, lässt sich aufgrund der Entfernungsangaben zwischen 30 und 60 Millionen Lj nicht endgültig sagen. Aus der Eigenbewegung wird geschlossen, dass sich M 90 aus dem Virgo-Haufen entfernt und auf uns zubewegt. Die Größe beträgt 85 000 bis 170 000 Lj.

So finden Sie M 89 und M 90

> Das Aufsuchen beginnt bei ε Vir (Vindemiatrix), der als Stern 3. Größe rund 18° ostsüdöstlich von β Leo (Denebola) steht.

> ε Vir bildet zusammen mit 34 Vir und 41 Vir (beide 6. Größe) ein lang gezogenes stumpfwinkliges Dreieck mit 34 Vir an der Westseite.

> 34 Vir und 41 Vir wiederum bilden mit dem Stern 29 Com (ebenfalls 6. Größe) weiter nördlich ein fast gleichseitiges Dreieck (Kantenlängen gut 1,5°).

> Wenn Sie dieses Dreieck im Sucher zentriert haben, dann stoßen Sie beim Schwenk nach Westen nach gut 3° auf M 89.

> M 90 steht 40′ nordöstlich von M 89.

Beobachtung

M 89 ist schon im 75-mm-Refraktor ein leichtes Objekt, das auf jeden Fall 50-fache Vergrößerung verträgt. Man sieht einen ovalen Fleck mit heller Kernregion, die aber nicht stellar ist. Der 130-mm-Refraktor zeigt das flächige Zentralgebiet ebenfalls sehr auffällig. In einem 300-mm-Reflektor wirkt M 89 wie ein Kugelhaufen im Fernglas, das Kerngebiet ist im Vergleich zu anderen Elliptischen Galaxien eher scheibenförmig.

M 90 fällt schon auf den ersten Blick aus dem Rahmen. Selbst in einem 75-mm-Refraktor erkennt man sofort die länglichen Konturen einer Spiralgalaxie, die wir unter einem sehr flachen Winkel sehen. Insgesamt bleibt sie in diesem Teleskop aber ziemlich blass. Ein 130-mm-Refraktor zeigt M 90 bei 40× schon erheblich kontrastreicher, die Zentralregion ist trotzdem nur mäßig aufgehellt. Auch hier ist die sehr längliche Kontur von M 90 auffallend. Sehr viel kompakter und fast stellar wirkt das Zentrum im 300-mm-Reflektor. Eine höhere Vergrößerung als 100× lohnt sich aber selbst hier nicht.

Fototipp

Mit einer DSLR-Kamera im APS-C-Format wie der EOS 350D, die nicht modifiziert sein muss, und maximal 500 mm Brennweite hat man M 58, M 87, M 89 und M 90 zusammen im Bildfeld! Auf lang belichteten und im Kontrast verstärkten Aufnahmen erkennt man um M 89 einen ausgedehnten Halo mit Schalenstruktur. Hier ist eine rauscharme CCD-Kamera im Vorteil, da die äußere Hülle der Galaxie sehr lichtschwach ist.

Mit langer Brennweite erkennt man in der inneren Scheibe der Spiralgalaxie M 90 aufgelöste Spiralstrukturen, ähnlich wie in M 64. Die 1,6×2,6′ große Irreguläre und gestörte Galaxie IC 3583 befindet sich 6′ nördlich.

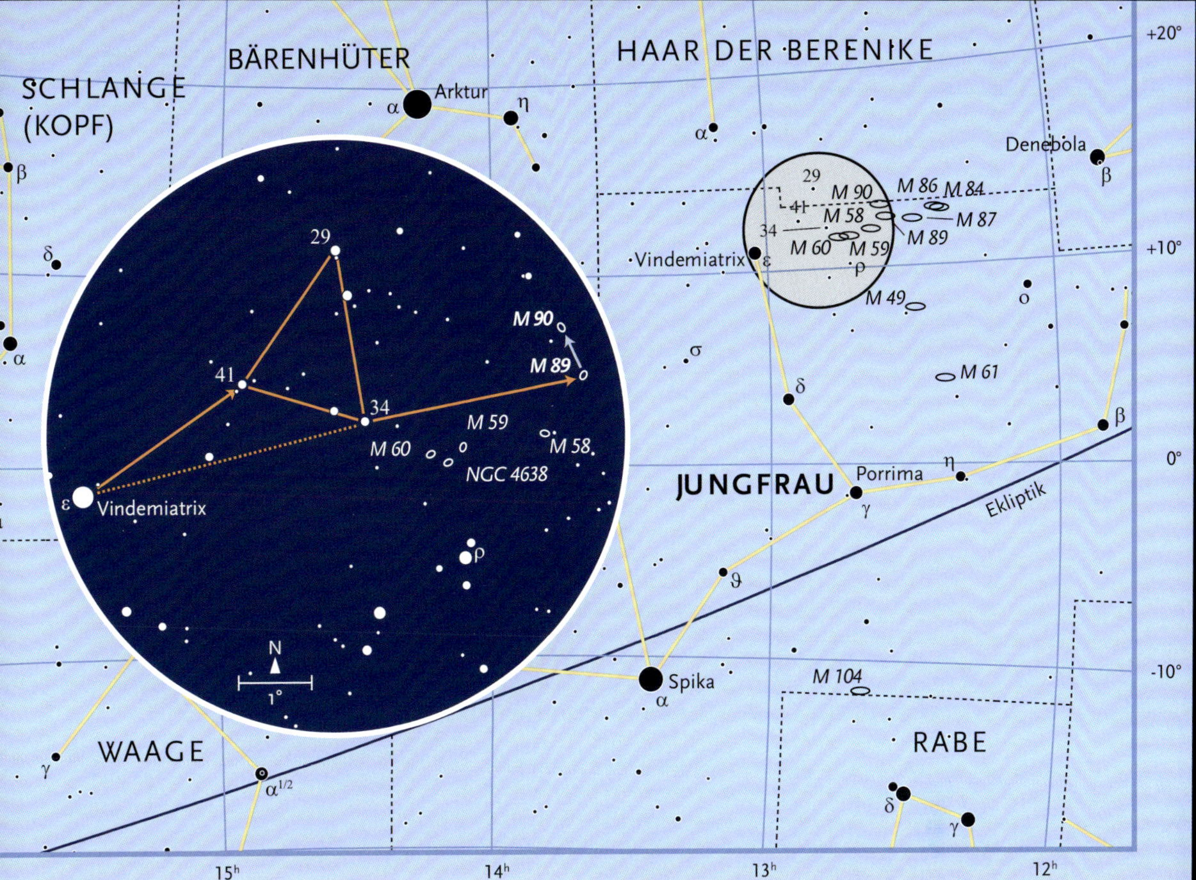

M 89. Optik: Meade 12″ ACF + Flattener, **Brennweite:** 2970 mm, **Kamera:** SBIG STL-11000M, **Belichtung:** Luminanz 60 min, Farbe 100 min am 17. 3. 2009, **Ort:** Sörth. **Pfeil** (Inset): Zwerggalaxie.

M 90. Optik: Meade 12″ ACF + Flattener, **Brennweite:** 2970 mm, **Kamera:** SBIG STL-11000M, **Belichtung:** Luminanz 60 min am 21. 3. 2009. **Kamera:** Canon EOS 5D, **Belichtung:** 128 min am 5. 5. 2008, **Ort:** Sörth

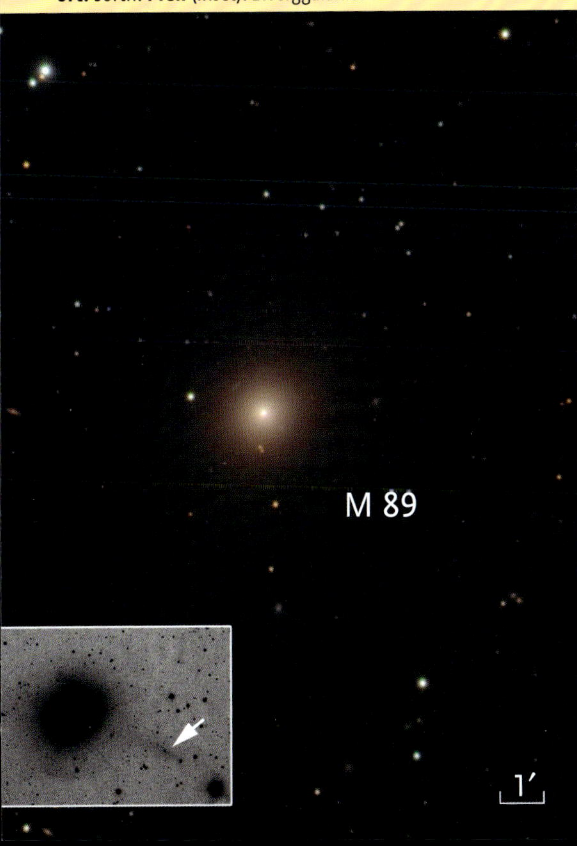

M 91

Steckbrief	
Messier-Nummer	91
NGC-Nummer	4548
Name	
Sternbild	Haar der Berenike
Objektklasse	Galaxie
Klassifikation*	SBb
Rektaszension	$12^{h}35^{m}\!.4$
Deklination	+14° 30′
Helligkeit	$10^{m}\!.1$
Ausdehnung	5×4′
Entfernung	52 Mio Lj
Kulmination**	21. April
Kulmination nächstes Objekt	M 89

* Erläuterung Seite 212/213; ** für 10° Ost, ca. 23 Uhr MEZ

Information

„Nebel ohne Stern in Virgo über dem vorherigen Nr. 90. Sein Licht ist noch schwächer", schreibt Messier am 18. 3. 1781 über seine Entdeckung. M 91 ist eine Galaxie mit aktivem Galaxienkern vom Typ LINER. Die Balkenspirale ist Mitglied des Virgo-Haufens in 52 Millionen Lj Entfernung, sie bewegt sich jedoch weniger schnell von uns weg als der Haufen.

Ihre Entfernung wurde aus Messungen an 24 Cepheiden mit Lichtwechselperioden zwischen 16 und 38 Tagen im Rahmen des Hubble H0 Key Project im Jahr 1999 abgeleitet. Damit ergibt sich eine Ausdehnung von 83 000 Lj. Im Aladin Sky Atlas [Aladin] sind diese Cepheiden markiert, jedoch ohne Helligkeitsangabe. Im Jahr 2003 wurden die Cepheiden C1 bis C14 von Sashi Kanbur und Kollegen im Helligkeitsbereich $25^{m}\!.6$ bis $26^{m}\!.7$ fotometriert [M 91]. Auch wenn die Cepheiden einer Galaxie im Virgo-Haufen jenseits der Möglichkeiten eines Amateurteleskops liegen, ist ihre Lokalisierung mithilfe der frei zugänglichen Daten der Profi-Astronomen überaus reizvoll.

So finden Sie M 91

> Der beste Weg zu M 91 führt über die 50′ weiter westlich gelegene Galaxie M 88. Haben Sie diese im Okular zentriert, brauchen Sie entweder nur noch den Antrieb anzuhalten und 50 Sekunden zu warten – dann driftet M 91 langsam ins Sehfeld. Alternativ schwenken Sie Ihr Fernrohr um 50′ nach Osten.

Beobachtung

M 91 ist einmal mehr ein Beleg für Messiers Beobachtungstalent – denn auch diese Galaxie zu finden, war mit seinem Instrumentarium alles andere als einfach. Ein moderner 75-mm-Refraktor zeigt bei 50× ein kleines, nur indirekt auszumachendes Fleckchen, das schon einen sehr guten Himmel erforderlich macht (Bortle 4). Wer mit einem 130-mm-Refraktor arbeitet, hat es da deutlich leichter, bei 40–50× ist die Galaxie jetzt erheblich einfacher zu beobachten. Weitere Strukturen entziehen sich aber dem Auge, auch bei sehr guten Bedingungen ist da kaum etwas zu erahnen.

Auch im 300-mm-Reflektor ist der Anblick immer noch nicht spektakulär, der zentrale Balken der Galaxie ist bei indirektem Sehen immerhin zu erahnen. Umgeben ist diese Struktur von einem diffusen, formlosen Schimmer, Spiralarme sind leider nicht zu sehen. Ideal sind bei der Beobachtung 100–150×, damit kann man je nach Himmel immer noch für einen einigermaßen guten Kontrast sorgen.

LINER-Galaxien

LINER ist die Abkürzung für „low-ionization nuclear emission-line region". LINER-Galaxien enthalten einen Galaxienkern, der nur schwach angeregte oder neutrale Atome enthält, oder aber nur wenige hoch angeregte Atome. Warum die angeregten Atome in einem höheren Energiezustand sind und wodurch diese Anregung erfolgt, ist umstritten. Ein Schwarzes Loch kann ebenso verantwortlich sein wie eine Sternentstehungsregion. Ein Drittel aller nahen Galaxien bis 130 Millionen Lj Entfernung gehören zu dieser Klasse, weniger häufig allerdings Spiralgalaxien vom Typ Sb bis Scd.

Fototipp

Kleine Balkenspirale im Virgo-Haufen. Mit einer DSLR-Kamera im APS-C-Format wie der EOS 350D, die nicht modifiziert sein muss, und maximal 500 mm Brennweite hat man M 88, M 90 und M 91 zusammen im Bildfeld! Bei gutem Seeing und langer Brennweite erkennt man auf lang belichteten CCD-Aufnahmen blaue Sternassoziationen in den Spiralarmen. Fotografisch ein unerwartet schwierig aufzulösendes Messier-Objekt für einen 12-Zöller unter Landhimmel. Eine rauscharme CCD-Kamera ist vorteilhaft, wenn man die extrem lichtschwachen Spiralarme abbilden will.

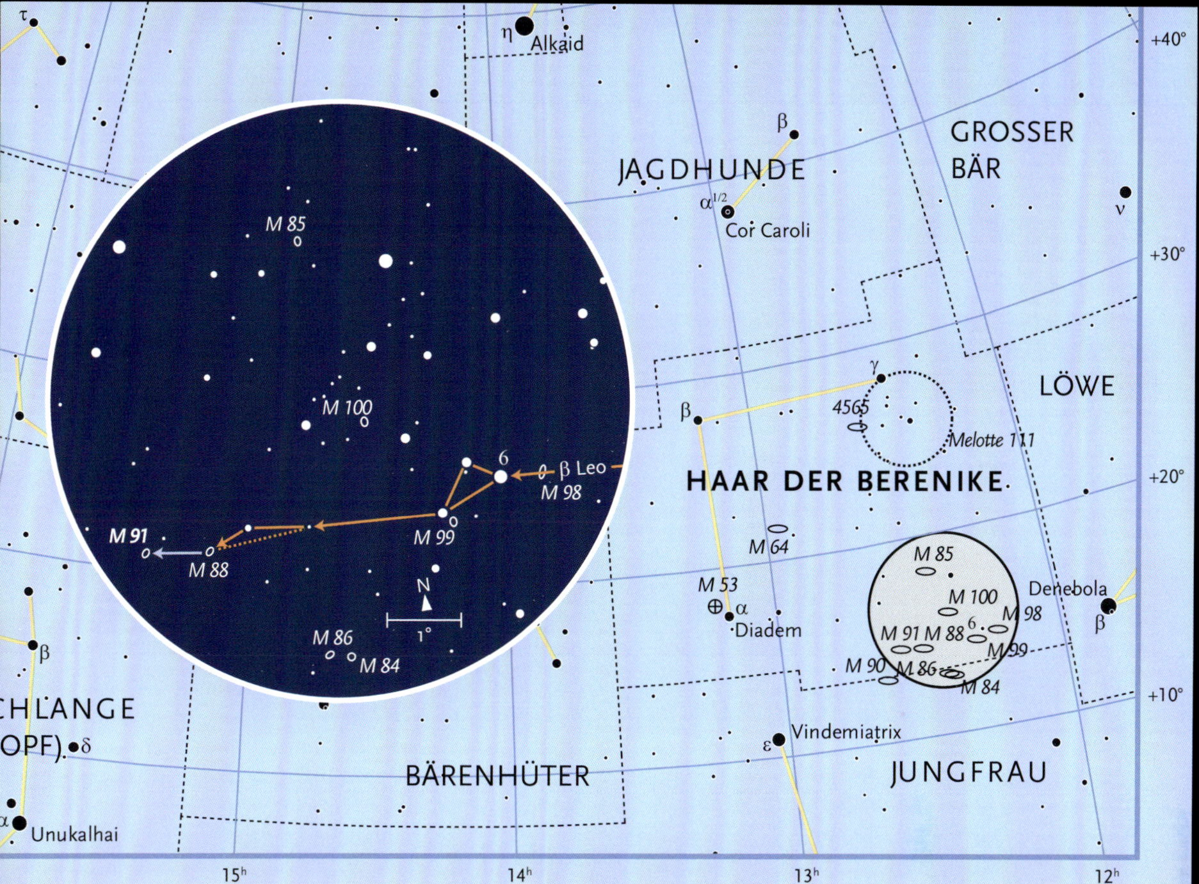

M 91. Optik: Meade 12″ ACF + Flattener, **Brennweite:** 2970 mm, **Kamera:** SBIG STL-11000M, **Belichtung:** Luminanz 60 min am 30. 12. 2008, Farbe 60 min am 28. und 30. 12. 2008, **Ort:** Sörth

M 92

Steckbrief	
Messier-Nummer	92
NGC-Nummer	6341
Name	
Sternbild	Herkules
Objektklasse	Kugelsternhaufen
Klassifikation*	IV
Rektaszension	$17^h 17^m{,}1$
Deklination	+43° 08′
Helligkeit	$6^m{,}4$
Ausdehnung	14′
Entfernung	26 730 Lj
Kulmination**	2. Juli
Kulmination nächstes Objekt	M 9

* Erläuterung Seite 212/213; ** für 10° Ost, ca. 23 Uhr MEZ

Information

„Schöner Nebel, sehr hell, er enthält keinen Stern, sein Zentrum ist klar und leuchtend. Er ist von Nebel umgeben und gleicht dem Kern eines großen Kometen, 5′ Durchmesser“, ist Messiers Beschreibung seiner unabhängigen Entdeckung von M 92 am 18. 3. 1781. Bereits am 27. 12. 1777 wurde der „Nebel“ von Johann Elert Bode in Berlin entdeckt.

Der Kugelsternhaufen M 92, mit Klasse IV mäßig konzentriert, enthält 400 000 Sonnenmassen, wobei Weiße Zwerge und Neutronensterne zu einem Viertel der Gesamtmasse beitragen. M 92 ist kleiner als M 13: Er ist 108 Lj ausgedehnt und steht in 26 732 Lj Entfernung zur Sonne und 32 000 Lj zum galaktischen Zentrum. Die hellsten Sterne sind $12^m{,}1$ hell. M 92 enthält mehr als 21 Veränderliche Sterne, darunter 17 Pulsationsveränderliche vom Typ RR Lyrae mit Helligkeiten von 15^m bis 17^m, von denen einige mit dem Aladin Sky Atlas [Aladin] identifiziert werden können. Der Bedeckungsveränderliche V 798 Her, in der Simbad-Datenbank [Simbad] als Haufenmitglied geführt, ist ein Kontaktsystem vom Typ W UMa (vgl. S. 32) mit einer Helligkeitsvariation zwischen $14^m{,}5$ und $14^m{,}9$ [M 92].

So finden Sie M 92

> M 92 steht im Herkules in den Sommermonaten fast im Zenit. Starten Sie die Suche bei π und ρ Her.

> Gut 1,5° nördlich von ρ Her finden Sie ein Sterndreieck, an dessen Nordspitze ein Stern 5. Größe steht.

> Nach 2° in nordwestlicher Richtung erreichen Sie ein Sternpaar 5. und 7. Größe.

> Knapp 3° nordöstlich steht M 92, der in der Dreieckskonstellation mit den genannten Sternen 5. Größe gut zu finden ist.

Beobachtung

Im Sternbild Herkules gelegen leidet M 92 gelegentlich unter der Nähe seines „großen Bruders“ M 13 – aber verstecken braucht sich dieser ebenfalls überdurchschnittlich helle Kugelsternhaufen keinesfalls. Er ist zwar nicht mit dem bloßen Auge sichtbar, aber schon in kleinen 6×30-Sucherfernrohren oder 8×40-Ferngläsern mühelos auffindbar. Ein 10×50-Fernglas zeigt ihn ziemlich deutlich als ein Objekt, das wie ein defokussierter Stern aussieht. Im 75-mm-Refraktor fällt bei 50–80× auf, dass der Sternhaufen sehr kompakt und hell ist, Einzelsterne sind jedoch nicht erkennbar. Bei 40× zeigt M 92 im 130-mm-Refraktor eine sehr helle, nicht aufgelöste Zentralregion, östlich bis nordöstlich davon eine auffällige Kette aus Vordergrundsternen 8. bis 10. Größe. Bei 80–100× sind sowohl im Randbereich als auch nahe dem Haufenzentrum die ersten Einzelsterne erkennbar, vollständig ist M 92 aber noch nicht aufgelöst. Deutlich sichtbar ist der wesentlich kleinere Durchmesser im Vergleich zu M 13.

Im 300-mm-Reflektor ist der Kugelhaufen wirklich spektakulär. Bis ins Haufenzentrum ist M 92 mit diesem Teleskop aufgelöst, die Sterndichte ist enorm, bei ruhiger Luft lohnt es sich auf jeden Fall 200× und mehr zu vergrößern. Aber auch eine hoch auflösende Optik zeigt immer noch einen verschwommenen Schimmer nicht aufgelöster „Hintergrund“-Sterne im Zentralbereich von M 92 – dadurch wirkt der Kugelsternhaufen sehr plastisch und nahezu dreidimensional.

Fototipp

M 92 ist so hell und groß, dass er bereits mit kleinem Teleobjektiv und einer unmodifizierten DSLR-Kamera ein lohnendes Ziel ist. Mit langer Brennweite und gutem Seeing löst man M 92 bis tief in die Mitte des Haufens auf. Aufpassen muss man hinsichtlich der Belichtungszeit einer Einzelaufnahme, soll doch nach dem Mitteln oder Aufaddieren der Bilder der Haufen im Zentrum nicht ausbrennen. Die richtige Belichtung ermittelt man nach Prüfung von Testaufnahmen unterschiedlicher Belichtungszeit entweder direkt auf dem Display einer DSLR-Kamera oder am PC (vgl. Fototipp S. 36).

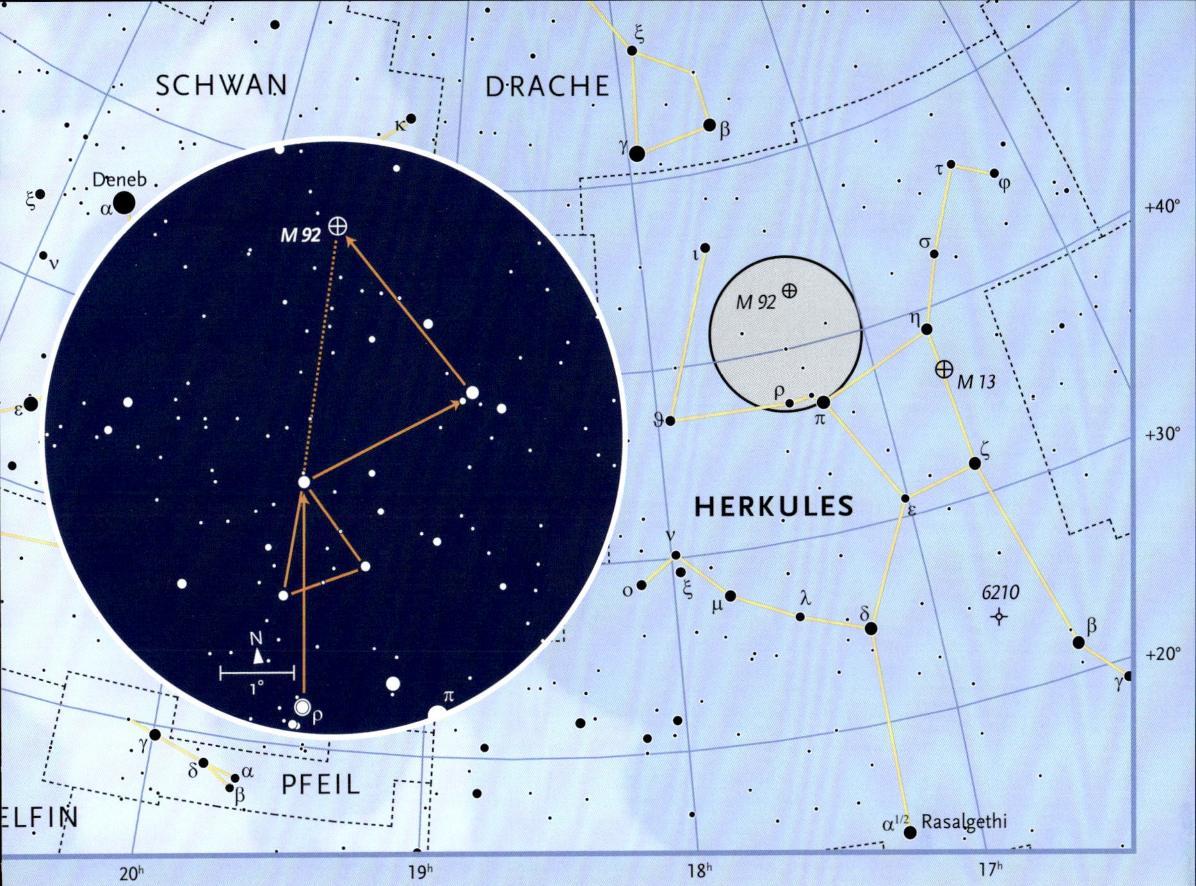

M 92. Optik: Meade 12″ ACF + Flattener, **Brennweite:** 2970 mm, **Kamera:** SBIG STL-11000M, **Belichtung:** Luminanz 60 min am 2. 4. 2009. **Kamera:** Canon EOS 5D, **Belichtung:** 30 min am 30. 4. 2007, **Ort:** Sörth

M 93

Steckbrief	
Messier-Nummer	93
NGC-Nummer	2447
Name	
Sternbild	Achterdeck
Objektklasse	Offener Sternhaufen
Klassifikation*	I3r
Rektaszension	$07^h 44^m\!\!,6$
Deklination	–23° 52′
Helligkeit	$6^m\!\!,2$
Ausdehnung	22′
Entfernung	3380 Lj
Kulmination**	6. Februar
Kulmination nächstes Objekt	M 48

* Erläuterung Seite 212/213; ** für 10° Ost, ca. 23 Uhr MEZ

Information

„Haufen schwacher Sterne ohne Nebel", ist Messiers 93. Katalogeintrag vom 20. 3. 1781. Die Trümpler-Klasse I3r beschreibt M 93 als sternreichen, frei stehenden Haufen mit starker zentraler Konzentration sowie hellen und schwachen Sternen. M 93 ist mit 575 Millionen Jahren ein relativ alter Offener Sternhaufen. Er ist 23 Lj ausgedehnt und steht in rund 3400 Lj Entfernung.

Blaue Überriesen vom Spektraltyp B9 sind mit $8^m\!\!,1$ die hellsten Mitglieder neben den beiden Roten Riesensternen CD –23°6076 ($8^m\!\!,5$, Spektraltyp K3) und CD –23°6064 ($8^m\!\!,3$, Spektraltyp K2/K3). M 93 zählt mindestens 80 bis 100 Mitglieder. Darunter findet man vier Doppelsterne, die man mit dem Aladin Sky Atlas [Aladin] identifizieren kann.

So finden Sie M 93

- M 93 ist tief am winterlichen Südhimmel im Sternbild Achterdeck zu finden.
- Beginnen sollte man den Ausflug in diese Himmelsregion beim Stern δ CMa, knapp 12° südöstlich von α CMa (Sirius) im Großen Hund.
- Die Sterne o^2, δ und τ CMa bilden ein fast gleichschenkliges Dreieck.
- 1,5° östlich davon folgt ein gut 6^m heller Stern.
- 3° östlich treffen Sie auf einen 5^m hellen Stern (PU Pup).
- Gut 2° östlich finden Sie die beiden etwa $4^m\!\!,5$ und $3^m\!\!,5$ hellen Sterne o und ξ Pup.
- M 93 steht 1,5° nordwestlich des Sterns ξ Pup.

Was bewirkt ein „Reducer"?

Ein Reducer (Telekompressor, Shapley-Linse), verkürzt die Brennweite eines Teleskops und verringert gleichzeitig die Blendenzahl. Man setzt ihn ein, um ein größeres Bildfeld zu erlangen oder um die Belichtungszeit zu verkürzen. Der hier oft verwendete TeleVue 0,8-fach Reducer reduzierte beim 14″-Meade ACF-Teleskop die Brennweite von 3556 mm auf genau 3000 mm und verbesserte die Blende auf effektiv gemessene f/8,4 gegenüber f/10 (vgl. Foto S. 192).

Beobachtung

Dieser sehr südlich stehende Sternhaufen erfordert einen freien Südhimmel und gute Durchsicht, damit sich der Ausflug in das Sternbild Achterdeck lohnt. Bei Urlaubsreisen im Mittelmeerraum oder noch weiter nach Süden lohnt sich seine Beobachtung unter guten Bedingungen (Bortle 4) schon mit einem 8×42- oder 10×50-Feldstecher. Ein 75-mm-Refraktor zeigt bereits unter mitteleuropäischen Bedingungen 35 bis 40 Einzelsterne, bei 50× füllt er ungefähr ein Viertel des Okulargesichtsfeldes aus. Der Sternhaufen wirkt ziemlich kompakt, im nördlichen Bereich sind überproportional viele schwache Sterne zu sehen. Der Gesamtumriss des Haufens wirkt eher länglich. Sehr schön ist der Anblick im 130-mm-Refraktor, hier fallen die großen Variationen in den Sternhelligkeiten noch mehr auf. Rund 60 Einzelsterne sind zu erkennen, die hellsten von ihnen konzentrieren sich auf den südwestlichen Teil von M 93.

Mehr als 100 Einzelsterne sind im 300-mm-Reflektor zu sehen, dadurch, dass der Sternhaufen aber schon bei 80× das gesamte Gesichtsfeld ausfüllt, wirkt er nicht mehr so attraktiv wie im kleineren Refraktor mit größerem Sehfeld. Trotzdem: ein echter Geheimtipp für klare Winternächte!

Fototipp

M 93 ist ein kleiner Offener Sternhaufen in der scheinbaren Form eines Dreiecks. Mit –24° Deklination steht er in Mitteleuropa tief am Winterhimmel, so dass man ihn wegen des schlechten Seeings in geringer Höhe eher mit kürzerer bis mittlerer Brennweite von etwa 1200 mm aufnimmt, gerne auch mit einer nicht modifizierten DSLR-Kamera. Eine klare Winternacht mit hoher Transparenz ist Voraussetzung dafür, dass die Sterne auf dem Foto ihre Farbigkeit behalten.

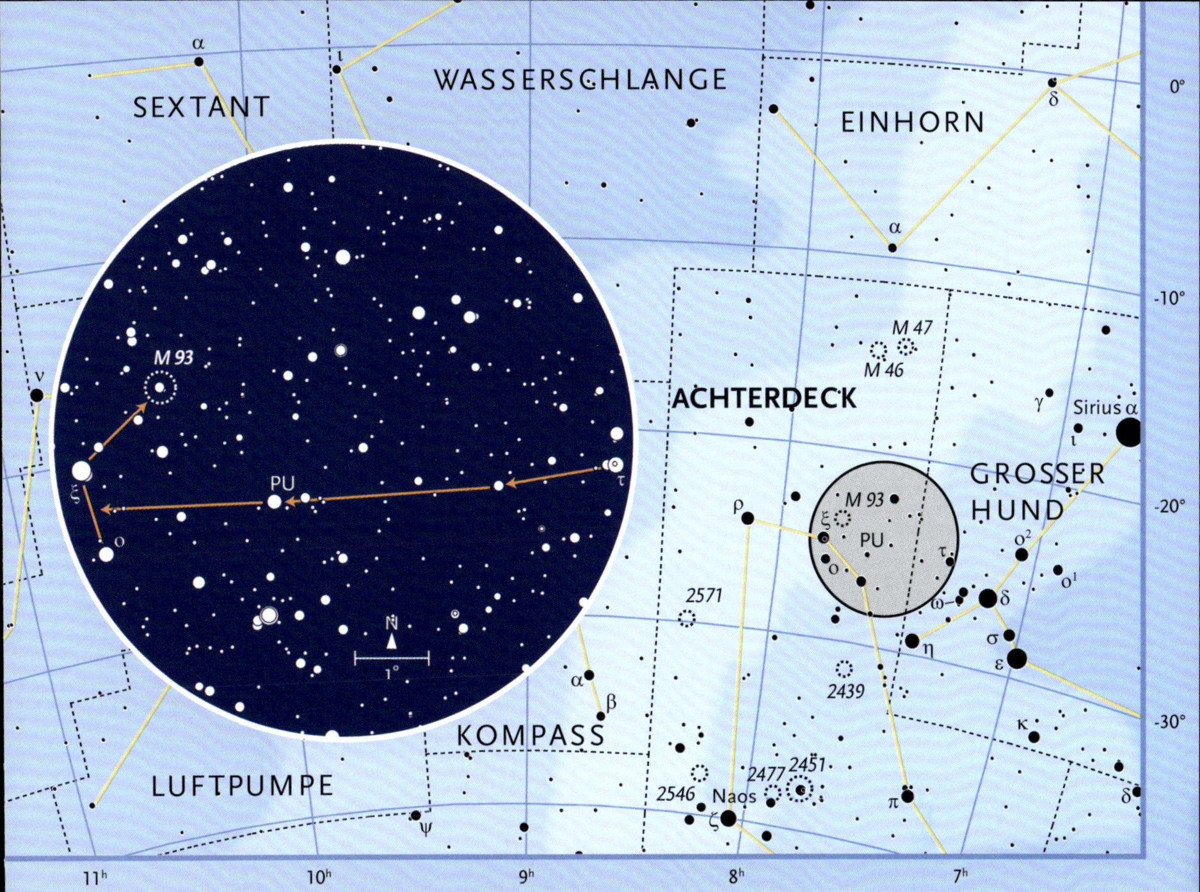

M 93. Optik: Astro-Physics 130mm EDF-S, **Brennweite:** 875 mm, **Kamera:** Canon EOS 5D, **Belichtung:** 60 min am 2. 2. 2008, **Ort:** Sörth

M 94

Steckbrief

Messier-Nummer	94
NGC-Nummer	4736
Name	
Sternbild	Jagdhunde
Objektklasse	Galaxie
Klassifikation*	Sb
Rektaszension	$12^h 50^m\!.9$
Deklination	+41° 07′
Helligkeit	$8^m\!.2$
Ausdehnung	11×9′
Entfernung	16 Mio Lj
Kulmination**	25. April
Kulmination nächstes Objekt	M 64

* Erläuterung Seite 212/213; ** für 10° Ost, ca. 23 Uhr MEZ

Information

Messiers Eintrag vom 24. 3. 1781 beschreibt Pierre Méchains zwei Tage zuvor gemachte Entdeckung: „Nebel ohne Stern, im Zentrum hell und der Nebel etwas diffus. Ähnelt dem Nebel Nr. 79 unter dem Hasen, ist aber schöner und heller." Die Spiralgalaxie M 94 ist 51 000 Lj groß und steht in 16 Millionen Lj Entfernung. M 94 ist eine Seyfert-Galaxie mit LINER-Kern und zwei ringförmigen Schalen um das Zentrum, in denen Sternentstehung in mehreren Schüben angeregt wurde.

Weiträumig bildet M 94 mit M 64 und acht weiteren Galaxien die lockere Canes-Venatici-I-Galaxiengruppe in 14 bis 20 Millionen Lj Entfernung.

So finden Sie M 94

> Lokalisieren Sie am Frühlingshimmel zunächst den Großen Wagen, anschließend das unterhalb der Deichsel gelegene Sternbild Jagdhunde.
> Ausgangspunkt zu M 94 ist α CVn (Cor Caroli), der Hauptstern dieses kleinen Sternbildes.
> Nordwestlich, etwa 2,5° entfernt, erkennen Sie 10 CVn als Stern 6. Größe. α CVn bildet mit diesem und einem Stern 8. Größe ein gleichschenkliges Dreieck, das nach Südosten zeigt.
> Von dem Stern 8. Größe aus schwenken Sie 1° nach Norden – nun haben Sie M 94 erreicht, selbst im Sucherfernrohr kann man die Galaxie schon erkennen.

Flächenhelligkeit eines Himmelsobjekts

Die Flächenhelligkeit in Magnitude pro Quadratbogensekunde gibt an, wie gut sich ein ausgedehntes Deep-Sky-Objekt vom Himmelshintergrund abhebt. Sie muss höher sein als die Himmelshelligkeit, die von heller als $18^m\!.0$ (Stadt) bis hinunter zu $22^m\!.0$ (Gebirge, Wüste) pro Quadratbogensekunde reicht.

Beobachtung

M 94 ist eine der hellsten Galaxien im Messier-Katalog, daher ist sie auch schon in einem guten 7×50-Sucherfernrohr sichtbar, besser noch ist die Erkennbarkeit im 10×50-Fernglas. Mehr als ein leicht verwaschenes, fast stellares Objekt bekommt man mit diesem Instrument zwar nicht zu sehen, aber immerhin – man hat die Möglichkeit, ein 16 Millionen Lj entferntes Objekt aus der freien Hand zu sichten! Im 75-mm-Refraktor hat man bei 50–80× schon die Möglichkeit, M 94 wirklich als Scheibe zu sehen, weitere Einzelheiten bleiben dem Beobachter mit diesem Instrument aber verwehrt. Der 130-mm-Refraktor bildet die Galaxie insgesamt deutlich kontrastreicher ab, zeigt aber ansonsten keine weiteren Einzelheiten. Versuchen darf man trotzdem ruhig 80–130 ×.

Erheblich spektakulärer wird die Beobachtung von M 94 im 300-mm-Reflektor. Die Zentralregion ist deutlich scheibenförmig und leicht oval, umgeben wird sie von einem bei 100× gut sichtbaren, abgegrenzten Halo, der selbst eine verschwommene Außenkante zeigt, die stufenlos in den Himmelshintergrund übergeht. Aufgrund ihrer Flächenhelligkeit darf man M 94 auch gerne einmal 150–200× vergrößern – womöglich finden Sie auf diese Weise eine Supernova ...

Fototipp

M 94 ist für Brennweiten von 1000 mm an aufwärts geeignet. Das Zentrum der Galaxie ist umgeben von einem hellen blauen Ring junger Sternhaufen und rötlicher HII-Regionen, die wiederum in eine gelbliche ältere Sternpopulation eingebettet sind. Auf lang belichteten Aufnahmen unter dunklem Landhimmel (Bortle 4) bildet sich ein knapp 15′ großer äußerer Ring um die Galaxie ab, der aber sehr lichtschwach ist. Um ihn aufzunehmen, ist eine rauscharme gekühlte CCD-Kamera vorteilhaft, wogegen der helle Starburst-Ring bereits mit einer für Hα modifizierten DSLR-Kamera gut aufgenommen werden kann.

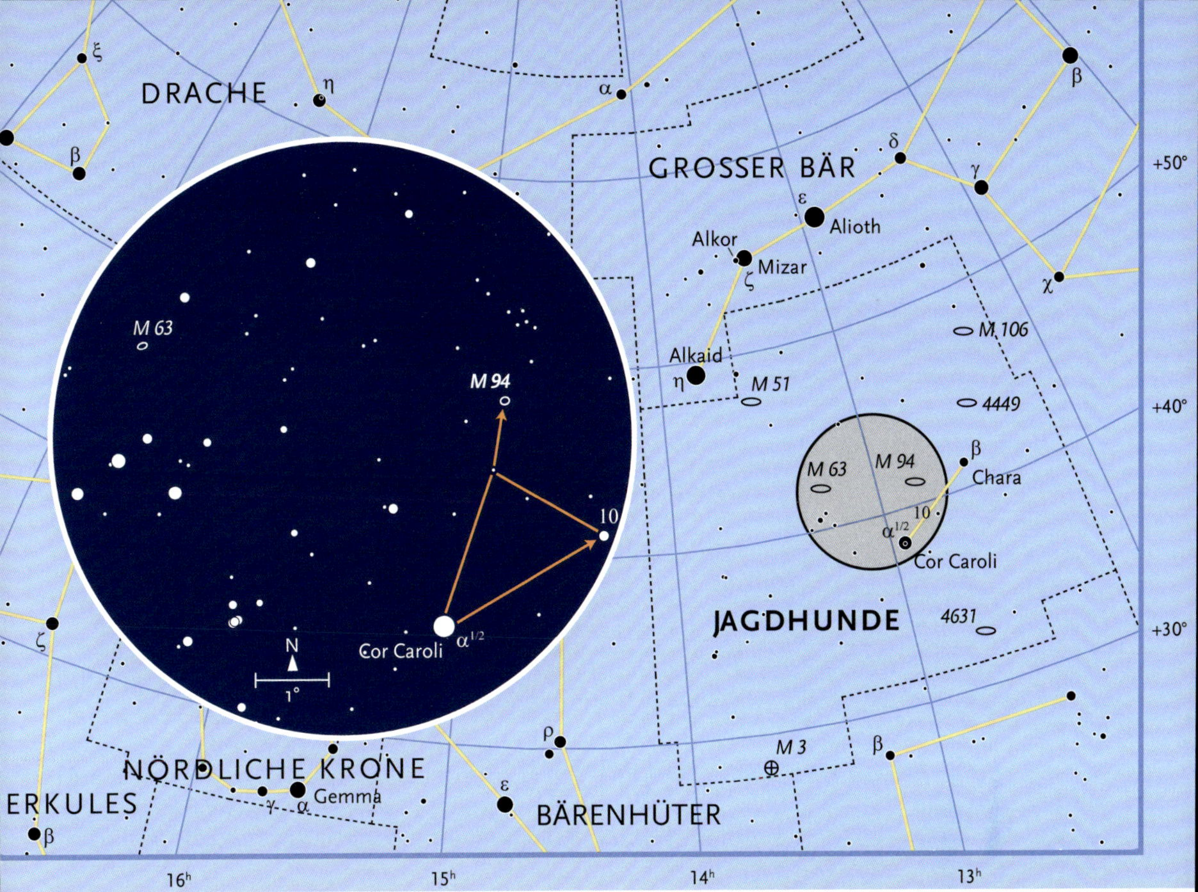

M 94. Optik: Meade 12″ ACF, **Brennweite:** 3000 mm, **Kamera:** Canon EOS 20D, **Belichtung:** 90 min am 15. 4. 2007, **Ort:** Sörth

M 95
M 96

Steckbrief		
Messier-Nummer	95	96
NGC-Nummer	3351	3368
Name		
Sternbild	Löwe	Löwe
Objektklasse	Galaxie	Galaxie
Klassifikation*	SBb	Sa
Rektaszension	$10^h 44^m\!\!,0$	$10^h 46^m\!\!,8$
Deklination	+11° 42′	+11° 49′
Helligkeit	$9^m\!\!,7$	$9^m\!\!,2$
Ausdehnung	8×5′	8×5′
Entfernung	33 Mio Lj	35 Mio Lj
Kulmination**	24. März	24. März
Kulmination nächstes Objekt	M 96	M 105

* Erläuterung Seite 212/213; ** für 10° Ost, ca. 23 Uhr MEZ

Information

Messier trug die Entdeckungen Pierre Méchains vom 20.3.1781 am 24.3.1781 wie folgt in seinen Katalog ein: (Nr. 95) „Nebel ohne Stern, im Löwen: Sein Licht ist sehr schwach" und (Nr. 96) „Nebel ohne Stern, im Löwen, nahe dem vorherigen. Sie ähneln den beiden Nebeln Nr. 84 und 86 in Virgo." M 95 ist eine 76 000 Lj ausgedehnte SBb-Balkenspirale in 33 Millionen Lj Entfernung. Die Galaxie enthält im Kernbereich eine 2000 Lj ausgedehnte Sternentstehungsregion. Die Spiralarme schließen sich in Form von Ringen zusammen, der zentrale Balken ist mit alten rötlichen Sternen besetzt. Am 16. März 2012 wurde in M 95 die Supernova 2012aw mit einer Helligkeit von 15^m entdeckt, sie erreichte später die 13. Größe.

M 96 ist eine rund 80 000 Lj ausgedehnte Sa-Spirale in 35 Millionen Lj Entfernung. Aus dem Kern mit alten gelblichen Sternen windet sich ein westlich angesetzter Spiralarm, der mit einer markanten Dunkelwolke beginnt. Er mündet in einen ringförmig ausgebildeten Spiralarm, in dem Sternentstehung in vollem Gange ist. Aber auch in dem lichtschwächeren äußeren Spiralarm kann man HII-Regionen ausmachen. Der italienische Amateurastronom Mirko Vili entdeckte am 9.5.1998 die 13^m helle Supernova SN 1998bu 55″ nördlich des Kerns, die eine Maximalhelligkeit von $11^m\!\!,8$ erreichte [M 96]. M 95 und M 96 gehören zusammen mit M 105 zur Galaxiengruppe Leo I.

So finden Sie M 95 und M 96

- M 95 befindet sich zusammen mit den Nachbargalaxien M 96 und M 105 am Frühlingshimmel.
- Die Suche beginnt bei α Leo (Regulus). Von dort schwenken Sie knapp 7° nach Südosten, bis im Sucherfernrohr ein Stern 4. Größe (ρ Leo) auftaucht.
- Gut 4° nordöstlich taucht 53 Leo auf, ein Stern 5. Größe.
- Knapp 2° nordwestlich davon stoßen Sie auf M 95.
- M 96 steht nur rund 40′ östlich von M 95, M105 wiederum knapp 50′ nördlich von M 96.

Beobachtung

M 95 gehört zu den schwierigen Messier-Objekten für ein kleines Fernrohr. Bei 30× ist die Galaxie im 75-mm-Refraktor fast nicht zu erkennen, bei 50× taucht ein verschwommenes, nur indirekt erkennbares Fleckchen auf. Bei 50× sieht man im 130-mm-Refraktor auch nur einen verwaschenen, rundlichen Fleck ohne weitere Details, eine höhere Vergrößerung ist hier zwecklos, indirektes Sehen in jedem Fall angebracht. Im 300-mm-Reflektor ist M 95 endlich auf Anhieb leicht zu erkennen, ideal ist hierfür etwa 100×. Man sieht eine relativ helle, diffuse Zentralregion, die von einem ausgedehnten, ovalen Schimmer umgeben ist.

Bei M 96 sieht man im 75-mm-Refraktor bei etwa 50× sofort ein längliches Wölkchen, das zur Mitte hin leicht aufgehellt ist. Schön ist der Anblick im 130-mm-Refraktor bei 50–80×. Bei genauerem Hinsehen fällt auf, dass die längliche Galaxie nicht ganz symmetrisch ist, die Ostkante ist ein wenig schärfer definiert als die diffusere Westkante. Die Kernregion ist ebenfalls gut sichtbar. Die Asymmetrie fällt im 300-mm-Reflektor noch deutlicher auf, auch die Differenzierung zur relativ schwachen Kernregion.

Fototipp

Attraktives Galaxienfeld für eine APS-C-Kamera wie die EOS 350D und etwa 500 mm Brennweite. Alle drei Galaxien passen ins Bildfeld: M 96 liegt 42′ östlich und M 105 liegt 77′ nordöstlich von M 95. M 95 und M 96 sind mit 5×8′ sehr klein. In beiden Galaxien ist die Auflösung des Kernbereichs und der bläulichen Sternassoziationen in den Spiralarmen nur mit längerer Brennweite und sehr gutem Seeing besser als 2″ möglich. Der lichtschwache äußere Spiralarm von M 96 überlagert 2′ nordwestlich des Kerns eine längliche Galaxie.

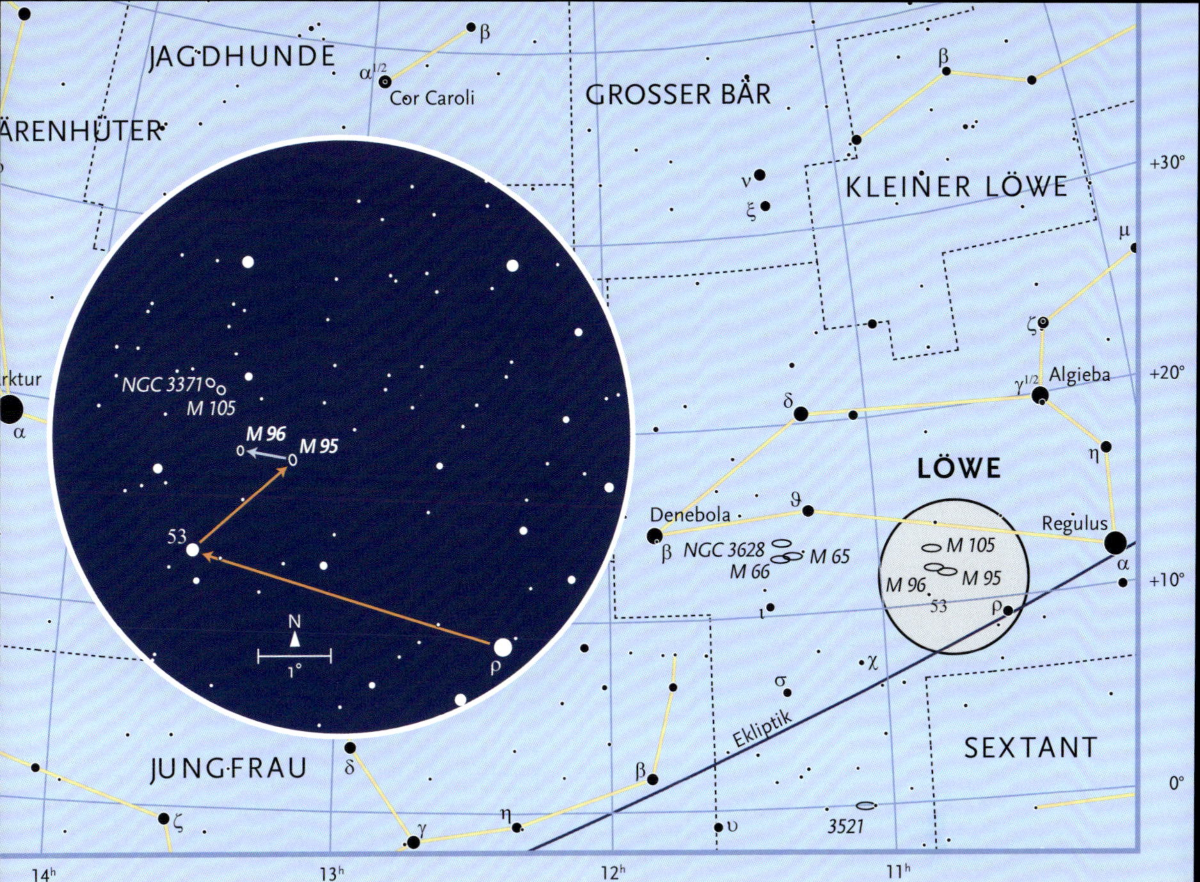

M 95. Optik: Meade 12″ ACF + Flattener, **Brennweite:** 2970 mm, **Kamera:** SBIG STL-11000M, **Belichtung:** Luminanz 50 min am 28. 12. 2008, **Belichtung:** Farbe 70 min am 25. 1. 2009, **Ort:** Sörth

M 96. Optik: Meade 12″ ACF + Flattener, **Brennweite:** 2970 mm, **Kamera:** SBIG STL-11000M, **Belichtung:** Luminanz 60 min am 30. 12. 2008. **Kamera:** Canon EOS 20D, **Belichtung:** 70 min am 20. 4. 2007, **Ort:** Sörth

M 97 Eulennebel

Steckbrief	
Messier-Nummer	97
NGC-Nummer	3587
Name	Eulennebel
Sternbild	Großer Bär
Objektklasse	Planetarischer Nebel
Klassifikation*	IIIa
Rektaszension	$11^{h}14^{m}\!,8$
Deklination	+55° 01′
Helligkeit	$9^{m}\!,9$
Ausdehnung	3,5′
Entfernung	4560 Lj
Kulmination**	30. März
Kulmination nächstes Objekt	M 65

* Erläuterung Seite 212/213; ** für 10° Ost, ca. 23 Uhr MEZ

Information

Pierre Méchain entdeckte den Nebel am 16. 2. 1781, Messier trug ihn am 24. 3. 1781 in seinen Katalog ein: „Nebel im Großen Bären. Monsieur Méchain berichtet, dass dieser Nebel schwer zu sehen ist. Sein Licht ist schwach, ohne Sterne." M 97 ist ein zwischen 5000 und 18 000 Jahre alter Planetarischer Nebel in 1300 bis 4600 Lj Entfernung – so ganz genau weiß man das noch nicht. Sein Durchmesser beträgt rund 4 Lj. Der Zentralstern ist ein Weißer Zwerg. Die inneren Nebelhüllen dehnen sich mit 40 km/s aus, der Halo anscheinend nicht.

Der Eulennebel ist ein Planetarischer Nebel mit einer dreifachen Hüllenstruktur: eine leicht elongierte innere Hülle, eine runde Außenhülle und ein bogenförmiger Halo. Die innere Hülle enthält einen bipolar von schnellen Sternwinden „ausgefrästen" Hohlraum, der sich in Form der dunklen „Augen" der Eule bemerkbar macht. Eine runde, rötlich im Hα-Licht leuchtende Außenhülle schließt sich an. Der Halo könnte nach den Modellvorstellungen bis zu 6,7× 6,0′ ausgedehnt sein. Seine ellipsoide Form ist möglicherweise eine Folge der Abbremsung des Nebels im Interstellaren Medium [M 97].

So finden Sie M 97

- In unseren mitteleuropäischen Breiten ist der Große Bär als Heimatsternbild von M 97 zwar das ganze Jahr hindurch sichtbar, ideal zur Beobachtung ist aber der Frühling – dann steht er besonders hoch am Himmel.
- Finden Sie zunächst β UMa (Merak), den unteren Stern am „Heck" des Großen Wagens.
- 1,5° weiter südlich stoßen Sie auf ein gleichschenkliges Dreieck aus zwei Sternen 8. Größe und einem Stern 7. Größe, der an der Spitze dieses Dreiecks steht.
- Etwa 1° weiter östlich finden Sie ein weiteres, flacheres Dreieck aus Sternen 6. bis 8. Größe.
- M 97 steht nur etwa 15′ östlich dieses Dreiecks.

Beobachtung

Auf Fotografien des Eulennebels verdeutlicht schon der erste Blick, woher dieser Planetarische Nebel seinen Namen hat. Dem visuellen Beobachter fällt es nicht so leicht, die charakteristischen Eulenaugen auszumachen. Dennoch ist M 97 unbedingt ein „Hingucker", den man bereits in einem 75-mm-Refraktor leicht finden kann. Bei 50× sieht man ein schönes rundes Wölkchen mit vergleichsweise scharfem Rand. Probieren Sie noch zusätzlich einen Nebelfilter im Okular aus, dann wird der Nebel richtig auffällig. OIII-Filter sind bei diesem Objekt besonders hilfreich, andere Nebelfilter bringen aber auch schon eine gute Kontraststeigerung. Auch im 130-mm-Refraktor ist der Nebel leicht zu sehen, hier fällt ebenfalls die deutliche Kontur des Außenrands auf. Ansatzweise sind die Augen als minimale Abdunkelungen des Nebelscheibchens wahrzunehmen.

Mit dem 300-mm-Reflektor ist das Erkennen der Augen naturgemäß deutlich einfacher, aber auch hier ist indirektes Sehen immer noch sehr hilfreich. Der schwache Zentralstern zeigt sich nicht. Über 100× sollte man nicht vergrößern. Beim Einsatz eines Nebelfilters wirkt der Rand noch etwas schärfer, er erscheint auch nicht mehr so gleichmäßig, sondern stellenweise etwas „angenagt".

Fototipp

Der mindestens 3,5′ große Eulennebel ist ein lohnendes Objekt ab etwa 500 mm Brennweite zusammen mit der Spiralgalaxie M 108, die 48′ nordwestlich liegt. Beide stehen mit 900 mm Brennweite und einer DSLR-Kamera im APS-C-Format noch gut zusammen im Gesichtsfeld. Eine echte Herausforderung ist die Auflösung der 26× 20″ großen Galaxie MCG+09-19-014 in 3,9′ Abstand südöstlich vom blauen Zentralstern von M 97. Die kleine Galaxie liegt direkt südlich eines $14^{m}\!,5$ hellen Sterns. Sehr gutes Seeing und eine lange Brennweite sind nötig.

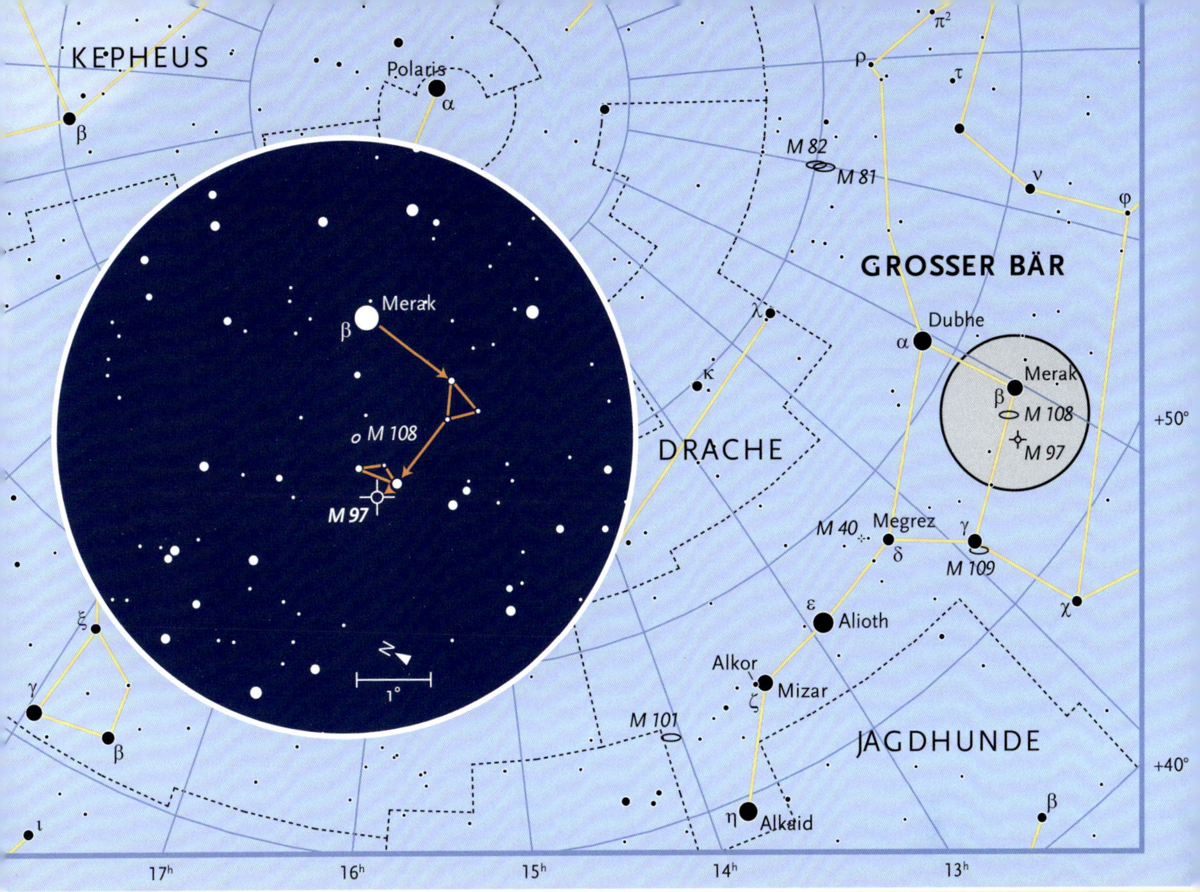

M 97. Optik: Meade 12″ ACF, **Brennweite:** 3000 mm, **Kamera:** Canon EOS 20D, **Belichtung:** 170 min am 21. und 22. 4. 2007, **Ort:** Sörth

M 98
M 99

Steckbrief		
Messier-Nummer	98	99
NGC-Nummer	4192	4254
Name		
Sternbild	Haar der Berenike	Haar der Berenike
Objektklasse	Galaxie	Galaxie
Klassifikation*	Sb	Sc
Rektaszension	$12^{h}13^{m}{,}8$	$12^{h}18^{m}{,}8$
Deklination	+14° 54′	+14° 25′
Helligkeit	$10^{m}{,}1$	$9^{m}{,}9$
Ausdehnung	10×3′	6×5′
Entfernung	58 Mio Lj	60 Mio Lj
Kulmination**	15. April	17. April
Kulmination nächstes Objekt	M 99	M 106

* Erläuterung Seite 212/213; ** für 10° Ost, ca. 23 Uhr MEZ

Information

„Nebel ohne Stern, sehr lichtschwach. Monsieur Méchain sah ihn am 15.3.1781", trug Messier am 13.4.1781 in seinen Katalog ein. M 98 ist eine Sb-Spirale mit aktivem Galaxienkern vom Typ LINER, sie gilt als Mitglied des Virgo-Haufens. Die Entfernungsangaben schwanken zwischen 44 und 58 Millionen Lj. Der daraus abgeleitete wahre Durchmesser liegt zwischen 126 000 und 174 000 Lj. Man blickt auf die Ebene von M 98 unter einem Winkel von 10°. Da sich die Galaxie auf uns zubewegt, wäre es möglich, dass M 98 dem Virgo-Haufen nur vorgelagert ist.

„Nebel ohne Stern mit blassem Licht, ein wenig klarer als der vorhergehende. Monsieur Méchain sah ihn am 15.3.1781", ist Messiers Eintrag für M 99 vom 13.4.1781. M 99 ist eine Sc-Spirale im Virgo-Haufen in 53 bis 63 Millionen Lj Entfernung, um die 85 000 Lj ausgedehnt. Der asymmetrische Spiralarm ist möglicherweise durch Wechselwirkung mit VIRGO HI 21 entstanden, einer vorbeiziehenden 10 Milliarden Sonnenmassen schweren Wolke aus neutralem Wasserstoff mit vermuteten 99 % Anteil an Dunkler Materie [M 99]. Vier Supernovae wurden bislang entdeckt: SN 1967H im Juni 1967 mit $14^{m}{,}0$, SN 1972Q am 16.12.1972 mit $15^{m}{,}8$ und SN 1986I am 17.5.1986 mit $14^{m}{,}2$ und schließlich SN 2014L mit nur $17^{m}{,}2$.

So finden Sie M 98 und M 99

> Auch bei M 98 und M 99 beginnen Sie die Reise bei β Leo (Denebola).

> 7° östlich treffen Sie auf ein Sterndreieck mit dem Stern 6 Com (5. Größe) und zwei Sternen 6. Größe.

> Haben Sie 6 Com lokalisiert, so brauchen Sie nur noch 0,5° nach Westen zu schwenken – schon steht M 98 im Sehfeld.

> Vom Stern 6 Com schwenken Sie etwa 50′ nach Südosten zum östlichsten Stern 6. Größe des Dreiecks – M 99 steht nur etwa 10′ weiter südwestlich.

Beobachtung

M 98 ist eine der lichtschwachen Messier-Spiralgalaxien. Ein 75-mm-Refraktor zeigt ein verschwommenes und konturloses Fleckchen. Mit einem 130-mm-Refraktor ist die Galaxie bei 40–60× deutlich länglich und ein wenig heller zur Mitte hin. Weitere Einzelheiten sind nicht sichtbar, auch in diesem Teleskop ist M 98 kein leichtes Objekt. Im 300-mm-Reflektor jedoch sieht man bei 100× einen sehr feinen, leicht diffusen Umriss, der wie mit einem dünnen Stift an den Himmel gezeichnet wirkt. Die Zentralregion ist recht unauffällig und klein, aber gut sichtbar.

M 99 hingegen zeigt schon ein 75-mm-Refraktor als gut auszumachendes Fleckchen mit einer unauffälligen Zentralregion, 40–50× ist ideal. Im 130-mm-Refraktor sind kaum weitere Einzelheiten zu erkennen, bei sehr guter Sicht (Bortle 4) und 50–60× ist blickweise eine leicht fleckige Struktur außerhalb des Kerngebietes zu erahnen. Die Galaxie bildet ein auffälliges gleichseitiges Dreieck mit zwei Sternen 8. und 9. Größe. Mit einem 300-mm-Reflektor sind ansatzweise die Spiralarme zu sehen, die restlichen Außenbezirke dieser Galaxie sind ziemlich verwaschen. Die Kernregion bleibt relativ diffus, ein stellares Zentrum wie bei anderen ähnlichen Objekten fällt nicht auf.

Fototipp

Mit 1000 mm Brennweite und einer DSLR-Kamera mit APS-C-Chip passen M 98 und M 99 zusammen ins Bildfeld. Man blickt fast auf die Kante der Spiralgalaxie M 98, daher gelingt die Auflösung des inneren Galaxienbereichs nur bei sehr gutem Seeing und langer Brennweite. Nur 10′ von M 98 entfernt liegt in südöstlicher Richtung der Galaxienhaufen Abell 1499 mit mindestens 58 Mitgliedsgalaxien. M 99 ist eine wunderschöne, kleine asymmetrische Spirale, auf deren Ebene man schaut. Die Spiralarme mit Dunkelwolken und HII-Regionen sind gut aufgelöst, wenn man mit langer Brennweite unter sehr gutem Seeing besser als 2″ fotografiert.

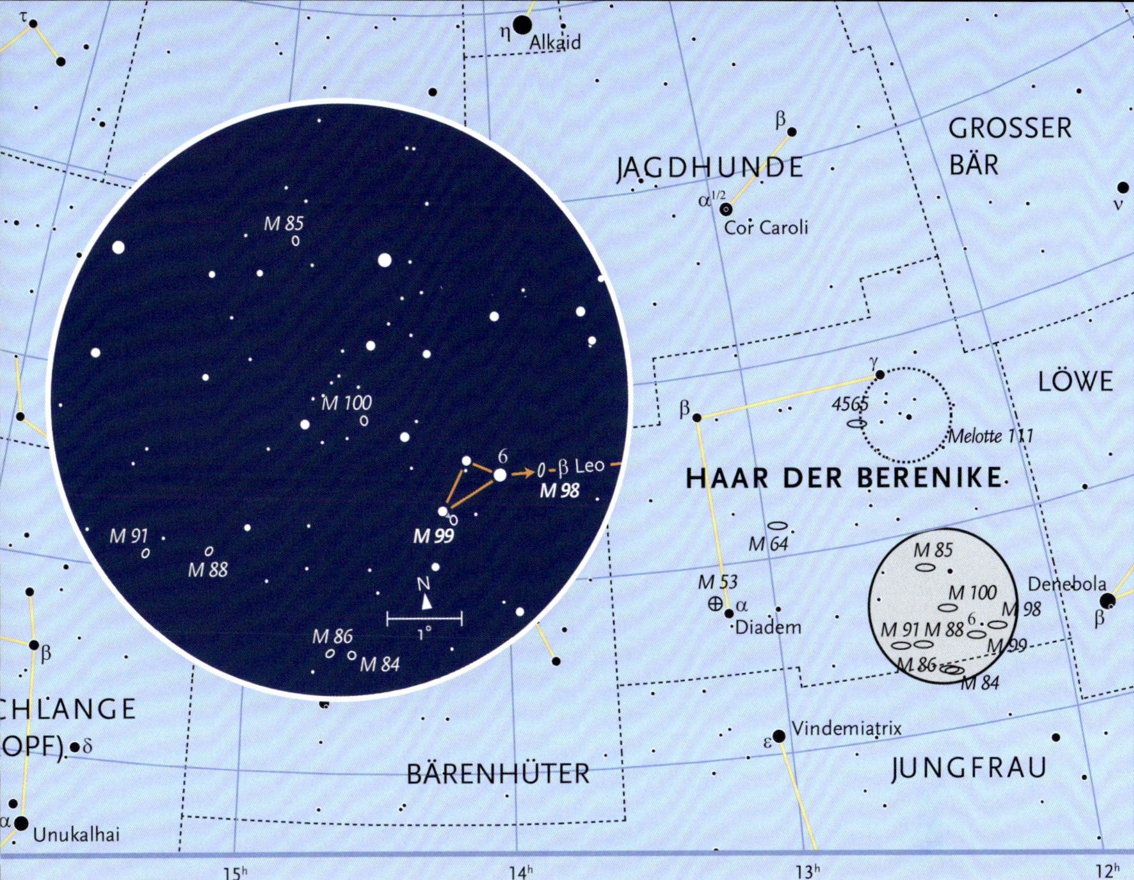

M 98. Optik: Meade 12″ ACF + Flattener, **Brennweite:** 2970 mm, **Kamera:** SBIG STL-11000M, **Belichtung:** Luminanz 80 min am 19. 3. 2009. **Kamera:** Canon EOS 5D, **Belichtung:** 80 min am 8. 2. 2008, **Ort:** Sörth

M 99. Optik: Meade 12″ ACF + Flattener, **Brennweite:** 2970 mm, **Kamera:** SBIG STL-11000M, **Belichtung:** Luminanz 70 min am 21. 4. 2009. **Kamera:** Canon EOS 5D, **Belichtung:** 80 min am 2. 5. 2008, **Ort:** Sörth

M 100

Steckbrief	
Messier-Nummer	100
NGC-Nummer	4321
Name	
Sternbild	Haar der Berenike
Objektklasse	Galaxie
Klassifikation*	Sc
Rektaszension	$12^h 22^m\!,9$
Deklination	+15° 49′
Helligkeit	$9^m\!,3$
Ausdehnung	8×6′
Entfernung	52,2 Mio Lj
Kulmination**	18. April
Kulmination nächstes Objekt	M 84

* Erläuterung Seite 212/213; ** für 10° Ost, ca. 23 Uhr MEZ

Information

„Nebel ohne Stern, von selbem Licht wie der vorhergehende, gesehen von Monsieur Méchain am 15. 3. 1781“, so lautet Messiers Katalogeintrag vom 13. 4. 1781. M 100 ist eine etwas mehr als 100 000 Lj ausgedehnte Sc-Spiralgalaxie im Virgo-Haufen, die 1993 im Rahmen des Hubble Key Project zur Messung der Hubble-Konstanten, die ein Maß für die Expansionsrate des Universums ist, eingehend untersucht wurde.

Man sollte meinen, dass die genaue Entfernung nun endgültig bekannt sei, doch nach wie vor schwanken die Entfernungswerte abhängig von der Messmethode, die jeweils mit einem anderen Unsicherheitsfaktor versehen ist. Die in der NED-Datenbank [M 100c] zwischen 1988 und 2006 publizierten Entfernungswerte reichen von 46,2 Millionen Lj (Cepheiden) bis 64,5 Millionen Lj (SN 1979C). Der Mittelwert aller bekannten Messungen wird mit 52,2 (± 5) Millionen Lj angegeben.

SN 1979C ist eine besondere Supernova, weil sie im Jahr 2005 mit dem Röntgenteleskop XMM Newton anhand ihrer immer noch anhaltenden Röntgenstrahlung identifiziert werden konnte. Der detonierte Vorgängerstern verfügte über 18 Sonnenmassen. Insgesamt wurden bislang sechs Supernovae in M 100 gefunden: SN 1901B ($12^m\!,8$, Typ I), SN 1914A ($15^m\!,7$, Typ unbekannt), SN 1959E ($17^m\!,5$, Typ I), SN 1979C (Blauhelligkeit B = $11^m\!,6$, Typ II), SN 2006X ($15^m\!,3$, Typ Ia) und SN 2019ehk ($15^m\!,8$, Typ Ib). Man kann die Positionen der Supernovae im Aladin Sky Atlas finden [M 100b].

So finden Sie M 100

- M 100 steht nur rund 2° nordöstlich von M 98 und M 99.
- Auch bei M 100 starten Sie wie bei M 98/M 99 über β Leo (Denebola) und 6 Com.
- 0,5° nordöstlich von 6 Com sehen Sie einen Stern 6. Größe.
- Verlängern Sie die Linie von 6 Com zu diesem Stern um knapp 1°, treffen Sie auf einen weiteren Stern 6. Größe.
- Wenn Sie diese Linie ein weiteres Mal um etwa 40′ verlängern, haben Sie M 100 im Okular.

Beobachtung

Im Vergleich zu der nur knapp 2° südwestlich gelegenen Galaxie M 99 ist M 100 etwas unscheinbarer, dies gilt allerdings nur für den visuellen Eindruck. Fotografisch zeigt sich auch hier eine eindrucksvolle Spirale mit weit geöffneten Armen. Auf jeden Fall ist ein direkter Vergleich mit M 98 und M 99 als nahe gelegene Schwestersysteme ein reizvolles, kleines Beobachtungsprojekt, in das man je nach Teleskop und Himmelsqualität auch weitere schwächere Galaxien in der unmittelbaren Nachbarschaft mit einbeziehen kann. Ein 75-mm-Refraktor zeigt M 100 bei 50× als ziemlich schwachen runden Fleck ohne weitere Struktur. Ein 130-mm-Refraktor erleichtert das Erkennen der Zentralregion spürbar, auch die Randbereiche der Galaxie sind erheblich besser zu sehen – wenngleich der Gesamteindruck nach wie vor ziemlich verwaschen ist. Eine deutlich scheibenförmige Zentralregion ist bei 100× im 300-mm-Reflektor zu sehen, umgeben ist das Kerngebiet von einem unregelmäßigen, verschwommenen Halo.

Fototipp

Bei M 100 blickt man auf die Ebene einer gut aufgelösten Galaxie. Spiralarme und Dunkelwolken sind bei nur 8×6′ Ausdehnung sehr gut zu erkennen. Doch dafür braucht man eine lange Brennweite und sehr gutes Seeing. Die hellen Spiralarme kann man mit einer DSLR-Kamera befriedigend aufnehmen. Sehr lang belichtete Aufnahmen zeigen weit hinausreichende verformte Spiralarme, die auf eine Wechselwirkung mit anderen Mitgliedern des Virgo-Galaxienhaufens schließen lassen. Für die Abbildung dieser extrem schwachen Galaxienausläufer ist eine rauscharme gekühlte CCD-Kamera besser geeignet [M 100a].

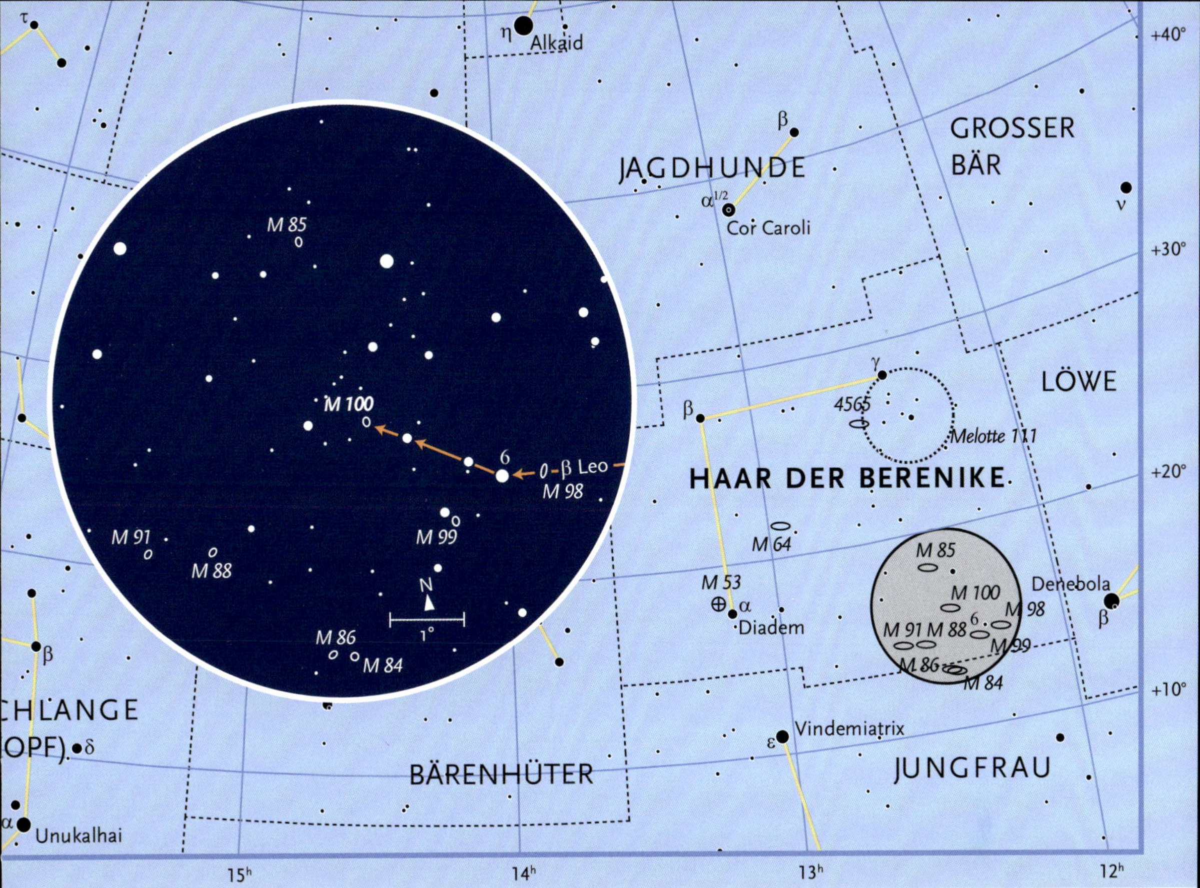

M 100. Optik: Meade 12" ACF + Flattener, **Brennweite:** 2970 mm, **Kamera:** SBIG STL-11000M, **Belichtung:** Luminanz 90 min am 19. und 20. 4. 2009. **Kamera:** Canon EOS 5D, **Belichtung:** 64 min am 3. 2. 2008, **Ort:** Sörth

M 101 Feuerradgalaxie

Steckbrief	
Messier-Nummer	101
NGC-Nummer	5457
Name	Feuerradgalaxie
Sternbild	Großer Bär
Objektklasse	Galaxie
Klassifikation*	Sc
Rektaszension	$14^h\,03^m\!.2$
Deklination	+54° 21′
Helligkeit	$7^m\!.5$
Ausdehnung	29×27′
Entfernung	22,8 Mio Lj
Kulmination**	13. Mai
Kulmination nächstes Objekt	M 102

* Erläuterung Seite 212/213; ** für 10° Ost, ca. 23 Uhr MEZ

Information

Messier schrieb über Pierre Méchains Entdeckung am 27.3.1781: „Nebel ohne Stern, sehr dunkel und groß, 6′ bis 7′ Durchmesser." M 101 ist rund 180 000 Lj ausgedehnt. Die Entfernungsangaben in 20 Arbeiten zwischen 1988 und 2006 schwanken zwischen 17,6 Millionen Lj und 25,1 Millionen Lj. Der Mittelwert wird in der NED-Datenbank [M 101a] mit 22,8 (± 1,7) Millionen Lj angegeben. Hunderte von Objekten, die wir vom Typ her aus unserer Milchstraße kennen, sind in der Simbad-Datenbank [Simbad] gelistet und können mit dem Aladin Sky Atlas [Aladin] identifiziert werden; darunter auch die Cepheiden zwischen 18^m und 27^m.

Vier Supernovae wurden bislang in M 101 entdeckt: SN 1909A (B = $12^m\!.1$, Typ unbekannt), SN 1951A ($17^m\!.5$, Typ II), SN 1970G (B = $11^m\!.8$, Typ II) und SN 2011fe (Typ Ia), die es auf $9^m\!.5$ schaffte. Der Supernova-Rest von SN 1970G wurde im Jahr 2005 mit dem Chandra-Röntgenteleskop untersucht mit dem Ergebnis, dass Sternwinde Materie des Vorgängersterns der Supernova über 25 000 Jahre hinweg in eine zirkumstellare Hülle bliesen. Diese wird durch die Schockwelle der Sternexplosion auf mehrere Millionen Grad aufgeheizt und sendet Röntgenstrahlung aus [M 101b]. Auch wenn man keine Regel ableiten kann: Die Zeit ist reif für das nächste Supernova-Ereignis.

So finden Sie M 101

> M 101 steht über der Deichsel des Großen Wagens hoch im Zenit am Frühlingshimmel.

> Starten Sie Ihre Suche bei dem berühmten Doppelstern ζ UMa (Mizar/Alkor), der zentral in der Wagendeichsel liegt.

> Rund 1,5° östlich davon stoßen Sie auf die insgesamt rund 3° lange markante Kette aus den 5^m bis 6^m hellen Sternen 81, 83, 84 und 86 UMa.

> Zentrieren Sie nun den östlichsten Stern dieser Kette – 86 UMa.

> Gut 1,5° nordöstlich von 86 UMa liegt M 101. Auf dem Weg dorthin passieren Sie nach rund 0,5° einen Stern 7. Größe.

Beobachtung

Bei M 101 ist die Sichtbarkeit besonders stark von der Transparenz des Himmels und dem vorhandenen Streulicht abhängig. Wir sehen hier nahezu senkrecht auf eine Spiralgalaxie, deren Helligkeit sich unter diesen geometrischen Bedingungen auf die fast maximal mögliche Fläche verteilt – Galaxien, bei denen wir auf die Kante schauen, sind leichter zu erkennen.

Unter guten Bedingungen (Bortle 4) ist M 101 im 75-mm-Refraktor bei 25–30× aber leicht zu erkennen, auch eine Beobachtung mit 50× sollte man riskieren. Zu sehen ist dann eine sehr ausgedehnte verwaschene Galaxie, die zur Mitte hin leicht an Helligkeit gewinnt. Im 130-mm-Refraktor tritt das Kerngebiet deutlicher hervor, die Randbereiche bleiben jedoch nach wie vor sehr verschwommen, einzelne Spiralarme sind nicht auszumachen.

Im 300-mm-Reflektor ist die Zentralregion gut zu erkennen, bei indirektem Sehen sind auch die Spiralarme als fleckige Streifen sichtbar, die vor einem verschwommenen Halo stehen. Hat man einmal die Gelegenheit, mit einem 400- bis 500-mm-Reflektor zu beobachten, wird einem auch ein Blick auf die hellsten Gasnebel vergönnt sein.

Fototipp

Die Feuerradgalaxie (Pinwheel-Galaxie) zeigt einen enormen Detailreichtum und ist für alle Brennweiten ab einem kleinen Teleobjektiv und für alle Kameras lohnend. Man braucht einen sehr dunklen, mondlosen Nachthimmel (Bortle 4), wenn man den prachtvollen Spiralarmen weit nach außen nachspüren möchte. Mit gutem Seeing und reichlich Gesamtbelichtung taucht man tief in die Sternassoziationen und HII-Regionen in den Spiralarmen ein. Bei 3000 mm Brennweite passt M 101 gut in das Vollformat.

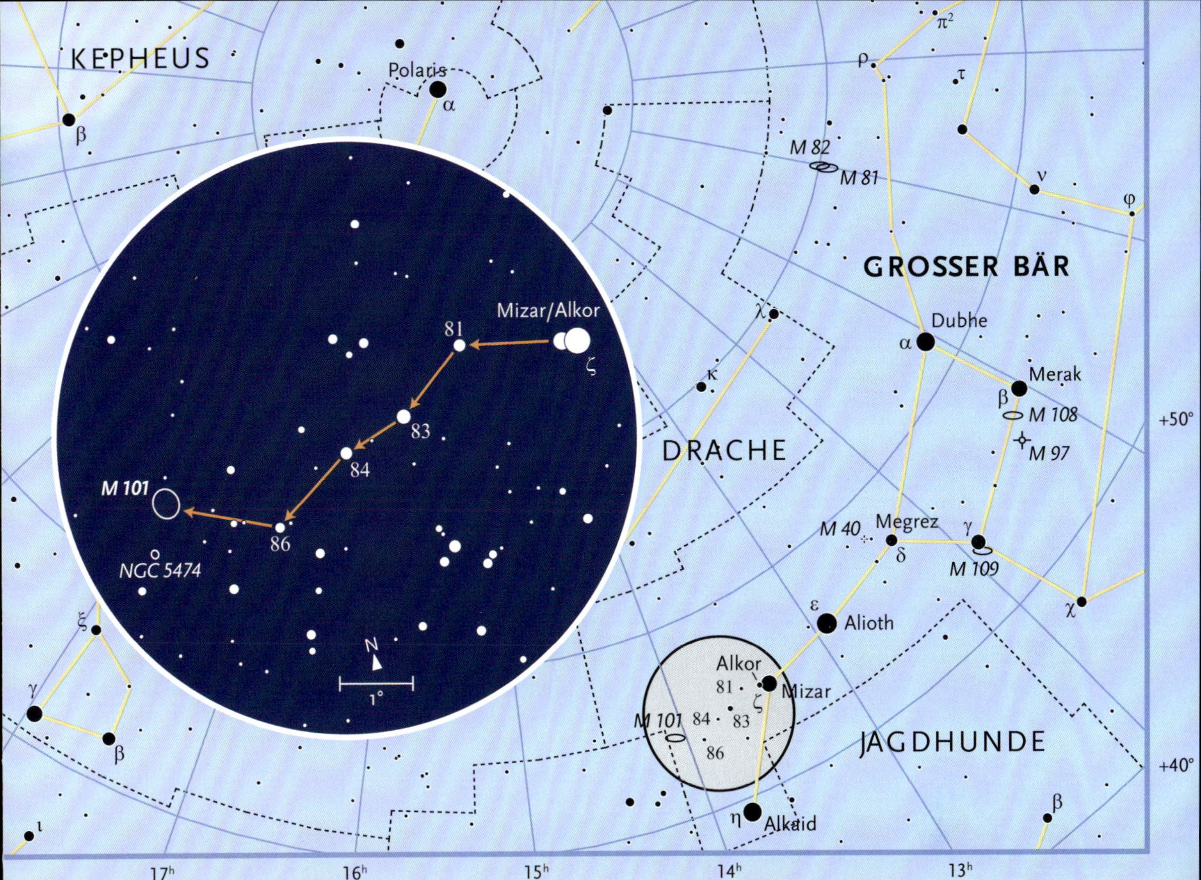

M 101. Optik: Meade 12″ ACF + Flattener, **Brennweite:** 2970 mm, **Kamera:** SBIG STL-11000M, **Belichtung:** Luminanz 100 min am 31. 3. 2009. **Kamera:** Canon EOS 5D, **Belichtung:** 160 min am 26. 4. und 2. 5. 2008, **Ort:** Sörth

M 102 Spindelgalaxie

Steckbrief	
Messier-Nummer	102
NGC-Nummer	5866
Name	Spindelgalaxie
Sternbild	Drache
Objektklasse	Galaxie
Klassifikation*	S0
Rektaszension	$15^h 06^m\!,5$
Deklination	+55° 46′
Helligkeit	$9^m\!,9$
Ausdehnung	7×3′
Entfernung	44 Mio Lj
Kulmination**	29. Mai
Kulmination nächstes Objekt	M 5

* Erläuterung Seite 212/213; ** für 10° Ost, ca. 23 Uhr MEZ

Information

„Nebel zwischen den Sternen o des Bärenhüters [ϑ Boo] und ι des Drachens: Er ist sehr schwach; in seiner Nähe ist ein Stern sechster Größe", so lautet die Beschreibung Messiers vom März/April 1781. Méchain, der die Entdeckung für sich reklamierte, ging allerdings von einer Dublette von M 101 aus, obwohl Messier in seinem Katalog beide Objekte sehr unterschiedlich beschrieb. Sofern Messier jedoch die Galaxie NGC 5866 meinte, könnte ihm bei der Angabe der Rektaszension des Objekts Nummer 102 ein plausibler Rechenfehler von fast genau 5° (20 Zeitminuten) in Rektaszension unterlaufen sein [M 102a].

Die europäische Sichtweise in dieser Kontroverse ist, M 102 mit der linsenförmigen Galaxie NGC 5866 vom Typ S0 gleichzusetzen. M 102 ist dann zwischen 40 und 48 Mio Lj entfernt und 70 000 Lj bis 90 000 Lj ausgedehnt. Man blickt hier fast „edge-on" auf die Galaxienkante, wo ein feines Staubband das Objekt in zwei Hälften zu teilen scheint. Auf Fotos des Hubble Space Telescope aus dem Jahr 2006 [M 102b] erkennt man eine Scheibe aus blauen Sternen, die sich entlang des ausgefransten Staubbandes bis weit in den durchsichtigen äußeren Halo erstreckt. Frontal auf die Ebene geblickt, würde man eine flache Scheibe mit Spiralstruktur sehen. Der Kern ist von einer Aufwölbung rötlicher Sterne umgeben, dem sogenannten Bulge. Durch Wechselwirkung mit einer vorbeiziehenden Galaxie wurde das Staubband ein wenig gegen die Galaxienscheibe geneigt.

Autoguiding

Damit sich die Sterne punktförmig abbilden, muss jede länger als einige Sekunden belichtete Astroaufnahme den Sternen nachgeführt werden. Geschieht das mit einer kleinen CCD-Nachführkamera automatisch, spricht man von Autoguiding. Sie gibt kurze Steuerimpulse an die Motoren der Montierung.

So finden Sie M 102

> M 102 ist in der sternarmen Himmelsregion des Sternbildes Drache zu finden und am besten im Frühling zu beobachten.

> Beginnen Sie den Weg zu M 102 bei η UMa (Alkaid), dem östlichsten Stern der Deichsel des Großen Wagens.

> Rund 5° nordöstlich von η UMa finden Sie im Sternbild Bärenhüter ein markantes Dreieck aus den Sternen κ, ι und ϑ Boo. (5. und 4. Größe)

> Ungefähr 3,5° weiter nordnordöstlich stoßen Sie auf ein sehr kompaktes Dreieck zweier Sterne 7. Größe und eines Sternes 6. Größe an der Westspitze.

> Rund 4° nordöstlich davon erreichen Sie einen Stern 5. Größe. Gut 1° weiter nördlich haben Sie nach dieser komplizierten Suche endlich M 102 erreicht.

Beobachtung

Im 75-mm-Refraktor fällt M 102 sofort als längliche Galaxie mit relativ hoher Flächenhelligkeit auf, die ohne Weiteres 50× und mehr verträgt. Beim Anblick im 130-mm-Refraktor zeigt sie sich mit relativ scharf begrenzter Kontur als kleine Spindel, daher ihr Name. Unmittelbar westlich sind zwei schwache Sternchen 12. Größe zu sehen. Hübsch ist der Anblick im 300-mm-Reflektor, die Spindelform ist gut auszumachen, auch ein mäßig heller, fast stellarer Kern ist zu erkennen.

Fototipp

M 102 ist faszinierend: Das markante dunkle Staubband ist um 2° gegen die Galaxienebene geneigt und zeigt bei sehr hoher Bildauflösung mit einem größeren Teleskop ab etwa 300 mm Öffnung Ausfransungen. Aber nur mit langer Aufnahmebrennweite und sehr gutem Seeing um 1″ erahnt man die Details, die beispielsweise auf der Top-Aufnahme des Hubble Space Telescope zu sehen sind [M 102b]. Mit einem Teleskop bis 300 mm Öffnung und einer DSLR-Kamera sind aber immerhin das Staubband und der Ausläufer der blauen Scheibe erkennbar.

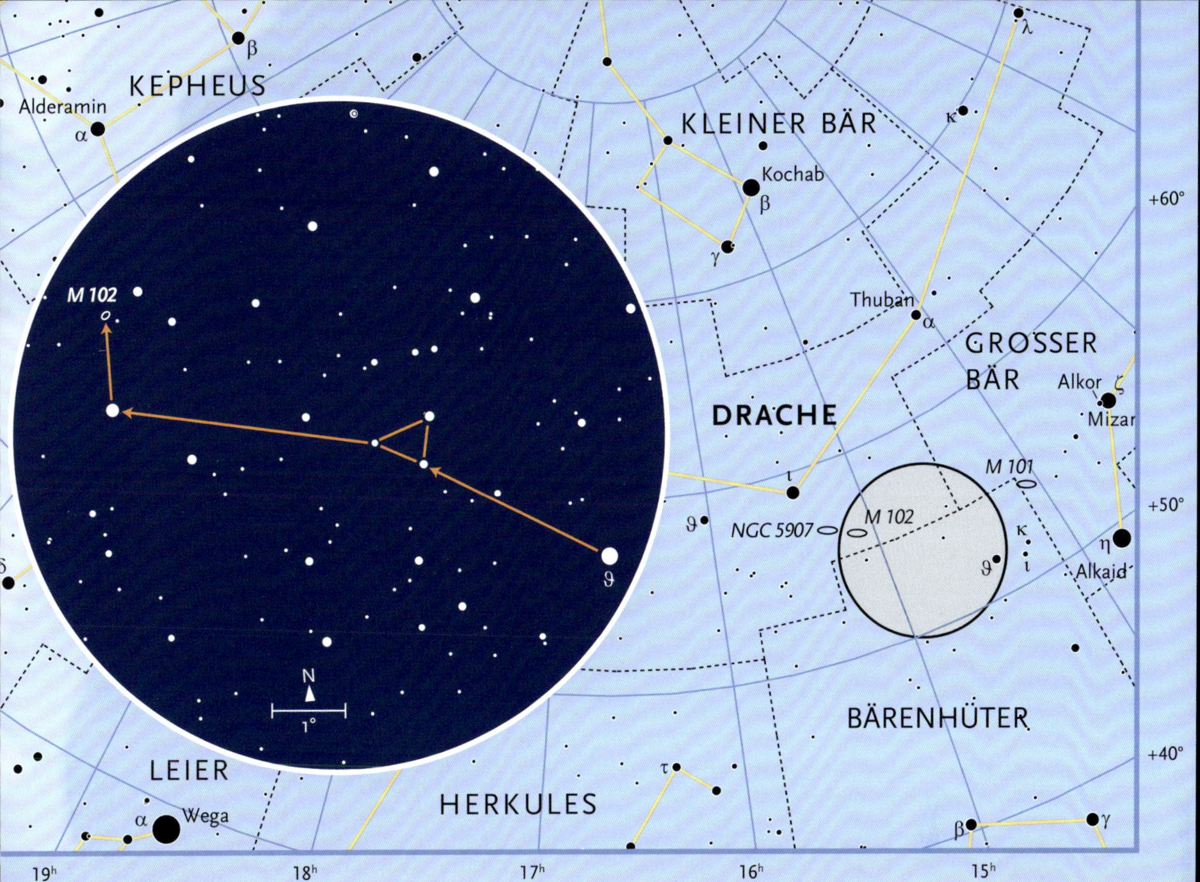

M 102. Optik: Meade 12″ ACF, **Brennweite:** 3000 mm, **Kamera:** Canon EOS 5D, **Belichtung:** 112 min am 15. 2. 2008, **Ort:** Sörth

M 103

Steckbrief	
Messier-Nummer	103
NGC-Nummer	581
Name	
Sternbild	Kassiopeia
Objektklasse	Offener Sternhaufen
Klassifikation*	II2m
Rektaszension	$01^h 33^m{,}4$
Deklination	+60° 39′
Helligkeit	$7^m{,}4$
Ausdehnung	6′
Entfernung	7150 Lj
Kulmination**	3. November
Kulmination nächstes Objekt	M 33

* Erläuterung Seite 212/213; ** für 10° Ost, ca. 23 Uhr MEZ

Information

Messier trug die Entdeckung Méchains aus dem März/April 1781 ein als „Sternhaufen zwischen ε und δ der Cassiopeia". Dies war der letzte offizielle Eintrag der dritten und letzten im Jahr 1781 veröffentlichten Katalogfassung. Die Trümpler-Klasse II2m beschreibt M 103 als mäßig sternreichen, frei stehenden Haufen mit geringer zentraler Konzentration und Sternen mittlerer Helligkeitsverteilung.

M 103 ist 13 Lj ausgedehnt und steht in 7152 Lj Entfernung. Er ist 22 Millionen Jahre alt und enthält über 170 Sterne. Hellster Stern an der Spitze eines gedachten Dreiecks ist HD 9311, ein $7^m{,}3$ heller leicht veränderlicher B3-Stern mit Leuchtkraftklasse Ib und der Bezeichnung NSV 542. Er ist Teil des Doppelsterns ADS 1209 (Struve 131), dessen Begleiter $9^m{,}9$ hell und 13,9″ entfernt bei Positionswinkel 143° steht (vgl. S. 44). Auffälligster Stern ist der mittig gelegene Rote Riese BD +59°274 mit $8^m{,}5$ Helligkeit und Spektraltyp M2. Der dritte Stern in einer gedachten Reihe mit den beiden anderen Sternen ist der südöstlich gelegene HD 9365, ein Veränderlicher vom Typ γ Doradus mit Spektraltyp F0 und Leuchtkraftklasse V. γ-Doradus-Sterne sind junge Hauptreihensterne. Sie können ihre Helligkeit innerhalb eines Tages um $0^m{,}1$ ändern, was man auf nichtradiale Pulsationen der Sternoberfläche zurückführt. Der Prototyp dieser Sternklasse ist der $4^m{,}3$ helle Stern γ im Sternbild Schwertfisch (Doradus). Die Helligkeit von HD 9365 schwankt zwischen $8^m{,}24$ und $8^m{,}31$. Dieser Stern wird nicht als Haufenmitglied gewertet.

So finden Sie M 103

- M 103 steht mitten im Sternbild Kassiopeia, dem Himmels-W, am besten zu beobachten am herbstlichen Abendhimmel.
- Fangen Sie mit der Suche bei δ Cas an, im Himmels-W die linke, untere Spitze markierend.
- Weniger als 0,5° östlich stoßen Sie auf ein Dreieck, das von Sternen 7. Größe gebildet wird.
- Schwenken Sie von diesem Dreieck etwa 45′ nach Nordosten – dann haben Sie M 103 gefunden, der Haufen ist jetzt in einem 7×50-Sucherfernrohr erkennbar.

Beobachtung

Wer sich streng numerisch durch den Messier-Katalog bis hierher durchgearbeitet hat (ganz egal, ob im Lesesessel oder am Fernrohr), der wird sich freuen, an dieser Stelle nach den vielen Galaxien mal wieder auf einen Sternhaufen zu stoßen – besonders Stadtbeobachter werden dies begrüßen. Sichtbar ist M 103 bereits im 10×50-Fernglas als kleine Sternansammlung, die in einer schönen Region der Wintermilchstraße gelegen ist. Im 75-mm-Refraktor sieht man insgesamt etwa 25 Einzelsterne, auffällig ist der dreieckige Umriss des Sternhaufens. An der Nordostkante sind drei hellere Sterne wie an einer Kette aufgereiht, an der Südspitze der Kette ist ein Stern 8. Größe zu sehen. Im 130-mm-Refraktor rückt die Dreiecksform etwas in den Hintergrund, da jetzt weitere schwächere Sterne hinzukommen, die die Anzahl der erkennbaren Haufenmitglieder auf etwa 35 bis 40 anwachsen lässt. Der Kontrast zu den helleren Sternen macht den Sternhaufen zu einem sehr reizvollen Objekt.

Im 300-mm-Reflektor fällt der rötliche Stern nahe des Haufenzentrums auf. Zwar kann man auch in diesem Teleskop die Dreiecksform noch erahnen, aber die vielen Sterne 11. bis 14. Größe sind doch sehr viel gleichmäßiger verteilt als die hellen Sterne.

Fototipp

Die Verteilung der glitzernden Sterne in M 103 ähnelt der des berühmten Schmuckkästchens κ Crucis (NGC 4755) im Kreuz des Südens. So schön können also auch weniger prominente Sternhaufen wie M 103 sein. Mit 500 mm Brennweite und einer Digitalkamera im APS-C-Format wie der EOS 350D hat man zusätzlich noch den gleißend hellen blauen Stern δ Cas ($2^m{,}7$) unten rechts dekorativ im Bildfeld.

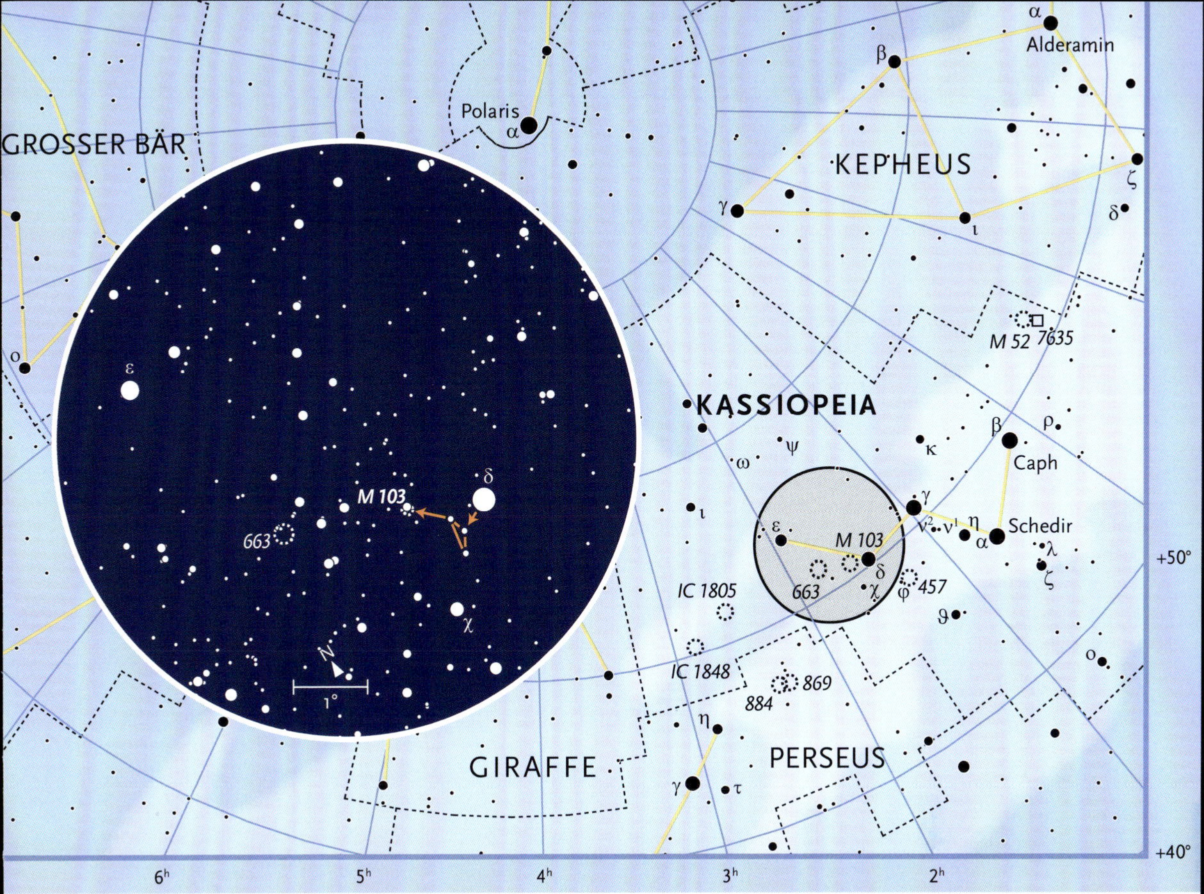

M 103. Optik: Meade 12″ ACF, **Brennweite:** 3000 mm, **Kamera:** Canon EOS 5D, **Belichtung:** 35 min am 20. 9. 2007, **Ort:** Sörth

M 104 Sombrero-Nebel

Steckbrief	
Messier-Nummer	104
NGC-Nummer	4594
Name	Sombrero-Nebel
Sternbild	Jungfrau
Objektklasse	Galaxie
Klassifikation*	Sa
Rektaszension	$12^h 40\overset{m}{,}0$
Deklination	−11° 37′
Helligkeit	$8\overset{m}{,}0$
Ausdehnung	9×6′
Entfernung	35,4 Mio Lj
Kulmination**	22. April
Kulmination nächstes Objekt	M 59

* Erläuterung Seite 212/213; ** für 10° Ost, ca. 23 Uhr MEZ

Information

Messiers handschriftliche Notiz vom 11. 5. 1781 beschreibt nur ganz kurz Méchains Entdeckung, der seinerseits zwei Jahre später schrieb: „Er ist lichtschwach und schwer zu finden, wenn die Mikrometerfäden beleuchtet sind." M 104 enthält rund 800 Milliarden Sonnenmassen mit einem eine Milliarde Sonnenmassen fassenden Schwarzen Loch im Zentrum. Der Durchmesser beträgt rund 100 000 Lj. Die NED-Datenbank [M 104] gibt nach Messungen aus den Jahren 1988 bis 2003 als Mittelwert eine Entfernung von 35,4 ± 12 Millionen Lj an. Die Galaxie ist damit dem Virgo-Haufen vorgelagert.

Im Zentrum der Spirale vom Typ Sa setzen sehr eng gewundene Spiralarme an, die man auf Bildern des Very Large Telescope Antu der ESO aus dem Jahr 2000 gut erkennen kann. Man blickt fast genau auf die Kante der Galaxie, deren markantes dunkles Staubband an das in unserer Milchstraße erinnert. M 104 hat einen ausgedehnten Halo, der mehr als 2000 Kugelsternhaufen enthält. Die hellsten liegen bei 19^m Helligkeit und sind für Amateurteleskope gut erreichbar. Die Identifikation der Kugelsternhaufen auf eigenen Aufnahmen kann mithilfe der Simbad-Datenbank [Simbad] und grafisch mit dem Aladin Sky Atlas [Aladin] bequem erfolgen.

So finden Sie M 104

- M 104 befindet sich unmittelbar an der Grenze zwischen den Sternbildern Jungfrau und Rabe, die Galaxie steht im Frühling tief am Südhimmel.
- Beginnen Sie Ihre Suche im Raben bei δ Crv (Algorab) und η Crv, rund 14° südwestlich von α Vir (Spika), und schwenken Sie Ihr Teleskop von η Crv aus knapp 2,5° nach Norden zu einem Stern 6. Größe.
- Dieser bildet mit zwei weiteren Sternen 5. und 6. Größe ein gleichseitiges Dreieck.
- Von der Nordspitze des Dreiecks geht es im Bogen nach Nordosten zu einem knapp 1° entfernten Sternpaar 6. Größe weiter.
- Verlängert man den gedachten Bogen weiter um 1° nach Nordosten, landet man bei M 104.

Beobachtung

Ein Blick auf das Foto macht deutlich, warum diese Galaxie auch „Sombrero"-Nebel genannt wird. Eine markante Dunkelwolke ziert dieses Milchstraßensystem, das relativ tief am Südhimmel steht. Schon auf den ersten Blick sieht man im 75-mm-Refraktor idealerweise bei etwa 50× einen linsenförmigen, diffusen Fleck, der in Ost-West-Richtung ausgerichtet ist. Zusammen mit Sternen 10. bzw. 11. Größe bildet die Galaxie ein auffälliges Dreieck. Der Schritt zum 130-mm-Refraktor zeigt den Sombrero-Nebel deutlich heller, liefert aber nicht mehr Einzelheiten – die auf Fotos auffällige Dunkelwolke ist nicht zu sehen.

Ein 300-mm-Reflektor gibt unter einem guten mitteleuropäischen Himmel (Bortle 4) da schon mehr her: Zunächst hat man den Eindruck, dass die Südkante der oben beschriebenen Linse viel schärfer definiert ist. Nach einer gewissen „Eingewöhnung" sieht man unterhalb dieser Kante den Rest der Galaxie als eine Art halbierter Linse. 100–150× Vergrößerung sind normalerweise möglich, allerdings macht sich bei der tiefen Deklination je nach Beobachtungsbedingungen die Luftunruhe störend bemerkbar.

Fototipp

M 104 ist in Mitteleuropa aufgrund der südlichen Deklination fotografisch ein schwieriges Objekt. Um Strukturen im Staubband und in der Galaxienscheibe aufzulösen, braucht man ein sehr gutes Seeing unter 2″ und eine lange Aufnahmebrennweite. Dann wird auch ein Halo aus Kugelsternhaufen sichtbar. Der helle Kern überstrahlt bei normaler Darstellung die Galaxie. Hier sollte man in seinem Bildbearbeitungsprogramm logarithmisch skalieren, um den enormen Helligkeitsunterschied ohne Verlust von Details zu überbrücken.

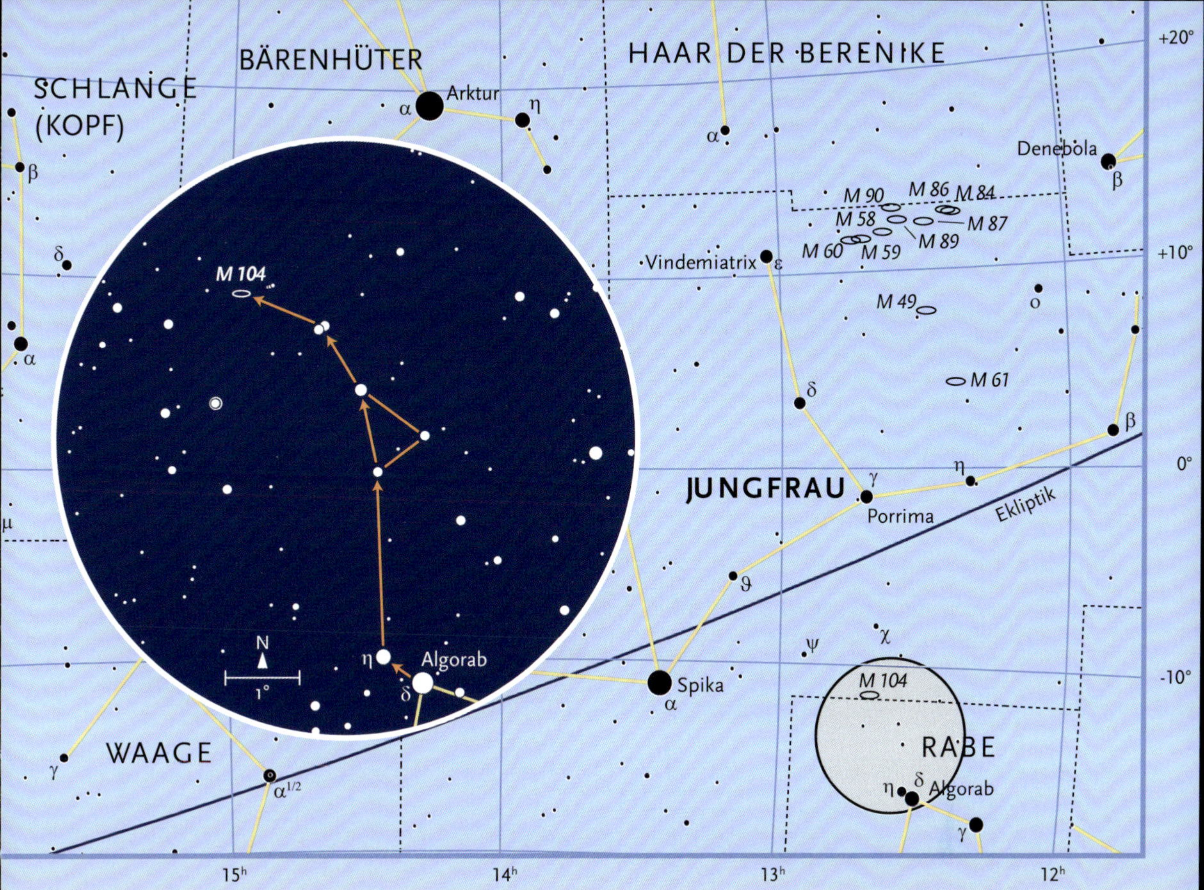

M 104. Optik: Meade 14″ ACF + Reducer, **Brennweite:** 3000 mm, **Kamera:** Canon EOS 5D, **Belichtung:** 50 min am 25. 5. 2008, **Ort:** Farm Tivoli/Namibia

M 105

Steckbrief	
Messier-Nummer	105
NGC-Nummer	3379
Name	
Sternbild	Löwe
Objektklasse	Galaxie
Klassifikation*	E1
Rektaszension	$10^h 47\overset{m}{,}8$
Deklination	+12° 35′
Helligkeit	$9\overset{m}{,}5$
Ausdehnung	6×5′
Entfernung	34,6 Mio Lj
Kulmination**	25. März
Kulmination nächstes Objekt	M 108

* Erläuterung Seite 212/213; ** für 10° Ost, ca. 23 Uhr MEZ

Information

Pierre Méchain fand diesen Nebel am 24. 3. 1781 und schrieb am 6. 5. 1783: „Monsieur Messier erwähnt zwei neblige Sterne, die ich im Löwen entdeckt habe [gemeint sind M 95 und M 96]. Da ist ein dritter etwas nördlicher, der sogar noch heller als die beiden vorhergehenden ist." Helen Sawyer-Hogg fügte M 105, eine elliptische LINER-Galaxie mit aktivem Galaxienkern, im Jahr 1947 dem Messier-Katalog hinzu.

Im Zentrum von M 105 steht ein 50 Millionen Sonnenmassen fassendes Schwarzes Loch. Die NED-Datenbank [M 105] gibt einen aus Messungen zwischen 1988 und 2003 errechneten Mittelwert von 34,6 (± 3,7) Mio Lj für die Entfernung an. Damit ist M 105 rund 60 000 Lj ausgedehnt, sie verfügt über 130 Kugelsternhaufen, von denen einige zwischen 20^m und 23^m hell über den Aladin Sky Atlas [Aladin] erreichbar sind. Dies gilt ebenso für die Positionen von etwa 100 Planetarischen Nebeln bis zur Grenzhelligkeit von $26\overset{m}{,}1$. M 105 ist Mitglied der Galaxiengruppe Leo I, die rund 24 Galaxien enthält, darunter auch M 95 und M 96.

So finden Sie M 105

> M 105 steht am Frühlingshimmel im Löwen nur etwa 1° nordöstlich des Galaxienpaares M 95 und M 96, unterhalb des „Löwenbauches".
> Die Suche beginnt bei α Leo (Regulus). Von dort schwenken Sie knapp 7° nach Südosten, bis im Sucherfernrohr der rund 4^m helle Stern ρ Leo auftaucht.
> Von ρ Leo aus geht es gut 4° nach Nordost zu 53 Leo, einem Stern 5. Größe.
> 2° nordwestlich von 53 Leo stoßen Sie auf M 105.

Beobachtung

Auf dem Foto sieht man eine bemerkenswerte Ansammlung von Galaxien auf engstem Raum, die reizvolle Unterschiede zwischen den einzelnen Gruppenmitgliedern zeigt. Da M 95 und M 96 auch nur ein gutes Grad weiter südwestlich stehen, lohnt es sich, ein wenig länger in dieser Himmelsregion zu verweilen. Im 75-mm-Refraktor ist erwartungsgemäß von dieser Pracht nichts zu sehen, lediglich M 105 als hellstes Gruppenmitglied ist auf Anhieb zu finden. Bei 50× zeigt sich die Galaxie als kleines diffuses Fleckchen, das auf jeden Fall wesentlich leichter zu erkennen ist als M 95. M 105 wird zum Zentrum hin etwas heller, die Form ist leicht oval. Wie bei allen anderen Elliptischen Galaxien bringt mehr Öffnung zwangsläufig nicht mehr Details zum Vorschein, wohl aber einen deutlich helleren Gesamteindruck, auch die Zentralregion fällt im 130-mm-Refraktor wesentlich mehr auf als im kleineren Refraktor. Ebenfalls sichtbar ist – wenn auch nur sehr schwach – die Begleitgalaxie NGC 3384.

Beim Blick durch den 300-mm-Reflektor fällt zunächst auf, dass man mit 100–150× alle drei auf dem Foto sichtbaren Galaxien wahrnehmen kann. NGC 3389 ist als Spiralgalaxie das schwächste Objekt der drei, aber ebenfalls problemlos erkennbar. M 105 selbst zeigt eine deutlich asymmetrische Helligkeitsverteilung, wobei das Zentralgebiet fast kreisrund ist. Beim Blick durch ein 400- oder 500-mm-Teleskop sind bei NGC 3389 Feinstrukturen wie Spiralarme zu erahnen.

Fototipp

Dieses Himmelsareal ist ein interessantes Aufnahmefeld für lange Brennweiten um 3000 mm: In einem Kreis von 10′ Durchmesser findet man neben der strukturlosen Elliptischen Galaxie M 105 noch NGC 3384 gleichen Typs und als Zugabe die strukturierte und farblich kontrastierende Sc-Spirale NGC 3389. Mit 500 mm Brennweite und einer DSLR-Kamera im APS-C-Format wie beispielsweise der EOS 350D kann man auch die Messier-Galaxien M 95 und M 96 zusammen mit M 105 in einem Bild aufnehmen!

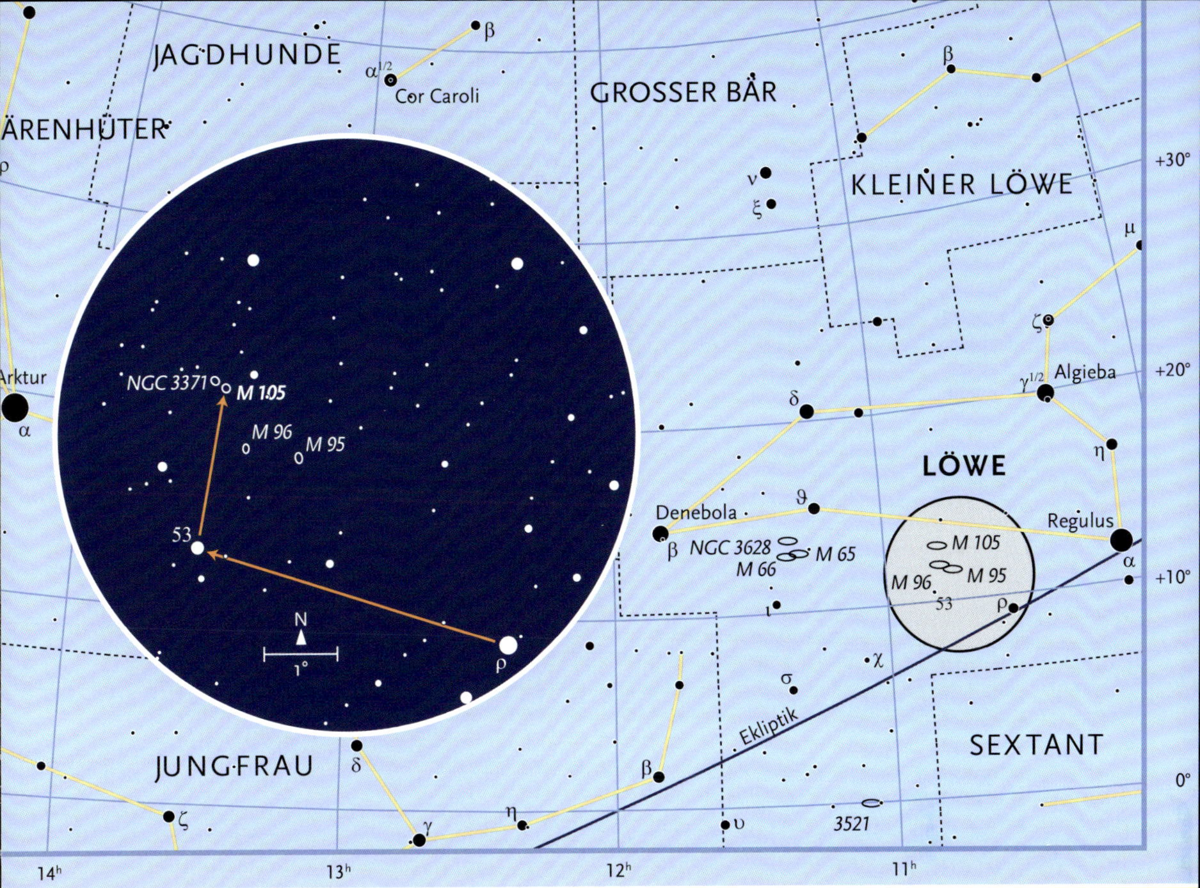

M 105. Optik: Meade 12″ ACF + Flattener, **Brennweite:** 2970 mm, **Kamera:** SBIG STL-11000M, **Belichtung:** Luminanz 60 min am 20. 1. 2009. **Kamera:** Canon EOS 5D, **Belichtung:** 104 min am 10. 2. 2008, **Ort:** Sörth

M 106

Steckbrief	
Messier-Nummer	106
NGC-Nummer	4258
Name	
Sternbild	Jagdhunde
Objektklasse	Galaxie
Klassifikation*	SABbc
Rektaszension	$12^h 19\overset{m}{,}0$
Deklination	+47° 18′
Helligkeit	$8\overset{m}{,}3$
Ausdehnung	19×8′
Entfernung	26 Mio Lj
Kulmination**	17. April
Kulmination nächstes Objekt	M 61

* Erläuterung Seite 212/213; ** für 10° Ost, ca. 23 Uhr MEZ

Information

Pierre Méchain fand diesen Nebel im Juli 1781 und berichtete darüber erst 1783: „Im Juli 1781 fand ich einen weiteren Nebel nahe dem Stern Nr. 3 der Jagdhunde." Helen Sawyer-Hogg fügte M 106 im Jahr 1947 dem Messier-Katalog hinzu. M 106 ist mit der Typisierung SABbc eine Übergangsform zwischen normaler Spiralgalaxie und Balkenspirale. Sie hat einen aktiven Galaxienkern, ist rund 133 000 Lj ausgedehnt und steht in 26 Millionen Lj Entfernung. Im Zentrum der LINER-Galaxie befindet sich ein Schwarzes Loch mit 39 Millionen Sonnenmassen. Mit dem Chandra-Teleskop wurden 2007 zwei anomale Spiralarme untersucht, die von Jets auf Millionen Grad aufgeheizt werden und im Röntgenlicht geisterhaft leuchten.

Die einzelnen Bestandteile von M 106 sind Gegenstand intensiver Untersuchungen. Die hellsten Offenen Sternhaufen gibt die Simbad-Datenbank [Simbad] mit $16\overset{m}{,}5$ an, die Grenze liegt hier bei $27\overset{m}{,}3$. Der hellste Cepheid wird mit $23\overset{m}{,}3$ gelistet. Über 90 HII-Regionen sind mit Positionen vertreten. Zwei Supernovae sind bislang in dieser für die kosmische Entfernungsleiter wichtigen Galaxie entdeckt worden: SN 1981K (Typ II, 16^m) und SN 2014bc (Typ II, $14\overset{m}{,}0$). M 106 wird unterschiedlich als Mitglied der Ursa-Maior- oder der Coma-Sculptor-Galaxiengruppe gezählt.

So finden Sie M 106

> M 106 befindet sich im Nordwesten des Sternbildes Jagdhunde.
> Startpunkt ist der Stern γ UMa im Großen Wagen.
> 6° weiter südsüdwestlich taucht im Sucherfernrohr der $3\overset{m}{,}7$ helle Stern χ UMa auf.
> Jetzt geht es gut 5° nach Ostnordost bis zum Stern 3 CVn, einem Stern 5. Größe, der zusammen mit γ und χ UMa ein gleichseitiges Dreieck bildet.
> Gut 1° südöstlich von 3 CVn erreichen Sie einen Stern 7. Größe.
> Etwas mehr als 1° südwestlich stoßen Sie auf einen Stern 6. Größe.
> M 106 finden Sie 0,5° westlich dieses Sterns.

Beobachtung

Ganz ohne Frage ist diese Galaxie eine von der schöneren Sorte. Neben diesem Umstand macht sie auch die leichte Auffindbarkeit zu einem guten Einsteigerobjekt. Wahrzunehmen ist sie bereits mit einem 10×50-Fernglas, das die Galaxie als kleines formloses Fleckchen zeigt. Mit einem 75-mm-Refraktor ist sie bei 35× schon gut zu erkennen. Erhöht man die Vergrößerung auf 50×, zeigt sich eine längliche Zentralregion, die von einem diffusen, leicht asymmetrischen Schimmer umgeben ist. Im 130-mm-Refraktor betrachtet, ist die Galaxie ein sehr auffälliges Objekt, die Kernregion ist aber im Verhältnis zur Nähe und Größe der Galaxie immer noch eher mäßig auffällig. Ansatzweise ist ein nach Norden „gewischter" Spiralarm sichtbar. Diesem Aussehen hat sie auch ihren Beinamen „Hockey-Stick"-Galaxie zu verdanken. Günstig sind in diesem Teleskop Vergrößerungen zwischen 40–70×.

Nimmt man M 106 mit einem 300-mm-Reflektor unter die Lupe, dann fällt sofort auf, dass der Ostrand deutlich schärfer ist als der Westrand. Am nördlichen Ende zeigt sich eine leichte Verdickung. Die Zentralregion ist ziemlich kompakt, aber nicht stellar.

Fototipp

Bei entsprechender Helligkeitsskalierung löst man die Spiralarme von M 106 bis ins Zentrum auf. Neben den blauen Sternhaufen und -assoziationen sind die sehr hellen, magentafarbenen HII-Regionen sichtbar. Bei langer Gesamtbelichtung unter dunklem Landhimmel (Bortle 4) bilden sich auch die sehr lichtschwachen äußeren Spiralarme ab. Die längliche 1,1×2,4′ große und $13\overset{m}{,}3$ helle Galaxie NGC 4248 liegt 12′ nordwestlich. M 106 ist als strukturreiche Galaxie für Aufnahmebrennweiten ab 500 mm aufwärts ein lohnendes Ziel, bei gutem Seeing unter 2″ ist sie gut geeignet für sehr lange Brennweiten.

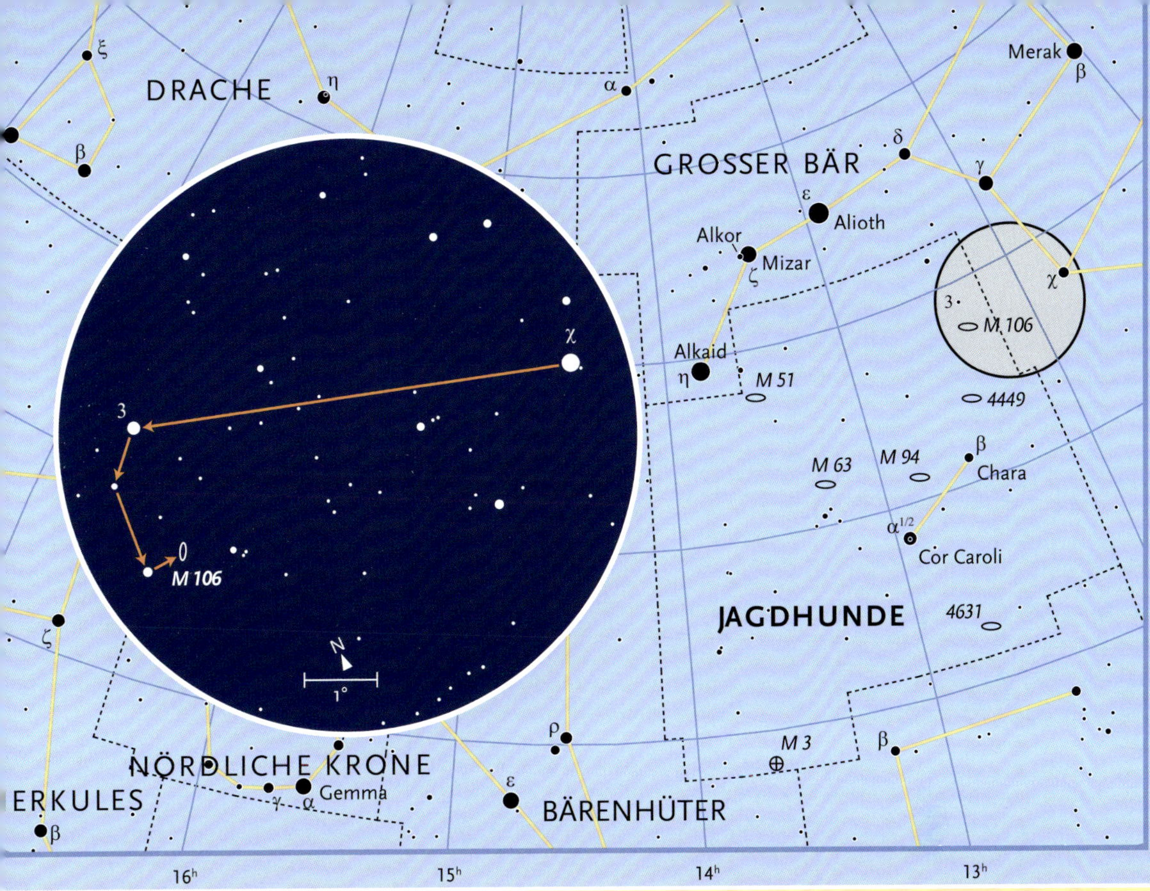

M 106. Optik: Meade 12″ ACF, **Brennweite:** 3000 mm, **Kamera:** Canon EOS 5D, **Belichtung:** 140 min am 5. 3. , 5. 4. 2007 und 7. 4. 2008, **Ort:** Sörth

M 107

Steckbrief	
Messier-Nummer	107
NGC-Nummer	6171
Name	
Sternbild	Schlangenträger
Objektklasse	Kugelsternhaufen
Klassifikation*	X
Rektaszension	$16^h 32\overset{m}{,}5$
Deklination	−13° 03′
Helligkeit	$7\overset{m}{,}9$
Ausdehnung	13′
Entfernung	34 300 Lj
Kulmination**	20. Mai
Kulmination nächstes Objekt	M 13

* Erläuterung Seite 212/213; ** für 10° Ost, ca. 23 Uhr MEZ

Information

Pierre Méchain fand diesen Nebel und berichtete darüber 1783: „Im April 1782 entdeckte ich einen kleinen Nebel in der linken Flanke des Schlangenträgers zwischen den Sternen ζ und φ". Helen Sawyer-Hogg fügte M 107 im Jahr 1947 dem Messier-Katalog hinzu. M 107 ist ein relativ lockerer Kugelsternhaufen der Klasse X, etwas mehr als 100 Lj ausgedehnt befindet er sich in 34 300 Lj Entfernung. Die hellsten Sterne in M 107 sind $13\overset{m}{,}0$ hell. Seine Masse beträgt 200 000 Sonnenmassen. M 107 enthält 23 Veränderliche, die meisten sind vom Haufentyp RR Lyrae.

Farbaufnahmen mit einer CCD-Kamera

So gut und einfach zu bedienen eine modifizierte (farbige) DSLR-Kamera auch ist, die schwächsten Himmelsobjekte mit geringer Flächenhelligkeit können nur mit einer gekühlten CCD-Kamera optimal aufgenommen werden. Die Rohbilder einer schwarzweißen CCD-Kamera werden dazu durch separate Farbfilter aufgenommen. Neben Rot-, Grün-und Blaufiltern (RGB) verwendet man auch einen Luminanz-Filter (L), der alle Farben von Rot bis Blau enthält und somit nach Kalibrierung mit einem gemittelten Dunkelbild und ggf. Flatfield einen vergleichsweise rauscharmen Helligkeitskanal liefert. An die Software, die alle vier Bildsätze der unterschiedlichen Farbbereiche zu einem Farbbild aufwändig zusammenfügt, gibt es eine wichtige Anforderung: Sie muss alle Teilbilder zuverlässig übereinander legen können, was man als „Registrieren" bezeichnet. Und sie muss bedienerfreundlich mitteln bzw. addieren können (Stacken). Das bessere Ergebnis einer CCD-Kamera wird also mit einem höheren Aufwand bei Aufnahme und Verarbeitung „erkauft" [AA], [MDL], [FW].

So finden Sie M 107

- M 107 befindet sich im Sternbild Schlangenträger, rund 14° nördlich von α Sco (Antares) im benachbarten Skorpion.
- ζ Oph dient als Ausgangsstern für die Suche nach M 107.
- Genau 1° westlich von ihm steht ein etwa 6^m heller Stern, er befindet sich auf fast gleicher Rektaszension wie M 107.
- Genau 2° südlich finden Sie ein kompaktes rechtwinkliges Dreieck aus Sternen etwa 7. Größe.
- Knapp 0,5° südlich dieses Dreiecks finden Sie M 107.

Beobachtung

Unter den Messier-Kugelhaufen ist dieser einer der lichtschwächsten. Hat man ihn gefunden, kann man aber vom vergleichsweise sternarmen Umfeld profitieren, das die Beobachtung erleichtert. In einem 80-mm-Refraktor sieht man bei 40× einen runden, nur schwach zur Mitte hin heller werdenden, etwas fleckig wirkenden Nebel. Sieht man M 107 in einem 130-mm-Refraktor bei 80× an, dann löst sich der Sternhaufen ansatzweise in Einzelsterne auf. Auffallend ist nach wie vor, wie matt seine Zentralregion im Verhältnis zu anderen Kugelsternhaufen wirkt.

Mit einem 200-mm-Reflektor lohnt es sich, bei ruhiger und klarer Luft (Bortle 4) auch einmal 120–150× zu vergrößern, dann ist M 107 in rund 100 Einzelsterne auflösbar. Im Außenbereich fallen drei Sterne 11. Größe auf, die aber nur Vordergrundsterne sind. Sie passen auch so gar nicht zu der ansonsten relativ gleichmäßigen Helligkeitsverteilung von M 107.

Fototipp

Ein aufgrund der Konkurrenz in dieser Himmelsregion zu Unrecht weniger häufig abgebildeter Kugelsternhaufen, der mit seinen roten und blauen Sternen bis ins Zentrum sehr gut aufgelöst werden kann. Knapp 9′ südwestlich von M 107 findet man den mit seiner roten Farbe auffallenden Mira-Stern V720 Oph ($12\overset{m}{,}1$ – 17^m, Periode 332 Tage), der auf dieser Aufnahme rund 15^m hell ist (vgl. auch S. 70).

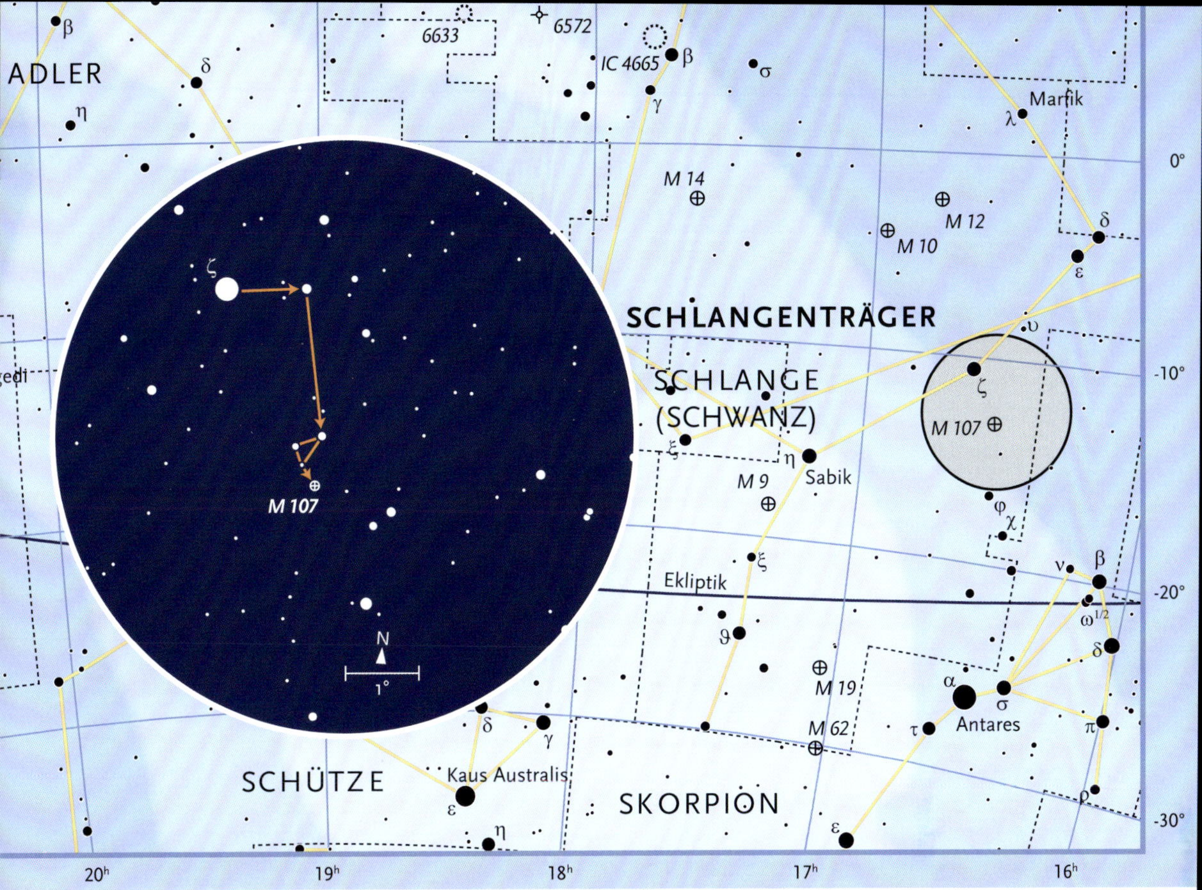

M 107. Optik: Meade 14″ ACF + Reducer, **Brennweite:** 3000 mm, **Kamera:** Canon EOS 5D, **Belichtung:** 40 min am 26. 5. 2008, **Ort:** Farm Tivoli/Namibia

M 108

Steckbrief	
Messier-Nummer	108
NGC-Nummer	3556
Name	
Sternbild	Großer Bär
Objektklasse	Galaxie
Klassifikation*	Sc
Rektaszension	$11^h 11\overset{m}{,}5$
Deklination	+55° 40′
Helligkeit	$9\overset{m}{,}9$
Ausdehnung	8×3′
Entfernung	47 Mio Lj
Kulmination**	30. März
Kulmination nächstes Objekt	M 97

* Erläuterung Seite 212/213; ** für 10° Ost, ca. 23 Uhr MEZ

Information

Pierre Méchain entdeckte diesen Nebel am 18./ 19. 2. 1781 und berichtete darüber erst 1783 im Zusammenhang mit der Entdeckung von M 97 und M 109. M 108 wurde von Owen Gingerich im Jahr 1953 dem Messier-Katalog hinzugefügt.

Die Galaxie ist eine Sc-Spirale mit rund 100 000 Lj Durchmesser, sie steht in 47 Millionen Lj Entfernung [M 108]. Man blickt nahezu auf die Kante dieser Spirale. Die bislang einzige bekannte Supernova SN 1969B vom Typ II-P wurde von Paul Wild und Lajos Balazs am 23. 1. 1969 entdeckt. Sie war $14\overset{m}{,}3$ hell. M 108 ist Mitglied der 32 Mitglieder umfassenden Ursa-Maior-Galaxiengruppe, zu der auch M 109 gezählt wird.

Supernovae

Eine Supernova [SN] ist das letzte, gewaltige Aufleuchten eines Sterns, er kann dabei seine Muttergalaxie um das Milliardenfache überstrahlen.
Man unterscheidet verschiedene Typen (Beispiele):

> Typ I: Keine Wasserstofflinien im Spektrum.
> Typ Ia: Weißer Zwerg in Doppelsternsystem mit Rotem Riesen. Thermonukleare Explosion des Weißen Zwerges, völlige Zerstörung.
> Typ Ib,c: Vorheriges Abstoßen der Wasserstoffhülle bzw. Heliumhülle, Ende als Neutronenstern oder Schwarzes Loch.
> Typ II: Stern mit mehr als acht Sonnenmassen endet nach Kernkollaps wie Typ Ib,c, Spektrum mit Wasserstofflinien. II-L/II-P abweichende Lichtkurven.
> Typ IIb: Massereicher Stern verliert vor Explosion fast die ganze Wasserstoffhülle.

Typ-Ia-Supernovae eignen sich aufgrund ihrer fast immer annähernd gleich verlaufenden Lichtkurven zur Entfernungsbestimmung ferner Galaxien.

So finden Sie M 108

> Wie bei M 97 starten Sie die Suche nach der benachbarten Galaxie M 108 bei β UMa (Merak) am Heck des Großen Wagens im Sternbild Großer Bär.
> Rund 45′ weiter ostsüdöstlich finden Sie einen Stern 7. Größe, ein weiterer, gleich weiter Schwenk in etwa die gleiche Richtung führt Sie zu M 108.

Beobachtung

Fotografisch zeigt sich M 108 als bemerkenswert inhomogene Galaxie, die man auf den ersten Blick nicht so recht klassifizieren kann. Sehr weit nördlich, nahe dem Großen Wagen, ist sie schnell gefunden und gut im kleinen Teleskop erkennbar. Auffällig in einem 75-mm-Refraktor ist ihre längliche Form und die relativ hohe Flächenhelligkeit. Problemlos kann man 50× vergrößern, auch 70× ist möglich. Im 130-mm-Refraktor ist die Galaxie bei 40–50× leicht zu erkennen, 80–100× ist ebenfalls machbar. In einem Fernrohr dieser Größe sieht man bereits ansatzweise eine fleckige Struktur, der Galaxie vorgelagert ist ein Sternchen 10. Größe, das beim ersten Hinsehen als Supernova fehlinterpretiert werden könnte.

Richtig gut sieht die Mischung aus hellen Galaxienkomponenten und Dunkelwolken im 300-mm-Reflektor aus. Bei 120–160× kommen weitere schwächere Vordergrundsterne nahe der Galaxie zum Vorschein. Wer sich einmal an einer Zeichnung versuchen will, dem sei aufgrund der gut sichtbaren Einzelstrukturen M 108 zum Einstieg empfohlen.

Fototipp

Bis ins Zentrum auflösbare Spiralgalaxie mit kleinem Kernbereich, deren Arme man wegen der extremen Kantenlage aber kaum identifizieren kann. Sehr gutes Seeing und ein größeres Teleskop ab etwa 10 Zoll Öffnung sind von Vorteil. M 108 enthält viele helle, bläulich leuchtende Sternassoziationen junger Sterne und helle, magentafarbene HII-Regionen. Bis 900 mm Brennweite stehen M 97 und M 108 mit einer DSLR-Kamera im APS-C-Format gut zusammen im Bildfeld. Dem entsprechen maximal 1500 mm Brennweite bei einer Kamera im Vollformat.

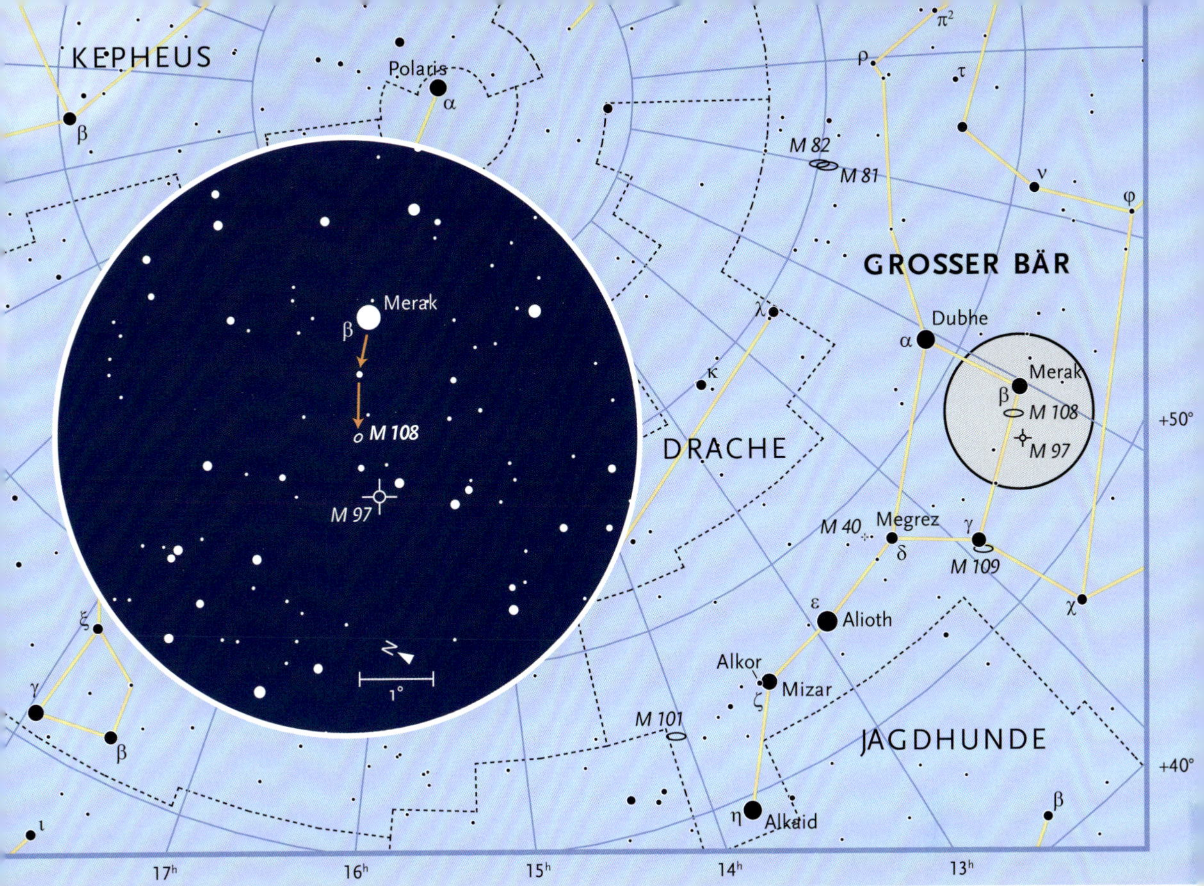

M 108. Optik: Meade 12″ ACF + Flattener, **Brennweite:** 2970 mm, **Kamera:** SBIG STL-11000M, **Belichtung:** Luminanz 110 min am 21. 3. und 30. 3. 2009. **Kamera:** Canon EOS 5D, **Belichtung:** 90 min am 7. 2. 2008, **Ort:** Sörth

M 109

Steckbrief	
Messier-Nummer	109
NGC-Nummer	3992
Name	
Sternbild	Großer Bär
Objektklasse	Galaxie
Klassifikation*	SBc
Rektaszension	$11^h 57^m_,6$
Deklination	+53° 23′
Helligkeit	$9^m_,8$
Ausdehnung	8×5′
Entfernung	55 Mio Lj
Kulmination**	11. April
Kulmination nächstes Objekt	M 98

* Erläuterung Seite 212/213; ** für 10° Ost, ca. 23 Uhr MEZ

Information

Pierre Méchain entdeckte diesen Nebel am 12. 3. 1781 und berichtete darüber erst 1783 im Zusammenhang mit der Entdeckung von M 97 und M 108. M 109 wurde von Owen Gingerich im Jahr 1953 dem Messier-Katalog hinzugefügt.

Die Galaxie ist eine etwa 137 000 Lj ausgedehnte Balkenspiralgalaxie vom Typ SBc. Die Entfernungsangaben schwanken zwischen 55 und 67 Millionen Lj. Die bislang einzige bekannte Supernova SN 1956A vom Typ Ia wurde von H. S. Gates am 17. 3. 1956 entdeckt und war $12^m_,4$ hell [M 109]. M 109 ist Mitglied der 32 Mitglieder umfassenden Ursa-Maior-Galaxiengruppe, zu der auch M 108 gezählt wird.

Bearbeitung von DSLR-Bildern

... nach dem Stacken einer Bildserie mit DeepSky-Stacker [DSS]: Datei „Autosave.tif" z. B. mit Fitswork [FW] öffnen [DA]. Helligkeit grob anpassen: Im Histogramm den mittleren Regler etwas nach links ziehen (Gammaskalierung) sowie linke und rechte Begrenzungen einstellen. Nächster Schritt: „Farblayer zurechtrücken", um atmosphärische Dispersion auszugleichen. Danach werden ggf. vorhandene horizontale Streifen mit „Ebnen" -> „Zeilen gleichhell" (Parameter ausprobieren) reduziert. Nun Helligkeitsunterschiede im Bild (Gradienten) beseitigen mit „Ebnen" -> „Hintergrund ebnen ..." (ausprobieren). Jetzt noch das Farbrauschen im Hintergrund reduzieren mit „Glätten" -> „Farbrauschen reduzieren" (ausprobieren). Bild – falls nötig – nur geringfügig schärfen. Bild abspeichern als TIF 16 Bit (neuer Dateiname!) und als JPG. Präsentation: „Weitere Funktionen „ -> „Text und Rahmen einfügen".

So finden Sie M 109

> Auch M 109 im Großen Wagen im Sternbild Großer Bär gelegen ist ein Objekt für den Frühlingshimmel. Zum Aufsuchen benötigen Sie noch nicht einmal ein Sucherfernrohr.

> Lokalisieren Sie zunächst γ UMa am der Südostecke des Großen Wagens.

> Bewegen Sie nun γ UMa mit den Feinbewegungen Ihres Fernrohres an den Nordwestrand Ihres Okulargesichtsfeldes (ideal sind 30–40×). M 109 sollte jetzt von Südosten kommend erkennbar sein.

Beobachtung

Fotografisch betrachtet ist M 109 fraglos das Paradebeispiel einer Balkenspirale. Der visuelle Beobachter hat es hier einmal mehr nicht ganz so leicht, dennoch lässt sich die Galaxie mit einem 75-mm-Refraktor auffinden, zumal sie bei 30–40× noch im Feld zusammen mit γ UMa steht. Mehr als einen kleinen, diffusen Fleck wird man allerdings nicht ausmachen können, indirektes Sehen hilft bei der Erkennung der Galaxie ganz erheblich. Greifbarer wird M 109 mit einem 130-mm-Refraktor, hier kann man deutlich einen ovalen Umriss ausmachen, in dessen Zentrum eine gut erkennbare Kernregion steht. Wenige Bogenminuten südwestlich fällt ein Stern 9. Größe auf.

Der Anblick im 300-mm-Reflektor bei 100× verblüfft und fasziniert: Wie bei kaum einer anderen Balkenspirale ist der Zentralbalken überraschend einfach und klar zu sehen. Dazu kommt noch ein ovaler Schimmer um die nichtstellare Kernregion. Direkt neben der Galaxie stehen zwei Sterne 12. Größe.

Fototipp

Wunderschöne Balkenspirale mit ausgeprägt feinen und aufgelösten Spiralarmen. M 109 ist prädestiniert für größere Teleskope und hohe Bildauflösung. Sehr viele kleine, entfernte Galaxien liegen im Umfeld von M 109, die es sich schon mit 500 mm Brennweite aufzunehmen lohnt. Der linke untere Kastenstern des Großen Wagens, der $2^m_,4$ helle Stern γ UMa, liegt nur rund 39′ nordwestlich von M 109. Beide passen bei 1000 mm Brennweite gemeinsam in das Feld einer APS-C-Kamera, ohne zu sehr am Rand zu stehen.

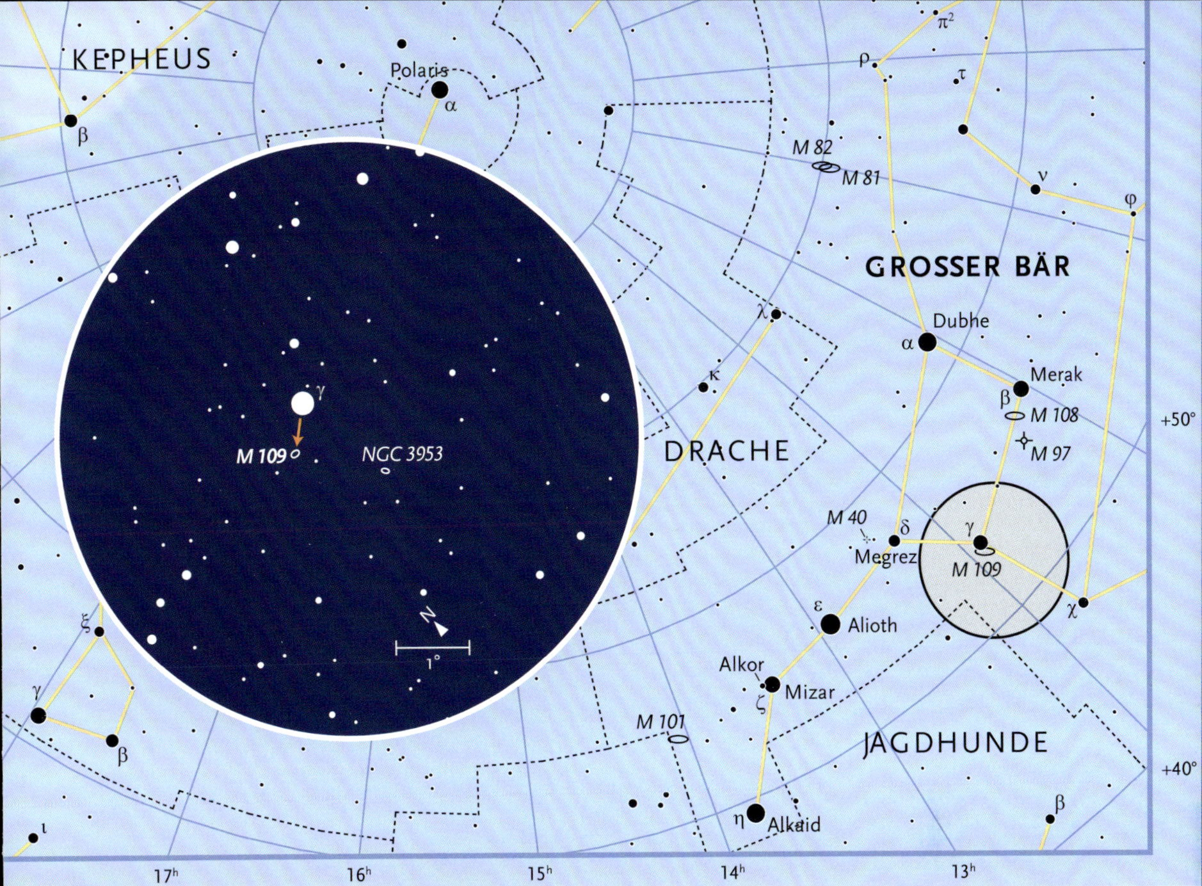

M 109. Optik: Meade 12″ ACF + Flattener, **Brennweite:** 2970 mm, **Kamera:** SBIG STL-11000M, **Belichtung:** Luminanz 90 min am 19. 3. 2009, RGB 70 min am 2. 4. 2009. **Kamera:** Canon EOS 5D, **Belichtung:** Farbe 70 min am 8. 2. 2008, **Ort:** Sörth

M 110

Steckbrief	
Messier-Nummer	110
NGC-Nummer	205
Name	
Sternbild	Andromeda
Objektklasse	Galaxie
Klassifikation*	E5p/dSph
Rektaszension	$00^{h}40^{m},4$
Deklination	+41° 41′
Helligkeit	$7^{m},9$
Ausdehnung	22×12′
Entfernung	2,5 Mio Lj
Kulmination**	22. Oktober
Kulmination nächstes Objekt	M 31

* Erläuterung Seite 212/213; ** für 10° Ost, ca. 23 Uhr MEZ

Information

Messier entdeckte einen neuen Nebel am 10. 8. 1773, während er den Andromeda-Nebel beobachtete: „Kleiner Nebel, sehr lichtschwach." Er fügte den Nebel aber nicht selbst seinem Katalog hinzu. Dies geschah erst im Jahr 1966 durch Kenneth Glyn Jones. M 110 ist als größter Begleiter von M 31 eine rund 15 000 Lj große Sphäroide Zwerggalaxie in etwa 2,5 Millionen Lj Entfernung. Zwei dunkle Molekülwolken 48″ nordöstlich bzw. 58″ südöstlich des Zentrums fallen sofort auf.

Mit dem Aladin Sky Atlas [Aladin] lassen sich viele weitere Objekte identifizieren: Die Simbad-Datenbank [Simbad] listet 20 Kugelsternhaufen, von denen G73 mit $14^{m},9$ der hellste ist, vier Molekülwolken, zwölf Pulsationsveränderliche, fünf Novae und etliche Kandidaten für Planetarische Nebel. Die letzte der fünf bis 2009 bekannten Novae wurde 2004 mit einer Helligkeit von $17^{m},9$ entdeckt [M 110].

Durch Hinzuladen weiterer Objektkataloge können noch mehr Objekte erfasst werden. Aufpassen muss man nur hinsichtlich der Zuordnung zu M 31 oder M 110, die nicht immer auf Anhieb zu erkennen ist. Alle Daten sind abhängig vom gegenwärtigen Stand der Forschung. Mit Simbad und Aladin hat man jedoch die Möglichkeit, in das System aktuell eingepflegte Daten jederzeit abzurufen. Da M 110 als Begleiter zum Andromeda-Nebel gehört, lassen sich viele Einzelobjekte auch im „Atlas of the Andromeda Galaxy" von Paul Hodge identifizieren, der mittlerweile online verfügbar ist [M 31c].

So finden Sie M 110

> Um M 110 hoch am herbstlichen Abendhimmel finden zu können, stellen Sie am einfachsten zunächst M 31 als Muttergalaxie im Sucherfernrohr ein. Sie finden diese über einen Nordwestschwenk von β, μ und ν And (vgl. Seite 66).

> Haben Sie M 31 mittig im Okulargesichtsfeld, dann bewegen Sie Ihr Teleskop um gut 0,5° nach Nordwesten – dort erkennen Sie M 110.

Beobachtung

Als zweiter heller Begleiter des großen Andromeda-Nebels steht M 110 naturgemäß deutlich im Schatten der Muttergalaxie, aber auch des sehr viel einfacher zu erkennenden Geschwistersystems M 32. Dennoch hat auch diese Sphäroide Zwerggalaxie ihre Reize. Schon auf hoch aufgelösten Aufnahmen mit Amateurteleskopen kommen ungewöhnliche Details wie flockige Dunkelwolken oder gar Kugelsternhaufen zum Vorschein. Der visuelle Beobachter bekommt von diesen Feinheiten leider so gut wie nichts mit, trotzdem ist der Vergleich von M 31, M 32 und M 110 mit einem Weitwinkelokular faszinierend. Besonders der direkte Vergleich der beiden nahe beieinanderstehenden M 31-Begleiter zeigt, wie unterschiedlich diese Sorte Himmelsobjekte ausfallen kann.

Schon in einem 10×50-Fernglas ist M 110 als kleines Fleckchen schnell zu finden. Der 75-mm-Refraktor zeigt bei 25–40× ein kleines Oval, das zum Zentrum hin minimal heller wird. Wesentlich einfacher ist die Erkennung in einem 130-mm-Refraktor bei 40–60×, auch die zentrale Aufhellung ist sichtbar. Im 300-mm-Reflektor sollte man mit der geringsten Vergrößerung an die Galaxie herangehen, andernfalls wirkt sie aufgrund ihrer Größe einfach zu verschwommen. Das sehr lichtschwache Zentrum ist fast stellar und nur indirekt zu erkennen.

Fototipp

M 110 wird als Begleiter des mächtigen Andromeda-Nebels häufig vernachlässigt. Und das zu Unrecht, denn fotografiert man mit hoher Bildauflösung bei langer Brennweite, wird man mit einem unerwarteten Detailreichtum besonders im Zentrum der Galaxie belohnt. Stünde M 110 in einer weniger bevölkerten Himmelsregion, wäre die Galaxie sicher sehr prominent. Mit einer modifizierten DSLR-Kamera kann man auch die subtilen Farbunterschiede in M 110 zeigen.

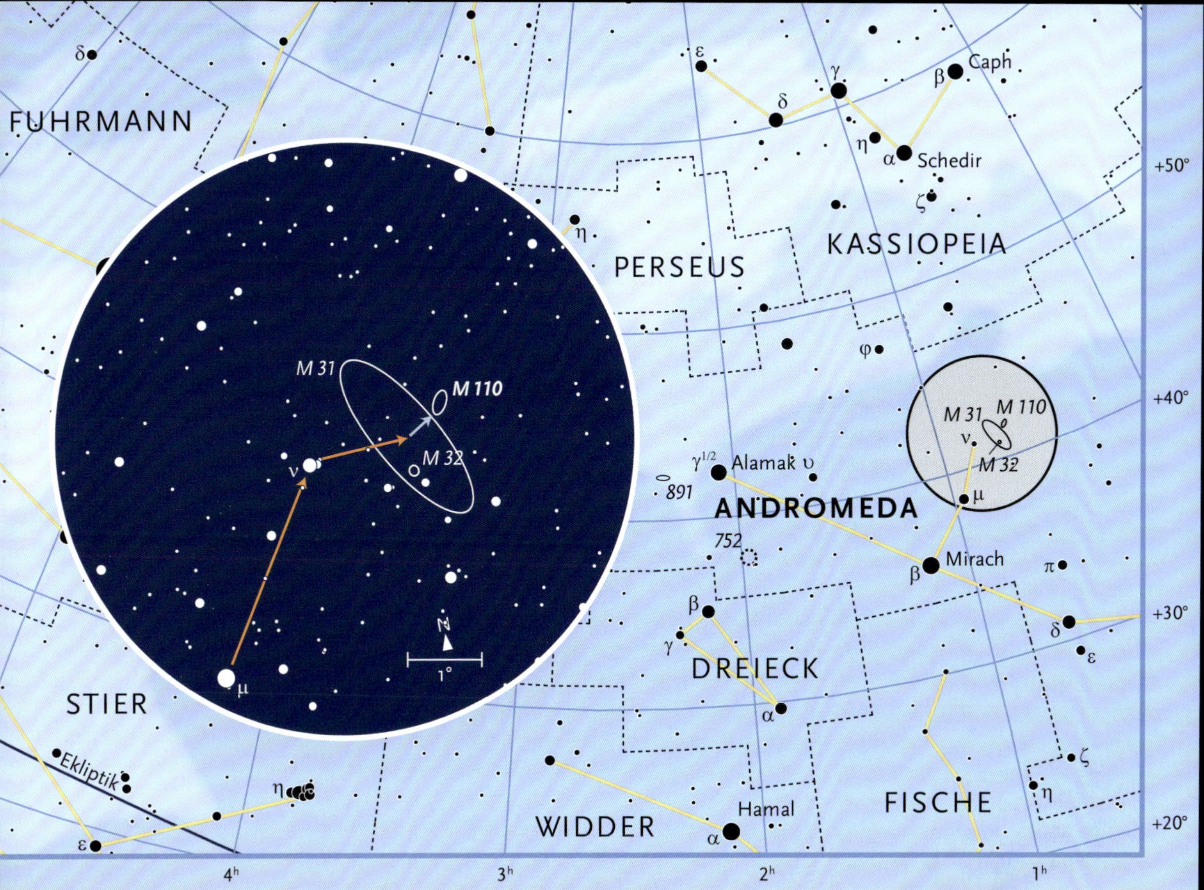

M 110. Optik: Meade 12″ ACF, **Brennweite:** 3000 mm, **Kamera:** Canon EOS 20D, **Belichtung:** 110 min am 7. 10. 2007, **Ort:** Sörth

Ein fotografisches Messier-Projekt

von Bernd Koch

Ein Messier-Buch mit ausschließlich eigenen Aufnahmen in einheitlicher Darstellung war drei Jahrzehnte lang mein unerfüllter Traum. Nun stellte ich mich dieser Marathon-Herausforderung – und je länger die Arbeit währte, umso spannender wurde es. Einbezogen werden müssen in eine vernünftige Planung für ein solches Projekt die persönliche Leistungsfähigkeit, das Schlafbedürfnis, Beruf, Familie, Wetter und die Motivation: In welchem Zeitraum soll das Ziel erreicht werden? Wie viel Freizeit steht zur Verfügung? Wird das Wetter zur richtigen Zeit mitspielen? Welche Objekte muss man zu welchem Zeitpunkt fotografieren? Und trotz guter Planung kommt dann doch manches anders, als man denkt ...

Die Sternwarte von Bernd Koch im Westerwald: Die ca. 3× 3 m große Selbstbau-Rolldachhütte beherbergt eine FS2-angesteuerte, remotefähige Sideres-85-Montierung. Diese trägt als Hauptinstrument den Meade-12-Zöller (ACF) mit CCD-Kamera und TS-2″-Field-Flattener.

Die heimische Sternwarte

Meine Sternwarte liegt auf 260 m Meereshöhe im nördlichen Westerwald. Nach der Bortle-Skala (S. 213 und [BS]) schätze ich die Beobachtungsbedingungen mit Klasse 4 ein. Das Hauptinstrument für die hoch auflösende Fotografie kleiner und kompakter Objekte ist ein Meade-12-Zöller (s. Tab.). Die beiden apochromatischen Refraktoren von Astro-Physics und Pentax wurden für die ausgedehnten Gasnebel und Offenen Sternhaufen verwendet. Der 12-Zöller verfügt über eine Hauptspiegelklemmung und ist mechanisch so stabil, dass er über mindestens 10 Minuten mit einem parallel montierten Leitrohr mit 875 mm Brennweite per Autoguider nachgeführt werden kann.

Der Foto-Marathon beginnt

Nach dem offiziellen Start im April 2007 des auf zwei Jahre angesetzten Messier-Projekts mussten bis Juli zunächst die Frühlingsgalaxien und die südlichsten Messier-Objekte in Skorpion und Schütze in Angriff genommen werden. Die südlichen Objekte bei etwa –30° Deklination stehen von der Sternwarte aus gesehen günstigstenfalls nur 9° über dem Südhorizont. Das schlechte Ergebnis bei M 6 im Skorpion veranlasste mich, für die Südobjekte einen radikalen Wechsel des Aufnahmeorts vorzunehmen: Für Mai 2008 reservierte ich den auf der Farm Tivoli in Namibia stationierten Meade-14-Zöller (s. Tabelle).

Verwendete Aufnahmeinstrumente
Teleskope
75-mm-Refraktor Pentax, f/6,7 (Apochromat)
130-mm-Refraktor Astro-Physics, f/6,7 (Apochr., inkl. Flattener)
200-mm-Reflektor Vixen, f/9 (Cassegrain)
300-mm-Reflektor Meade, f/10 (12″-Cassegrain, ACF)
350-mm-Reflektor Meade, f/10 (14″-Cassegrain, ACF)
Kameras
Canon EOS 20D, 5D (DSLR, beide für Hα modifiziert)
SBIG STL-11000M (CCD)

Die Fotografie zu Hause lief derweil planmäßig weiter über den Winter 2007/2008. Die Winterobjekte konnte ich in den langen Nächten gut mit meinen DSLR-Kameras fotografieren. Nur M 74 in den Fischen und M 77 im Walfisch bereiteten mir Sorgen, weil diese trotz klaren Himmels auf gestackten Bildern mit der Canon EOS 5D kontrastarm und verrauscht erschienen. Dafür musste ich später eine andere Lösung finden. Um die vielen Galaxien in den Sternbildern Löwe, Jungfrau, Haar der Berenike, Jagdhunde und Großer Bär alle zu schaffen, begann ich bereits im Februar 2008 damit, in der zweiten Nachthälfte die aufsteigenden Frühlingsobjekte aufzunehmen. Eine richtige Entscheidung, wie sich in den wenigen, teils trüben Nächten mit Mond bis Mai 2008 zeigte.

Die Auswahl der Objekte in einer klaren Nacht hängt von vielen Umständen ab. Ist es extrem klar und dunkel ohne Mondlicht, genießen die am südlichsten gelegenen Galaxien mit geringer Oberflächenhelligkeit nahe ihrer Kulmination den Vorzug. Bei Mondlicht und leichtem Höhendunst sind nur Sternhaufen sinnvoll möglich. Als ich dann ab

August 2008 mit der neu angeschafften CCD-Kamera fotografierte, achtete ich darauf, den Luminanzkanal nur bei bestem Seeing unter 2″ aufzunehmen, um ein Maximum an Bildschärfe zu erreichen. Dies betraf vor allem die kleinen Galaxien im Virgo-Haufen.

Expedition nach Namibia

Mitte Mai 2008 hieß es dann, die beiden heimischen Refraktoren und als Leitrohr den Scopos Apo 90/600 mm nebst drei Canon-EOS-Gehäusen, zwei Autoguidern, zwei Notebooks und reichlich Zubehör für die Südhimmelsexpedition nach Namibia einzupacken.

Der 14-Zöller wurde mit einem TeleVue-Reducer/Flattener eingesetzt, der die Brennweite auf rund 3000 mm reduziert bei einem Öffnungsverhältnis von etwa f/8,4. Die Abbildungsqualität in den Ecken des Vollformats ist damit sehr gut. Da der Nachthimmel in Namibia sehr dunkel war, musste die EOS 5D am 14-Zöller mit ISO 1600 statt der optimalen ISO 1000 betrieben werden. Die Einzelbelichtungen betrugen in der Regel 10 min pro Aufnahme, bei hellen konzentrierten Objekten wie Kugelsternhaufen wurden zusätzlich kürzer belichtete Aufnahmen unter einer Minute angefertigt. Die verhältnismäßig kurze Gesamtbelichtung pro Objekt war einer der Kompromisse, die ich eingehen musste. Alle Bilder wurden mit internem Dunkelbild aufgenommen.

Die ersten, mit dem immer später aufgehenden Mond aufgehellten Nächte, verbrachte ich mit den – wie ich dachte – „langweiligen" Kugelsternhaufen in den Sternbildern Skorpion und Schütze. Nach Stacken der Einzelbilder mit dem DeepSkyStacker [DSS] und aufwändiger Bearbeitung offenbarten die Kugelsternhaufen dann ihre Reichtümer: Populationen blauer und roter Sterne, ungleichmäßige Sterndichten durch Wechselwirkung mit der Milchstraße, rötliche Färbungen infolge interstellarer Extinktion. Parallel zum 14-Zöller wurden fast alle Objekte auch mit dem kleinen Pentax-Refraktor aufgenommen, so dass größere Objekte in ihrem Umfeld besser dargestellt werden konnten.

Regen, Frost und die Herausforderung M 79

Nach vier klaren Nächten gab es Ende Mai sogar einmal kurz „Regen": Ein paar dicke Tropfen fielen aus dünnen Wolken. Schockierend, wenn man in einer Sternwarte sitzt, die kein Dach hat! Danach trocknete die Luft ab, so dass die Nächte Anfang Juni wieder klarer wurden. Doch erst, als sich am 3. Juni der lang ersehnte Südwind einstellte, wurde es endlich so kristallklar, wie man es von namibischen Nächten im nahenden Südwinter erwartet. Allerdings auch mit der unangenehmen Eigenschaft, dass die Tiefsttemperatur nachts von anfangs um die +6 °C auf –6 °C fiel! Ein Remote-Betrieb aus dem warmen Zimmer heraus war nicht vorgesehen, so dass die letzten Nächte bis zum Abreisetag am 7. Juni zwar wunderbar klar, aber auch recht kräftezehrend waren. Namibi-

Die in 2008 noch dachlose Edwin-Hubble-Sternwarte auf der Astrofarm Tivoli in Namibia beherbergte einen Meade-14-Zöller (ACF) auf einer Fornax-51-Montierung mit FS2-Steuerung. Das Autoguiding erfolgte mit dem Scopos 90/600 mm und einem Meade-DSI-pro-Autoguider.

Sternbild Skorpion am 31. 5. 2008 mit Sigma-Zoom-Objektiv 28–70 mm bei 28 mm f/6,3 und modifizierter EOS 20D bei ISO 800, Belichtung: 4×5 min. Farm Tivoli/Namibia.

sche Nächte sind außerdem lang. Die erste Aufnahme wurde meist schon gegen 19 Uhr gestartet, um die bereits hoch stehenden Frühlingsobjekte wie M 83 noch zu erreichen, und am Morgen wurde bis gegen 5.30 Uhr belichtet.

M 79 im Sternbild Hase war eine besondere Herausforderung. Der kleine Kugelsternhaufen stand Ende Mai in Namibia bereits tief am Abendhimmel, während der tagsüber mit einer Schutzfolie abgedeckte 14-Zöller nach einem warmen Tag ohne schützendes Dach noch lange nicht ausgekühlt war. Dementsprechend waren nur die einminütigen Aufnahmen einigermaßen scharf, aber für die Gesamtausdehnung des Haufens etwas zu kurz bemessen. Zu Hause war die Situation nicht besser. Zwar konnte ich M 79 mit –24° Deklination im Winter in meiner heimischen Sternwarte erreichen, jedoch wegen schlechten Seeings nur unbefriedigend aufnehmen. Und mit dem Refraktor war die Auflösung relativ schlecht. Das resultierende Foto von M 79 ist nun ein Komposit von Aufnahmen beider Standorte.

Zwischenbilanz und eine neue CCD-Kamera

Im Juli 2008 zog ich eine erste Bilanz, denn das Projekt ging in die letzte Phase. Vereinzelte Objekte wie M 27, M 74, M 76, M 77, M 78 und einige Galaxien in der Jungfrau und dem Löwen waren mit der DSLR-Kamera für meinen Geschmack verbesserungswürdig, andere Objekte fehlten noch ganz. Ich entschied mich, für die restlichen Objekte eine gekühlte astronomische CCD-Kamera anzuschaffen. Die Wahl fiel auf die bewährte SBIG STL-11000M mit dem Baader-LRGB-Filtersatz. Bei manchen Objekten wurden die guten vorhandenen DSLR-Farbbilder als Chrominanzkanal mit neuen, kontrastreicheren und schärferen Luminanzbildern der CCD-Kamera kombiniert, jeweils aufgenommen mit dem gleichen Teleskop.

Jetzt noch fehlende Messier-Objekte wurden mit der CCD-Kamera vollständig mit dem LRGB-Filtersatz aufgenommen, dies betraf im Wesentlichen die kontrastarmen Galaxien im Löwen und der Jungfrau. So manche der von mir zunächst als wenig interessant eingestuften Elliptischen Galaxien zeigte dann bei langer Gesamtbelichtung eine erstaunliche Größe und Strukturvielfalt. Ausgedehnte Halos [VH] und durch die gegenseitige Anziehung gestörte Nachbargalaxien rundeten das gar nicht langweilige Bild der Elliptischen Galaxien positiv ab.

Auf der Zielgeraden

Da die Frühlingsgalaxien in einem relativ eng begrenzten Himmelsgebiet liegen und zudem die Nächte im Frühling kurz sind, musste ich die letzten Objekte bereits im Winter 2008/2009 konzentriert angehen. Einziger Wermutstropfen war, dass ich dafür in der zweiten Nachthälfte bis morgens gegen 6 Uhr fotografieren musste. Jener Winter bescherte mir außergewöhnlich viele Frostnächte, und die Temperatur in der kältesten Nacht seit mehr als einem Jahrzehnt betrug –22 °C! Kurzfristig entschied ich mich für die Einrichtung eines Remote-Betriebs: Das Anfahren der Objekte per GoTo, die Steuerung der CCD-Kamera sowie der Feathertouch-Fokussiereinheit erfolgte in den folgenden Frostnächten vom warmen Zimmer aus. Der Sternwartenrechner wurde über ein 100-Mbit-LAN-Kabel mit einem Router im Haus verbunden, an den ein Notebook zur Steuerung des Sternwartenrechners angeschlossen wurde. So konnte ich von Ende Januar bis Ende März 2009 die fehlenden Frühlingsobjekte aufnehmen und einige bereits vorhandene Objekte mit neuen Luminanzkanälen versehen. Gut, dass ich den Winter dafür genutzt hatte, denn April und Mai 2009 fielen wetterbedingt fast vollständig aus, und es standen die „weißen Nächte" bevor. Einige Objekte wie M 1 und M 31 hatte ich bereits 2005/2006 aufgenommen, und bis zum Stichtermin Ende September 2009 konnten noch M 56 und M 57 mit der CCD-Kamera verbessert werden. Ein arbeitsreiches, aber auch wunderbares und schönes Projekt ging damit zu Ende.

Der Messier-Marathon

Der Begriff „Messier-Marathon“ steht für das Bestreben, möglichst viele der 110 Messier-Objekte in einer einzigen Nacht mit einem Fernglas oder Teleskop zu beobachten, zu fotografieren oder mit einer Webcam zu filmen [MM1]. Amerikanische Beobachter versuchten dies erstmals in den 1970er-Jahren, doch erst am 23./24. März 1985 gelang es unabhängig voneinander den beiden Beobachtern Gerry Rattley (Arizona) und Rick Hull (Kalifornien), alle Messier-Objekte mit ihren 10-Zöllern zu beobachten.

Die optimalen Nächte und Orte

Jedes Jahr ist dieses Erfolgserlebnis nur einigen wenigen Amateurastronomen vergönnt, weil das Gelingen doch von sehr vielen Faktoren abhängt – nicht nur vom Wetter. Der Blick auf die Messier-Übersichtskarte im Buchdeckel hinten zeigt, dass die Messier-Objekte alle nördlich von –35° Deklination angesiedelt und in Rektaszension ungleichmäßig verteilt sind. Der optimale Zeitpunkt für den Marathon ist also immer dann im Jahr, wenn die Sonne in der großen Messier-Lücke zwischen $21^h 40^m$ und $0^h 40^m$ steht, die nur von M 52 mit $23^h 24^m$ Rektaszension besetzt ist. Das beste Zeitfenster für eine Messier-Marathon-Nacht ist daher die Neumondzeit zwischen Mitte März und Anfang April. Da neben einem sehr klaren, wenig lichtverschmutzten Himmel und freier Horizontsicht vor allem die Nachtlänge eine Rolle spielt, sind Beobachtungsorte zwischen 10° und 40° nördlicher Breite bevorzugt geeignet, wobei 20° bis 25° Nord allgemein als optimal erachtet werden. Aber auch von Deutschland aus kann man versuchen, so viele Messier-Objekte wie möglich zu erreichen.

Besonders kritische Beobachtungszeiten sind die Abend- und die Morgenstunden. Abends befindet man sich im Wettlauf mit dem raschen Untergang der Objekte am Westhimmel, und in den Morgenstunden setzt die Dämmerung im Osten dem Ausdauerlauf schnell ein Ende. Vor allem die abendlichen Einstiegsobjekte M 77 und M 74 sind wegen ihrer geringen Flächenhelligkeit schwierig aufzufinden. M 55 und M 30 werden als die letzten Objekte von vielen Beobachtern am Morgen häufig nicht mehr gefunden.

Auch außerhalb des optimalen Marathon-Zeitraums rund um den Frühlingspunkt macht ein (vielleicht auch Mini-)Marathon durchaus Spaß! Der zeitnahe Vergleich vieler Messier-Objekte ist reizvoll und überaus beeindruckend, vor allem, wenn man gemeinsam mit Gleichgesinnten beobachtet.

Die optimale Reihenfolge

Die optimale Beobachtungsabfolge für einen Marathon im März/April (nach [MM2]) ist:
M 77, M 74, M 33, M 31, M 32, M 110, M 52, M 103, M 76, M 34, M 45, M 79, M 42, M 43, M 78, M 1, M 35, M 37, M 36, M 38, M 41, M 93, M 47, M 46, M 50, M 48, M 44, M 67, M 95, M 96, M 105, M 65, M 66, M 81, M 82, M 97, M 108, M 109, M 40, M 106, M 94, M 63, M 51, M 101, M 102, M 53, M 64, M 3, M 98, M 99, M 100, M 85, M 84, M 86, M 87, M 89, M 90, M 88, M 91, M 58, M 59, M 60, M 49, M 61, M 104, M 68, M 83, M 5, M 13, M 92, M 57, M 56, M 29, M 39, M 27, M 71, M 107, M 10, M 12, M 14, M 9, M 4, M 80, M 19, M 62, M 6, M 7, M 11, M 26, M 16, M 17, M 18, M 24, M 25, M 23, M 21, M 20, M 8, M 28, M 22, M 69, M 70, M 54, M 55, M 75, M 15, M 2, M 72, M 73, M 30.

Oft stellt sich aber auch zu Beginn anderer Beobachtungsnächte die Frage, welche Messier-Objekte man zu einem bestimmten Zeitpunkt im Jahr an seinem Beobachtungsort sehen kann und in welcher Reihenfolge man beobachten sollte. Diese Fragen beantwortet der „Messier-Marathon-Planer“, eine unter Windows laufende Freeware [MM3]. Nach Eingabe der Koordinaten des Beobachtungsortes und des Datums gibt die Software eine abzuarbeitende Beobachtungsliste aus mit folgenden Angaben: Messier-Objekt, Koordinaten, Zeitpunkt, Höhe, Azimut und Seite im Atlas für Himmelsbeobachter von Erich Karkoschka (siehe Seite 210). Viel Erfolg!

Neumondtermine im März/April 2020 – 2030

Jahr	Tag	Zeit [MEZ]	Wochentag
2020	24. März	10:28	Dienstag
2021	13. März	11:21	Samstag
2022	2. März	18:35	Mittwoch
2022	1. April	07:24	Freitag
2023	21. März	18:23	Donnerstag
2024	10. März	10:00	Sonntag
2024	8. April	19:21	Montag
2025	29. März	11:58	Samstag
2026	19. März	02:23	Donnerstag
2027	8. März	10:29	Montag
2027	7. April	00:51	Dienstag
2028	26. März	05:31	Sonntag
2029	15. März	05:19	Donnerstag
2030	4. März	07:35	Montag
2030	2. April	23:02	Dienstag

Zum Weiterlesen und Weiterklicken

Literatur und Links für Hobbyastronomen

Binnewies, Stefan; König, Michael: **Bildatlas der Galaxien**
Celnik, Werner E.: **Kosmos Mars-Guide**
Hahn, Hermann-Michael; Celnik, Werner E.: **Astronomie für Einsteiger**
Hahn, Hermann-Michael; Weiland, Gerhard: **Drehbare Kosmos-Sternkarte**
Karkoschka, Erich: **Atlas für Himmelsbeobachter**
Karkoschka, Erich: **Sterne finden am Südhimmel**
Keller, Hans-Ulrich: **Kompendium der Astronomie**
Keller, Hans-Ulrich: **Kosmos Himmelsjahr**
Pröschold, Bernd: **Reiseziel Sternenhimmel**
Roth, Hans: **Der Sternenhimmel**
Aktueller Sternenhimmel: **www.kosmos-himmelsjahr.de**
Diskussionsforen: **www.astronomie.de** und **www.astrotreff.de**
Sichtbarkeit von Satelliten: **www.heavens-above.com**
Schweizerische Astronomische Gesellschaft: **sag-sas.ch**
Vereinigung der Sternfreunde e.V.: **www.sternfreunde.de**
Zeitschrift „astronomie – DAS MAGAZIN“: **www.astronomie-magazin.com**
Zeitschrift „Sterne und Weltraum“: **www.spektrum.de/astronomie**

Literaturquellen und Referenzen

[AA] AstroArt: www.msb-astroart.com/
[Aladin] Aladin Sky Atlas: http://aladin.u-strasbg.fr/
[AMO] Ronald Stoyan, **Atlas der Messier-Objekte**, Oculum-Verlag, 2006
[AS] Astrometrica: www.astrometrica.at/
[BS] Bortle-Skala: https://www.astromerk.de/lichtverschmutzung/186-die-bortle-skala.html
[DA] Axel Martin, Bernd Koch, **Digitale Astrofotografie**, Oculum-Verlag, 2009
[DSS] DeepSkyStacker: http://deepskystacker.free.fr/german/index.html
[ET] Entdecker und ihre Teleskope: www.klima-luft.de/steinicke/ngcic/obs_e.htm
[FW] Fitswork: https://www.fitswork.de/software/index.php
[GXT] GradientXTerminator: www.rc-astro.com/resources/GradientXTerminator/index.php
[HF] Stefan Seip, **Himmelsfotografie mit der digitalen Spiegelreflexkamera**, Kosmos-Verlag, 2009
[HK] Hubble-Klassifikation: http://de.wikipedia.org/wiki/Galaxie
[KS1] Distance of 72 Galactic globular clusters: Datendownload via http://vizier.u-strasbg.fr/, Eingabe bei „Free text search“: Recio-Blanco
[KS2] Globular cluster system and Milky Way properties revisited: http://vizier.u-strasbg.fr/viz-bin/VizieR?-source=J/A+A/450/105
[KS3] Catalog of Parameters for Milky Way Globular Clusters: The Database: http://physwww.physics.mcmaster.ca/~harris/mwgc.dat
[KS4] Numbers and Types of Variable Stars in Galactic Globular Clusters: https://iopscience.iop.org/article/10.1086/323719/fulltext/
[M 5] The First Orbital Period for a Dwarf Nova in a Globular Cluster: V101 in M5: http://adsabs.harvard.edu/abs/2002AJ....123.3298N
[M 8] Giant “Twisters” and Star Wisps in the Lagoon Nebula: http://hubblesite.org/newscenter/archive/releases/1996/38/
[M 13]: Exotische Sterne. Barnard 29 – ein heißer Stern in M13: **interstellarum** 64 Juni/Juli 2009, Seite 40f.
[M 14] Veränderliche Sterne in M14: www.astro.utoronto.ca/~cclement/cat/C1735m032
[M 15] Pease 1: https://www.cloudynights.com/articles/cat/column/phil- harrington-s/cosmic-challenge-pease-1-r3069
[M 16] http://www.spaceimages.com/spm16eaneinp.html
[M 17] http://hubblesite.org/newscenter/archive/releases/2002/11/image/c/
[M 22a] GJJC 1: https://www.skyandtelescope.com/observing/the-fun-begins-at-m22/
[M 22b] A Probable Dwarf Nova Outburst in the Core of the Globular Cluster M22: http://adsabs.harvard.edu/abs/2003ApJ...597L.137A
[M 27a] Goldilocks Veränderlicher in M27: www.bela1996.de/astronomy/m027-goldilock.html
[M 27b] Ein neuer Veränderlicher bei M27: Var Vul 05: www.bela1996.de/astronomy/var-vul-05.html
[M31a] Mosaik von M31: http://www.astrotech-hannover.de/projekt-andromeda/index.htm
[M 31b] Paul W. Hodge, Atlas of the Andromeda Galaxy: https://ned.ipac.caltech.edu/level5/ANDROMEDA_Atlas/frames.html
[M 40] The Nature of the Double Star M40: http://adsabs.harvard.edu/full/2002JRASC..96...63N
[M 44] ZwCl 0835.7+2000 in NED Database: http://nedwww.ipac.caltech.edu/forms/byname.html
[M 46] Halo von NGC 2438. Eingabe: NGC2438: https://aladin.u-strasbg.fr/AladinLite/
[M 59] Wernli, F., E. Emsellem, and Y. Copin. A 60 Pc Counter-Rotating Core in Ngc 4621: Astronomy and Astrophysics. 2002, 396, p. 73-81.
[M61] http://de.wikipedia.org/wiki/Aktiver_Galaxienkern
[M 72] A Two Micron All Sky Survey View of the Sagittarius Dwarf Galaxy: https://iopscience.iop.org/article/10.1086/426777
[M 73a] NGC 6994 – clearly not a physical stellar ensemble: http://arxiv.org/abs/astro-ph/0111601
[M 73b] CCD photometry in the region of NGC 6994: The remains of an old open cluster: https://ui.adsabs.harvard.edu/abs/2000A%26A...355..138B/abstract
[M 74] Messier 74: http://www.messier.seds.org/m/m074.html
[M 76] A kinematical investigation of the bipolar planetary nebula NGC 650-1: http://adsabs.harvard.edu/abs/1996A&A...307..253B
[M 77] Closer to the Monster. Trailblazing VLT Interferometer Studies of the Central Region in Active Galaxy NGC 1068: https://www.eso.org/public/germany/news/eso0414/?lang
[M 78a] McNeils Nebel: www.cfa.harvard.edu/iauc/08200/08284.html#Item1
[M 78b] Herbig-Haro Objects and Diffuse Nebulae near M78: http://www.messier.seds.org/more/m078_hh.html
[M 81] The massive binary companion star to the progenitor of supernova 1993J: http://adsabs.harvard.edu/cgi-bin/bib_query?2004Natur.427..129M
[M 82] The Discovery of Spiral Arms in the Starburst Galaxy M82: http://arxiv.org/abs/astro-ph/0506275
[M 88] Superoutburst Photometry of AL Comae Berenices: http://adsabs.harvard.edu/abs/1996AJ....111.2367H
[M 91] VI photometry of extra-galactic Cepheids: http://cdsarc.u-strasbg.fr/cgi-bin/qcat?J/A%2BA/411/361
[M 92] Variable Stars in Galactic Globular Clusters: https://iopscience.iop.org/article/10.1086/323719
[M 95] https://abenteuer-astronomie.de/supernova-13-groesse-jetzt-auch-in-messier-95/
[M 96] The Type Ia Supernova 1998bu in M96 and the Hubble Constant https://iopscience.iop.org/article/10.1086/313275/pdf
[M 97] Physical Structure of Planetary Nebulae. I. The Owl Nebula: https://iopscience.iop.org/article/10.1086/375206

[M 99] New evidence for a Dark Matter Galaxy: https://phys.org/news/2006-01-evidence-dark-galaxy.html
[M 100a] NGC 4321 (M100) and its dwarf companions: http://www.icc.dur.ac.uk/~tt/Lectures/Galaxies/Images/AAO/Galaxies/captions/aat059.html
[M 100b] The supernova that just won't fade away: www.esa.int/esaCP/SEME2C0DU8E_index_0.html
[M 100c]] NED Entfernungsangaben für M 100: http://nedwww.ipac.caltech.edu/cgi-bin/nDistance?name=MESSIER+100
[M 101a]] NED Entfernungsangaben für M 101: http://nedwww.ipac.caltech.edu/cgi-bin/nDistance?name=MESSIER+101
[M 101b] SN 1970G: A Supernova in Progress: http://chandra.harvard.edu/photo/2005/sn70/
[M 102a] Messier 102: http://www.messier.seds.org/m/m102d.html
[M 102b] Hubble Sees Galaxy on Edge: http://hubblesite.org/newscenter/archive/releases/2006/24/image/a/
[M 104]: NED Entfernungsangaben für M 104: http://nedwww.ipac.caltech.edu/cgi-bin/nDistance?name=MESSIER+104
[M 105]: NED Entfernungsangaben für M 105: http://nedwww.ipac.caltech.edu/cgi-bin/nDistance?name=MESSIER+105
[M 108]: NED Entfernungsangaben für M 108: http://nedwww.ipac.caltech.edu/cgi-bin/nDistance?name=MESSIER+108
[M 109] The Asiago Supernova Catalogue – 10 years after: http://arxiv.org/abs/astro-ph/9908046
[M 110] http://www.rochesterastronomy.org/sn2004/novae.html
[MDL] MaxIm DL: www.cyanogen.com/maxim_main.php
[MK1781] Catalogue des Nébuleuses & des amas d'Étoiles (C. Messier, 1781) http://adsabs.harvard.edu/full/1917LAstr..31..385F
[MM1] The Messier Marathon: http://www.messier.seds.org/xtra/marathon/results.html
[MM2] Optimale Beobachtungsabfolge beim Messier-Marathon im März/April: http://www.messier.seds.org/xtra/marathon/marath1.html
[MM3] Messier-Marathon-Planer: www.otterstedt.de/atm/software-messier.html
[MW] Messierobjekte bei Wikipedia: http://de.wikipedia.org/wiki/Messier-Katalog
[NED] http://nedwww.ipac.caltech.edu/
[NGC 6765] http://stdatu.stsci.edu/dss/
[OS1] Trümpler-Kassifikation Offener Sternhaufen. Preliminary results on the distances, dimensions and space distribution of open star clusters: http://cdsads.u-strasbg.fr/full/1930LicOB..14..154T
[OS2] WEBDA – A site Devoted to Stellar Clusters in the Galaxy and the Magellanic Clouds: www.univie.ac.at/webda/webda.html
[OS3] Catalogue of Open Cluster Data (COCD): Datendownload via http://vizier.u-strasbg.fr/, Eingabe bei „Free text search": Kharchenko
[OS4] Astrophysical parameters of Galactic open clusters: http://adsabs.harvard.edu/abs/2005A%26A...438.1163K
[PNH] Planetary Nebulae Haloes: http://vivaldi.ll.iac.es/galeria/rcorradi/HALOES/
[PP] Planetariumsprogramme: GUIDE 9 www.projectpluto.com, THE SKY www.bisque.com, Stellarium www.stellarium.org/de, Redshift www.redshift-live.de
[SEDS] Der Messierkatalog, von Hartmut Frommert und Christine Kronberg: http://www.messier.seds.org/Messier.html
[Simbad] Simbad Astronomical Database, Centre de Données astronomiques de Strasbourg (CDS) : http://simbad.u-strasbg.fr/simbad/
[SN] http://de.wikipedia.org/wiki/Supernova
[TV] TIVOLI Astro-Farm, Namibia: www.tivoli-astrofarm.de/tivoli_astrofarm.htm
[UM] Umbauservice für Canon DSLR-Kameras: www.baader-planetarium.com/de/service/canon-kamera-astro-upgrade.html
[VH] Giant Galaxy Messier 87 finally sized up: https://www.eso.org/public/news/eso0919/
[Vizier] Katalog-Recherche beim Centre de Données Astronomique de Strasbourg (CDS): http://vizier.u-strasbg.fr/viz-bin/VizieR

Bildnachweis und Impressum

Mit 122 Farbfotos von Bernd Koch sowie 3 Fotos von Archiv Kosmos-Verlag (2): Seite 4, Seite 5 o., Stefan Korth (1): Seite 9 o.
Mit 111 Sternkarten von Stephan Schurig sowie 2 Illustrationen von ESO (1): Seite 6 u. l., NASA (1): Seite 7 u. r.
Die großen Fotos zeigen die Antares-Region im Skorpion mit dem Kugelsternhaufen M 4 (Seite 1) und den Großen Orion-Nebel M 42/M 43 (Seite 10/11), © Bernd Koch.

Umschlaggestaltung von Büro Jorge Schmidt, München, unter Verwendung von einem Farbfoto von Bernd Koch auf der Vorderseite (Trifidnebel, Messier 20) und einem Foto von Bernd Koch auf der Rückseite (Sternhaufen Plejaden, Messier 45).

Mit 124 Farbfotos und 113 Farbzeichnungen

Unser gesamtes Programm finden Sie unter **kosmos.de**. Über Neuigkeiten informieren Sie regelmäßig unsere Newsletter, einfach anmelden unter **kosmos.de/newsletter**

MIX
Papier | Fördert gute Waldnutzung
FSC® C110508

Gedruckt auf chlorfrei gebleichtem Papier

2., aktualisierte Ausgabe

Pfizerstraße 5–7, 70184 Stuttgart
info@kosmos.de

ISBN 978-3-440-16970-4
Redaktion: Justina Engelmann, Sven Melchert
Produktion: Siegfried Fischer, Ralf Paucke
Druck und Bindung: Westermann Druck Zwickau GmbH, Zwickau
Printed in Germany / Imprimé en Allemagne

Die 35 Sternbilder der Messier-Objekte

Name des Sternbildes	Lateinischer Name	Lateinischer Genitiv	Abkürzung
Achterdeck	Puppis	Puppis	Pup
Andromeda	Andromeda	Andromedae	And
Drache	Draco	Draconis	Dra
Dreieck	Triangulum	Trianguli	Tri
Einhorn	Monoceros	Monocerotis	Mon
Fische	Pisces	Piscium	Psc
Füchschen	Vulpecula	Vulpeculae	Vul
Fuhrmann	Auriga	Aurigae	Aur
Großer Bär	Ursa Maior	Ursae Maioris	UMa
Großer Hund	Canis Maior	Canis Maioris	CMa
Haar der Berenike	Coma Berenices	Comae Berenices	Com
Hase	Lepus	Leporis	Lep
Herkules	Hercules	Herculis	Her
Jagdhunde	Canes Venatici	Canum Venaticorum	CVn
Jungfrau	Virgo	Virginis	Vir
Kassiopeia	Cassiopeia	Cassiopeiae	Cas
Krebs	Cancer	Cancri	Cnc
Leier	Lyra	Lyrae	Lyr
Löwe	Leo	Leonis	Leo
Orion	Orion	Orionis	Ori
Pegasus	Pegasus	Pegasi	Peg
Perseus	Perseus	Persei	Per
Pfeil	Sagitta	Sagittae	Sge
Schild	Scutum	Scuti	Sct
Schlange	Serpens	Serpentis	Ser
Schlangenträger	Ophiuchus	Ophiuchi	Oph
Schwan	Cygnus	Cygni	Cyg
Schütze	Sagittarius	Sagittarii	Sgr
Skorpion	Scorpius	Scorpii	Sco
Steinbock	Capricornus	Capricorni	Cap
Stier	Taurus	Tauri	Tau
Walfisch	Cetus	Ceti	Cet
Wassermann	Aquarius	Aquarii	Aqr
Wasserschlange, nördliche	Hydra	Hydrae	Hya
Zwillinge	Gemini	Geminorum	Gem

Als Nachbarsternbilder werden erwähnt: Adler, Aquila, Aql; Bärenhüter, Bootes, Boo; Kleiner Hund, Canis Minor, CMi; Rabe, Corvus, Crv; Widder, Aries, Ari

Das griechische Alphabet

α	alpha	η	eta	ν	nü	τ	tau
β	beta	ϑ	theta	ξ	xi	υ	ypsilon
γ	gamma	ι	jota	ο	omikron	φ	phi
δ	delta	κ	kappa	π	pi	χ	chi
ε	epsilon	λ	lambda	ρ	rho	ψ	psi
ζ	zeta	μ	mü	σ	sigma	ω	omega

Klassifikation von Planetarischen Nebeln

I Stellar
II Gleichmäßiges Scheibchen
III Irreguläres Scheibchen,
(a) sehr irreguläre Helligkeitsverteilung
IV Ringstruktur
V Irreguläre Form
VI Anomale Form

Klassifikationsschema nach Vorontsov-Velyaminov (1934)

Tabellen • Sternbilder, Klassifikationen, Bortle-Skala

Trümpler-Klassifikation von Offenen Sternhaufen

I	Haufen frei stehend mit starker zentraler Konzentration
II	Haufen frei stehend mit geringer zentraler Konzentration
III	Haufen frei stehend ohne erkennbare Konzentration. Sterne mehr oder weniger dünn, aber fast gleichmäßig verteilt
IV	Haufen nicht deutlich frei stehend, sieht wie ein dichteres Sternfeld aus
1	Die meisten Haufensterne haben fast die gleiche scheinbare Helligkeit.
2	Mittlere Helligkeitsverteilung
3	Haufen hat helle und schwache Sterne. Einige wenige helle und mittelhelle Sterne heben sich von einer Ansammlung schwächerer Sterne ab (z. B. M 45).
p	Sternarmer Haufen mit weniger als 50 Sternen
m	Mäßig sternreicher Haufen mit 50 bis 100 Sternen
r	Sternreicher Haufen mit mehr als 100 Sternen
E	Elongiert (länglich)
U	Unsymmetrisch
N	Nebelanteile

Klassifikationsschema nach Robert Julius Trümpler (1930)

Klassifikation von Kugelsternhaufen

I	Sehr kompakter, am stärksten zur Mitte hin konzentrierter Kugelsternhaufen
...	
XII	Lockerer, gut aufgelöster Kugelsternhaufen

Konzentrationsklassen von I bis XII nach Shapley-Sawyer (1927)

Hubble-Klassifikation von Galaxien

E0	Kugelförmige elliptische Galaxie, Exzentrizität, e = 0
E1	Fast kugelförmige elliptische Galaxie, e = 0,1
E2	Schwach elliptische Galaxie, e = 0,2
E3	Deutlich elliptische Galaxie, e = 0,3
E4	Deutlich elliptische Galaxie, e = 0,4
E5	Ausgeprägt elliptische Galaxie, e = 0,5
E6	Ausgeprägt elliptische Galaxie, e = 0,6
E7	Extrem elliptische Galaxie, e = 0,7
S0	Linsenförmige Galaxie
Sa	Spiralgalaxie mit ausgeprägtem Kern und eng anliegenden Spiralarmen
Sb	Spiralgalaxie mit ausgeprägtem Kern und ausgeprägten Spiralarmen
Sc	Spiralgalaxie mit kleinem Kern und weit geschwungenen Spiralarmen
SBa	Balkenspiralgalaxie mit eng anliegenden Spiralarmen
SBb	Balkenspiralgalaxie mit ausgeprägten Spiralarmen
SBc	Balkenspiralgalaxie mit weit geschwungenen Spiralarmen
Irr	Irreguläre Galaxie
SABc	Zwischenform von Spirale und Balkenspirale
dSph	Sphäroide Zwerggalaxie

Definition:
Exzentrizität e = (a – b)/a. a, b: große bzw. kleine Halbachse

Klassifikationsschema nach Edwin Hubble (1936)

Bortle-Skala (Qualität des Nachthimmels)

Klasse 1	Außergewöhnlich dunkel: Tierkreisleuchten, Gegenschein und Zodiakalband sind sichtbar. M 33 ist ein auffälliges Objekt für das freie Auge. Die hellen Milchstraßenwolken werfen deutlich wahrnehmbare Schatten.
Klasse 2	Wirklich dunkel: M 33 ist ziemlich einfach zu sehen, die Milchstraße ist stark strukturiert. Wolken am Himmel erscheinen als schwarze Löcher.
Klasse 3	Landhimmel: Schwache Lichtverschmutzung in Horizontnähe. Milchstraße erscheint komplex. M 33 kann mit indirektem Sehen erkannt werden.
Klasse 4	Ländlicher Himmel: Ziemlich auffällige Lichtdome über besiedelten Gebieten, Zodiakallicht ist noch sichtbar. Die Milchstraße ist eindrucksvoll, zeigt aber nur die auffälligsten Strukturen. M 33 mit indirektem Sehen kaum noch zu erkennen.
Klasse 5	Vorstadthimmel: Zodiakallicht ist nur andeutungsweise zu sehen. Die Milchstraße ist matt und verschwindet in Horizontnähe. Lichtverschmutzung ist auffällig in fast allen Richtungen.
Klasse 6	Heller Vorstadthimmel: Unter 35° Höhe ist der Himmel von einem grauen Leuchten überzogen. Die Milchstraße ist nur im Zenit sichtbar. M 31 ist nur einigermaßen auffällig für das freie Auge.
Klasse 7	Stadtrandhimmel: Der ganze Himmelshintergrund ist von einem gräulichen Leuchten überzogen. Starke Lichtverschmutzung in allen Richtungen. Die Milchstraße ist nahezu unsichtbar.
Klasse 8	Stadthimmel: Der Himmel leuchtet weißgrau oder orange, man kann eine Zeitung ohne Schwierigkeiten lesen. M 31 kann von einem erfahrenen Beobachter gerade eben erkannt werden.
Klasse 9	Innenstadthimmel: Der ganze Himmel ist hell erleuchtet, selbst im Zenit. Außer den Plejaden sind keine Messier-Objekte mit dem bloßen Auge erkennbar. Lichtschwächere Sternbilder wie Fische und Krebs sind komplett unsichtbar.

Übersichtstabelle • Die Messier-Objekte

M	NGC/IC	Name	Sternbild	Objektklasse	Klassifikation*	Helligkeit
M 1	1952	Krebsnebel	Stier	Supernovarest	–	$8^{m}{,}4$
M 2	7089		Wassermann	Kugelsternhaufen	II	$6^{m}{,}5$
M 3	5272		Jagdhunde	Kugelsternhaufen	VI	$6^{m}{,}2$
M 4	6121		Skorpion	Kugelsternhaufen	IX	$5^{m}{,}9$
M 5	5904		Schlange	Kugelsternhaufen	V	$5^{m}{,}6$
M 6	6405	Schmetterlingshaufen	Skorpion	Offener Sternhaufen	II3r	$4^{m}{,}2$
M 7	6475		Skorpion	Offener Sternhaufen	I3m	$3^{m}{,}3$
M 8	6523	Lagunennebel	Schütze	Emissionsnebel und Offener Sternhaufen	II2m	$6^{m}{,}0$
M 9	6333		Schlangenträger	Kugelsternhaufen	VIII	$7^{m}{,}7$
M 10	6254		Schlangenträger	Kugelsternhaufen	VII	$6^{m}{,}6$
M 11	6705	Wildentenhaufen	Schild	Offener Sternhaufen	I2r	$5^{m}{,}8$
M 12	6218		Schlangenträger	Kugelsternhaufen	IX	$6^{m}{,}1$
M 13	6205	Herkuleshaufen	Herkules	Kugelsternhaufen	V	$5^{m}{,}7$
M 14	6402		Schlangenträger	Kugelsternhaufen	VIII	$7^{m}{,}6$
M 15	7078		Pegasus	Kugelsternhaufen	IV	$6^{m}{,}4$
M 16	6611/IC 4703	Adlernebel	Schlange	Offener Sternhaufen und Emissionsnebel	II3mN	$6^{m}{,}0$
M 17	6618	Omeganebel, Schwanennebel	Schütze	Emissionsnebel und Offener Sternhaufen	III2pN	$6^{m}{,}0$
M 18	6613		Schütze	Offener Sternhaufen	II3pN	$6^{m}{,}9$
M 19	6273		Schlangenträger	Kugelsternhaufen	VIII/E3–E4	$6^{m}{,}8$
M 20	6514	Trifidnebel	Schütze	Emissionsnebel und Offener Sternhaufen	II3pN	$8^{m}{,}0$
M 21	6531		Schütze	Offener Sternhaufen	I3p	$5^{m}{,}9$
M 22	6656		Schütze	Kugelsternhaufen	VII	$5^{m}{,}1$
M 23	6494		Schütze	Offener Sternhaufen	III1m	$5^{m}{,}5$
M 24	IC 4715	Kleine Sagittarius-Wolke	Schütze	Milchstraßenwolke	–	$4^{m}{,}0$
M 25	IC 4725		Schütze	Offener Sternhaufen	I3m	$4^{m}{,}6$
M 26	6694		Schild	Offener Sternhaufen	II3m	$8^{m}{,}0$
M 27	6853	Hantelnebel	Füchschen	Planetarischer Nebel	III+II	$7^{m}{,}5$
M 28	6626		Schütze	Kugelsternhaufen	IV	$6^{m}{,}9$
M 29	6913		Schwan	Offener Sternhaufen	I2mN	$6^{m}{,}6$
M 30	7099		Steinbock	Kugelsternhaufen	V	$7^{m}{,}3$
M 31	224	Andromeda-Nebel	Andromeda	Galaxie	Sb	$3^{m}{,}4$
M 32	221		Andromeda	Galaxie	E2	$8^{m}{,}2$
M 33	598	Dreiecks-Nebel	Dreieck	Galaxie	Sc	$5^{m}{,}7$
M 34	1039		Perseus	Offener Sternhaufen	II3r	$5^{m}{,}2$
M 35	2168		Zwillinge	Offener Sternhaufen	III3r	$5^{m}{,}1$
M 36	1960		Fuhrmann	Offener Sternhaufen	I3r	$6^{m}{,}0$
M 37	2099		Fuhrmann	Offener Sternhaufen	I1r	$5^{m}{,}6$
M 38	1912		Fuhrmann	Offener Sternhaufen	II2r	$6^{m}{,}4$
M 39	7092		Schwan	Offener Sternhaufen	III2m	$4^{m}{,}6$
M 40	–	Winnecke 4	Großer Bär	zwei Sterne	–	$9^{m}{,}0/9^{m}{,}3$
M 41	2287		Großer Hund	Offener Sternhaufen	I3r	$4^{m}{,}5$
M 42	1976	Orion-Nebel	Orion	Emissionsnebel	–	$4^{m}{,}0$
M 43	1982		Orion	Emissionsnebel	–	$7^{m}{,}0$
M 44	2632	Praesepe, Krippe	Krebs	Offener Sternhaufen	II2r	$3^{m}{,}1$
M 45	–	Plejaden, Siebengestirn	Stier	Offener Sternhaufen	II3r	$1^{m}{,}6$
M 46	2437		Achterdeck	Offener Sternhaufen	II2r	$6^{m}{,}1$
M 47	2422		Achterdeck	Offener Sternhaufen	III2m	$4^{m}{,}4$
M 48	2548		Wasserschlange	Offener Sternhaufen	I3r	$5^{m}{,}8$
M 49	4472		Jungfrau	Galaxie	E2/S0	$8^{m}{,}4$
M 50	2323		Einhorn	Offener Sternhaufen	II3r	$5^{m}{,}9$
M 51	5194-5	Whirlpool-Galaxie	Jagdhunde	Galaxie	Sc+Irr	$8^{m}{,}1$
M 52	7654		Kassiopeia	Offener Sternhaufen	II2r	$6^{m}{,}9$
M 53	5024		Haar der Berenike	Kugelsternhaufen	V	$7^{m}{,}6$
M 54	6715		Schütze	Kugelsternhaufen	III	$7^{m}{,}6$
M 55	6809		Schütze	Kugelsternhaufen	XI	$6^{m}{,}3$
M 56	6779		Leier	Kugelsternhaufen	X	$8^{m}{,}3$

RA (2000.0)	DE (2000.0)	Ausdehnung	Kulmination 10° Ost, ca. 23 Uhr MEZ	Kulmination nächstes Objekt	Seite	beobachtet am
$05^h\ 34^m,5$	+22° 01′	6×4′	4. Januar	M 42	12	
$21^h\ 33^m,5$	−00° 49′	16′	4. September	M 30	14	
$13^h\ 42^m,2$	+28° 23′	18′	8. Mai	M 101	16	
$16^h\ 23^m,6$	−26° 32′	36′	18. Juni	M 107	18	
$15^h\ 18^m,6$	+02° 05′	23′	1. Juni	M 80	20	
$17^h\ 40^m,3$	−32° 12′	24′	7. Juli	M 7	22	
$17^h\ 53^m,8$	−34° 47′	80′	11. Juli	M 23	22	
$18^h\ 03^m,6$	−24° 23′	60×40′	13. Juli	M 21	24	
$17^h\ 19^m,2$	−18° 31′	12′	2. Juli	M 14	26	
$16^h\ 57^m,1$	−04° 06′	20′	26. Juni	M 62	28	
$18^h\ 51^m,1$	−06° 16′	14′	25. Juli	M 57	30	
$16^h\ 47^m,2$	−01° 57′	14′	24. Mai	M 10	32	
$16^h\ 41^m,7$	+36° 28′	20′	23. Mai	M 12	34	
$17^h\ 37^m,6$	−03° 15′	11′	7. Juli	M 6	36	
$21^h\ 30^m,0$	+12° 10′	18′	4. September	M 39	38	
$18^h\ 18^m,8$	−13° 47′	35′	17. Juli	M 18	40	
$18^h\ 20^m,8$	−16° 11′	46′	18. Juli	M 28	42	
$18^h\ 19^m,9$	−17° 08′	9′	17. Juli	M 17	42	
$17^h\ 02^m,6$	−26° 16′	17′	26. Juni	M 92	44	
$18^h\ 02^m,3$	−23° 02′	28′	13. Juli	M 8	46	
$18^h\ 04^m,6$	−22° 30′	13′	13. Juli	M 24	46	
$18^h\ 36^m,4$	−23° 54′	32′	22. Juli	M 70	48	
$17^h\ 56^m,8$	−19° 01′	35′	11. Juli	M 20	50	
$18^h\ 16^m,9$	−18° 29′	90′	17. Juli	M 16	52	
$18^h\ 31^m,6$	−19° 15′	36′	20. Juli	M 22	54	
$18^h\ 45^m,2$	−09° 24′	15′	24. Juli	M 11	56	
$19^h\ 59^m,6$	+22° 43′	9×6′	12. August	M 75	58	
$18^h\ 24^m,5$	−24° 52′	11′	19. Juli	M 69	60	
$20^h\ 23^m,9$	+38° 32′	10′	18. August	M 72	62	
$21^h\ 40^m,4$	−23° 11′	12′	6. September	M 52	64	
$00^h\ 42^m,7$	+41° 16′	186×62′	22. Oktober	M 32	66	
$00^h\ 42^m,7$	+40° 52′	9×7′	22. Oktober	M 103	66	
$01^h\ 33^m,9$	+30° 39′	73×45′	3. November	M 74	68	
$02^h\ 42^m,1$	+42° 45′	35′	7. November	M 77	70	
$06^h\ 08^m,9$	+24° 20′	28′	13. Januar	M 41	72	
$05^h\ 36^m,1$	+34° 08′	12′	4. Januar	M 78	74	
$05^h\ 52^m,3$	+32° 33′	24′	9. Januar	M 35	76	
$05^h\ 28^m,7$	+35° 50′	25′	2. Januar	M 1	78	
$21^h\ 32^m,2$	+48° 26′	32′	4. September	M 2	80	
$12^h\ 22^m,4$	+58° 05′	0,9′	18. April	M 100	82	
$06^h\ 46^m,0$	−20° 46′	38′	22. Januar	M 50	84	
$05^h\ 35^m,3$	−05° 23′	90×60′	4. Januar	M 43	86	
$05^h\ 35^m,6$	−05° 16′	6′	4. Januar	M 36	86	
$08^h\ 40^m,4$	+19° 41′	95′	20. Februar	M 67	88	
$03^h\ 47^m,4$	+24° 07′	110′	8. Dezember	M 79	90	
$07^h\ 41^m,7$	−14° 49′	23′	5. Februar	M 93	92	
$07^h\ 36^m,6$	−14° 29′	31′	4. Februar	M 46	92	
$08^h\ 13^m,7$	−05° 45′	44′	14. Februar	M 44	94	
$12^h\ 29^m,8$	+08° 00′	10×8′	19. April	M 87	96	
$07^h\ 02^m,7$	−08° 23′	16′	26. Januar	M 47	98	
$13^h\ 29^m,9$	+47° 12′	11×7′/6×5′	5. Mai	M 83	100	
$23^h\ 24^m,8$	+61° 35′	13′	3. Oktober	M 110	102	
$13^h\ 12^m,9$	+18° 10′	13′	30. April	M 63	104	
$18^h\ 55^m,1$	−30° 29′	12′	26. Juli	M 56	106	
$19^h\ 40^m,0$	−30° 58′	19′	7. August	M 71	108	
$19^h\ 16^m,6$	+30° 11′	9′	1. August	M 55	110	

*Legenden zu den Klassifikationen Seite 212/213

Übersichtstabelle • Die Messier-Objekte

M	NGC/IC	Name	Sternbild	Objektklasse	Klassifikation*	Helligkeit
M 57	6720	Ringnebel	Leier	Planetarischer Nebel	IV	$8^{m}_{,}8$
M 58	4579		Jungfrau	Galaxie	SBc	$9^{m}_{,}6$
M 59	4621		Jungfrau	Galaxie	E5	$9^{m}_{,}6$
M 60	4649		Jungfrau	Galaxie	E2	$8^{m}_{,}8$
M 61	4303		Jungfrau	Galaxie	Sb/SBc	$9^{m}_{,}3$
M 62	6266		Schlangenträger	Kugelsternhaufen	IV	$6^{m}_{,}5$
M 63	5055	Sonnenblumengalaxie	Jagdhunde	Galaxie	Sb	$8^{m}_{,}5$
M 64	4826	Das Schwarze Auge	Haar der Berenike	Galaxie	Sb	$8^{m}_{,}5$
M 65	3623		Löwe	Galaxie	Sa	$9^{m}_{,}2$
M 66	3627		Löwe	Galaxie	Sb	$8^{m}_{,}9$
M 67	2682		Krebs	Offener Sternhaufen	II3r	$6^{m}_{,}9$
M 68	4590		Wasserschlange	Kugelsternhaufen	X	$7^{m}_{,}8$
M 69	6637		Schütze	Kugelsternhaufen	V	$7^{m}_{,}6$
M 70	6681		Schütze	Kugelsternhaufen	V	$7^{m}_{,}9$
M 71	6638		Pfeil	Kugelsternhaufen	XI	$8^{m}_{,}2$
M 72	6981		Wassermann	Kugelsternhaufen	IX	$9^{m}_{,}3$
M 73	6994		Wassermann	vier Sterne	–	$9^{m}_{,}3$
M 74	628		Fische	Galaxie	Sc	$9^{m}_{,}1$
M 75	6864		Schütze	Kugelsternhaufen	I	$8^{m}_{,}6$
M 76	650/651	Kleiner Hantelnebel	Perseus	Planetarischer Nebel	III+VI	$10^{m}_{,}1$
M 77	1068		Walfisch	Galaxie	Sb	$8^{m}_{,}9$
M 78	2068		Orion	Reflexionsnebel	–	$8^{m}_{,}0$
M 79	1904		Hase	Kugelsternhaufen	V	$7^{m}_{,}7$
M 80	6093		Skorpion	Kugelsternhaufen	II	$7^{m}_{,}3$
M 81	3031		Großer Bär	Galaxie	Sb	$6^{m}_{,}9$
M 82	3034	Zigarrengalaxie	Großer Bär	Galaxie	Irr (Sbc)	$8^{m}_{,}4$
M 83	5236	Südliche Feuerradgalaxie	Wasserschlange	Galaxie	SABc	$7^{m}_{,}5$
M 84	4374		Jungfrau	Galaxie	S0	$9^{m}_{,}1$
M 85	4382		Haar der Berenike	Galaxie	S0	$9^{m}_{,}1$
M 86	4406		Jungfrau	Galaxie	S0	$8^{m}_{,}9$
M 87	4486		Jungfrau	Galaxie	E1	$8^{m}_{,}6$
M 88	4501		Haar der Berenike	Galaxie	Sbc	$9^{m}_{,}6$
M 89	4552		Jungfrau	Galaxie	E0	$9^{m}_{,}8$
M 90	4569		Jungfrau	Galaxie	Sb	$9^{m}_{,}5$
M 91	4548		Haar der Berenike	Galaxie	SBb	$10^{m}_{,}1$
M 92	6341		Herkules	Kugelsternhaufen	IV	$6^{m}_{,}4$
M 93	2447		Achterdeck	Offener Sternhaufen	I3r	$6^{m}_{,}2$
M 94	4736		Jagdhunde	Galaxie	Sb	$8^{m}_{,}2$
M 95	3351		Löwe	Galaxie	SBb	$9^{m}_{,}7$
M 96	3368		Löwe	Galaxie	Sa	$9^{m}_{,}2$
M 97	3587	Eulennebel	Großer Bär	Planetarischer Nebel	IIIa	$9^{m}_{,}9$
M 98	4192		Haar der Berenike	Galaxie	Sb	$10^{m}_{,}1$
M 99	4254		Haar der Berenike	Galaxie	Sc	$9^{m}_{,}9$
M 100	4321		Haar der Berenike	Galaxie	Sc	$9^{m}_{,}3$
M 101	5457	Feuerradgalaxie	Großer Bär	Galaxie	Sc	$7^{m}_{,}5$
M 102	5866	Spindelgalaxie	Drache	Galaxie	S0	$9^{m}_{,}9$
M 103	581		Kassiopeia	Offener Sternhaufen	II2m	$7^{m}_{,}4$
M 104	4594	Sombrero-Nebel	Jungfrau	Galaxie	Sa	$8^{m}_{,}0$
M 105	3379		Löwe	Galaxie	E1	$9^{m}_{,}5$
M 106	4258		Jagdhunde	Galaxie	SABbc	$8^{m}_{,}3$
M 107	6171		Schlangenträger	Kugelsternhaufen	X	$7^{m}_{,}9$
M 108	3556		Großer Bär	Galaxie	Sc	$9^{m}_{,}9$
M 109	3992		Großer Bär	Galaxie	SBc	$9^{m}_{,}8$
M 110	205		Andromeda	Galaxie	E5p/dSph	$7^{m}_{,}9$

RA (2000.0)	DE (2000.0)	Ausdehnung	Kulmination 10° Ost, ca. 23 Uhr MEZ	Kulmination nächstes Objekt	Seite	beobachtet am
$18^h\,53^m,6$	+33° 02′	1,7×1,2′	26. Juli	M 54	112	
$12^h\,37^m,7$	+11° 49′	6×5′	21. April	M 68	114	
$12^h\,42^m,0$	+11° 39′	6×4′	22. April	M 60	116	
$12^h\,43^m,7$	+11° 33′	8×6′	22. April	M 94	116	
$12^h\,21^m,9$	+04° 28′	7×6′	17. April	M 40	118	
$17^h\,01^m,2$	−30° 07′	14′	26. Juni	M 19	120	
$13^h\,15^m,8$	+42° 02′	13×7′	1. Mai	M 51	122	
$12^h\,56^m,7$	+21° 41′	10×5′	26. April	M 53	124	
$11^h\,18^m,9$	+13° 05′	10×3′	30. März	M 66	126	
$11^h\,20^m,2$	+12° 59′	9×4′	2. April	M 109	126	
$08^h\,51^m,4$	+11° 48′	30′	23. Februar	M 81	128	
$12^h\,39^m,5$	−26° 45′	11′	22. April	M 104	130	
$18^h\,31^m,4$	−32° 21′	10′	20. Juli	M 25	132	
$18^h\,43^m,2$	−32° 18′	8′	23. Juli	M 26	134	
$19^h\,53^m,8$	+18° 47′	7′	10. August	M 27	136	
$20^h\,53^m,5$	−12° 32′	6′	15. August	M 73	138	
$20^h\,58^m,9$	−12° 38′	1,4′	27. August	M 15	138	
$01^h\,36^m,7$	+15° 47′	11×10′	5. November	M 76	140	
$20^h\,06^m,1$	−21° 55′	7′	14. August	M 29	142	
$01^h\,42^m,3$	+51° 35′	1,6×0,7′/5×2′	7. November	M 34	144	
$02^h\,42^m,7$	−00° 01′	7×6′	7. November	M 45	146	
$05^h\,46^m,8$	+00° 01′	8×6′	7. Januar	M 37	148	
$05^h\,24^m,2$	−24° 31′	10′	1. Januar	M 38	150	
$16^h\,17^m,0$	−22° 59′	10′	16. Juni	M 4	152	
$09^h\,55^m,5$	+69° 04′	27×14′	11. März	M 82	154	
$09^h\,55^m,8$	+69° 41′	11×4′	11. März	M 95	156	
$13^h\,37^m,0$	−29° 52′	13×12′	6. Mai	M 3	158	
$12^h\,25^m,0$	+12° 53′	7×6′	18. April	M 85	160	
$12^h\,25^m,4$	+18° 11′	7×6′	18. April	M 86	162	
$12^h\,26^m,2$	+12° 57′	10×7′	18. April	M 49	160	
$12^h\,30^m,8$	+12° 23′	10×7′	20. April	M 88	164	
$12^h\,32^m,0$	+14° 25′	7×4′	20. April	M 91	166	
$12^h\,35^m,7$	+12° 33′	6×5′	21. April	M 90	168	
$12^h\,36^m,8$	+13° 10′	10×5′	21. April	M 58	168	
$12^h\,35^m,4$	+14° 30′	5×4′	21. April	M 89	170	
$17^h\,17^m,1$	+43° 08′	14′	2. Juli	M 9	172	
$07^h\,44^m,6$	−23° 52′	22′	6. Februar	M 48	174	
$12^h\,50^m,9$	+41° 07′	11×9′	25. April	M 64	176	
$10^h\,44^m,0$	+11° 42′	8×5′	24. März	M 96	178	
$10^h\,46^m,8$	+11° 49′	8×5′	24. März	M 105	178	
$11^h\,14^m,8$	+55° 01′	3,5′	30. März	M 65	180	
$12^h\,13^m,8$	+14° 54′	10×3′	15. April	M 99	182	
$12^h\,18^m,8$	+14° 25′	6×5′	17. April	M 106	182	
$12^h\,22^m,9$	+15° 49′	8×6′	18. April	M 84	184	
$14^h\,03^m,2$	+54° 21′	29×27′	13. Mai	M 102	186	
$15^h\,06^m,5$	+55° 46′	7×3′	29. Mai	M 5	188	
$01^h\,33^m,4$	+60° 39′	6′	3. November	M 33	190	
$12^h\,40^m,0$	−11° 37′	9×6′	22. April	M 59	192	
$10^h\,47^m,8$	+12° 35′	6×5′	25. März	M 108	194	
$12^h\,19^m,0$	+47° 18′	19×8′	17. April	M 61	196	
$16^h\,32^m,5$	−13° 03′	13′	20. Mai	M 13	198	
$11^h\,11^m,5$	+55° 40′	8×3′	30. März	M 97	200	
$11^h\,57^m,6$	+53° 23′	8×5′	11. April	M 98	202	
$00^h\,40^m,4$	+41° 41′	22×12′	22. Oktober	M 31	204	

*Legenden zu den Klassifikationen Seite 212/213

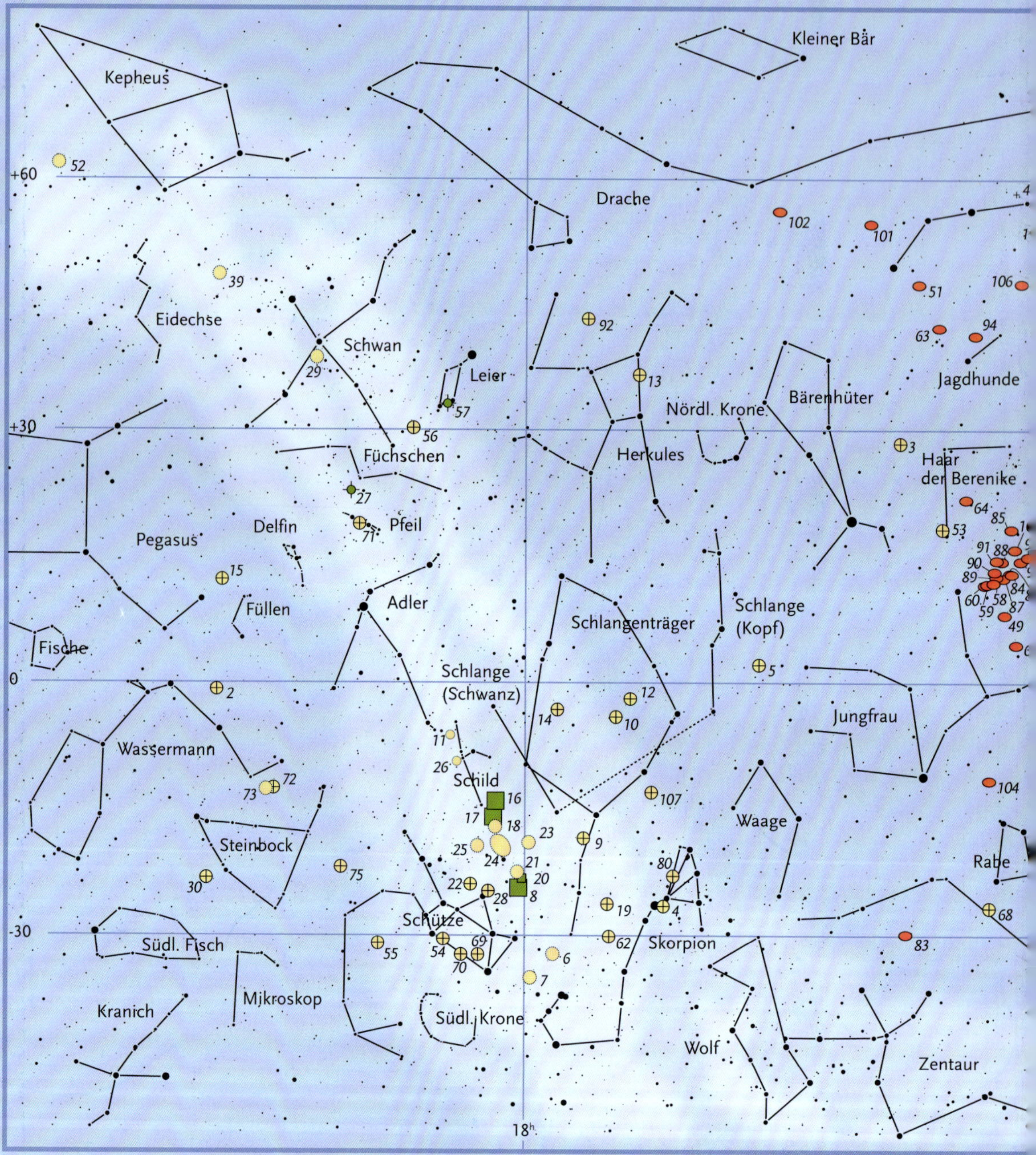

Offene Sternhaufen Kugelsternhaufen Diffuse Nebel Planetarische Nebel Galaxien